"十四五"高等职业教育机电类专业新形态系列教材

电气控制与 PLC 技术

张学辉　王　斌　张晓青◎主　编
李　龙　刘嘉慧　汤宪宇◎副主编
苗玲玉◎主　审

中国铁道出版社有限公司
CHINA RAILWAY PUBLISHING HOUSE CO., LTD.

内 容 简 介

本书根据高等职业院校机电类专业教学要求编写，以三相异步电动机、车床铣床电路、西门子 S7-1200 小型 PLC 为对象展开论述。全书包括电气控制基础、电气控制基本电路、典型机械设备电气控制、初识 PLC、电动机 PLC 控制、气缸自动往复运动 PLC 控制、交通信号灯 PLC 控制、喷泉 PLC 控制、抢答器 PLC 控制、校牌彩灯 PLC 控制、机器人 PLC 控制、电阻炉温度 PLC 自动控制等十二个项目。每个项目包含若干任务，按照思考、知识与技能、任务分析、任务实施、任务评价、任务反思与练习的结构展开。内容贴近工程实践，体现工学结合，并有效融入工匠精神、劳模精神等课程思政元素。

本书适合作为高等职业院校电气自动化技术、新能源装备技术、铁道机车车辆制造与维护、机械制造及自动化、铁道供电技术等专业的教材。

图书在版编目(CIP)数据

电气控制与 PLC 技术 / 张学辉，王斌，张晓青主编.
北京 ：中国铁道出版社有限公司，2025. 6. --（“十四五”高等职业教育机电类专业新形态系列教材）.
ISBN 978-7-113-32239-7

Ⅰ. TM571.2;TM571.61

中国国家版本馆 CIP 数据核字第 2025S4T989 号

书　　名：电气控制与 PLC 技术
作　　者：张学辉　王　斌　张晓青

策　　划：霍龙浩　　　　　　**编辑部电话：**(010)63551926
责任编辑：曾露平　绳　超
封面设计：刘　颖
责任校对：苗　丹
责任印制：赵星辰

出版发行：中国铁道出版社有限公司(100054，北京市西城区右安门西街 8 号)
网　　址：https://www.tdpress.com/51eds
印　　刷：河北燕山印务有限公司
版　　次：2025 年 6 月第 1 版　2025 年 6 月第 1 次印刷
开　　本：787 mm×1 092 mm　1/16　**印张：**18.5　**字数：**458 千
书　　号：ISBN 978-7-113-32239-7
定　　价：59.80 元

前　言

为了使高等职业院校学生更好地理解和深刻地把握可编程序控制器(PLC)知识,并在此基础上,训练和培养实际动手能力以及分析、解决实际工程问题的能力,本书根据高等职业院校机电类专业教学要求设计了电气控制基础、电气控制基本电路、典型机械设备电气控制、初识PLC、电动机PLC控制、气缸自动往复运动PLC控制、交通信号灯PLC控制、喷泉PLC控制、抢答器PLC控制、校牌彩灯PLC控制、机器人PLC控制、电阻炉温度PLC自动控制等十二个项目。每个项目包含若干任务,按照思考、知识与技能、任务分析、任务实施、任务评价、任务反思与练习的结构展开。内容贴近工程实践,体现工学结合,并有效融入工匠精神、劳模精神等课程思政元素。学生通过以上项目的学习,可掌握如何设计电气控制电路和使用PLC实现工业设备的控制。

本书适合作为高等职业院校电气自动化技术、新能源装备技术、铁道机车车辆制造与维护、机械制造及自动化、铁道供电技术等专业的教材。

本书由辽宁轨道交通职业学院张学辉、王斌、张晓青任主编,辽宁轨道交通职业学院李龙、刘嘉慧、汤宪宇任副主编,辽宁轨道交通职业学院孙晓鹏、李宜冰,沈阳蓝泰科瑞自动控制有限公司高级工程师刘少同参与编写。全书由中国机电职业教育行业教学名师苗玲玉主审。具体编写分工:张学辉编写项目六、项目七、项目八,王斌编写项目四、项目五,张晓青编写项目九、项目十,李龙编写项目十一、项目十二,刘嘉慧编写项目二、项目三,汤宪宇编写项目一,李宜冰、孙晓鹏负责资料收集和视频制作,刘少同提供技术支持。

本书是辽宁省精品在线开放课程电气控制技术、PLC应用技术的配套教材,配备了内容丰富、制作精良的课件、微课和练习等学习资料,学习者扫描书中二维码即可在线学习,同时本书也是一本新形态、校企合作教材。

由于编者的经验、水平及时间有限,书中难免存在不足和缺陷,敬请读者批评指正!编者E-mail:zxh_52@126.com;电话:13840207689,欢迎来函来电。

编　者

2025年1月

目 录

项目一 电气控制基础

学习笔记

知识目标：

(1)掌握开关电器和主令电器的结构、工作原理、技术参数、常用型号、文字符号以及选用规则；

(2)掌握接触器、继电器、熔断器的结构、工作原理、技术参数、常用型号、文字符号以及选用规则；

(3)掌握万用表的使用方法及常用低压电器的测量方法。

能力目标：

(1)能理解常用低压电器的工作原理，并能够在电气原理图中识别其文字符号；

(2)能分辨不同的低压电器，并根据其铭牌确定其电气参数；

(3)能根据实际的工业场景，正确选择低压电器。

素质目标：

(1)具有团队协作精神；

(2)遵守安全用电规则，培养安全用电观念；

(3)具备遵守规范、爱岗敬业、踏实肯干的素养。

项目导入

在工业、农业、交通运输等部门使用的各种生产机械，多数是靠电动机拖动运行的。电动机的起停、调速等通常是由低压电器构成的继电器-接触器控制系统进行控制的。因此，熟练掌握电气元件的结构和工作原理，将有助于掌握电气控制电路的分析和设计的方法。电器的种类繁多，构造各异。根据其工作电压高低，电器可分为高压电器和低压电器。低压电器广泛应用于发电厂、变电站、工矿企业、交通运输、农业、国防工业等电力输配电系统与电气自动控制设备以及计算机控制系统等领域中。它对电能的产生、输送、分配与应用起着开关、控制、保护与调节等作用。

故事汇

电源符号的来源

电源符号的来源可以追溯到1939年前后，当时工程师们为了保障电气设备稳定运行，采用二进制代码来标识电源开关。在二进制中，“1”代表开启，“0”代表关闭，因此电源开关上的“|”和“○”分别表示通电和断电。国际电工委员会(IEC)在1973年编制的技术规范

学习笔记

中，正式提议将“|”和“○”作为电源闭合和断开的标识，国家标准GB/T 15092.1—2020也明确了这一标准。此外，随着技术的发展，电源开关的设计也经历了变化。早期的电源开关是杠杆式的，开关的一端是开，另一端是关。后来，电源开关多数改成了按压式，开和关在同一个位置，于是两个符号也合并起来，变成了如今的样子⏻。

项目要求

任务1：按钮的识别与测试，使用数字式万用表分别测试按钮按下和松开时常闭触点、常开触点的阻值，并记录测试结果；万能转换开关的识别与测试，使用数字式万用表分别测试万能转换开关在左、中、右位置时，接线端子之间的阻值；行程开关的识别与测试，使用数字式万用表分别测试行程开关在原位和被触动后常闭触点、常开触点的阻值。

任务2：使用接触器控制信号起停。按下起动控制按钮SB1，信号灯HL亮；按下停止按钮SB2，信号灯HL灭，要求电路具备短路保护和热过载保护功能，并有单独的断路器进行电路的通断控制。信号灯HL电源等级为AC 220 V。

任务1　开关电器与主令电器的识别与测试

思　考

日常生活中最常见的开关电器有哪些？什么是主令电器？常用的主令电器有哪些？它们之间有什么区别？应该怎样通过测量判别电器的好坏？

知识与技能

一、低压电器的定义及分类

电器是一种根据外界的信号（机械力、电磁力或者其他物理量），自动或手动接通或断开电路，从而断续或连续改变电路参数或状态，实现对电路或非电对象的切换、控制、保护、检测和调节用的电气元件或设备。

低压电器通常指工作在额定电压为交流1 200 V、直流1 500 V以下电路中的电器。常用的低压电器主要有开关电器、主令电器、继电器、接触器、熔断器、执行电器、信号电器等，如图1-1所示。

低压电器种类繁多，用途广泛，分类方法也多种多样，主要有以下几种分类方法：

1. 按用途和控制对象分

1）低压配电电器

低压配电电器主要用于低压配电系统中，实现电能的输送和分配。例如，刀开关、转换开关、低压断路器、熔断器等。

2）低压控制电器

低压控制电器主要用于电气控制系统中，要求寿命长、体积小、质量小，且动作迅速、准确、可靠。例如，接触器、各种控制继电器、主令电器、电磁铁等。

2. 按动作方式分

1）自动电器

自动电器依靠外来信号或其自身参数的变化，通过电磁或压缩空气来完成接通、分断、起动、反向和停止等动作。例如，交、直流接触器，继电器，电磁阀等。

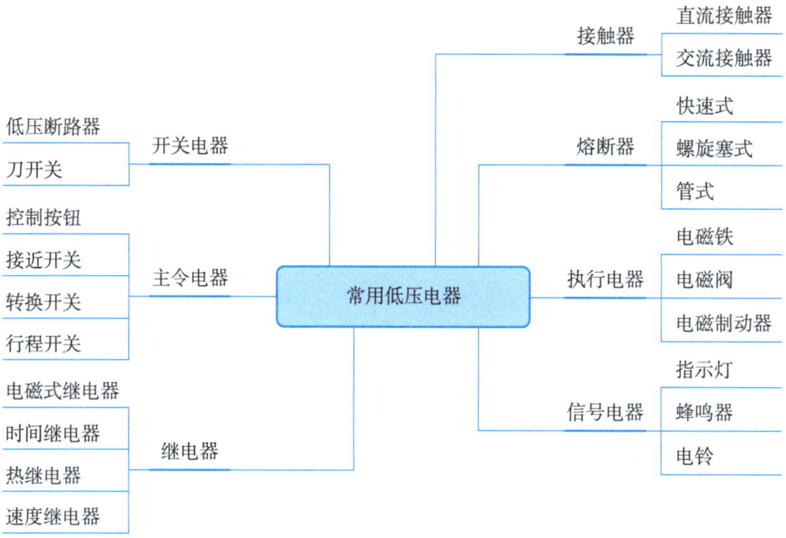

图 1-1　常用低压电器的分类

2）手动电器

手动电器主要是通过外力（用手或经杠杆）操作手柄来完成指令任务的电器。例如，刀开关、控制按钮、转换开关等。

3. 按工作原理分

1）电磁式电器

电磁式电器即利用电磁感应原理来工作的电器。例如，交、直流接触器，各种电磁式继电器，电磁铁等。

2）非电量控制电器

非电量控制电器是依靠外力或非电量信号（如温度、压力、速度等）的变化而动作的电器。例如，转换开关、刀开关、行程开关、温度继电器、压力继电器、速度继电器等。

二、常用的开关电器与主令电器

1. 刀开关

开关是利用触点的闭合和断开在电路中起通、断控制作用的电器。一般情况下，用手操作，所以它又是一种非自动切换的电器。常用的低压电器开关有刀开关、转换开关、自动开关等。

刀开关是低压配电电器中结构最简单、应用最广泛的开关电器。可以将电路与电源明显地隔开，作为电源隔离开关使用，一般不可分断负载电流，但可用于不频繁地接通与分断较小工作电流的负载，如小型电动机、电阻炉等。

视频：刀开关相关知识

1）刀开关的工作原理

如图 1-2(a) 所示，刀开关的结构包括：刀片支架和手柄、刀片（动触头）、刀夹座（静触头）、接线端子、绝缘底座。转动手柄后，刀片与刀夹座相接，从而接通电路。其图形与文字符号如图 1-2(b) 所示。

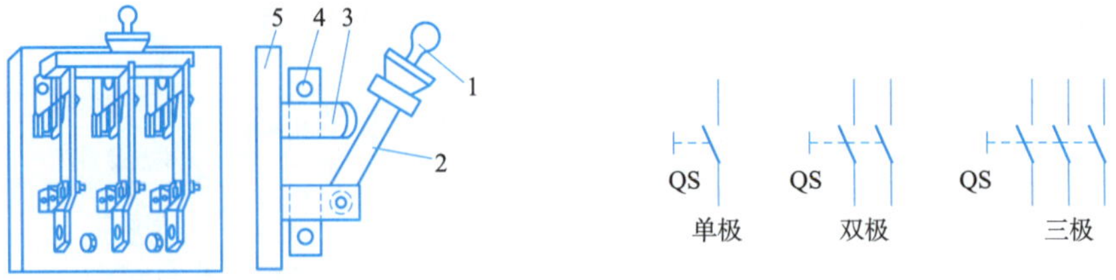

（a）结构　　（b）图形与文字符号

1—刀片支架和手柄；2—刀片；3—刀夹座；4—接线端子；5—绝缘底座。

图 1-2　刀开关的结构及图形与文字符号

2）刀开关的主要技术参数

（1）额定电压。刀开关在长期工作中能承受的最大电压称为额定电压。一般交流为 500 V 以下，直流为 440 V 以下。

（2）额定电流。刀开关在合闸位置长期通过的最大工作电流称为额定电流。小电流刀开关的额定电流有 10 A、15 A、20 A、30 A、60 A 五个等级；大电流刀开关的额定电流有 100 A、200 A、400 A、600 A、1 000 A、1 500 A 六个等级。

（3）动稳定电流。当电路发生短路故障时，刀开关不因短路电流产生的电动力作用而发生变形、损坏或触刀自动弹出的现象。此短路电流峰值即为刀开关的动稳定电流，可高达额定电流的数十倍。

（4）热稳定电流。当电路发生短路故障时，刀开关在一定时间（通常为 1 s）通过短路电流，不会因温度急剧升高而发生熔焊现象。此短路电流峰值即为刀开关的热稳定电流，可高达额定电流的数十倍。

3）刀开关的常用型号及型号含义

刀开关的主要型号有普通刀开关 HD14（单投）、HD17（单投）和 HS13（双投）等系列；开启式负荷开关有 HK2、HD13BX 等系列；封闭式负荷开关有 HH4、HH10、HH11 等系列。表 1-1 所示为 HK2 系列负荷开关的主要技术参数。

表 1-1　HK2 系列负荷开关的主要技术参数

额定电压/V	额定电流/A	极数	熔体额定分断能力/A	控制电动机功率/kW	机械寿命/次	电气寿命/次
250	10	2	500	1.1	10 000	20 000
	15		500	1.5		
	30		1 000	3.0		
500	15	3	500	2.2	10 000	20 000
	30		1 000	4.0		
	60		1 000	5.5		

刀开关的型号及含义如图 1-3 所示。

4）刀开关的选用

（1）根据适用场合，选择刀开关的类型、极数及操作方法。

（2）刀开关的额定电压应大于或等于线路额定电压。

（3）刀开关的额定电流应大于或等于线路的额定电流。对于电动机负载，开启式负荷开关额定电流可取为电动机额定电流的 3 倍，封闭式负荷开关额定电流可取为电动机额定电流的 5 倍。

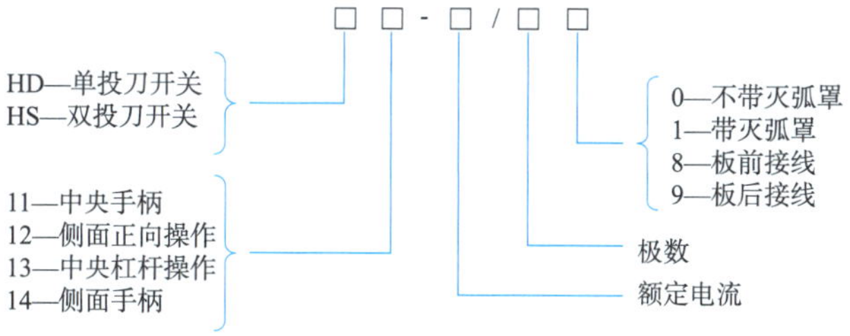

图 1-3　刀开关的型号及含义

2. 低压断路器

低压断路器又称自动空气开关，简称空开，主要用于低压动力电路中。它不仅可以接通和分断正常负荷电流、电动机工作电流和过载电流，而且可以接通和分断短路电流。主要在不频繁操作的低压配电线路和开关柜中作为电源开关使用，当线路、电气设备及电动机等出现短路、过电流、断相、欠电压、漏电以及严重过载等故障时，能自动切断线路，起到保护作用。

视频

低压断路器相关知识

1）低压断路器工作原理

低压断路器主要由触点系统、操作机构和各种脱扣器三部分组成。主触点由耐弧合金制成，采用灭弧栅片灭弧，其通断可用操作手柄操作，也可用电磁机构操作，出现故障时自动脱扣，触点通断瞬时动作与手柄操作速度无关，其工作原理如图 1-4 所示。

断路器的主触点 2 是依靠操作机构手动或电动合闸的，并由自动脱扣机构将主触点锁在合闸位置上。如果电路发生故障，自动脱扣机构在有关脱扣器的推动下动作，使挂钩脱开，主触点 2 在弹簧的作用下迅速分断。过电流脱扣器 5 的线圈和过载脱扣器 6 的线圈与主电路串联，失电压脱扣器 7 的线圈与主电路并联，当电路发生短路或严重过载时，过电流脱扣器的衔铁被吸合，使自动脱扣机构动作；当电路过载时，过载脱扣器的热元件产生的热量增加，使双金属片向上弯曲，推动自动脱扣机构动作；当电路失电压时，失电压脱扣器的衔铁释放，也使自动脱扣机构动作；分励脱扣器 8 则作为远距离分断电路使用，根据操作人员的命令或其他信号使线圈通电，从而使断路器跳闸。

断路器根据不同用途可配备不同的脱扣器，如过电流脱扣器、失（欠）电压脱扣器、热脱扣器、分励脱扣器和自由脱扣器。过电流脱扣器用作严重过载和短路保护；失（欠）电压脱扣器用作失（欠）电压保护；热脱扣器用作过载保护；分励脱扣器用作远距离控制分断电路。低压断路器的外观及图形与文字符号如图 1-4 所示。

2）低压断路器的主要技术参数

（1）额定电压。低压断路器的额定电压在数值上取决于电网的额定电压等级。我国电网标准规定为 AC 220 V、380 V、660 V 及 1 140 V，DC 220 V、440 V 等。应该指出，同一断路器可以规定在几种额定工作电压下使用，但相应的通断能力并不相同。

低压断路器的额定绝缘电压一般就是断路器的最大额定工作电压。

低压断路器的额定脉冲耐压值应大于或等于系统中出现的最大过电压峰值。

（2）额定电流。低压断路器的额定电流就是过电流脱扣器的额定电流。一般是指低压断路器的额定持续电流。

（3）通断能力。低压断路器在规定的条件下，能在给定的电压下接通和分断的最大电流值，也称为额定短路通断能力。

学习笔记

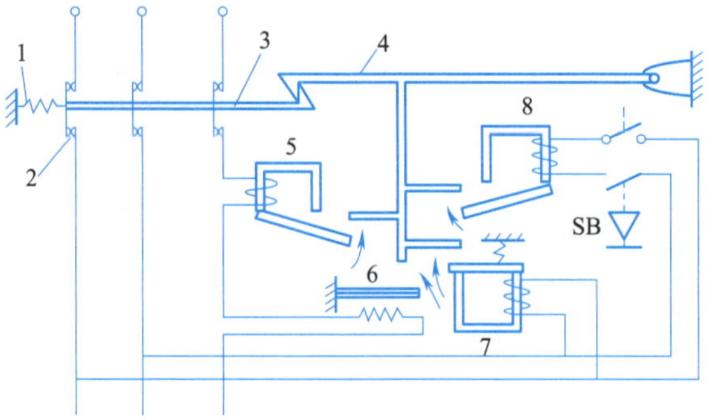

1—分闸弹簧;2—主触点;3—传动杆;4—锁扣;5—过电流脱扣器;
6—过载脱扣器;7—失电压脱扣器;8—分励脱扣器。

图1-4　低压断路器的工作原理图

(a)外观　　(b)图形与文字符号

图1-5　低压断路器的外观及图形与文字符号

(4)分断时间。分断时间指切断故障电流所需的时间,它包括固有的断开时间和燃弧时间。

3)低压断路器的选用

(1)低压断路器的额定工作电压应大于或等于线路或设备的额定工作电压。对于配电电路来说,应注意区别是电源端保护还是负载保护,电源端电压比负载端电压高出约5%。

(2)低压断路器主电路额定工作电流大于或等于负载工作电流。

(3)低压断路器的过载脱扣整定电流应等于负载工作电流。

(4)低压断路器的额定通断能力大于或等于电路的最大短路电流。

(5)低压断路器的欠电压脱扣器额定电压等于主电路额定电压。

(6)低压断路器的类型,应根据电路的额定电流及保护的要求来选用。

4)漏电保护断路器

漏电保护断路器是为了防止发生人体触电、漏电火灾、爆炸事故而研制的一种开关电器。这种断路器实际上是有检漏保护元件的塑料外壳式断路器,主要用于电压为380 V以下及电流在60 A以下的交流电路中,作为漏电保护。漏电保护断路器在接入电路时,应接在电能表和熔断器后面,安装应按规定的标志接线。当人体触电或设备漏电时,其迅速切断故障电路,从而避免人体和设备受到危害。

3. 主令电器

主令电器是自动控制系统中用于发出指令或信号的电器。主令电器用于控制电路,不能直接分合主电路。

主令电器应用广泛、种类繁多。常用的主令电器有控制按钮、行程开关、万能转换开关、接近开关等。

学习笔记

1）控制按钮

控制按钮（push button）是一种结构简单、控制方便、应用广泛的主令电器。在低压控制电路中，控制按钮用于手动发出控制信号，短时接通和断开小电流的控制电路。

视频

控制按钮相关知识

（1）控制按钮的外形、结构及符号。控制按钮由按钮帽、复位弹簧、桥式动静触点和外壳等组成，其外观、结构和图形与文字符号如图 1-6 所示。按钮常做成复合式，即同时具有一对常开触点（动合触点）和常闭触点（动断触点）。按下按钮帽时常闭触点先断开，然后常开触点闭合（即先断后合）。触点的额定电流一般在 5 A 以下。去掉外力后，在复位弹簧的作用下，常开触点断开，常闭触点闭合。

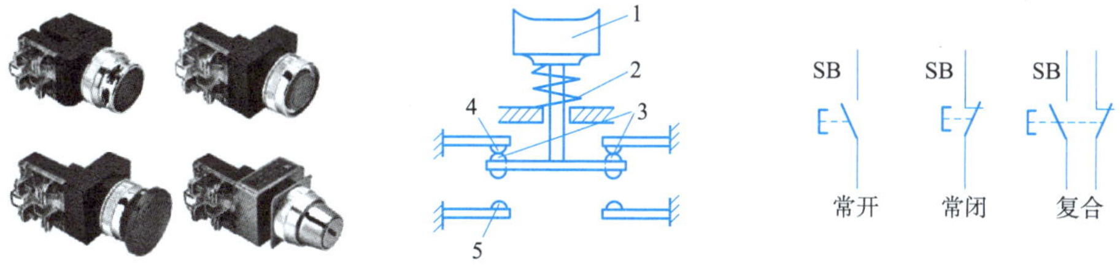

（a）外观　　（b）结构　　（c）图形与文字符号

1—按钮帽；2—复位弹簧；3—动触点；4—常闭静触点；5—常开静触点。

图 1-6　控制按钮的外观、结构和图形与文字符号

控制按钮的种类很多，可分为普通揿钮式、蘑菇头式、自锁式、自复位式、旋钮式、带指示灯式及钥匙式等。有单钮、双钮、三钮及不同组合形式，一般采用积木式结构。旋钮式和钥匙式的控制按钮也称为选择开关，有双位选择开关和多位选择开关之分。选择开关和一般按钮的区别在于选择开关不能自动复位。

为了标明各个按钮的作用，避免误操作，通常将按钮帽做成红、绿、黑、黄、白等颜色，以示区别。一般红色表示停止按钮，绿色表示起动按钮，红色蘑菇头的表示急停按钮。

（2）控制按钮的技术参数。控制按钮的主要技术参数有额定电压、额定电流、结构型式、触点数量及按钮颜色等。常用的控制按钮额定电压为交流 380 V，额定电流为 5 A。

常用的控制按钮有 LA18、LA19、LA20 及 LA25 等系列。LA20 系列控制按钮主要技术参数见表 1-2。

表 1-2　LA20 系列控制按钮主要技术参数

型号	触点数量		结构型式	按　钮		指示灯	
	常开	常闭		钮数	颜色	电压/V	功率/W
LA20-11	1	1	揿钮式	1	红、绿、黄、蓝或白	—	—
LA20-11J	1	1	紧急式	1	红	—	—
LA20-11D	1	1	带灯揿钮式	1	红、绿、黄、蓝或白	6	<1
LA20-11DJ	1	1	带灯紧急式	1	红	6	<1
LA20-22	2	2	揿钮式	1	红、绿、黄、蓝或白	—	—
LA20-22D	2	2	紧急式	1	红	—	—
LA20-22J	2	2	带灯揿钮式	1	红、绿、黄、蓝或白	6	<1

续表

型号	触点数量		结构型式	按钮		指示灯	
	常开	常闭		钮数	颜色	电压/V	功率/W
LA20-22DJ	2	2	带灯紧急式	1	红	6	<1
LA20-2K	2	2	开启式	2	白红或绿红	—	—
LA20-3K	3	3	开启式	3	白、绿、红	—	—
LA20-2H	2	2	保护式	2	白红或绿红	—	—
LA20-3H	3	3	保护式	3	白、绿、红	—	—

(3)控制按钮的型号及含义,如图1-7所示。

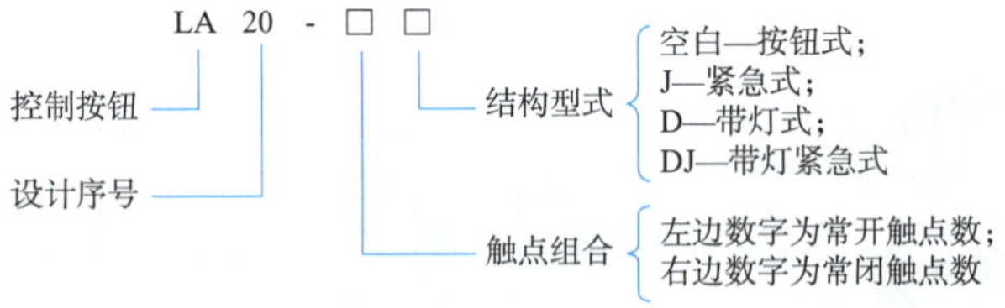

图1-7 控制按钮的型号及含义

(4)控制按钮的选用:

①根据适用场合选择控制按钮的种类,如开启式、防水式、防腐式等。

②根据用途选择控制按钮的结构型式,如钥匙式、紧急式、带灯式等。

③根据控制要求确定按钮数,如单式、复式、三联式等。

④根据状态指示和工作情况的要求选择控制按钮及指示灯的颜色。

2)行程开关

行程开关(travel switch)又称限位开关或位置开关,是一种利用生产机械某些运动部件的撞击发出控制信号的小电流(5 A以下)主令电器。它用来限制生产机械运动的位置或行程,使运动的机械按一定位置或行程自动停止、反向运动、变速运动或自动往返运动等。

(1)行程开关的外形、结构及图形与文字符号。行程开关的种类很多,按头部结构分为直动式、滚轮式、杠杆式、单轮式、双轮式、滚轮摆杆可调式、弹簧杆式等;按动作方式分为瞬动型和蠕动型。

直动式行程开关的作用与按钮相同,也是用来接通或断开控制电路的。只是行程开关触点的动作不是靠手动操作,而是利用生产机械某些运动部件的碰撞使触点动作,从而将机械信号转换为电信号,通过控制其他电器来控制运动部件的行程大小、运动方向或进行限位保护。

行程开关由触点或微动开关、操作机构及外壳等部分组成,如图1-8所示。当生产机械某些运动部件触动操作机构时,触点动作。为了使触点在生产机械缓慢运动时仍能快速动作,通常将触点设计成跳跃式的瞬动结构。触点断开与闭合的速度不取决于推杆的行进速度,而由弹簧的刚度和结构所决定。触点的复位由复位弹簧来完成。

滚轮式行程开关通过滚轮和杠杆的结构,来推动类似于微动开关中的瞬动触点机构而动作。当运动的机械部件压动滚轮到一定位置时,使得杠杆平衡点发生转变,从而迅速推动活动触点,实现触点瞬间切换。触点的分合速度不受运动机械移动速度的影响。其他各种结构的行程开关,只是传感部件的结构和工作方式不同,而触点的动作原理都是类似的。

学习笔记

行程开关的文字符号为 SQ,图形符号如图 1-8 所示。

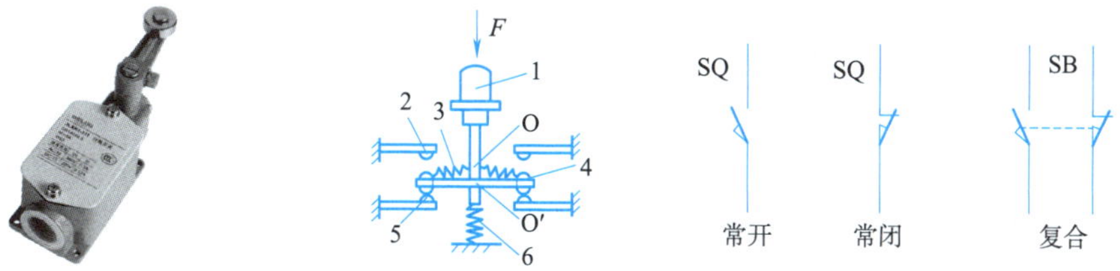

（a）外形　（b）结构　（c）图形与文字符号

1—推杆;2—动合静触点;3—触点弹簧;4—动触点;5—动断静触点;6—复位弹簧。

图 1-8　行程开关的外形、结构及图形与文字符号

(2)行程开关的主要技术参数。行程开关的主要技术参数有额定电压、额定电流、触点数量等。常用的行程开关有 JLXK1、LX2、LX3、LX5、LX12、LX19A、LX21、LX22、LX29、LX32 等。行程开关的主要技术参数见表 1-3。

表 1-3　行程开关的主要技术参数

型　号	结构型式	额定电压/V		额定电流/A		触点数量	
		交流	直流	交流	直流	常开	常闭
JLXK1-111	单轮防护式	380	220	0.3	0.12	1	1
JLXK1-211	双轮防护式						
JLXK1-311	柱塞防护式						
JLXK1-411	柱塞滚轮防护式						
JLXK1-511	万向型防护式						
JLXK1-111M	单轮密封式						

(3)行程开关的型号含义。常用的 JLXK1 系列行程开关的型号含义如图 1-9 所示。

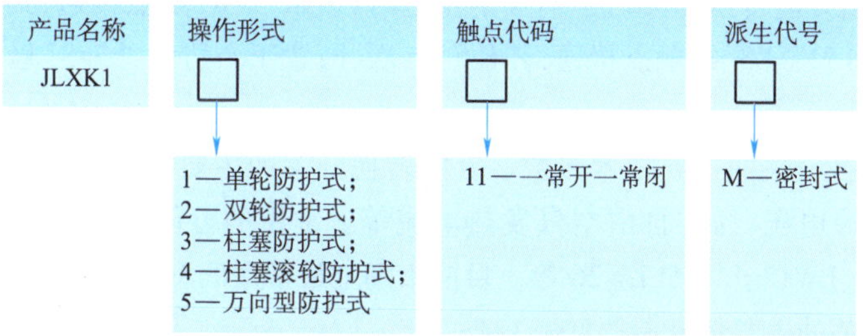

图 1-9　行程开关的型号含义

(4)行程开关的选用:

①根据应用场合及控制对象选择。

②根据安装使用环境选择防护形式。

③根据控制回路的电压和电流选择相应的行程开关。

④根据生产机械运动部件和行程开关的机械方式及位移关系选择行程开关的头部形状。

3)万能转换开关

万能转换开关是一种具有多挡位、多段式的能够控制多回路的主令电器。其主要用于

各种配电装置的电源隔离、电路转换及电动机远距离控制；用作电压表、电流表的换相测量开关；也可用于小容量电动机的起动、换相及调速。因其控制电路多、用途广泛，故称为万能转换开关。

（1）万能转换开关的外形、结构及图形与文字符号。万能转换开关由触点、触点弹簧、凸轮和转轴等组成。当将手柄转动到不同的挡位时，转轴带动凸轮转动，凸轮上相应的凹槽［见图1-10(b)的左上角］对应的触点（c_1-x_1）闭合，其他触点（c_2-x_2、c_3-x_3）断开。图中仅展示万能转换开关中的一层，实际的转换开关是由多层同样结构的触点组件叠装而成，每层上的触点数根据型号的不同而不同，凸轮上的凹槽数也不一定只有一个。

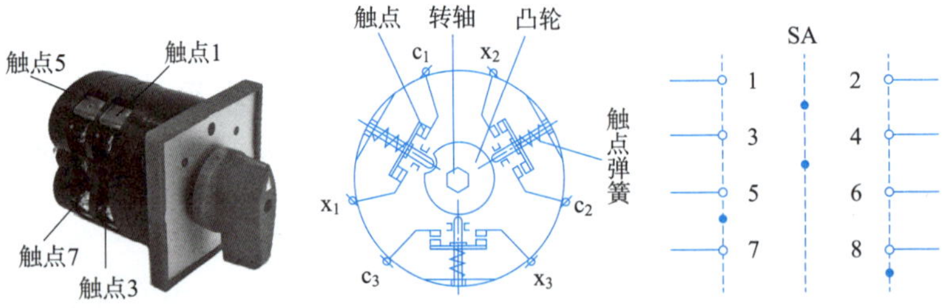

（a）外形　（b）单层结构　（c）图形与文字符号

触点	位置		
	左	0	右
1-2		×	
3-4		×	
5-6	×		
7-8			×

（d）通断表

图1-10　万能转换开关的外形、结构、图形与文字符号及通断表

图1-10(a)为LW5型万能转换开关的外形。万能转换开关的图形与文字符号如图1-10(c)所示，图形符号中“每一横线”代表一路触点，而竖的虚线代表手柄的位置。哪一路接通，就在代表该位置的虚线上的触点下用黑点“•”表示。如果虚线上没有“•”，则表示当操作手柄处于该位置时，该对触点处于断开状态。为了更清楚地表示万能转换开关的触点分合状态与操作手柄的位置关系，在机电控制系统图中，经常把万能转换开关的图形符号和触点通断表结合使用。如图1-10(d)所示，表中“×”表示触点闭合，空白表示触点分断。例如，在图1-10(c)中，当万能转换开关的手柄置于左边时，表示“5-6”触点接通，其他触点断开；置于“0”位置时，“1-2”、“3-4”触点接通，其他触点断开；置于右边时，“7-8”触点接通，其他触点断开。

（2）万能转换开关的主要技术参数。万能转换开关的主要技术参数包括额定电压、额定电流、额定绝缘电压、约定自由空气发热电流等。常用的万能转换开关的型号有LW2、LW4、LW5、LW6、LW12、LW15、LW26等。目前市场上最常用的型号为LW5、LW6和LW12系列，万能转换开关的主要技术参数见表1-4。

表1-4　万能转换开关的主要技术参数

型　号	结构型式	节数	约定自由空气发热电流/A
LW5D-16 B0011/1	自复型 45°→0°←45°①	1	16
LW5D-16 C0071/1	定位型 0°　45°②	1	16
LW5D-16 D0414/2	定位型 45°　0°　45°	2	16
LW5D-16 N5938/3	定位型 45°　45°	3	16

①自复型开关，箭头“→”代表自复位，此开关有左侧45°、0°和右侧45°三个挡位；
②定位型开关，开关会保持在当前位置，此开关有0°和右侧45°两个挡位。

（3）万能转换开关的型号含义。常用的LW5型万能转换开关的型号含义如图1-11所示。

学习笔记

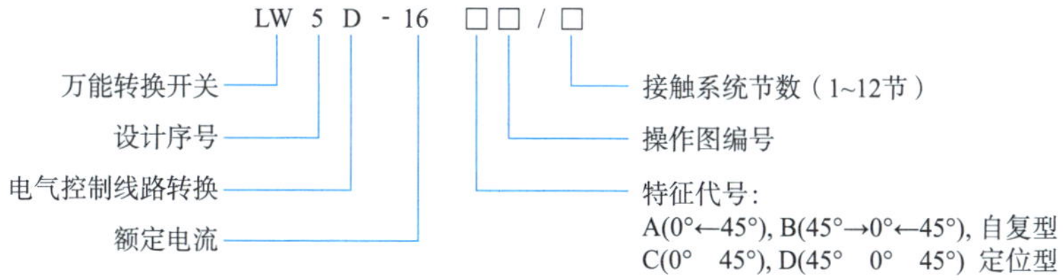

图 1-11　万能转换开关的型号含义

（4）万能转换开关的选用：

①按额定电压和额定电流选择相应的万能转换开关。

②按操作需要选定手柄的形式。

③按控制要求参照万能转换开关产品样本确定触点数量和接线图编号。

4）接近开关

接近开关（proximity switch）是一种非接触式的、无触点行程开关。当某一物体接近其信号机构时，它就能发出信号，从而进行相应的操作，而且不论所检测的物体是运动的还是静止的，接近开关都会自动地发出物体接近的动作信号。它不像机械行程开关那样需要施加机械力，而是通过感应头与被测物体间介质能量的变化来获取信号的。

（1）接近开关外形、结构及图形与文字符号。接近开关不仅能代替有触点行程开关来完成行程控制和限位保护，还可用于高频计数、测速、液面检测、检测零件尺寸、检测金属体的存在等。由于它具有无机械磨损、工作稳定可靠、寿命长、重复定位精度高以及能适应恶劣的工作环境等特点，所以在航空航天、工业生产、公共服务（如银行、宾馆的自动门等）等领域得到了广泛应用。

接近开关按其工作原理可分为涡流式、电容式、光电式、热释电式、霍尔效应式和超声波式等。涡流式接近开关的外形、原理框图及图形与文字符号如图 1-12 所示。它是利用导电物体在接近高频振荡器的线圈磁场（感应头）时，使物体内部产生涡流。这个涡流反作用到接近开关，使振荡电路的电阻增大，损耗增加，直至振荡减弱终止。由此识别出有无导电物体移近，进而控制开关的通断。这种接近开关所能检测的物体必须是导电体。

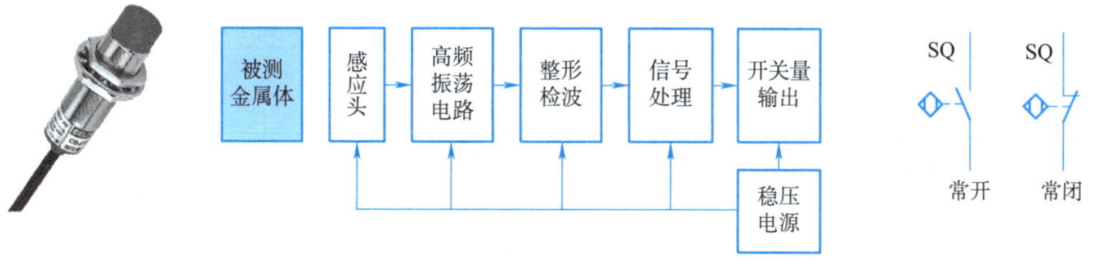

（a）外形　（b）原理框图　（c）图形与文字符号

图 1-12　涡流式接近开关的外形、原理框图及图形与文字符号

电容式接近开关是通过物体移向接近开关时，使电容的介电常数发生变化，从而使电容量发生变化来感测物体的远近。它的检测对象可以是导体、绝缘的液体或粉状物等。

光电式接近开关是利用光电效应做成的开关。将发光器件与光电器件按一定方向装在同一个检测头内，当有反光面（被检测物体）接近时，光电器件接收到反射光后就有输出信号，由此来感测物体的接近。

接近开关的文字符号为SQ,其图形符号如图1-12(c)所示。

(2)接近开关的主要技术参数。接近开关的主要技术参数有动作距离、重复准确度、操作频率、复位行程等,主要产品有LJ2、LJ6、LJ18A3等系列。接近开关比行程开关价格高,一般用于工作频率高、可靠性及精度要求均较高的场合。

(3)接近开关的选用。在一般的工业生产场所,通常都选用涡流式接近开关和电容式接近开关,因为这两种接近开关对环境的要求条件较低。当被测对象是导电物体或可以固定在一块金属物上时,一般都选用涡流式接近开关,因为它的响应频率高、抗环境干扰性能好、应用范围广、价格较低。若被测对象是非金属(如塑料木材等),则应选用电容式接近开关,因为这种开关的响应频率低,但稳定性好。若被测对象是导磁材料或者为了区别和它在一同运动的物体而把磁钢埋在被测对象内时,应选用霍尔效应式接近开关,因为它的价格最低。

无论选用哪种接近开关,都应注意对工作电压、负载电流、响应频率、检测距离等各项指标的要求。

任务分析

识别常用的开关元件及主令电器,并使用万用表测试控制按钮、万能转换开关以及行程开关的通断以及常开常闭触点的导通电阻。

任务实施

一、清点器材

万用表1块、控制按钮1个、万能转换开关1个、行程开关1个。

二、低压电器的识别与测量

1. 控制按钮的识别与测量

常用的LA38-11D型控制按钮如图1-13所示,图1-13(a)为控制按钮的外观,图1-13(b)为控制按钮的底部放大图。从图1-13(b)中可以看出,底部有11、12、23、24共四个接线端子。其中11、12是一对,为常闭触点接线端子;23、24是一对,为常开触点接线端子。

(a)外观

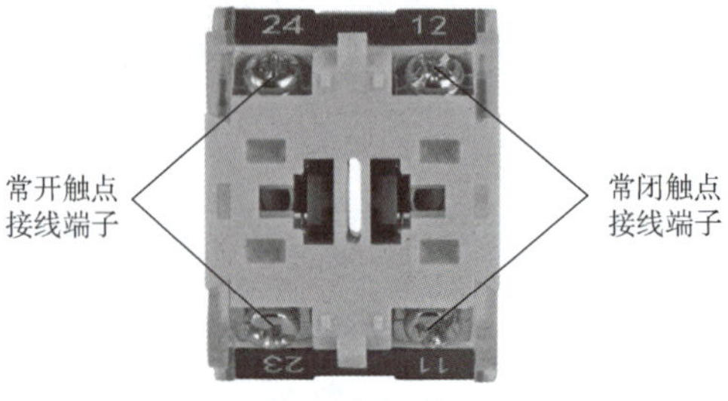

(b)底部放大图

图1-13 LA38-11D型控制按钮

控制按钮松开时,用万用表分别测量11与12之间的阻值、23与24之间的阻值,并填写到表1-5中。按下控制按钮,分别测量11与12、23与24间的阻值,并填写到表1-5中。

学习笔记

表 1-5　控制按钮的测量表

项　　目	松开控制按钮	按下控制按钮
11-12 之间阻值		
23-24 之间阻值		

2. 万能转换开关的识别与测量

常用的 LW5D-16N/2 型万能转换开关如图 1-14 所示。从图中可以看出万能转换开关有 1、2、3、4、5、6、7、8 共八个接线端子，其中 1-2、3-4、5-6、7-8 为一对。

图 1-14　LW5D-16N/2 型万能转换开关

当万能转换开关在“0”位置时，使用万用表分别测量 1-2、3-4、5-6 以及 7-8 之间的阻值；当万能转换开关在左侧时，使用万用表分别测量 1-2、3-4、5-6 以及 7-8 之间的阻值；当万能转换开关在右侧时，使用万用表分别测量 1-2、3-4、5-6 以及 7-8 之间的阻值，将测量的阻值填到表 1-6 中。

表 1-6　万能转换开关的测量表

项　　目	左　　侧	“0”位置	右　　侧
1-2 之间阻值			
3-4 之间阻值			
5-6 之间阻值			
7-8 之间阻值			

从表 1-6 中可以得出万能转换开关的图形符号及通断表，请完善图 1-15。

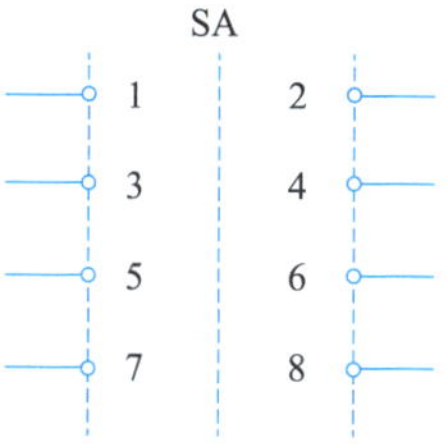

（a）图形符号

触点	位置		
	左	0	右
1-2			
3-4			
5-6			
7-8			

（b）通断表

图 1-15　万能转换开关图形符号以及通断表

3. 行程开关的识别与测量

常用的 JLXK1-111 型行程开关如图 1-16 所示。将行程开关的保护壳去掉后可以看到内部有四个触点，分别为 1、2、3、4。其中，1、2 是一对为常闭触点；3、4 是一对常开触点。

学习笔记

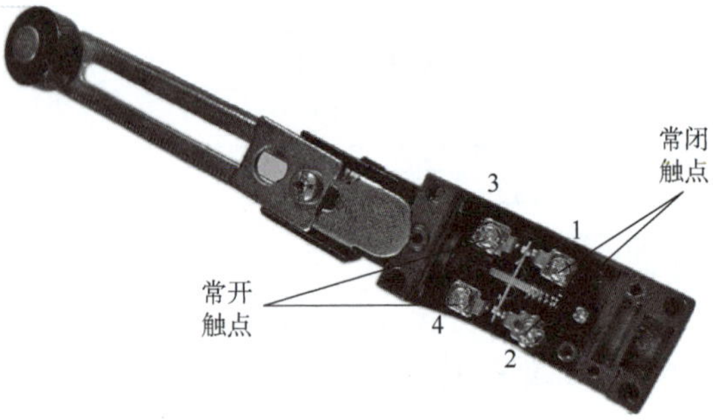

图 1-16 JLXK1-111 型行程开关

用万用表分别测量 1-2 之间以及 3-4 之间的阻值；向右拨动行程开关的滚轮，此时分别用万用表测量 1-2 之间以及 3-4 之间的阻值，并将测量的阻值填写到表 1-7 中。

表 1-7 行程开关的测量表

项目	行程开关在原位	行程开关在右侧
1-2 之间阻值		
3-4 之间阻值		

任务评价

按照任务的完成情况进行评价，评价的方式可以是教师评价、教师指定的检查组评价或者组间互评等。评价的过程中需要记录存在的问题，评价记录工作单见表 1-8。

表 1-8 评价记录工作单

类别	评价内容	分值	评分标准	记录	评分
控制按钮的识别与测量	正确使用万用表	20	能熟练使用得 5 分		
	能够正确识别控制按钮		能正确识别控制按钮得 5 分		
	能够正确测量控制按钮		表 1-5 中每错一个扣 2.5 分，全对得 10 分		
万能转换开关的识别与测量	能够正确识别万能转换开关	43	能正确识别万能转换开关得 5 分		
	能够正确测量万能转换开关		表 1-6 中每错一个扣 2.5 分，全对得 30 分		
	能正确画出万能转换开关的图形符号和通断表		图 1-15 中每处错误扣 1 分，全对得 8 分		
行程开关的识别与测量	能够正确识别行程开关	15	能正确识别行程开关得 5 分		
	能够正确测量行程开关		表 1-7 中每处错误扣 2.5 分，全对得 10 分		
职业素养	劳动纪律、操作规范、安全文明生产	10	不遵守实训纪律、不爱惜实训设备、浪费耗材、危险用电，根据情况酌情扣 1～10 分		
知识提问	由教师进行本任务相关知识的提问	12	完全正确得 12 分，部分答对由教师酌情给分		

任务反思与练习

一、任务反思

检查任务中存在的问题并进行完善，提交相关技术资料，见表1-9。

表1-9　改进工作单

<table>
<tr><td>改进要点记录</td><td colspan="2"></td></tr>
<tr><td rowspan="5">产品提交</td><td>项目</td><td>负责人(签字)</td></tr>
<tr><td>设计报告</td><td></td></tr>
<tr><td>使用说明</td><td></td></tr>
<tr><td>作品功能检查</td><td></td></tr>
<tr><td>作品技术规范检查</td><td></td></tr>
</table>

二、练习

(一)单选题

1. 按下按钮时，(　　)触点先断开，(　　)触点再闭合。

A. 常开，常闭　　B. 常闭，常开

C. 常开，常开　　D. 常闭，常闭

2. 按下按钮后再松开时，(　　)触点先恢复断开状态，(　　)触点再恢复闭合状态。

A. 常开，常闭　　B. 常闭，常开

C. 常开，常开　　D. 常闭，常闭

3. 不同颜色的按钮代表不同的用途，一般习惯用(　　)按钮表示停车，用(　　)或者黑色按钮表示起动或者通电。

A. 绿色，红色　　B. 黄色，绿色

C. 红色，绿色　　D. 黑色，绿色

4. 在安装刀开关时，电源进线应接在(　　)触点一边的进线端上，负载应接在(　　)触点一边的出线端上。

A. 静，静　　B. 静，动

C. 动，静　　D. 动，动

5. 安装刀开关时，手柄要向(　　)，不得倒装或平装，避免刀开关自动下落引起误动作合闸。

A. 向下　　B. 向上

6. 转换开关的文字符号是(　　)。

A. SB　　B. QS

C. SA

学习笔记

7. 同时按下起动按钮和停止按钮,正常状态下万用表示数为(　　)。

A. 1　　B. 0

C. 接触器线圈内阻

8. 检查电源时,把万用表两表笔分别放在L、N上,合上断路器,若万用表示数为0,表示电路(　　)。

A. 短路　　B. 接通

C. 断开

(二)多选题

1. 低压断路器的功能有(　　)。

A. 欠电压保护　　B. 失电压保护

C. 过载保护　　D. 短路保护

2. 下列文字符号中,(　　)是低压断路器的文字符号。

A. QS　　B. QF

C. KF　　D. KM

3. 根据触点数目,低压断路器可分为(　　)。

A. 五极　　B. 三极

C. 双极　　D. 单极

任务2　使用接触器控制信号起停

思　考

日常生活中除了主令开关,还有哪些自动电器?这些自动电器起到什么样的作用?

知识与技能

一、继电器

继电器(relay)是一种根据某种输入信号的变化来接通和断开控制电路,实现自动控制和保护的电器。其输入量可以是电压、电流等电气量,也可以是时间、温度、速度等非电气量。

继电器的种类很多,其分类方法也很多,常用的分类方法如下:

按输入量的物理性质可分为电压继电器、电流继电器、功率继电器、时间继电器、速度继电器、温度继电器等。

按工作原理可分为电磁式继电器、感应式继电器、电动式继电器、热继电器、电子式继电器等。

按输出形式可分为有触点继电器、无触点继电器等。

继电器一般由感测机构、中间机构和执行机构三部分组成。感测机构把感测到的电气量和非电气量传递给中间机构,将它与整定值进行比较,当达到整定值(过量或欠量)时,中间机构便使执行机构动作,从而接通或断开电路。无论继电器的输入量是电气量还是非电气量,继电器工作的最终目的都是控制触点的分断或闭合,从而控制电路的通断。

1. 电磁式继电器

电磁式继电器由电磁机构和触点系统组成。因继电器的触点均接在控制电路中，电流小，其触点额定电流不超过5 A，无须再设灭弧装置。但继电器为满足控制要求，需要调节动作参数，故有调节装置。

常用的电磁式继电器可分为电流继电器、电压继电器和中间继电器。

1)电磁式电流继电器

电流继电器的输入信号为电流，其线圈与被测电路串联，以反映电路中电流的变化而动作。为降低负载效应和对被测量电路参数的影响，其线圈匝数少、导线粗、阻抗小。电流继电器常用于按电流原则控制的场合，如电动机的过载及短路保护、直流电动机失磁保护等。电流继电器有欠电流继电器和过电流继电器两种。

欠电流继电器在正常工作时衔铁吸合，其常开触点闭合、常闭触点断开。当电流降到某一数值(一般为额定电流的20%~30%)时衔铁释放，触点复位，即常开触点断开、常闭触点闭合，实现欠电流保护或控制作用。过电流继电器在正常工作时不动作，而当电流超过某一整定值时，衔铁吸合，同时带动触点动作，实现过电流保护作用。电磁式电流继电器的外形及图形与文字符号如图1-17所示。

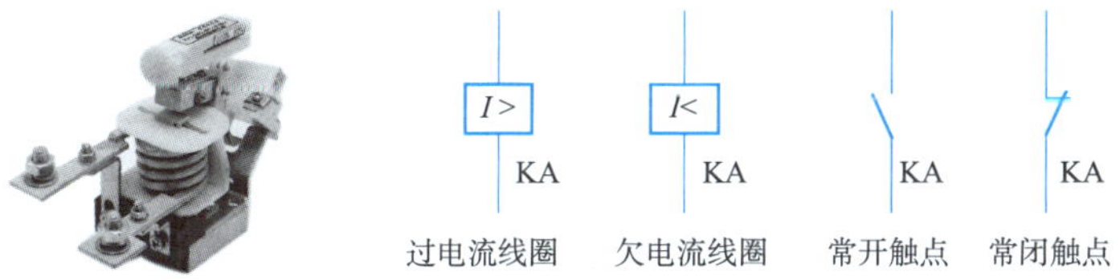

(a)外形　(b)图形与文字符号

图1-17　电磁式电流继电器的外形及图形与文字符号

JL14系列电磁式电流继电器的型号含义如图1-18所示。

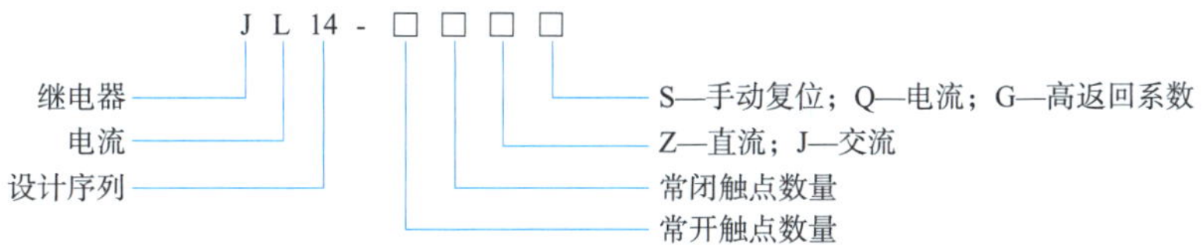

图1-18　JL14系列电磁式电流继电器的型号含义

2)电磁式电压继电器

电压继电器的线圈与被测电路并联，其线圈匝数多而导线细。根据动作电压的不同，电压继电器分为过电压继电器、欠电压继电器和零电压继电器。过电压继电器在线圈电压正常时衔铁不产生吸合动作，而在发生过电压[$(1.05\sim1.2)U$]故障时衔铁吸合；欠电压继电器在线圈电压正常时衔铁吸合，而发生欠电压[$(0.4\sim0.7)U$]故障时衔铁释放；零电压继电器在线圈电压降到$(0.05\sim0.25)U$以下时动作。它们分别用作过电压、欠电压和零电压保护。电磁式电压继电器的外形及图形与文字符号如图1-19所示。

JT3系列电磁式电压继电器的型号含义如图1-20所示。

3)中间继电器

中间继电器实质是一种电压继电器。它的特点是触点数量较多，触点容量较大(额定电

学习笔记

视频

电磁式继电器相关知识

流为 5 ~ 10 A)，且动作灵敏。其主要用途：当其他继电器的触点数量或触点容量不够时，可借助中间继电器来扩大触点数量或触点容量，起到中间转换的作用。中间继电器也有交流、直流之分，可分别用于交流控制电路和直流控制电路。中间继电器的外形及图形与文字符号如图 1-21 所示，其文字符号为 KA。

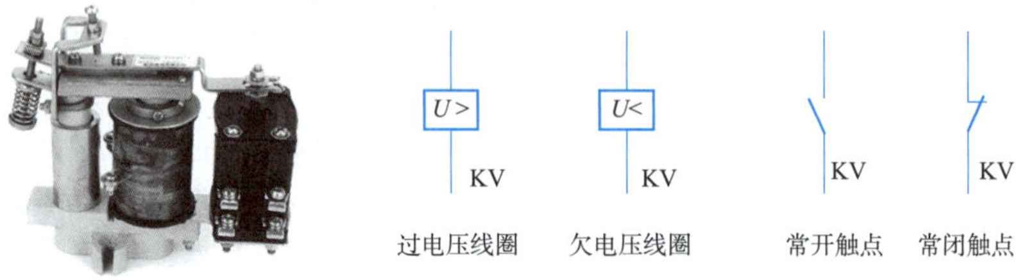

(a) 外形　　(b) 图形与文字符号

图 1-19　电磁式电压继电器的外形及图形与文字符号

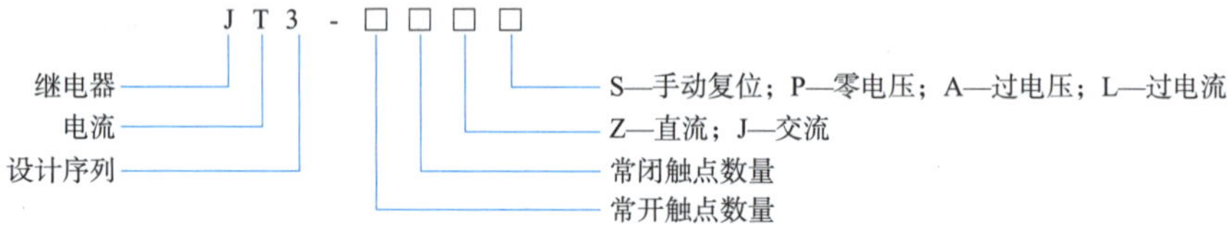

图 1-20　JT3 系列电磁式电压继电器的型号含义

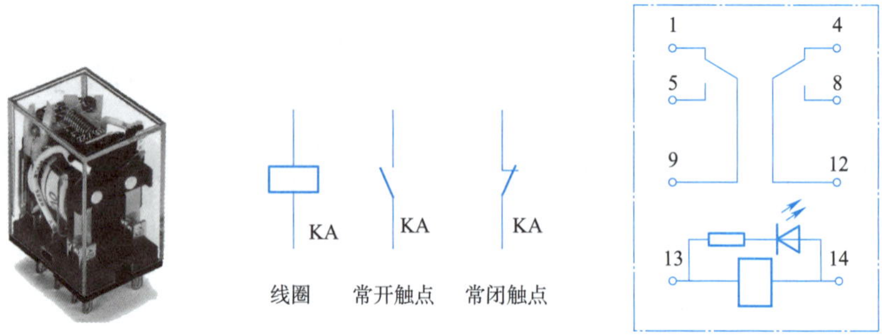

(a) 外形　　(b) 图形与文字符号　　(c) 接口定义

图 1-21　中间继电器的外形及图形与文字符号

从 1-21(c) 中可以看出，中间继电器共有 8 个引脚，分别为 1、4、5、8、9、12、13 和 14，其中 13 和 14 引脚为继电器的线圈，其中 14 引脚接电源正，13 引脚接电源负。1、5、9 引脚构成了一个单刀双掷的开关，9 引脚为公共引脚。当线圈得电时，5-9 导通，1-9 断开；当线圈失电时，1-9 导通，5-9 断开。4、8、12 引脚与 1、5、9 引脚类似，构成了一个单刀双掷的开关，其工作原理类似，此处不再赘述。

JZX 系列中间继电器的型号含义如图 1-22 所示。

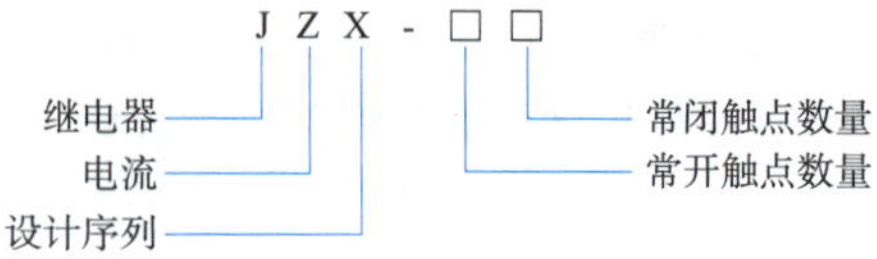

图 1-22　JZX 系列中间继电器的型号含义

4)电磁继电器的主要技术参数

(1)额定参数:额定参数包括额定电压和额定电流等。继电器的线圈在正常时允许的电压值称为继电器的额定电压。触点在正常工作时允许通过的电流称为继电器的额定电流。

(2)动作参数:动作参数指继电器的吸合值与释放值。对于电压继电器,有吸合电压与释放电压;对于电流继电器,有吸合电流与释放电流。

(3)整定值:根据控制要求,对继电器的动作参数进行人为调整的数值称为整定值。

(4)返回系数:返回系数 K 是继电器释放值与吸合值之比,$K = X_1/X_2$。K 值的大小可通过调节反作用弹簧的松紧程度(拧紧弹簧时 K 增大,放松时 K 减小),或调整铁芯与衔铁间非磁性垫片的厚度(增厚时 K 增大,减薄时 K 减小)来实现。不同场合要求不同的 K 值。

(5)动作时间:动作时间有吸合时间和释放时间两种。吸合时间是指从线圈接收电信号至衔铁完全吸合所需的时间。一般电磁式继电器动作时间为 0.05 ~ 0.2 s,小于 0.05 s 为快速动作继电器,大于 0.2 s 为延时动作继电器。释放时间是指从线圈断电到衔铁完全释放所需的时间。

5)电磁式继电器的选用

(1)继电器的典型用途是控制接触器的线圈,即控制交、直流电磁铁。故继电器使用类别为 AC-11 控制交流电磁铁负载,DC-11 控制直流电磁铁负载。

(2)继电器在对应使用类别下,选用电流继电器时,应使线圈的电流种类和电压等级与负载电路一致;选用电压继电器时,线圈的电流种类和电压等级应与控制电路一致。

(3)继电器工作制应与其使用场合工作制一致,且继电器额定操作频率应高于实际使用场合操作频率。

(4)应根据控制要求调节电压和电流继电器的返回系数。一般使用增加衔铁吸合后的气隙、减小衔铁打开后的气隙或适当拧紧反作用弹簧等措施来达到增大返回系数的目的。

(5)根据控制电路的要求选择触点的类型(常开或常闭)和数量。

2. 时间继电器

学习笔记

视频

时间继电器相关知识

凡在感测元件获得信号后,其执行元件(触点)要经过一个预先设定的延时后才输出信号的继电器称为时间继电器(time relay)。这里指的延时区别于一般电磁式继电器从线圈得电到触点闭合的固有动作时间。

时间继电器常用于按时间原则进行控制的场合。按动作原理可分为直流电磁式、空气阻尼式、电动式和电子式等。直流电磁式时间继电器延时时间短(0.3 ~ 1.6 s),但它的结构比较简单,通常用在断电延时场合。直流电磁式、电动式、空气阻尼式时间继电器在早期的机电控制系统中普遍采用,但定时准确度低、故障率高。随着电子技术的飞速发展,电子式时间继电器以其性能好、功能强的特点得到了广泛应用。

根据延时方式的不同,时间继电器可分为通电延时继电器和断电延时继电器。通电延时继电器接收输入信号后,延迟一定的时间后输出信号才发生变化,而当输入信号消失后,输出信号瞬时复位;断电延时继电器接收输入信号后,瞬时产生输出信号,而当输入信号消失后,延迟一定的时间后输出信号才复位。

1)空气阻尼式时间继电器

(1)空气阻尼式时间继电器的结构与工作原理。空气阻尼式时间继电器又称气囊式时间继电器,它是利用空气通过小孔时产生阻尼的原理获得延时的。它由电磁机构、延时机构

学习笔记

和触点系统三部分构成。电磁机构为双E直动型，延时机构采用气囊式阻尼器，触点系统借用LX5型微动开关。

空气阻尼式时间继电器的电磁机构可以是直流的或是交流的，它既可做成通电延时型，也可做成断电延时型。国产JS7-A型空气阻尼式时间继电器只要改变其电磁机构的安装方向，便可实现不同的延时方式。当衔铁位于铁芯和延时机构之间时为通电延时型，如图1-23(a)所示；当铁芯位于衔铁和延时机构之间时为断电延时型，如图1-23(b)所示。下面以通电延时型为例介绍其工作原理。

在图1-23(a)中，当线圈1通电后，衔铁3被铁芯2吸合而向上运动，活塞杆6在塔形弹簧8的作用下，带动活塞12及橡皮膜10向上移动。由于橡皮膜10下方的空气较稀薄形成负压，活塞杆6只能缓慢上移，其移动速度决定了延时的长短。移动速度由进气孔14的大小来定，可通过调节螺杆13来调整。进气孔大，移动速度快，延时短；进气孔小，移动速度慢，延时长。在活塞杆6向上移动过程中，杠杆7随之做逆时针旋转。当活塞杆6移到与已吸合的衔铁接触时停止移动，同时，杠杆7压动微动开关15，使其常闭触点打开、常开触点闭合，起到通电延时的作用（即线圈通电后触点延时动作）。延时时间为线圈通电到微动开关触点动作之间的时间间隔。

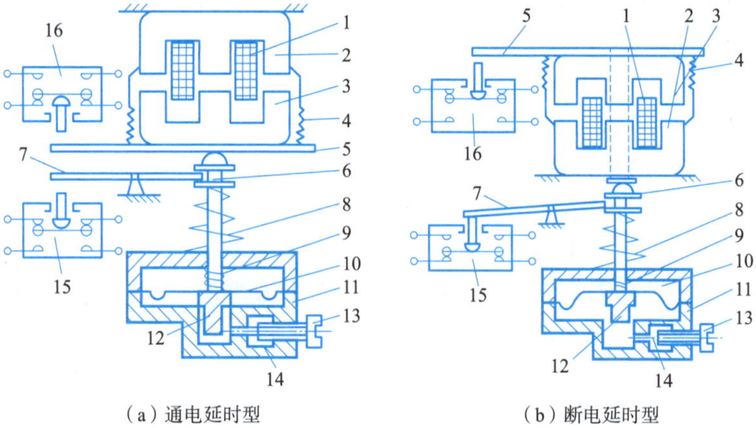

1—线圈；2—铁芯；3—衔铁；4—反力弹簧；5—推板；6—活塞杆；7—杠杆 8—塔形弹簧；9—弱弹簧；10—橡皮膜；11—空气室壁；12—活塞；13—调节螺杆；14—进气孔；15、16—微动开关。

图1-23 延时继电器工作原理示意图

而当线圈1断电后，电磁吸力消失，衔铁3在反力弹簧4的作用下释放，并通过活塞杆6带动活塞12和橡皮膜10向下移动，并压缩塔形弹簧8，这时橡皮膜10下方气室内的空气通过橡皮膜10、弱弹簧9和活塞12的肩部所形成的单向阀，迅速从橡皮膜10上方的气室缝隙中排出，使得杠杆7和微动开关15能迅速复位。

线圈1通电和断电时，微动开关16在推板5的作用下都能瞬时动作，它是时间继电器的瞬动触点。空气阻尼式时间继电器的特点：延时范围可达0.4～180 s、结构简单、电磁干扰小、寿命长、价格低。但其延时误差大(+10%～±20%)，无调节刻度指示，难以精确整定延时值，对延时准确度要求较高的场合，不宜使用。

空气阻尼式时间继电器的主要技术参数有线圈额定电压、触点数量及延时范围等，可根据需要选用。

(2)空气阻尼式时间继电器的主要技术参数及常用型号。空气阻尼式时间继电器常用有 JS7、JS23、JSK 等系列产品。JS7-A 系列空气阻尼式时间继电器主要技术参数见表 1-10。

表 1-10　JS7-A 系列空气阻尼式时间继电器主要技术参数

型　号	吸引线圈电压/V	触点额定电压/V	触点额定电流/A	延时范围/s	延时触点				瞬动触点	
					通电延时		断电延时		常开	常闭
					常开	常闭	常开	常闭		
JS7-1A	24、36、110、127、220、380、440	380	5	0.4～60 和 0.4～180 两种	1	1	—	—	—	—
JS7-2A					1	1	—	—	1	1
JS7-3A					—	—	1	1	—	—
JS7-4A					—	—	1	1	1	1

JS23 系列延时继电器型号含义如图 1-24 所示。

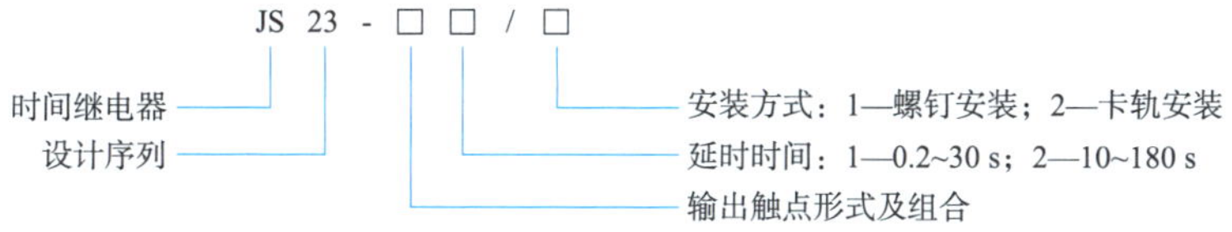

图 1-24　JS23 系列延时继电器型号含义

2）直流电磁式时间继电器

直流电磁式时间继电器是在电磁式电压继电器铁芯上套一个阻尼铜套。由电磁感应定律可知，在继电器通电、断电过程中，铜套内将感生涡流，阻碍穿过铜套内的磁通变化，因而对原磁通起到阻尼作用。当继电器通电吸合时，由于衔铁处于释放状态，气隙大、磁阻大、磁通小，阻尼铜套作用也小，因此衔铁吸合时的延时不显著，一般可忽略不计。当继电器断电时，因衔铁处于吸合位置，气隙小，故磁阻小，磁通变化大，铜套阻尼作用也大，使磁通降至衔铁释放所需磁通的时间延长，衔铁延迟释放，相应触点延时动作，其延时时间为 0.3～5 s。

延时时间长短可用改变铁芯与衔铁间非磁性垫片的厚薄（粗调）或改变反作用弹簧的松紧（细调）来调节。垫片厚则延时短，反之则长；反作用弹簧紧则延时短，反之则长。直流电磁式时间继电器具有结构简单、寿命长、允许通电次数多等优点，但只适用于直流电路，且仅获得断电延时，延时时间短，精度不高。JT3 系列直流电磁式时间继电器主要技术参数见表 1-11。

表 1-11　JT3 系列直流电磁式时间继电器主要技术参数

型　号	吸引线圈电压/V	触点组合及数量（常开、常闭）	延时/s
JT3-□□/1	12、24、48、110、220、440	11、02、20、03、12、21、04、40、22、13、31、30	0.3～0.9
JT3-□□/3			0.8～3.0
JT3-□□/5			2.5～5.0

3）时间继电器

时间继电器的图形与文字符号如图 1-25 所示。

时间继电器的选用：

（1）对延时要求不高的场合，通常选用直流电磁式或空气阻尼式时间继电器，并以选用后者为主。对延时要求高的场合，可选用 JS10、JS11、JS17 等系列的电动机式时间继电器，它

学习笔记

精度高、延时时间长，从几分钟到数小时；但价格较高、结构复杂、寿命短。可选用 JS20 等系列的晶体管式时间继电器，它精度高、延时长、体积小、调整方便、可集成化、模块化，广泛用于各种场合。

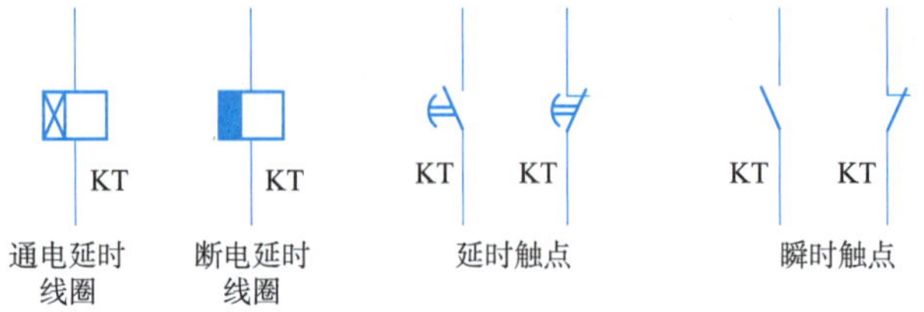

图 1-25 时间继电器的图形与文字符号

(2)根据控制电路电流种类和电压等级选线圈额定电压值。

(3)根据控制电路的控制要求，选择通电延时型或断电延时型继电器，其触点是延时闭合还是延时分断。

(4)根据控制电路的控制要求选择延时触点和瞬时触点的数量。

视频

热继电器相关知识

3. 热继电器

热继电器(thermal relay)利用电流的热效应原理和发热元件的热膨胀原理，在出现电动机不能承受的过载时，断开电动机控制电路，实现电动机的断电停车，主要用于电动机的过载保护、断相保护及电流不平衡运行的保护。热继电器还常和交流接触器配合组成电磁起动器，广泛用于三相异步电动机的长期过载保护。

双金属片式热继电器由于结构简单、体积较小、成本较低，而应用广泛。由于热继电器中发热元件具有热惯性，因此它不同于过电流继电器和熔断器，不能用作瞬时过载保护，更不能用作短路保护。

1)热继电器的构成和工作原理

热继电器主要由热元件、双金属片、触点、复位弹簧和电流调节装置等部分组成。图 1-26 为热继电器工作原理示意图。双金属片是热继电器的感测元件，它由两种不同线膨胀系数的金属用机械碾压而成。线膨胀系数大的称为主动层，常用线膨胀系数高的铜或铜镍铬合金制成；线膨胀系数小的称为被动层，常用线膨胀系数低的铁镍合金制成。在加热之前，双金属片长度基本一致，热元件串接在电动机定子绕组电路中，反映电动机定子绕组电流。当电动机正常运行时，热元件产生的热量虽能使双金属片 2 弯曲，但还不足以使热继电器动作；当电动机过载时，流过热元件的电流增大，热元件产生的热量增加，使双金属片弯曲位移增大，经过一定时间后，双金属片弯曲到推动导板 4，并通过补偿双金属片 5 与推杆 14 将常闭触点 9 与 6 分开，切断电动机的控制电路，使主电路停止工作。调节旋钮 11 是一个偏心轮，它与支撑件 12 构成一个杠杆，转动偏心轮，改变它的半径即可改变补偿双金属片 5 与导板 4 的接触距离，达到调节整定动作电流的目的。通过调节复位螺钉 8 可改变常开触点 7 的位置，使热继电器工作在手动复位和自动复位两种工作状态。调试手动复位时，在故障排除后要按下按钮 10 才能使常闭触点恢复到接触位置。

2)热继电器的主要技术参数及图形与文字符号

热继电器的主要技术参数有：额定电压、额定电流、相数、热元件规格、整定电流和刻度电流调节范围等。热继电器的整定电流是指热元件能够长期通过而不致引起热继电器动作的电流。手动调节整定电流的范围称为刻度电流调节范围。通常使用的热继电器有 JR16、

JR20 系列，它们又有带断相保护和不带断相保护两种类型。J16 系列热继电器的主要技术参数见表 1-12。

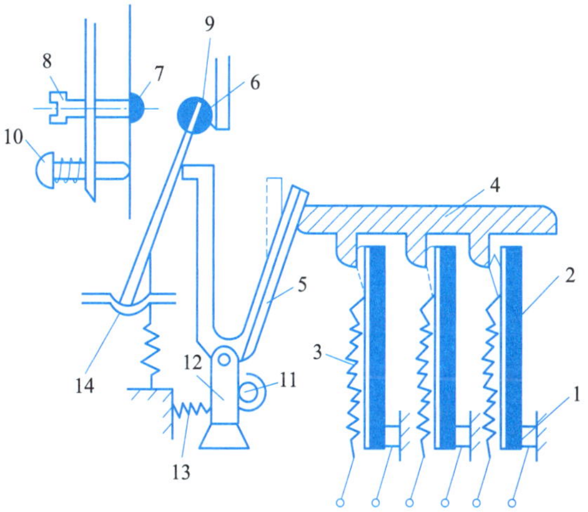

1—接线端子；2—双金属片；3—热元件；4—导板；5—补偿双金属片；6、9—常闭触点；7—常开触点；8—复位螺钉；10—按钮；11—调节旋钮；12—支撑件；13—压簧转动偏心轮；14—推杆。

图 1-26　热继电器工作原理示意图

表 1-12　J16 系列热继电器的主要技术参数

型　号	热继电器额定电流/A	热元件规格			连接导线规格
		编号	额定电流/A	刻度电流调节范围/A	
JR16-20/3 JR16-20/3D	20	1	0.35	0.25～0.35	4 mm^2 单股硬铜线
		2	0.5	0.32～0.5	
		3	0.72	0.45～0.72	
		4	1.1	0.68～1.1	
		5	1.6	1.0～1.6	
		6	2.4	1.5～2.4	
		7	3.5	2.2～3.5	
		8	5.0	3.2～5.0	
		9	7.2	4.5～7.2	
		10	11.0	6.8～11.0	
		11	16.0	10.0～16.0	
		12	22.0	14.0～22.0	
JR16-60/3 JR16-60/3D	60	13	22.0	14.0～22.0	16 mm^2 多股铜芯橡皮软线
		14	32.0	20.0～32.0	
		15	45.0	28.0～45.0	
		16	63.0	40.0～63.0	
JR16-150/3 JR16-150/3D	150	17	63.0	40.0～63.0	35 mm^2 多股铜芯橡皮软线
		18	85.0	53.0～85.0	
		19	120.0	75.0～120.0	
		20	160.0	100.0～160.0	

学习笔记

3)热继电器的型号含义如图 1-27 所示。

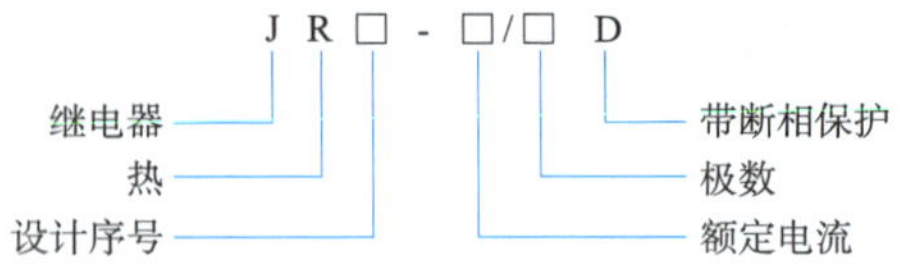

图 1-27 热继电器的型号含义

热继电器的外形及图形与文字符号如图 1-28 所示。

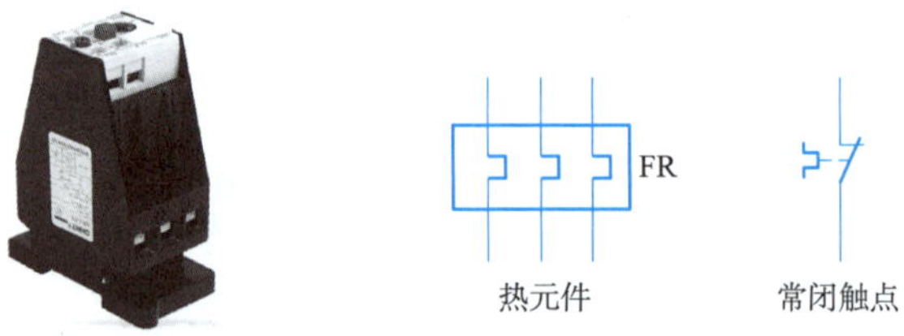

(a)外形　　(b)图形与文字符号

图 1-28 热继电器的外形及图形与文字符号

4)热继电器的选用

热继电器应根据使用条件、工作环境、电动机类型及其运行条件与要求、电动机起动情况及负载情况综合考虑来选用。

(1)热继电器有三种安装方式:独立安装式(用螺钉固定)、导轨安装式(安装于标准轨上)、插件安装式(挂接在与其配套的接触器上),应按实际情况选择。

(2)一般情况选用两个热元件的热继电器。如果对电动机供电的电网三相不平衡,应选用三个热元件的热继电器;对定子绕组三角形联结的电动机,应采用带断相保护的热继电器。

(3)热元件的额定电流等级一般应等于 0.95 ~ 1.05 倍电动机额定电流。热元件选定后,再根据电动机额定电流调节热继电器,使其整定电流与电动机额定电流相等。对于过载能力较差的电动机,热继电器的额定电流(实际上是热元件的整定电流)为电动机额定电流的 60% ~ 80%。

(4)在电动机不频繁起动场合,要保证热继电器在电动机起动时不会误动作。当电动机起动电流为其额定电流的 6 倍及以下,起动时间不超过 5 s 时,如果很少连续起动,可按电动机额定电流选用热继电器。当电动机起动时间较长时,应改用过电流继电器做保护。

(5)当电动机工作于断续周期工作制时,要注意确定热继电器的允许操作频率。因为热继电器的操作频率是有限的,操作频率高则其动作特性变差,甚至不能正常工作。对频繁正反转和通断的电动机,可选用埋入电动机绕组的温度继电器代替热继电器进行保护。

4. 速度继电器

视频
速度继电器相关知识

速度继电器利用速度大小为信号与接触器配合,实现三相笼型异步电动机的反接制动控制,因此又称反接制动继电器。

感应式速度继电器主要由转子、定子和触点三部分组成,其结构图如图 1-29 所示。转子是一个圆柱形永久磁铁,其轴与被控制电动机的轴相连接。定子是一个由硅钢片叠成的笼形空心圆环并装有笼形绕组。定子空套在转子上,能独自偏摆。

当电动机转动时，速度继电器的转子随之转动，这样就在速度继电器的转子和定子圆环之间的气隙中产生旋转磁场而感应出电动势，并产生电流，此电流与旋转的转子磁场作用产生转矩，使定子随转子转动方向偏转一定角度。转子转速越高，定子偏转角度越大。当偏转到一定角度时，与定子连接的摆锤推动动触点，使常闭触点分断。当电动机转速进一步升高后，摆锤继续偏摆，使动触点与静触点的常开触点闭合。当电动机转速下降时，摆锤偏转角度随之下降，动触点在簧片作用下复位（常开触点打开、常闭触点闭合）。一般速度继电器的动作速度为 120 r/min，触点的复位速度在 100 r/min 以下，转速在 3 000～3 600 r/min 以下能可靠地工作，允许操作频率每小时不超过 30 次。常用的感应式速度继电器有 JY1 型和 JFZ0 型。其中，JY1 型可在 700～3 600 r/min 范围内工作；JFZ0-1 型适用于 300～1 000 r/min；JFZ0-2 型适用于 1 000～3 600 r/min。速度继电器主要根据电动机的额定转速来选择。使用时，速度继电器的转轴应与电动机同轴连接，安装接线时，正反向触点不能接错，否则不能起到反接制动时接通和分断反向电源的作用。

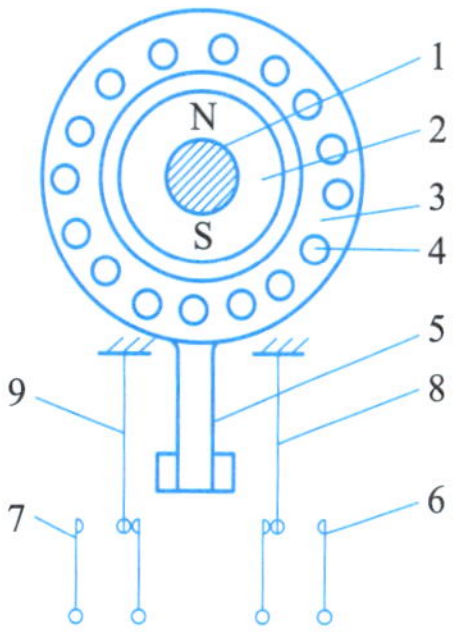

1—转轴；2—转子；3—定子；
4—绕组；5—摆锤；
6、7—静触点；8、9—簧片。

图 1-29　速度继电器结构图

一般速度继电器都有两个常开、常闭触点，触点的额定电压为 380 V、额定电流为 2 A。速度继电器的外形及图形与文字符号如图 1-30 所示。

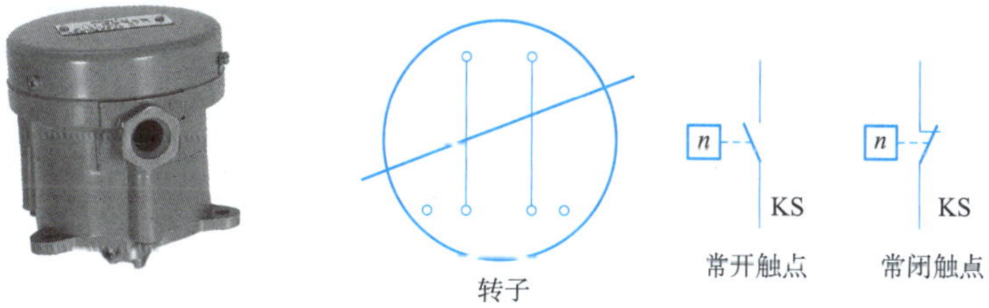

（a）外形　　（b）图形与文字符号

图 1-30　速度继电器的外形及图形与文字符号

二、接触器

接触器（contactor）是一种用于频繁接通或断开交直流主电路及大容量控制电路的自动切换电器。在功能上，接触器除能实现自动切换外，还具有手动开关所不能实现的远距离操作功能和失电压（或欠电压）保护功能。它不同于低压断路器，虽有一定的过载能力，但却不能切断短路电流，也不具备过载保护的功能。由于接触器结构紧凑、价格低廉、工作可靠、维护方便，因而用途十分广泛，是电力拖动自动控制系统中的重要元件之一。

视频　接触器相关知识

接触器按其主触点控制的电流种类划分，有交流接触器和直流接触器。它们的线圈电流种类既有与各自主触点电流相同的，也有不同的，如用于重要场合的交流接触器，为了工作可靠，其线圈安全可采用直流励磁方式。

1. 交流接触器的结构及工作原理

1）交流接触器的结构

交流接触器主要由电磁机构、触点系统和灭弧装置三部分组成，其外形与结构示意图如图 1-31 所示。

学习笔记

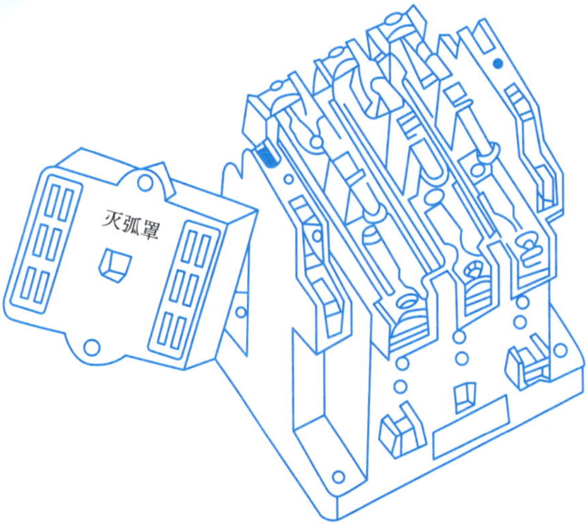

（a）外形

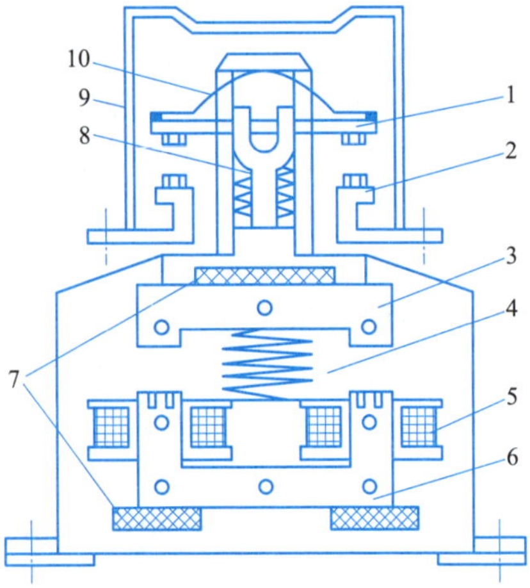

（b）结构示意图

1—动触点；2—静触点；3—衔铁；4—缓冲弹簧；5—电磁线圈；
6—静铁芯；7—垫毡；8—触点弹簧；9—灭弧罩；10—触点压力弹簧。

图1-31 交流接触器外形与结构示意图

电磁机构由线圈、铁芯和衔铁组成。铁芯一般都是双E形衔铁直动式，有的衔铁采用绕轴转动的拍合式。触点系统由主触点和辅助触点组成。主触点用于接通和断开主电路或大电流电路，它有桥式触点和指形触点两种。辅助触点用于控制电路中接通或断开其他元件的电路及实现电气联锁。

大容量接触器常采用纵缝灭弧罩及灭弧栅片灭弧，小容量接触器常采用电动力吹弧或灭弧罩灭弧。

2）交流接触器的工作原理

交流接触器线圈通电后产生磁场，使铁芯产生大于反作用弹簧弹力的电磁吸力，将衔铁吸合，使常开触点闭合，常闭触点分断。当接触器线圈断电或电压显著下降时，电磁吸力消失或过小，触点在反作用弹簧弹力作用下恢复原始状态。

2. 直流接触器

直流接触器主要用于远距离接通和断开直流电路，还用于直流电动机的频繁起动、停止、反转和反接制动。直流接触器的结构和工作原理与交流接触器基本相同，亦由电磁机构、触点系统和灭弧装置组成。电磁机构采用沿棱角转动拍合式铁芯，由于线圈中通入直流电，铁芯不会产生涡流，可用整块铸铁或铸钢制成，不需要短路环。触点系统有主触点和辅助触点，主触点通断电流大，采用滚动接触的指形触点；辅助触点通断电流小，采用点接触的桥式触点。由于直流电弧比交流电弧难以熄灭，故直流接触器采用磁吹灭弧装置和石棉水泥灭弧罩。直流接触器因通入直流电，吸合时没有冲击起动电流，不会产生猛烈撞击现象，因此使用寿命长，适宜操作频繁的场合。

3. 接触器的主要技术参数及型号

交流接触器的主要技术参数有额定电压、额定电流、线圈的额定电压、允许操作频率、机械寿命、电气寿命、起动功率、吸持功率、主触点的接通和分断能力等。

1）额定电压

接触器的额定电压是指主触点正常工作的额定电压，即主触点所在电路的电源电压。

交流接触器的额定电压等级有 127 V、220 V、380 V、660 V，直流接触器的额定电压等级有 110 V、220 V、440 V、660 V。

2）额定电流

接触器额定电流是指主触点的额定电流。交流接触器的额定电流等级有 10 A、20 A、40 A、60 A、100 A、150 A、250 A、400 A、600 A；直流接触器的额定电流等级有 40 A、80 A、100 A、150 A、250 A、400 A、600 A。

3）线圈的额定电压

线圈的额定电压是指接触器吸引线圈正常工作电压值。交流线圈额定电压等级有 36 V、127 V、220 V、380 V；直流线圈额定电压等级有 24 V、48 V、110 V、220 V、440 V 等。

4）允许操作频率

允许操作频率指接触器在每小时内可实现的最多操作次数。交、直流接触器额定操作频率分别为 600 次/h、1 200 次/h。

5）机械寿命和电气寿命

机械寿命是指接触器在需要修理或更换机构零件前所能承受的无载操作次数。电气寿命是指在规定的正常工作条件下，接触器不需要修理或更换机构零件前的有载操作次数。

6）线圈的起动功率和吸持功率

交流接触器的起动功率为吸持功率的 5 ~ 8 倍，直流接触器的起动功率与吸持功率相同，吸持功率即线圈的工作功率。

7）主触点的接通和分断能力

主触点的接通和分断能力指主触点在规定的条件下能可靠地接通和断开电路的电流值。此时，主触点接通不发生熔焊，分断时不会产生长时间的燃弧。

国产 CJ20 系列交流接触器主要技术参数见表 1-13。

表 1-13　国产 CJ20 系列交流接触器主要技术参数

型号	极数	额定工作电压/V	额定工作电流/A	额定操作频率（AC-3 使用类别）/（次/h）	寿命/万次		（380 V、AC-3 使用类别工作制动下）控制电动机功率/kW	辅助触点组合
					机械	电气		
CJ20-10	3	220	10	1 200	1 000	100	2.2	1 开 3 闭 2 开 2 闭 3 开 1 闭
		380	10	1 200			4	
		660	5.8	600			7	
CJ20-16	3	220	16	1 200			4.5	2 开 2 闭
		380	16	1 200			7.5	
		660	13	600			11	
CJ20-25	3	220	25	1 200			5.5	
		380	25	1 200			11	
		660	16	600			13	
CJ20-40	3	220	40	1 200			11	
		380	40	1 200			22	
		660	25	600			22	

4. 交流接触器的型号含义、外形、图形与文字符号

交流接触器的型号含义如图 1-32 所示。

学习笔记

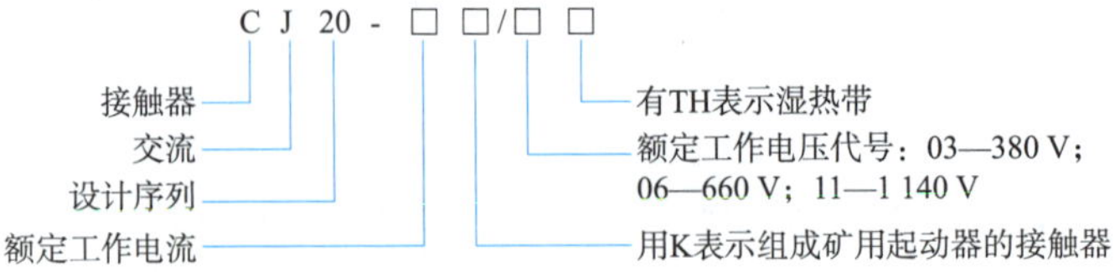

图 1-32　交流接触器的型号含义

交流接触器的外形及图形与文字符号如图 1-33 所示。

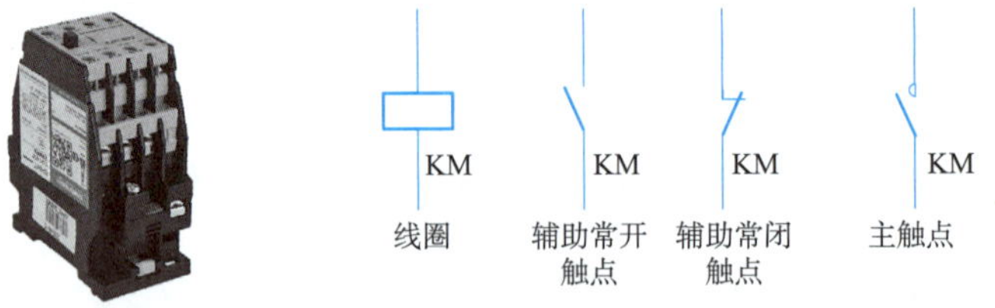

（a）外形　　（b）图形与文字符号

图 1-33　交流接触器的外形及图形与文字符号

5. 接触器的选用

（1）根据负载电流的种类来决定选择交流接触器还是直流接触器。三相交流系统中一般选用三极交流接触器，当需要同时控制中性线时，则选用四极交流接触器。单相交流系统和直流系统中常用二极接触器或三极接触器。一般场合选用电磁式接触器，易燃、易爆场合应选用防爆型或真空接触器。

（2）根据接触器所控制负载的工作任务（轻任务、一般任务和重任务）来选择相应使用类别的接触器。如果负载是一般任务，则选用 AC-3 使用类别；如果负载为重任务，则选用 AC-4 使用类别；如果负载为一般任务与重任务混合，则可根据实际情况选用 AC-3 或 AC-4 使用类别，如选用 AC-3 使用类别时，接触器的容量应降低一级使用。

（3）根据负载功率和操作情况来确定接触器主触点的电流等级。当接触器使用类别与所控制负载的工作任务相对应时，一般按控制负载电流值来决定主触点的额定电流值，若不对应，应降低主触点电流等级使用。

（4）根据接触器主触点接通与断开主电路电压等级来确定接触器的额定电压。

（5）接触器吸引线圈的额定电压由所接控制电路电压确定。

（6）接触器触点数和种类应满足主电路和控制电路要求。

三、熔断器

熔断器（fuse）是一种结构简单、使用方便、价格低廉的保护电器。它常用作电路或用电设备的严重过载和短路保护，主要用来作短路保护。

1. 熔断器的结构和工作原理

熔断器主要由熔体（俗称保险丝）、安装熔体的熔座（或熔管）和支座三部分组成。其中，熔体是控制熔断特性的关键元件。熔体的材料、尺寸和形状决定了熔断特性。熔体材料分为低熔点和高熔点两类。低熔点材料如铅和铅合金，其熔点低容易熔断，由于其电阻率较大，故制成熔体的截面积尺寸较大，熔断时产生的金属蒸气较多，只适用于低分断能力的熔断器；高熔点材料如铜和银，其熔点高不容易熔断，但由于其电阻率较小，可制成比低熔点熔体较小的截面积尺寸，熔断时产生的金属蒸气少，适用于高分断能力的熔断器。熔体的形状有丝状和带状两种，改变其截面的形状可显著改变熔断器的熔断特性。熔管是装熔体的外壳，由陶瓷、绝缘钢纸或玻璃纤维制成，在熔体熔断时兼有灭弧作用。

2. 熔断器的类型

熔断器的种类很多，按使用电压可分为高压熔断器和低压熔断器；按结构可分为插入式熔断器、螺旋式熔断器、无填料封闭管式熔断器和有填料封闭管式熔断器；按用途可分为一般工业用熔断器、保护半导体器件熔断器及自复式熔断器等。

3. 熔断器的主要技术参数

1）额定电压

额定电压是指熔断器长期工作时和分断后能够承受的电压，选用时，应保证其值大于或等于电气设备的额定电压。

2）额定电流

额定电流是指熔断器长期工作时，各部件温升不超过规定值时所能承受的电流。应该指出的是，熔断器的额定电流与熔体的额定电流是不同的，熔断器的额定电流等级较少，熔体的额定电流等级较多，通常同一规格的熔断器可以安装不同额定电流规格的熔体，但熔断器的额定电流应大于或等于熔体的额定电流。例如，RL1-60 型熔断器，其额定电流为 60 A，可安装的熔体的额定电流可以为 60 A、50 A、40 A 等。

3）极限分断能力

极限分断能力是指熔断器在规定的额定电压和功率因数（或时间常数）的条件下，能分断的最大电流值。在电路中出现的最大电流一般是指短路电流，所以，极限分断能力反映了熔断器分断短路电流的能力。

4. 熔断器的型号含义、外形、图形与文字符号

熔断器的型号含义如图 1-34 所示。

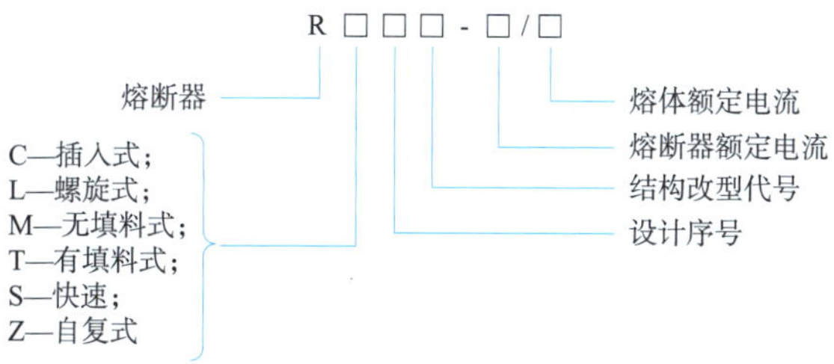

图 1-34　熔断器的型号含义

熔断器的外形及图形与文字符号如图 1-35 所示。

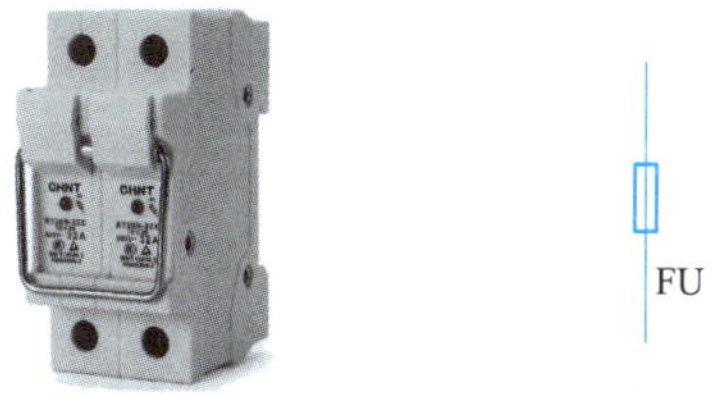

（a）外形　（b）图形与文字符号

图 1-35　熔断器的外形及图形与文字符号

学习笔记

5. 熔断器的选用

熔断器的选择包括类型、额定电压、额定电流和熔体额定电流的选择等。

1)熔断器的类型选择

应根据使用场合、线路要求等来选择熔断器的类型。电网配电一般用封闭管式熔断器;有振动的场合,如对电动机保护的主电路一般用螺旋式熔断器;控制电路及照明电路一般用插入式、无填料封闭管式或圆筒帽式熔断器;保护晶闸管等应选择快速熔断器。

2)熔断器的规格选择

熔断器的额定电压应大于或等于电路的工作电压。

熔断器的额定电流必须大于或等于所装熔体的额定电流。

熔断器的额定分断能力必须大于电路中可能出现的最大短路电流。熔体额定电流的选择是选择熔断器的核心,可分为下列几种情况:

(1)对于电炉和照明等电阻性负载,熔体的额定电流应略大于或等于负载电流。

(2)对于输配电线路,熔体的额定电流应略大于或等于线路的安全电流。

(3)对于电动机负载,要考虑起动电流冲击的影响。

①保护单台长期工作的电动机时,可按下式选择:

$$I_{FU} \geqslant (1.5 \sim 2.5) I_N$$

式中,I_{FU}为熔体的额定电流,A;I_N为电动机的额定电流,A。

对于频繁起动的电动机,式中的系数可选2.5~3.5。

②保护多台电动机时,可按下式选择:

$$I_{FU} \geqslant (1.5 \sim 2.5) I_{Nmax} + \sum I_N$$

式中,I_{Nmax}为容量最大的一台电动机的额定电流;$\sum I_N$为其余电动机的额定电流之和。

3)熔断器上、下级的配合

为防止发生越级熔断,满足选择性要求,应注意上、下级(即供电干、支线)熔断器间的配合,为此,应使上一级熔断器的熔体电流比下一级大1~2个级差。

任务分析

按照给定电路图,用1个低压断路器、1个接触器、2个控制按钮实现对信号指示灯的起停控制。要求按下起动按钮后,信号指示灯点亮;按下停止按钮后,信号指示灯熄灭。

任务实施

一、清点器材

低压断路器1个、熔断器1个、接触器1个、控制按钮2个、信号指示灯1个、万用表1块、工具1套、导线若干。

二、识读电路

实训电路图如图1-36所示,其中包含低压断路器QF、熔断器FU、控制按钮SB1和SB2、接触器KM1以及信号指示灯HL。

当合上低压断路器QF后,其工作原理如下:

学习笔记

SB1 ±→KM1 +→KM1 常开触点闭合→HL 亮

SB2 ±→KM1 -→KM1 常开触点断开→HL 灭

当按下 SB1 后(由于 SB1 为非自锁型按钮,用 SB1 + 表示按钮按下的动作,SB1 - 表示按钮抬起的动作,SB1 ± 表示按钮按下抬起的动作),接触器 KM1 线圈得电(用 KM1 + 表示 KM1 得电),KM1 的常开触点闭合,从而使得信号指示灯 HL 点亮。

同理,当按下 SB2 后,KM1 线圈断电(用 KM1 - 表示 KM1 断电),KM1 的常开触点断开,从而使得信号指示灯 HL 熄灭。

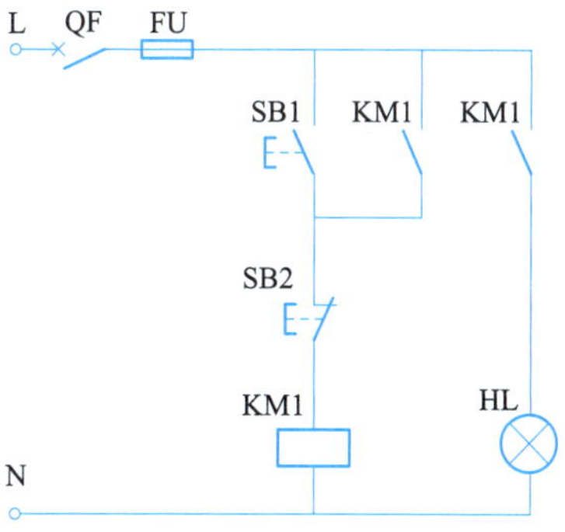

图 1-36　实训电路图

三、按图布线

(1)按照实训电路图在实训台上选用实训所需元件,并检查电气元件是否完好。

(2)按照实训电路图,依据先主后辅、从上到下、从左到右的顺序按图布线。

(3)布线过程中要求布局合理、正确;导线平直美观、不交叉、不跨接;接线正确、牢固。

四、常规检查

检查是否存在短路等故障,用万用表进行通电前整体电路常规检查。

1. 检查电源

合上断路器,判断整体电路是否有短路故障。使用万用表的欧姆挡,将红、黑表笔分别接到 L 和 N 上,两者间应该是断开的,万用表显示“1.”为正常;如果万用表指示为“0”,说明这两相间存在短路故障,需要检查电路。

2. 检查 KM1 支路

保持万用表两表笔在 L 和 N 的位置不动,按下 SB1,如果万用表显示的阻值接近接触器 KM1 的线圈内部阻值(一般小于 1 kΩ),证明电路正常;此时,同时按下 SB1 和 SB2,万用表显示“1.”,说明 KM1 支路没有问题,可以继续后面的检查。

3. 检查 KM1 自锁

保持万用表两表笔在 L 和 N 的位置不动,按下 KM1 的手动控制按钮,万用表显示的阻值接近接触器 KM1 的线圈内部阻值(一般小于 1 kΩ),证明电路正常;此时,同时按下 SB2,万用表显示“1.”,说明 KM1 自锁没有问题,可以申请通电试车。

五、通电试车

(1)在常规检查无误后,经教师允许后方可通电试车。

(2)在教师监控下试车,观察接触器动作以及信号灯的指示是否正常。按下 SB1 接触器,接触器 KM1 动作,信号指示灯 HL 点亮;再按下 SB2,接触器 KM1 断电复位,信号指示灯 HL 灭。

六、清理工位

通电试车成功后关闭电源,经教师同意后,拆线并维护实训设备及元件,清点工件,清理工位。

学习笔记

七、完成报告

完成项目实训报告。

任务评价

按照任务的完成情况进行评价，评价的方式可以是教师评价、教师指定的检查组评价或者组间互评等。评价的过程中需要记录存在的问题，评价记录工作单见表1-14。

表1-14 评价记录工作单

类别	评价内容	分值	评分标准	记录	评分
接线	布线合理、正确	50	每错一处扣2分		
	导线平直、美观、不交叉、不跨接		布线不美观、导线不平直、交叉架空跨接，每处扣1分		
	接线正确、牢固		裸露导线过长或者接点压接不紧，每处扣1分		
调试	调试信号指示灯正常指示	30	调试步骤不正确扣3分；试运行1次不成功扣10分，3次不成功此项不得分		
职业素养	劳动纪律、操作规范、安全文明生产	10	不遵守实训纪律、不爱惜实训设备、浪费耗材、危险用电，根据情况酌情扣1～10分		
知识提问	由教师进行本任务相关知识的提问	10	完全正确得10分，部分答对由教师酌情给分		

任务反思与练习

一、任务反思

检查任务中存在的问题并进行完善，填写改进工作单见表1-15。提交任务相关技术资料。

表1-15 改进工作单

改进要点记录		
产品提交	项目	负责人（签字）
	设计报告	
	使用说明	
	作品功能检查	
	作品技术规范检查	

二、练习

学习笔记

(一)单选题

1. 接触器具有欠电压保护的功能。(　　)

A. 正确　　B. 错误

2. 多个接触器的线圈可串联使用。(　　)

A. 正确　　B. 错误

3. 接触器触点系统和线圈从上到下分三层:最上面的一层为(　　)。

A. 常开辅助触点　　B. 常闭辅助触点

C. 主触点　　D. 常开常闭辅助触点

4. 接触器触点系统和线圈从上到下分三层:中间的一层为(　　)。

A. 常开辅助触点　　B. 常闭辅助触点

C. 主触点　　D. 常开常闭辅助触点

5. 接触器线圈得电后,接触器的主触点为(　　)状态。

A. 断开　　B. 闭合

6. 接触器线圈得电后,接触器的常闭辅助触点为(　　)状态。

A. 断开　　B. 闭合

7. 安装接触器时,其底面应与地面(　　)。

A. 垂直　　B. 水平

C. 水平向上倾斜45°　　D. 水平向下倾斜45°

8. 接触器的额定电压是交流接触器的(　　)长期工作所能承受的最大电压。

A. 线圈　　B. 主触点

C. 辅助触点

9. 检测接触器的主触点时,按下衔铁,模拟线圈得电,万用表的蜂鸣器(　　)表示接触器主触点正常。

A. 响　　B. 不响

10. 时间继电器的文字符号为(　　)。

A. SB　　B. FR

C. KT　　D. KM

11. 时间继电器的触点既有延时触点,也有瞬时触点。(　　)

A. 正确　　B. 错误

12. 继电器不能用来直接控制较强电流的主电路。(　　)

A. 正确　　B. 错误

13. (　　)可以起到信号中继的作用。

A. 电流继电器　　B. 电压继电器

C. 中间继电器　　D. 时间继电器

14. 下列符号中,(　　)是速度继电器的符号。

A. KF　　B. QS

C. KS　　D. SQ

15. 热继电器是一种利用(　　)进行工作的保护电器。

学习笔记

A. 电流的热效应原理　　B. 监测导体发热的原理
C. 监测线圈温度　　D. 测量红外线

16. 热继电器的文字符号为(　　)。
A. SB　　B. FR
C. QS　　D. KM

17. 热继电器可以实现电路的(　　)保护。
A. 短路　　B. 欠电流
C. 过载　　D. 欠电压

(二)多选题

1. 接触器(　　)接线时要接在主电路中。
A. 主触点　　B. 线圈
C. 常开辅助触点　　D. 常闭辅助触点

2. 接触器(　　)接线时必须接在控制电路中。
A. 主触点　　B. 线圈
C. 常开辅助触点　　D. 常闭辅助触点

3. 用万用表检测接触器,需要检测接触器的(　　)。
A. 主触点　　B. 线圈
C. 常开辅助触点　　D. 常闭辅助触点

4. 热继电器动作后,复位方式有(　　)。
A. 自动复位　　B. 手动复位
C. 机械复位　　D. 电气复位

拓展知识

何为工匠精神

工匠精神是指工匠对自己的产品精雕细琢、精益求精的精神理念。工匠精神的目标是打造本行业最优质的产品、其他同行无法匹敌的卓越产品。概括起来工匠精神就是追求卓越的创造精神、精益求精的品质精神、用户至上的服务精神。工匠精神需要从业者不仅具有高超的技艺和精湛的技能,还要具有严谨、细致、专注和负责的工作态度,以及对职业的认同感、责任感、荣誉感和使命感。它主要表现在执着专注、作风严谨、精益求精、敬业守信和推陈出新五个方面。

如何培养工匠精神

在常用电器的认识及接触器的使用过程中,要追求精雕细琢、精益求精、超越自我的工匠精神,比如在进行电气线路连接时,在工艺方面做到横平竖直、导线之间不交叉、导线与元器件连接处不露铜、不损坏绝缘层等工艺规范,在任务实施过程中体会并感受工匠精神的实质。

项目二

电气控制基本电路

学习笔记

知识目标：

(1)了解三相异步电动机的点动控制、正反转控制、制动控制的概念；

(2)掌握三相异步电动机点动控制电路的组成及工作原理；

(3)掌握三相异步电动机正反转控制电路的组成及工作原理；

(4)掌握三相异步电动机制动控制电路的组成及工作原理。

能力目标：

(1)能独立按图正确选择控制电器；

(2)能独立进行三相异步电动机点动控制在生产、生活中的应用设计；

(3)能独立进行三相异步电动机正反转控制在生产、生活中的应用设计；

(4)能独立进行三相异步电动机点动制动控制在生产、生活中的应用设计；

(5)能独立使用万用表进行电路常规检查与调试。

素质目标：

(1)培养安全生产意识，自觉按规章操作的职业素养；

(2)培养缜密的逻辑思维和善于发现问题的思维能力；

(3)培养爱国主义精神、规范布线的职业素养和工匠精神；

(4)遵守安全用电规则，培养安全用电观念；

(5)培养举一反三地分析问题和解决问题的能力。

项目导入

电气控制系统是由电气设备及电气元件按照一定的控制要求连接而成。各类电气控制设备有着各种各样的控制电路，这些控制电路不管是简单还是复杂，一般来说都是由基本控制电路组成的。在分析控制电路原理和判断故障时，一般都是从这些基本控制电路着手。因此，掌握电气控制系统的基本控制电路，对整个电气控制系统工作原理分析及维修会有很大的帮助。

电气控制系统中的基本电路主要包括电动机的起动、调速和制动等控制电路。本项目主要介绍应用广泛的三相异步电动机的点动、正反转和制动的基本控制电路组成、工作原理、作用以及控制电路中常用的必要保护措施。

故事汇

电动机的应用

电动机在交通工具、工业生产、家用电器、农业机械、工程机械、航空航天、医疗设备、娱

学习笔记

乐设施、电力系统、科研实验中具有广泛的应用。如交通工具：汽车、自行车、摩托车、火车、飞机等都需要电动机驱动。电动汽车和电动自行车则完全依赖于电动机作为动力来源。工业生产：在制造业中，电动机被用于驱动各种机械设备，如传送带、泵、风机、研磨机等。此外，许多机器人也使用电动机作为驱动源。家用电器：洗衣机、空调、冰箱、吸尘器等家用电器都使用电动机。农业机械：拖拉机、收割机等农业机械需要电动机提供动力。工程机械：挖掘机、起重机、推土机等工程机械也需要电动机驱动。航空航天：飞机、卫星、火箭等航空航天器上的设备通常需要电动机驱动。医疗设备：心脏起搏器、肌肉刺激器等医疗设备使用电动机。娱乐设施：风车、电梯、游戏机等娱乐设施需要电动机驱动。电力系统：发电机、变压器等设备在电力系统中起到关键作用，它们使用电动机将其他形式的能量转化为电能。科研实验：实验室中的实验设备，如电磁铁、电磁感应实验等，也需要电动机。总之，电动机在我们的日常生活中无处不在，它为各种设备和系统提供了动力和支持。

项目要求

电动机在日常生活及工业生产中经常使用。三相异步电动机的点动与长动控制（任务 1）：要求按下点动起动按钮时，接触器线圈通电吸合，主触点闭合，电动机接通电源，转动起来。当松开按钮时，接触器线圈断电释放，主触点断开，电动机电源被切断，停止转动。三相异步电动机的正反转控制（任务 2）：按下正向起动按钮，接触器 KM1 的线圈得电，其常闭辅助触点先断开 KM2 线圈电路实现互锁；然后主触点闭合，电动机正向起动运行，同时常开辅助触点闭合实现自锁。同理，按下反向起动按钮，接触器 KM2 线圈得电，其常闭辅助触点先断开 KM1 线圈电路实现互锁；然后主触点闭合，电动机反向起动运行，同时常开辅助触点闭合实现自锁。无论电动机正向运行还是反向运行，按下停车按钮，接触器线圈失电，接触器主触点复位，电动机与三相电源断开，慢慢停止转动。三相异步电动机的制动控制（任务 3）：按下起动按钮，接触器 KM1 线圈得电，电动机全压运行。停车按下停车按钮，接触器 KM1 断电复位，接触器 KM2 和 KT 线圈得电（KT 正面面板上“ON”灯亮），电动机进入反接制动；3 s 后 KT 面板上“UP”灯亮，KM2 线圈断电复位，电动机停止转动，同时 KT 也断电复位。

任务 1　三相异步电动机点动与长动控制

视频

三相异步电动机点动与长动控制相关知识

思　考

电动机是如何工作的？日常生产生活中，有哪些场合用到了电动机的点动与长动控制？

知识与技能

一、电气控制系统图

电气控制系统是由许多电气元件按照一定的要求连接而成的。为了表达生产机械电气控制系统的结构、原理等设计意图，同时也为了便于电气系统的安装、调整、使用和维修，需要将电气控制系统中各电气元件及其连接关系用一定图形表达出来，这就是电气控制系统图。

电气控制系统图一般包括电气原理图、电气元件布置图、电气安装接线图。图中用不同的图形符号表示不同的电气元件,用不同的文字符号表示电气元件的名称、序号和电气设备或电路的功能、状况和特征,同时还要标上表示导线的线号与接点编号等。不同种类的图纸有其不同的用途和规定的画法。

1. 电气控制系统图中的图形符号和文字符号

电气控制系统图中,电气元件的图形符号和文字符号是用于表示电气元件和连接的重要工具,必须有统一的国家标准,它们能帮助工程师和技术人员理解和设计电气系统。

常见电气图形符号和文字符号见表2-1。这些图形符号和文字符号的使用有助于简化电路图的绘制,使电路的设计、安装和维护更加便捷。电气工程师和技术人员需要熟悉这些符号的含义和使用,以确保电气系统的正确设计和安全运行。同时,掌握这些符号对于快速识别和解决电路故障至关重要。

表2-1　常见电气图形符号

类别	名称	图形符号	文字符号	类别	名称	图形符号	文字符号
按钮	常开按钮		SB	开关	三极控制开关	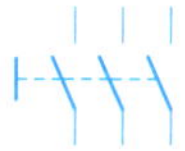	QS
	常闭按钮		SB		三极隔离开关	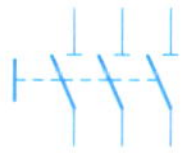	QS
	复合按钮		SB		三极负荷开关	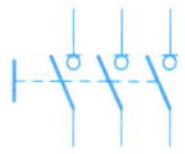	QS
	急停按钮		SB		组合旋钮开关	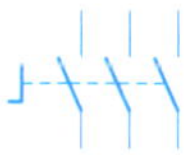	QS
熔断器	熔断器		FU		低压断路器	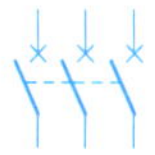	QF
热继电器	热元件		FR		控制器或操作开关	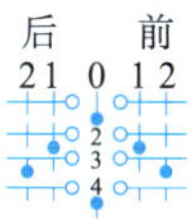	SA
	常闭触点		FR	位置开关	常开触点		SQ
开关	单极控制开关		SA		常闭触点		SQ
	手动开关		SA		复合触点		SQ

学习笔记

续表

类别	名称	图形符号	文字符号	类别	名称	图形符号	文字符号
变压器	单相变压器	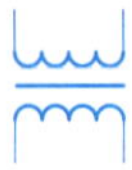	TC	时间继电器	瞬时闭合常开触点		KT
	三相变压器	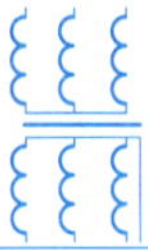	TM		瞬时断开常闭触点		KT
接触器	线圈	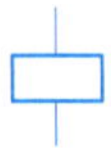	KM		延时闭合常开触点	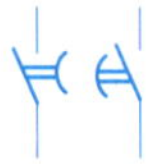	KT
	常开主触点	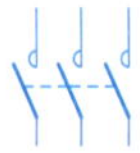	KM		延时断开常闭触点	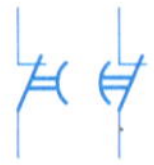	KT
	常开辅助触点		KM		延时闭合常闭触点		KT
	常闭辅助触点		KM		延时断开常开触点	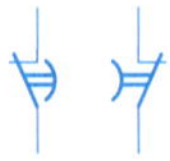	KT
灯	信号灯指示灯		HL	中间继电器	线圈	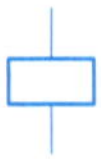	KA
互感器	电流互感器	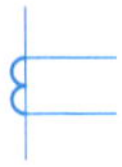	TA		常开触点		KA
	电压互感器	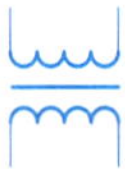	TV		常闭触点		KA
时间继电器	通电延时吸合线圈	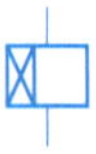	KT	电动机	三相笼型异步电动机	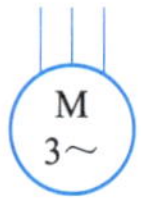	M
	断电延时释放线圈		KT		三相绕线转子异步电动机		M

2. 电气原理图

电气原理图是用图形符号和项目代号表示电路各个电气元件连接关系和电气系统工作原理的。电气原理图一般分为主电路、控制电路和辅助电路三部分。其中，主电路就是从电源到电动机的大电流的通路，通常包括接触器主触点、热继电器热元件、熔断器、电动机等电气元件。控制电路是电气控制的实现，主要包括继电器和接触器的线圈、继电器的触点、接触器的辅助触点、按钮等电气元件。辅助电路包括照明电路、信号电路及保护电路等，通常由照明灯、控制变压器等电气元件组成。由于电气原理图具有结构简单、层次分明、便于分析电路工作原理等优点，得到了广泛的应用。

绘制电气原理图应注意的原则主要包括遵循国家标准、布局合理性、触点状态表示、线条使用、图区划分、技术数据标注等。

遵循国家标准：电气原理图中各电气元件的图形符号和文字符号必须按相应国家标准绘制和标注，确保同一功能的电气元件画在一起，但同一电器的各部件不一定画在一起，以保持图面的整洁和易于理解。

布局合理性：电气元件应按照功能分开布局，如主电路、控制电路、照明电路、信号电路和保护电路等。按照“从左到右、从上到下”的顺序布置，并且尽可能按动作顺序排列，以保证电路运行可靠，安装、维修和调试方便。

触点状态表示：电气原理图中的触点状态应按电磁线圈未通电或没有外力作用时的状态画出，触点的图形符号垂直放置时，常开触点的方向向左、常闭触点的方向向右；水平放置时，常开触点的方向向下、常闭触点的方向向上。

线条使用：需要测试和能够拆接的连接点采用“空心圆”表示；有导电关系的导线连接点用“实心圆”表示；无导电关系的导线交叉点不画实心圆，应避免线条交叉。

图区划分：电气原理图应分成若干图区，图区的编号写在图的下部，并在图的顶部标明各图区电路的作用，以便于阅读和理解。

技术数据标注：在电气原理图上应标注出必要的技术数据或说明，如电源电路的电压值、极性、频率及相数等，对某些元件还应标注其特征（如电阻、电容的数值等）。

遵循这些原则有助于确保电气原理图的准确性和实用性。

3. 电气元件布置图

电气元件布置图主要用来表明各种电气设备在机械设备上和电气控制柜中的实际安装位置。电气元件布置图是电气系统图的一种，与电气原理图、电气安装接线图等共同构成电气系统的基本图纸。电气元件布置图的作用在于详细展示电气元件在机械设备或电气控制柜内的具体位置，这对于设备的安装、调试、维修等环节至关重要。通过电气元件布置图，技术人员可以清楚地了解到每个电气元件的安装位置，从而确保设备能够正确、安全地运行。

电气元件布置图的设计原则主要包括考虑电气元件的质量和发热情况、强弱电分离、便于维护和检查、防护间隙和美观对称、详细的标注、进线和出线的设计。这些原则确保了电气元件布置图的合理性和实用性，提高了电气控制柜的性能和安全性。

4. 电气安装接线图

电气安装接线图是根据电气设备和电气元件的实际位置和安装情况绘制的图纸，主要用于指导安装接线、线路的检查维修和故障处理。这种图纸只表示电气设备和电气元件的位置、配线方式和接线方式，而不明显表示电气动作原理。电气安装接线图是将电路的组件简化为形状，并标注接线序号。这种图通常会提供有关设备和终端的相对位置和布局的信息，以帮助构建或维修设备。

电气安装接线图的特点包括实用性、简化性、位置指示、不展示动作原理、标准化符号使用等。通过这些特点，电气安装接线图成为电工工作中不可或缺的技术文件，帮助理解和操作复杂的电气系统。图 2-1 所示为基本点动控制电气安装接线图。

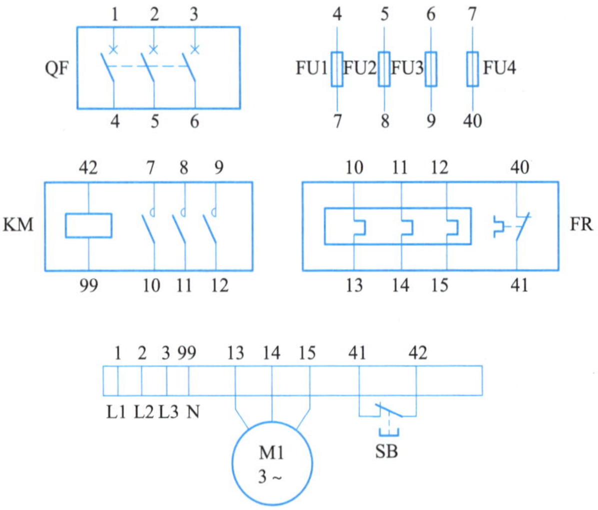

图2-1 基本点动控制电气安装接线图

二、基本点动与长动控制电路

图2-2所示为基本点动控制电路。起动时，合上QF，按下点动起动按钮SB，接触器KM线圈通电吸合，主触点闭合，电动机接通电源，转动起来。当手松开按钮SB时，接触器KM线圈断电释放，主触点断开，电动机电源被切断，停止转动。

图2-3所示为基本长动控制电路。起动时，合上QF，按下按钮SB2，接触器KM线圈通电吸合，主触点闭合，电动机接通电源，转动起来。同时与按钮SB2并联的接触器KM的常开辅助触点闭合，使接触器线圈经此路保持通电的状态。当SB2复位时，接触器KM线圈仍可通过接触器KM常开辅助触点继续通电，从而保持电动机的连续运行。这种依靠接触器自身辅助触点而使其线圈保持通电的现象称为自锁。按下停止按钮SB1，将控制电路断开。接触器KM线圈失电，主触点复位，将三相电源切断，电动机M停止转动。当手松开按钮后，SB1的常闭触点在复位弹簧的作用下，又恢复到原来的常闭状态，但接触器线圈已不再能依靠自锁触点通电了。

比较图2-2和图2-3，可以发现点动与长动的区别就在于控制电动机的接触器线圈电路是否有自锁。

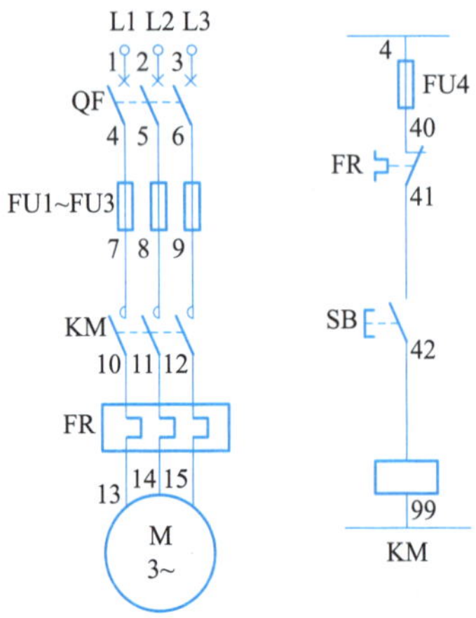

图2-2 基本点动控制电路

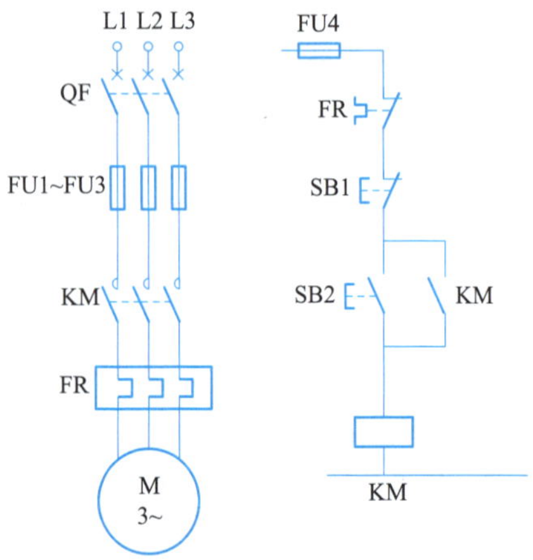

图2-3 基本长动控制电路

学习笔记

三、转换开关点动与长动控制电路

图 2-4 所示为既能点动又能长动的控制电路。图中增加了一个转换开关 SA，当需要点动时，将开关 SA 打开，操作 SB2 即可实现；当需要长动时，合上 SA，将自锁触点接入即可实现。

四、复合按钮点动与长动控制电路

图 2-5 所示控制电路中增加了一个复合按钮 SB3。按下 SB2，接触器 KM 线圈通电，主触点闭合，电动机起动运行，常开辅助触点闭合实现自锁，因此 SB2 是长动控制按钮。需要停车时，按下控制按钮 SB1 即可。

若按下按钮 SB3，其常闭触点断开自锁电路，常开触点闭合，接通起动控制电路，接触器 KM 线圈通电，主触点闭合，电动机起动旋转。当松开 SB3 时，KM 线圈断电，主触点断开，电动机停止转动。因此，SB3 是点动控制按钮。

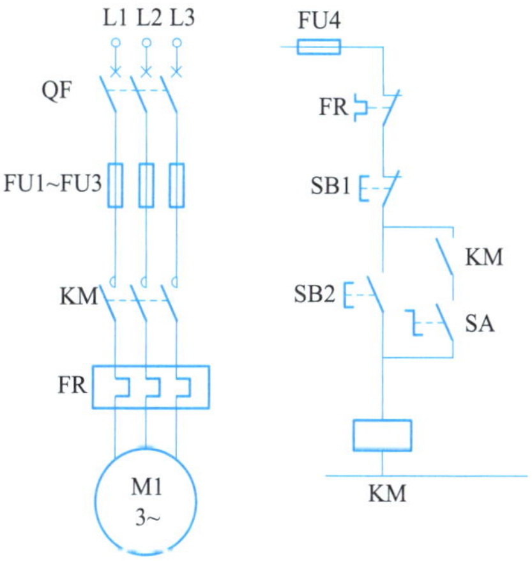

图 2-4 既能点动又能长动的控制电路（转换开关控制）

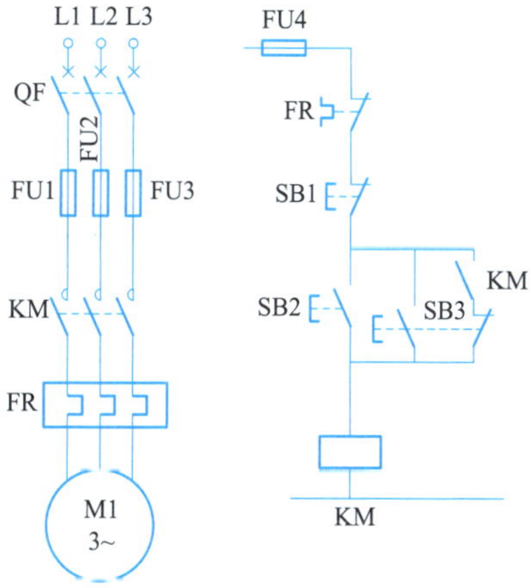

图 2-5 既能点动又能长动的控制电路（复合按钮控制）

任务分析

生产实际中，有的生产机械需要点动控制，即一直用手按住按钮，还有的生产机械在进行调整工作时采用点动控制，如机床的快速移动多数为点动控制。还有很多榨汁机也是这样的，如榨汁机的清洗功能。本任务为三相异步电动机的点动与长动控制，在点动状态下，按下起动按钮，接触器线圈通电吸合，主触点闭合，电动机接通电源并转动。当松开按钮时，接触器线圈断电释放，主触点断开，电动机电源被切断而停止转动。在长动状态下，按下起动按钮，电动机接触器线圈通电吸合，主触点闭合，电动机接通电源并转动。接触器常开辅助触点闭合实现自锁，因此当松开按钮时，电动机仍然转动。

任务实施

一、实训电路

三相异步电动机点动与长动控制实训电气原理如图 2-6 所示。

学习笔记

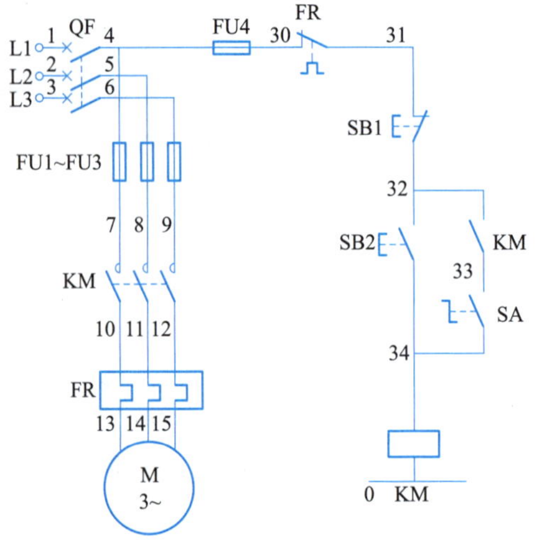

图 2-6　三相异步电动机点动与长动控制实训电气原理图

二、实训器材

三相异步电动机 1 台、断路器 1 个、熔断器 4 个、热继电器 1 个、接触器 1 个、按钮 2 个、转换开关 1 个、万用表 1 块、工具 1 套、导线若干。

三、实训步骤

1. 安装电器

按图 2-7 准备电器，检查电器是否完好，观察接触器的工作电压，在配电盘上安装电器，注意电器不可以倒置。在控制面板上选用按钮，做好标记。

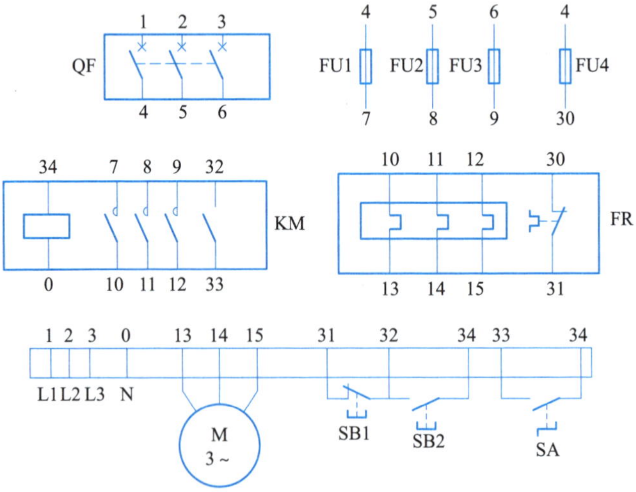

图 2-7　三相异步电动机点动与长动控制实训接线图

2. 按图布线

（1）按照图 2-6 所示，依据先主后辅、从上到下、从左到右的顺序按图布线。接线时不可跨接，也不可露出裸线太长。

学习笔记

（2）检查三相异步电动机接线是否安全接到端子排上。观察电动机 4 个接线端子，注意要从连接到电动机电枢绕组的三个端子上引线。

3. 常规检查

通电试车前用万用表进行控制电路的常规检查。

（1）合上断路器，判断整体电路是否有短路故障。使用万用表的欧姆挡，将红、黑表笔分别接三根相线中的任意两根，两相间应该是断开的，万用表显示“1.”为正常；如果万用表指示为“0”，说明这两相间存在短路故障，需要检查电路。

（2）找到控制电路相线。方法是将万用表一只表笔接热继电器 FR 常闭触点的输入端，另一只表笔分别接触电源三根相线，万用表显示为“0”的那相即控制电路所用的相线。

（3）找到控制电路相线后，将万用表一只表笔接控制电路相线，另一只表笔接中性线，电路此时应该是断的，万用表显示“1.”为正常；如果万用表指示为“0”，说明控制电路存在短路故障，需要检查电路，之后重新此步骤检查。

（4）保持两表笔位置不动，断开转换开关 SA，按下起动按钮 SB2。如果万用表显示数值等于接触器线圈内阻（一般为 400 ~ 600 Ω）说明正常；松开按钮 SB2，万用表显示“1.”，说明点动控制电路基本没有问题。

（5）同样保持两表笔位置不动，闭合转换开关 SA，按下起动按钮 SB2。如果万用表显示数值等于接触器线圈内阻（一般为 400 ~ 600 Ω）说明正常；再按下 SB1，万用表显示“1.”，说明长动控制电路基本没有问题，可以通电。否则检修电路，并重复此步骤检查，直到正常才可以通电试车。

4. 通电试车

（1）在教师监护下试车。将转换开关 SA 断开，按下起动按钮 SB2，电动机起动运行，如发现电器动作异常、电动机不能正常运转时，必须马上抬起按钮 SB2 停车，并断电进行检修，注意不允许带电检查。如电动机正常起动运行，运行一段时间后，抬起按钮 SB2，电动机停车。此时为点动控制。

（2）将转换开关 SA 闭合，按下起动按钮 SB2，电动机起动运行，接触器 KM 常开辅助触电闭合，实现自锁。此时无论是否抬起按钮 SB2，电动机均会转动。只有按下按钮 SB1，电动机才会停车。此时为长动控制。

5. 清理工位

调试成功后，停车，关闭电源，清洁整理工作台，清点工具并放回工具箱。经教师同意后拆线，去掉控制面板标记。

6. 完成报告

记录实训过程中出现的问题，并按照要求按时完成实训报告。

四、故障分析与检修

1. 点动控制故障的诊断与检修

（1）按钮故障：如果按下点动按钮后电动机不动作，可能是因为按钮的常开触点接触不良或常闭触点断不开，导致电路无法形成闭合回路。检修时，应断开电源，使用万用表检测按钮的触点是否正常接通，若不正常则需更换按钮。

（2）接触器故障：接触器线圈损坏或机械动作机构不灵活也会导致点动控制失效。检修时，首先使用万用表检测接触器线圈是否有断路或短路，如果有问题则更换线圈。同时，

学习笔记

检查接触器的动作机构是否灵活可靠，若不灵活则需更换接触器。

(3)供电问题：如果电动机控制电路的供电电源正常，但电动机不起动，可能是熔断器损坏，无法提供必要的电流。此时应检测熔断器是否正常，如果熔断则需要更换。

(4)过热问题：如果电动机运行一段时间后过热，可能是控制电路中的电流量大小异常，需要检测并查找故障原因。

综上所述，点动控制故障的诊断与检修需要从按钮、接触器、供电等多方面进行细致检查和测试，确保每个部件都能正常工作，从而保证电动机的点动控制能够准确无误地执行。

2. 长动控制故障的诊断与检修

1)故障诊断

在进行故障诊断时，应首先检查电源开关和起动按钮是否正常工作，接触器是否能够吸合，以及电动机是否能够正常运行。如果电动机不能起动或停止，可能是电路中的某个部分出现了问题。使用电阻测量方法，通过测量电路中的电阻值来判断电路是否通畅，这是排查故障的有效手段。在应用这种方法时，应保证电源处于断开状态，以避免电击风险。如果按下起动按钮后，电动机能运行，但松开按钮后电动机停不下来，这通常是因为自锁电路故障。检查自锁触点是否接触不良，如果是则需要修整或更换自锁触点。

2)检修措施

如果发现电路中的某个元件损坏或失效，应及时更换或修复。例如，如果热继电器损坏，应更换与其型号相匹配的新继电器。对于中间继电器等关键元件的检修，应根据其工作电压、触点数量和容量来选择合适的继电器进行更换。在进行任何检修工作之前，务必切断电源，确保安全操作。

通过上述故障诊断与检修措施，可以有效地分析和检修长动控制电路的故障，确保设备能够正常、安全地运行。

任务评价

按照任务的完成情况进行评价，评价的方式可以是教师评价、教师指定的评价组评价或者组间互评等。评价的过程中需要记录存在的问题，评价记录工作单见表2-2。

表2-2 评价记录工作单

类别	评价内容	分值	评分标准	记录	评分
功能实现情况	点动控制时，按下起动按钮SB2，电动机是否运行	5	按下起动按钮SB2，查看电动机的运行情况，有转动得5分，无转动0分		
	点动控制时，抬起按钮SB2，电动机是否停止运行	5	抬起按钮SB2，查看电动机的停止情况，有停止得5分，无停止0分		
	长动控制时，按下起动按钮SB2，电动机是否运行	10	按下起动按钮SB2，查看电动机的运行情况，有转动得10分，无转动0分		
	长动控制时，电路的自锁情况	10	抬起按钮SB2，查看电动机的运行情况，仍转动得10分，无转动0分		
	长动控制时，按下停止按钮SB1，电动机是否停止运行	10	按下停止按钮SB1，查看电动机的停止情况，有停止得10分，无停止0分		

学习笔记

续表

类别	评价内容	分值	评分标准	记录	评分
电路接线检查	电气原理图设计	10	布局不合理扣5分，少一个电气元件扣2分，符号不规范每处扣2分		
	工艺检查	10	露铜过长每处扣1分，接线不符合安全规范每处扣1分		
	初步调试	10	上电后按下按钮没有反应每处扣1分，接线错误每处扣2分，产生短路现象直接得0分		
职业素养	劳动纪律、操作规范、安全文明生产	10	不遵守实训纪律、不爱惜实训设备、浪费耗材、危险用电，根据情况酌情扣1～10分		
知识提问	由教师进行本任务相关知识的提问	20	每题完全正确得20分，部分答对由教师根据情况给分		

任务反思与练习

一、任务反思

检查任务中存在的问题并进行完善，填写改进工作单，见表2-3。提交相关技术资料。

表2-3　改进工作单

改进要点记录		
产品提交	项目	负责人(签字)
	设计报告	
	使用说明	
	作品功能检查	
	作品技术规范检查	

二、练习

(一)单选题

1. 三相异步电动机基本点动控制电路中，按下点动起动按钮SB时，(　　)通电吸合，主触点闭合，电动机接通电源。

A. 电动机M　　B. 接触器KM线圈

C. 热继电器FR热元件　　D. 熔断器FU1

2. 三相异步电动机基本点动控制电路中，松开点动起动按钮SB时，接触器KM线圈失电释放，(　　)断开，电动机被切断电源而停止旋转。

学习笔记

A. 接触器KM主触点
B. 接触器KM辅助触点
C. 热继电器FR常开触点
D. 热继电器FR常闭触点

3. 转换开关的文字符号是(　　)。

A. FU
B. KM
C. SA
D. SB

4. 复合按钮控制的长动与点动混合电路中,按下按钮SB3,其常闭触点先断开(　　),常开触点后闭合,接通起动控制电路,KM线圈通电,主触点闭合,电动机起动旋转。

A. 过电压电路
B. 过电流电路
C. 短路电路
D. 自锁电路

5. 三相异步电动机点动控制电路中无(　　)环节。

A. 短路保护
B. 过载保护
C. 失电压保护
D. 欠电压保护

6. 接触器的自锁是(　　)。

A. 依靠自身常闭辅助触点与按钮并联实现的
B. 依靠自身常开辅助触点与按钮并联实现的
C. 依靠自身常闭辅助触点与线圈串联实现的
D. 依靠自身常开辅助触点与线圈串联实现的

7. 电气原理图中,同一元器件的各部件可以不画在一起,也可以标注不同的文字符号。(　　)

A. 对
B. 错

8. 电气元件布置图上需要绘制出各个设备和元件的实物图。(　　)

A. 对
B. 错

9. 电气安装接线图上可以不画出导线,只标出线号即可,且相同线号的电位相同。(　　)

A. 对
B. 错

10. 是否有自锁是点动和长动控制电路的区别。(　　)

A. 对
B. 错

(二)多选题

1. 基本点动控制电路中增加(　　),低压电器就可以实现既能点动控制又能长动控制。

A. 转换开关
B. 复合按钮
C. 行程开关

2. 电气控制系统图主要包含(　　)。

A. 电气原理图
B. 电气安装接线图
C. 电气布置图

3. 电气原理图包含(　　)几部分。

A. 主电路
B. 控制电路
C. 辅助电路

任务2 三相异步电动机正反转控制

学习笔记

思 考

电梯中直梯的上下，洗衣机内部波轮或者滚筒的转动是怎样控制的？

视频

正反转电路组成相关知识

知识与技能

在生产加工过程中，往往要求运动部件能正、反两个方向运动，如机床工作台的前进与后退、主轴的正转与反转等，这就要求电动机可以实现正反转。当把通入电动机定子绕组三相电源进线中的任意两相对调，便可实现三相异步电动机反转控制。

一、接触器联锁正反转控制电路

图2-8为三相异步电动机正反转控制电路。此电路利用两个接触器KM1和KM2的常闭触点起相互控制作用，即一个接触器通电时，利用其常闭辅助触点来断开对方线圈所在电路。当一个接触器得电时，通过其常闭辅助触点使另一个接触器不能得电，这种相互制约的作用称为互锁。实现互锁的常闭辅助触点称为互锁触点。

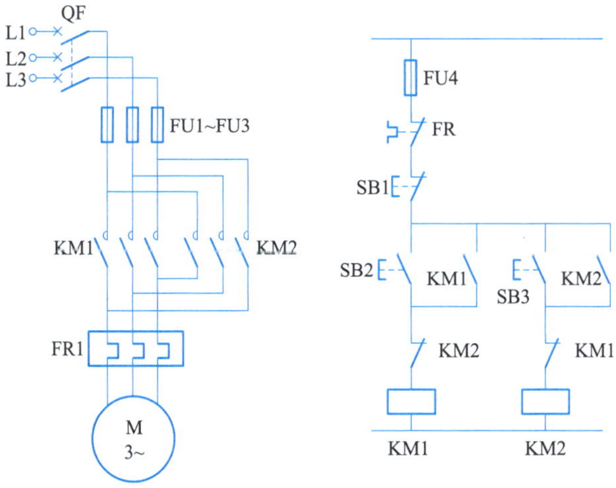

图2-8 三相异步电动机正反转控制电路

1. 正向起动过程

SB2 ±→KM1 +（自锁）→电动机正向起动。

按下正向起动按钮SB2，接触器KM1线圈得电，其常闭辅助触点断开KM2线圈所在电路实现互锁；主电路中接触器主触点闭合，电动机正向起动运行，同时常开辅助触点闭合实现自锁。

2. 反向起动过程

SB3 ±→KM2 +（自锁）→电动机反向起动。

按下反向起动按钮SB3，接触器KM2线圈得电，其常闭辅助触点断开KM1线圈电路实现互锁；主电路中接触器主触点闭合，电动机反向起动运行，同时常开辅助触点闭合实现自锁。

学习笔记

视频 接触器互锁正反转电路分析相关知识

3. 停止过程

SB1 +→KM1 -（KM2 -）→电动机停止。

无论电动机正向运行还是反向运行，按下停止按钮 SB1，接触器 KM1 或 KM2 线圈失电，接触器主触点复位，电动机与三相电源断开，慢慢停车。

接触器联锁正反转控制电路安全可靠，但是操作不便，当电动机从正转变为反转时，由于接触器的互锁作用，必须先按下停车按钮，才能再按反转起动按钮。为了改善这一不足，可采用双重联锁的正反转控制电路。

小贴士

在电路的保护环节中，FU1 ~ FU3 实现主电路短路保护，FU4 实现控制电路短路保护，FR 实现电动机的过载保护，接触器的线圈实现失电压、欠电压保护，复位按钮与接触器的自锁实现零电压保护。

二、双重联锁正反转控制电路

双重联锁正反转控制电路如图 2-9 所示，电路采用复合按钮 SB2 和 SB3。电路中既有接触器的互锁，又有按钮的互锁，保证了电路的可靠工作。

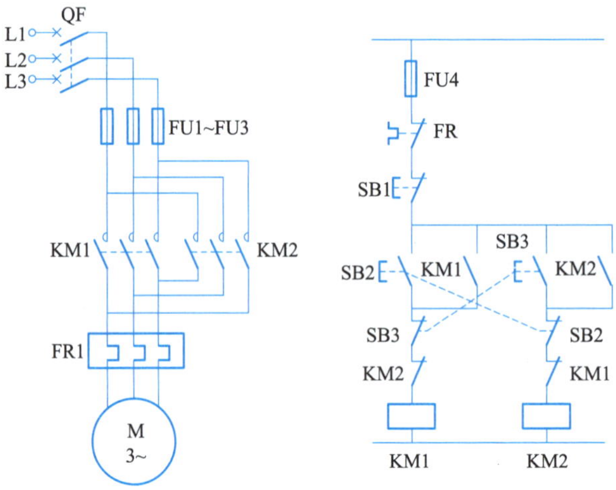

图 2-9　双重联锁正反转控制电路

视频 双重联锁正反转控制电路分析相关知识

正转起动按钮 SB2 的常开触点用来使正转接触器 KM1 的线圈瞬时通电，其常闭触点则串联在反转接触器 KM2 线圈的电路中，用来实现互锁。同理，反转起动按钮 SB3 的常开触点用来使反转接触器 KM2 的线圈瞬时通电，其常闭触点则串联在正转接触器 KM1 线圈的电路中，用来实现互锁。因此，当按下 SB2 或 SB3 时，按钮的常闭触点断开，常开触点闭合。在需要改变电动机转动方向时，不需要按下停止按钮 SB1，可直接操作正反转起动按钮 SB2 或 SB3 就能实现电动机转动方向的改变。

正向起动：SB2 ±→ KM2 − / KM1 +（自锁） →电动机正向起动。

反向起动：SB3 ±→ KM1 − / KM2 +（自锁） →电动机反向起动。

停车：SB1 +→KM1 -（KM2 -）→电动机停车。

学习笔记

三、自动往复循环控制电路

在生产实践中，有些生产机械的工作台需要自动往复运动，如龙门刨床、导轨磨床等。图 2-10 所示为自动往复循环控制电路，它是利用行程开关实现往复运动控制的。

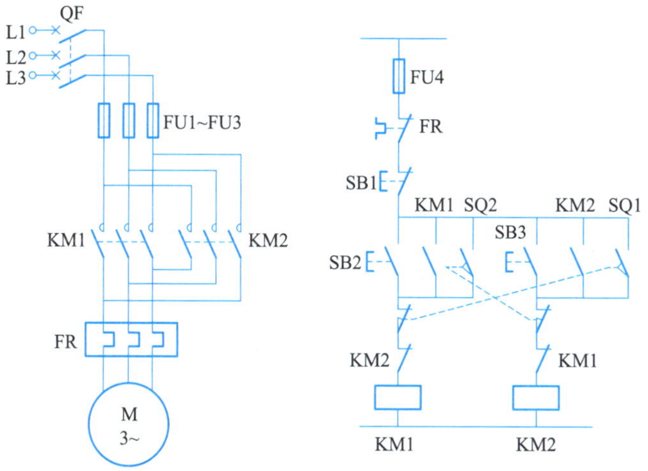

图 2-10　自动往复循环控制电路

在工作台的两边装有两个限位开关，限位开关 SQ1 放在左端，而 SQ2 放在右端，机械挡铁装在运动部件上。按正转起动按钮 SB2，接触器 KM1 通电吸合并自锁，电动机正向转动同时带动机床运动部件左移，当运动部件移至左端并碰到 SQ1 时，将 SQ1 压下，其常闭触点断开，切断 KM1 接触器线圈电路；其常开触点闭合，接通反转接触器 KM2 线圈电路，电动机由正向转动变为反向转动。电动机再带动运动部件向右移动，直到压下 SQ2，电动机由反向转动又变成正向转动，驱动运行部件进行往复循环运动。需要停止时，按下停止按钮 SB1 即可停止转动。

具体工作过程如下：

起动：SB2 $\pm$ →KM1 +（自锁）→电动机正向起动运行 $\xrightarrow{\text{SQ1}+}\begin{matrix}\text{KM1}-\\ \text{KM2}+\end{matrix}$ →电动机反向运行 $\xrightarrow{\text{SQ2}+}\begin{matrix}\text{KM2}-\\ \text{KM1}+\end{matrix}$ →电动机正向运行，往复循环。

停止：SB1 + → $\begin{matrix}\text{KM1}-\\ \text{KM2}-\end{matrix}$ →电动机停止。

由此可以看出，运动部件每经过一个自动往复循环，电动机要进行两次反接制动过程，将出现较大的反接制动电流和机械冲击。因此，这种电路只适用于电动机容量较小、循环周期较长、电动机转轴具有足够刚性的拖动系统中。

小贴士

在自动往复控制电路中，为防止工作台超过限定位置而造成事故，经常需要设置限位保护。行程开关为最常用的限位保护装置。

视频

自动往复行程控制电路分析相关知识

任务分析

在日常生活中，如电动窗帘的打开和闭合，电梯的上行及下行，洗衣机滚筒的转动等都是电动机的正反转控制。本任务为三相异步电动机的正反转控制，对控制要求进行分析，按下正向起动按钮，接触器KM1线圈得电，其常闭辅助触点先断开KM2线圈电路实现互锁；然后主触点闭合，电动机正向起动运行，同时常开辅助触点闭合实现自锁。同理，按下反向起动按钮，接触器KM2线圈得电，其常闭辅助触点先断开KM1线圈电路实现互锁；然后主触点闭合，电动机反向起动运行，同时常开辅助触点闭合实现自锁。无论电动机正向运行还是反向运行，按下停止按钮，接触器线圈失电，接触器主触点复位，电动机与三相电源断开，慢慢停车。

任务实施

一、实训电路

三相异步电动机正反转控制电路如图2-11所示。

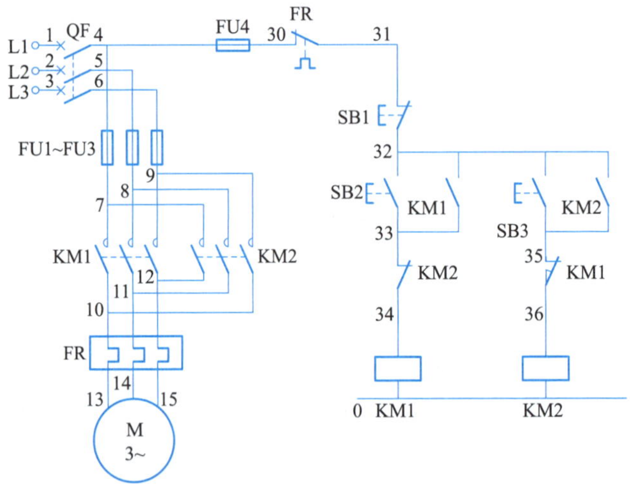

图2-11 三相异步电动机正反转控制电路

二、实训器材

三相异步电动机1台、断路器1个、熔断器4个、热继电器1个、接触器2个、按钮3个、万用表1块、工具1套、导线若干。

三、实训步骤

1. 安装电器

按照图2-12准备电器，检查电器是否完好，观察接触器的工作电压，在配电盘上安装电器，注意电器不可以倒置。在控制面板上选用按钮，做好标记。

2. 按图布线

（1）按照图2-11所示，依据先主后辅、从上到下、从左到右的顺序按图布线。正反转主电路的原理是通过改变三相电源的相序来实现电动机的正反转。具体来说，三相异步电动机在正常运行时，三相电源的相序为ABC，电动机正转。若要电动机反转，只需将其中任意两相的相序对调，例如将A相和C相对调，变为CBA的顺序，即可实现反转。接触器主触点进线没有相序改变，主触点出线要相序对调。

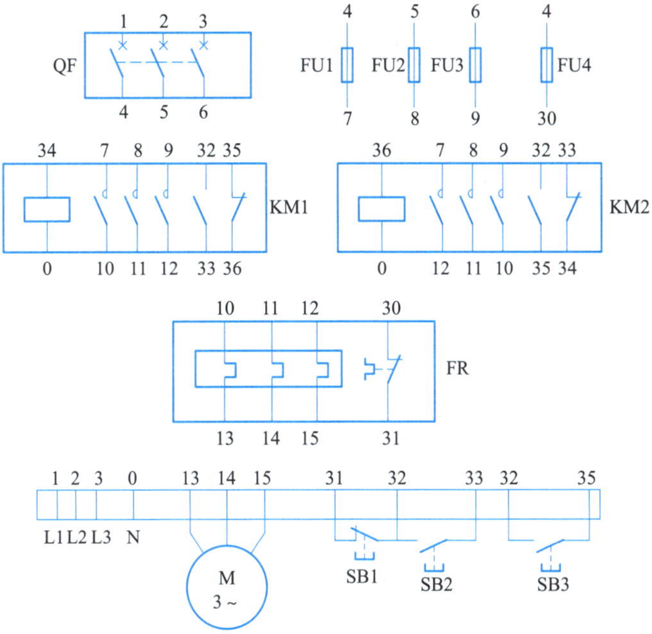

图 2-12 三相异步电动机正反转实训接线图

(2)检查三相异步电动机接线是否安全,接到端子排上。观察电动机 4 个接线端子,注意要从连接到电动机电枢绕组的三个端子上引线。

3. 常规检查

通电试车前用万用表进行控制电路常规检查。

(1)合上断路器,判断整体电路是否有短路故障。使用万用表的欧姆挡,将红、黑表笔分别接三根相线中的任意两根,两相间应该是断开的,万用表显示“1. ”为正常;如果万用表指示为“0”,说明这两相间存在短路故障,需要检查电路。

(2)找到控制电路相线。方法是将万用表一只表笔接热继电器 FR 常闭触点的输入端,另一只表笔分别接触电源三根相线,万用表显示为“0”的那相即控制电路所用的相线。

(3)找到控制电路相线后,将万用表一只表笔接控制电路相线,另一只表笔接中性线,电路此时应该是断的,万用表显示“1. ”为正常;如果万用表指示为“0”,说明控制电路存在短路故障,需要检查电路,之后重新此步骤检查。

(4)保持两表笔位置不动,按下正向起动按钮 SB2。如果万用表显示数值等于接触器线圈内阻(一般为 400 ~ 600 Ω)说明正常;如果万用表显示“1. ”,说明接触器 KM1 线圈电路断路;如果万用表显示“0”,说明 KM1 线圈电路短路,需要检修电路,之后重新此步骤检查。

(5)按住 SB2 别松,再按下 SB1,万用表显示数值从线圈内阻变为“1. ”,说明 KM1 电路基本没有问题,如果依然显示线圈内阻,说明 SB1 常闭触点接触不良或者接错线。

(6)与正向起动原理相同,按下反向起动按钮 SB3,如果万用表显示数值等于接触器线圈内阻,说明正常,再按下 SB1,万用表显示“1. ”,说明 KM2 电路也基本没有问题,可以通电。

4. 通电试车

(1)在教师监护下试车。先按下正向起动按钮 SB2 让电动机正转,松开 SB2,电动机仍

视频
正反转电路检查相关知识

学习笔记

然正转；如发现电器动作异常、电动机不能正常运转时，必须马上按下SB1停车，断电进行检修，注意不允许带电检查。

（2）按下SB3，由于互锁，电动机不会反向转动，仍保持原来状态；如果电动机反向转动，说明互锁接错。

（3）按下SB1，电动机停车，再按下SB3，电动机反转；松开SB3，电动机仍然反转。

注意观察正、反转时电动机的转向，如果电动机转向没有改变，说明主电路相序对调有错误，应进行断电检修。

5. 清理工位

调试成功后，停车，关闭电源，清洁整理工作台，清点工具并放回工具箱。经教师同意后拆线，去掉控制面板标记。

6. 完成报告

记录实训过程中出现的问题，并按照要求按时完成实训报告。

四、故障分析与检修

三相异步电动机正反转电路的常见故障主要包括电源问题、接触器问题、热继电器问题、按钮问题以及三相异步电动机本身的问题。

1. 电源问题

可能包括断路器QF闭合不好或电源无电压，以及熔断器熔断。这些问题可以通过检查电源电压和熔断器状态进行诊断，必要时更换熔断器或修复断路器QF的接触问题。

2. 接触器问题

接触器主触点接触不良或不能正常工作，这可能是由于接触器动作或常闭触点接触不良，或者是停止按钮闭合不好。解决这些问题可能需要检查并更换接触器，或者修复停止按钮的接触问题。

3. 热继电器问题

热继电器FR动作或常闭触点接触不良，这可能是由于负载电流过大或短路导致的。检查并更换热继电器，或者检查并修复热继电器主回路串联导线的断路问题。

4. 按钮问题

停止按钮闭合不好，导致电动机无法停止或控制失灵。使用万用表电阻挡测试按钮的常闭触点，如果接触不良，需要更换按钮。

5. 三相异步电动机本身问题

三相异步电动机负载卡死或三相异步电动机线圈烧坏，这需要通过专业检测和维修来解决。

故障检修涉及使用低压验电笔测试电源电压、检查熔断器、测试热继电器的动作触点，以及使用万用表电阻挡测试按钮的接触情况。如果发现问题，应采取相应的措施更换损坏的部件或修复接触不良的问题。

任务评价

按照任务的完成情况进行评价，评价的方式可以是教师评价、教师指定的评价组评价或者组间互评等。评价的过程中需要记录存在的问题，评价记录工作单见表2-4。

学习笔记

表 2-4　评价记录工作单

类别	评价内容	分值	评价标准	记录	评分
功能实现情况	正向转动时，按下起动按钮 SB2，电动机是否运行	7	按下起动按钮 SB2，查看电动机的运行情况，有转动得 7 分，无转动 0 分		
	正转电路的互锁情况	10	正转状态下，按下按钮 SB3，查看电动机的运行情况，无变化得 10 分，有变化 0 分		
	按下停止按钮 SB1，电动机是否停止运行	6	按下停止按钮 SB1，查看电动机的停止情况，有停止得 6 分，无停止 0 分		
	反向转动时，按下起动按钮 SB3，电动机是否运行	7	按下起动按钮 SB3，查看电动机的运行情况，有转动得 7 分，无转动 0 分		
	反转电路的互锁情况	10	反转状态下，按下按钮 SB2，查看电动机的运行情况，无变化得 10 分，有变化 0 分		
电路接线检查	电气原理图设计	10	布局不合理扣 5 分，少一个电气元件扣 2 分，符号不规范每处扣 2 分		
	工艺检查	10	露铜过长每处扣 1 分，接线不符合安全规范每处扣 1 分		
	初步调试	10	上电后按下按钮没有反应每处扣 1 分，接线错误每处扣 2 分，产生短路现象直接得 0 分		
职业素养	劳动纪律、操作规范、安全文明生产	10	不遵守实训纪律、不爱惜实训设备、浪费耗材、危险用电，根据情况酌情扣 1～10 分		
知识提问	由教师进行本任务相关知识的提问	20	每题完全正确得 20 分，部分答对由教师根据情况给分		

任务反思与练习

一、任务反思

检查任务中存在的问题并进行完善，填写改进工作单，见表 2-5，提交相关技术资料。

表 2-5　改进工作单

改进要点记录		
产品提交	项目	负责人（签字）
	设计报告	
	使用说明	
	作品功能检查	
	作品技术规范检查	

学习笔记

二、练习

单选题

1. 当一个接触器得电时，通过其(　　)使另一个接触器不能得电，这种相互制约的作用称为互锁。

A. 常开辅助触点　　B. 常闭辅助触点
C. 主触点　　D. 瞬时触点

2. 三相异步电动机的正反转控制关键是改变(　　)。

A. 电源电压　　B. 电源相序
C. 电源电流　　D. 负载大小

3. 当把通入电动机定子绕组三相电源进线中的(　　)对调，便可实现三相异步电动机反转控制。

A. 任意两相相序　　B. 三相电
C. 电源　　D. 电流

4. 变压器具有改变(　　)的作用。

A. 交变电压　　B. 交变电流
C. 阻抗　　D. 以上都是

5. 位置控制就是利用生产机械运动部件上的挡铁与(　　)碰撞来控制电动机的工作状态。

A. 断路器　　B. 行程开关
C. 按钮　　D. 接触器

6. 三相异步电动机的定子绕组中通入三相对称交流电，产生(　　)。

A. 恒定磁场　　B. 脉振磁场
C. 旋转磁场　　D. 交变磁场

7. 三相异步电动机的正反转控制电路中需要有(　　)、过载保护和失电压保护功能。

A. 短路保护　　B. 超速保护
C. 失磁保护　　D. 零速保护

8. 接触器的自锁是依靠接触器自身(　　)而使其线圈保持通电来实现的。

A. 常开辅助触点　　B. 常闭辅助触点
C. 主触点　　D. 瞬时触点

9. 当几个条件中只要有一个条件满足接触器线圈就通电，可以采用并联接法(　　)。

A. “与”逻辑　　B. “或”逻辑
C. “非”逻辑　　D. “异或”逻辑

10. 只有所有条件都具备，接触器才得电，可采用串联接法(　　)。

A. “与”逻辑　　B. “或”逻辑
C. “非”逻辑　　D. “异或”逻辑

11. 按钮和行程开关都是主令电器，因此两者可以互换。(　　)

A. 对　　B. 错

12. 按钮联锁正反转控制电路的优点是操作方便，缺点是容易产生电源两相短路事故。在实际工作中，经常采用按钮、接触器双重联锁正反转控制电路。(　　)

A. 对　　B. 错

学习笔记

13. 欠电压保护与失电压保护是依靠接触器 KM 本身的电磁机构来实现的。(　　)

A. 对　　　　B. 错

14. 接触器互锁正反转控制电路是依靠热继电器 FR 实现过载保护的。(　　)

A. 对　　　　B. 错

15. 接触器互锁正反转控制电路是依靠熔断器 FU 实现短路保护的。(　　)

A. 对　　　　B. 错

任务3　三相异步电动机制动控制

思　考

电动机的停车可以控制吗？都有什么方法能控制电动机的停车？

知识与技能

三相异步电动机从切断电源到完全停止旋转，由于惯性的关系，总要经过一段时间，这往往不能适应某些生产机械工艺的要求。

采取一定措施使三相异步电动机在切断电源后迅速准确地停车，称为三相异步电动机的制动。制动方法一般有两大类：机械制动和电气制动。机械制动是用机械装置来强迫电动机迅速停车；电气制动实质上是在电动机停车时，产生一个与原来旋转方向相反的制动转矩，迫使电动机转速迅速下降。下面着重介绍电气制动控制电路，包括反接制动和能耗制动。

一、反接制动控制电路

反接制动是利用改变电动机电源的相序，使定子绕组产生相反方向的旋转磁场，因而产生制动转矩的一种制动方法。

反接制动的特点是制动迅速，效果好，冲击大，通常仅适用于 10 kW 以下的小容量电动机。为了减小冲击电流，通常要求在电动机主电路中串联一定的电阻以限制反接制动电流。反接制动的另一要求是在电动机转速接近于零时，及时切断反相序电源，以防止电动机反转。

反接制动的关键在于电动机电源相序的改变，且当转速下降接近于零时，能自动将电源切除。为此采用了速度继电器来检测电动机的速度变化。在 120 ~ 3 000 r/min 范围内，速度继电器触点动作，当转速低于 100 r/min 时，其触点恢复原位。图 2-13 所示为速度继电器控制的单向反接制动控制电路。

视频

速度继电器控制的单向反接制动控制电路分析相关知识

起动时，按下起动按钮 SB2，接触器 KM1 通电，其常闭辅助触点实现互锁，常开辅助触点实现自锁，主触点动作，电动机 M 得电起动。当电动机转速大于 120 r/min 时，速度继电器 KS 的常开触点闭合，为反接制动做好准备。

停车时，按下停止按钮 SB1，SB1 常闭触点断开接触器 KM1 线圈电路，电动机脱离电源。但由于此时电动机的惯性转速还很高，KS 的常开触点依然处于闭合状态，所以 SB1 常开触点闭合时，反接制动接触器 KM2 线圈得电，常闭辅助触点实现互锁、常开辅助触点实现自锁，主触点闭合，使电动机定子绕组得到与正常运转相序相反的三相交流电源，电动机进入反接制动状态，转速迅速下降。当电动机转速小于 100 r/min 时，速度继电器常开触点复位，接触器 KM2 线圈电路被切断，反接制动结束。工作过程如下：

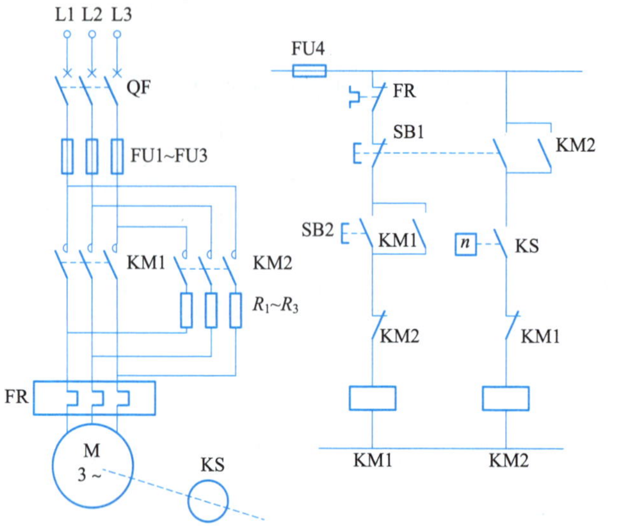

图 2-13　速度继电器控制的单向反接制动控制电路

工作过程如下：

起动：SB2 ± →KM1 +（自锁）→电动机全压起动 $\xrightarrow{n\geqslant 120\ \text{r/min}}$ KS + 。

制动：SB1 + → $\begin{matrix}\text{KM1 -}\\ \text{KM2 +（自锁）}\end{matrix}$ → $\begin{matrix}\text{电动机反接制动，}\\ \text{转速下降}\end{matrix}$ $\xrightarrow{n<100\ \text{r/min}}$ KS - →KM2 - →电动机停止。

图 2-14 所示为时间继电器控制的单向反接制动控制电路。按下起动按钮 SB2，接触器 KM1 线圈得电，电动机全压起动运行。若想停车时，按下停止按钮 SB1，SB1 常闭触点断开 KM1 线圈电路，接触器 KM1 所有触点复位，电动机定子绕组脱离三相交流电源。SB1 常开触点闭合使时间继电器 KT 线圈与 KM2 线圈同时通电并自锁，接触器 KM2 主触点闭合，使电动机定子绕组得到与正常运转相序相反的三相交流电源，电动机进入反接制动状态，转速迅速下降。当电动机转子的惯性速度接近于零时，时间继电器延时断开的常闭触点断开接触器 KM2 线圈电路，KM2 所有触点复位，时间继电器 KT 线圈的电源也被断开，反接制动结束。

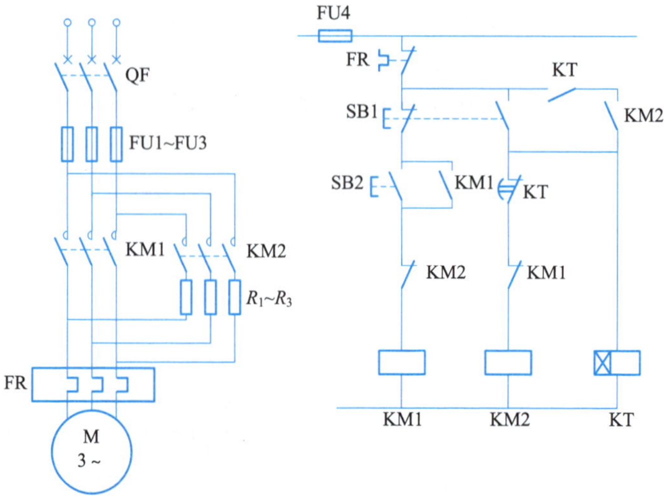

图 2-14　时间继电器控制的单向反接制动控制电路

工作过程如下：

起动：SB2 ±→KM1 +（自锁）→电动机全压起动。

$$\text{制动：SB1} \pm \rightarrow \begin{array}{c}\text{KM1} - \\ \text{KM2} + \text{（自锁）} \\ \text{KT} + \end{array} \rightarrow \text{电动机反接制动} \xrightarrow{\text{延时时间到}} \text{KM2} - \rightarrow \text{KT} - \rightarrow \text{电动机}$$

停止。

视频

时间继电器控制的单向反接制动控制电路分析相关知识

二、能耗制动控制电路

所谓能耗制动，就是电动机脱离三相交流电源之后，在定子绕组上加一个直流电压，产生一个静止磁场。当电动机转子在惯性作用下继续旋转时会产生感应电流，该感应电流与静止磁场相互作用产生一个与电动机旋转方向相反的电磁转矩，起制动作用。因为这种方法是将转子动能转化为电能，并消耗在转子电路的电阻上，动能耗尽，系统停车，所以称为能耗制动。

可以根据能耗制动时间控制原则用时间继电器进行控制，也可以根据能耗制动速度原则用速度继电器进行控制。图 2-15 所示为时间原则控制的单向能耗制动控制电路。

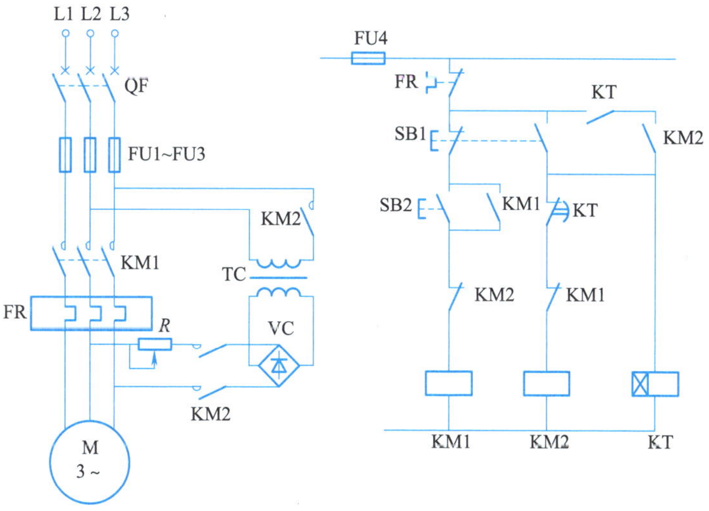

图 2-15 时间原则控制的单向能耗制动控制电路

按下起动按钮 SB2，接触器 KM1 线圈得电，电动机全压起动运行。停车时，按下按钮 SB1，SB1 常闭触点断开 KM1 线圈电路，电动机定子绕组脱离三相交流电源。SB1 常开触点闭合使时间继电器 KT 线圈与 KM2 线圈同时通电并自锁，接触器 KM2 主触点闭合，将直流电源加入定子绕组，于是电动机进入能耗制动状态。当电动机转子的惯性速度接近于零时，时间继电器延时断开的常闭触点断开接触器 KM2 线圈电路，KM2 常开辅助触点复位，时间继电器 KT 线圈的电源也被断开，电动机能耗制动结束。工作过程如下：

视频

时间继电器控制的单向能耗制动控制电路分析相关知识

起动：SB2 ±→KM1 +（自锁）→电动机全压起动。

$$\text{制动：SB1} \pm \rightarrow \begin{array}{c}\text{KM1} - \\ \text{KM2} + \text{（自锁）} \\ \text{KT} + \end{array} \rightarrow \text{电动机能耗制动} \xrightarrow{\text{延时时间到}} \text{KM2} - \rightarrow \text{KT} - \rightarrow \text{电动机}$$

停止。

学习笔记

图 2-16 为速度原则控制的单向能耗制动控制电路。按下起动按钮 SB2，接触器 KM1 线圈得电，其辅助触点进行互锁、自锁，主触点闭合，电动机全压起动运行。当电动机转速高于 120 r/min，速度继电器 KS 动作，其常开触点闭合。

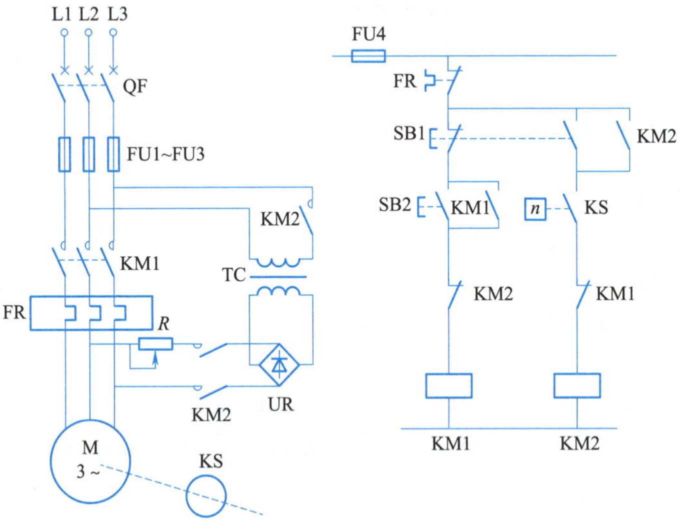

图 2-16　速度原则控制的单向能耗制动控制电路

停车时，按下 SB1，接触器 KM1 线圈失电，电动机脱离三相交流电源，由于电动机转子的惯性速度仍然很高，速度继电器 KS 的常开触点仍然处于闭合状态，所以接触器 KM2 线圈通电自锁。于是，两相定子绕组获得直流电源，电动机进入能耗制动。当电动机转子的惯性速度小于 100 r/min 时，KS 常开触点复位，接触器 KM2 线圈断电而释放，能耗制动结束。

工作过程如下：

起动：SB2 ± →KM1 +（自锁）→电动机全压起动 $\xrightarrow{n \geq 120\ \mathrm{r/min}}$ KS +。

制动：SB1 ± → $\begin{matrix}\text{KM1 －}\\ \text{KM2 +（自锁）}\end{matrix}$ → $\begin{matrix}\text{电动机能耗制动，}\\ \text{转速下降}\end{matrix}$ $\xrightarrow{n < 100\ \mathrm{r/min}}$ KS －→KM2 －→电动机停止。

小贴士

在电动机制动控制电路中，无论是哪种制动方法，最关键的问题在于当转速下降接近于零时，能自动将电源切除。用时间继电器延时时间来控制的称为时间原则控制，采用速度继电器常开触点的动作与复位来控制的称为速度原则控制。无论哪种制动控制电路，起动接触器和制动接触器应该互锁。

任务分析

反接制动是利用改变电动机电源的相序，使定子绕组产生相反方向的旋转磁场，因而产生制动转矩的一种制动方法。本任务为三相异步电动机制动控制，对控制要求进行分析，按下起动按钮，接触器 KM1 线圈得电，电动机全压运行。停车按下停车按钮，接触器 KM1 断电复位，接触器 KM2 和 KT 线圈得电（KT 正面面板上“ON”灯亮），电动机进入反接制动；3 s 后 KT 面板上“UP”灯亮，KM2 线圈断电复位，电动机停止转动，同时 KT 也断电复位。

学习笔记

任务实施

一、实训电路

图 2-17 所示为三相异步电动机单向反接制动实训电路图。

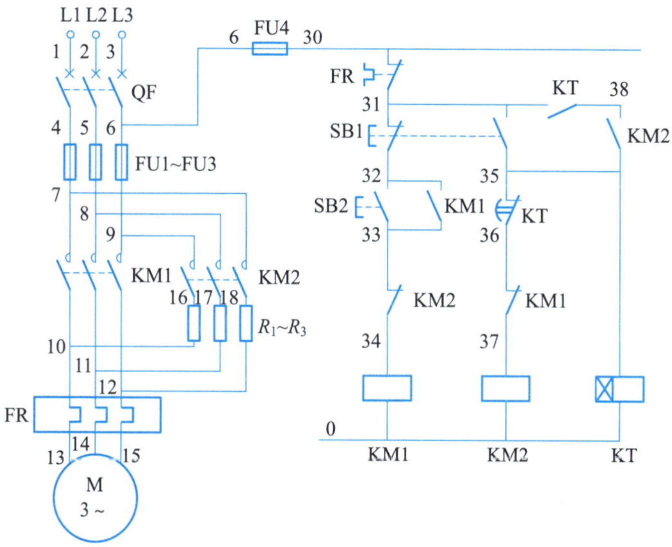

图 2-17　三相异步电动机单向反接制动实训电路图

二、实训器材

三相异步电动机 1 台、断路器 1 个、熔断器 4 个、热继电器 1 个、接触器 2 个、时间继电器 1 个、电阻 3 个、按钮 2 个、万用表 1 块、工具 1 套、导线若干。

三、实训步骤

1. 安装电器

按图 2-18 所示准备电器，检查电器是否完好，观察接触器的工作电压，并在配电盘上安装电器。注意电器不可以倒置，尤其是时间继电器容易放反。在控制面板上选用按钮，做好标记。

2. 按图布线

按照先主后辅、从上到下、从左到右的顺序接线。检查三相异步电动机接线是否安全接到端子排上。观察电动机 4 个接线端子，注意要从连接到电动机电枢绕组的三个端子上引线，注意接线规范。

3. 整定电器

将时间继电器延时时间调为 3 s；将热继电器复位。

4. 常规检查

通电试车前用万用表进行控制电路常规检查。

学习笔记

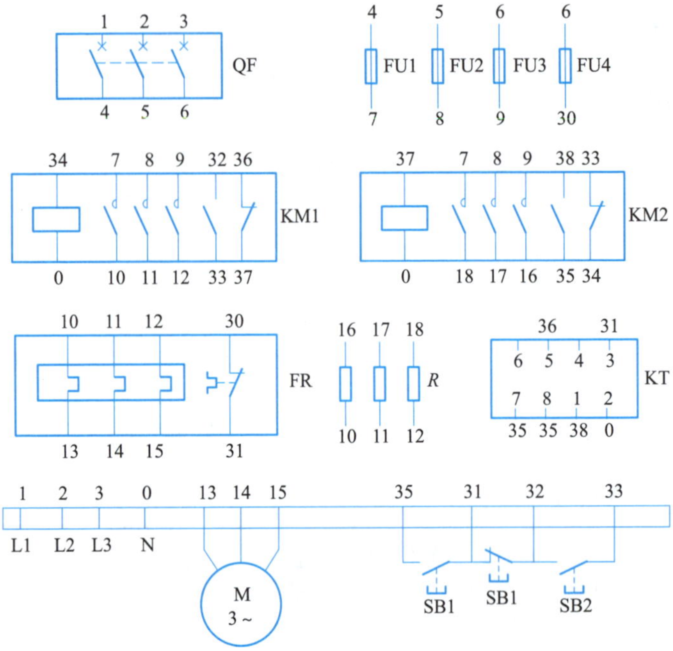

图 2-18　三相异步电动机单向反接制动实训接线图

(1)合上断路器,判断整体电路是否有短路故障。使用万用表的欧姆挡,将红、黑表笔分别接三根相线中的任意两根,两相间应该是断开的,万用表显示“1.”为正常;如果万用表指示为“0”,说明这两相间存在短路故障,需要检查电路。

(2)找到控制电路相线。方法是将万用表一只表笔接热继电器 FR 常闭触点的输入端,另一只表笔分别接触电源三根相线,万用表显示为“0”的那相即控制电路所用的相线。

(3)找到控制电路相线后,将万用表一只表笔接控制电路相线,另一只表笔接中性线,电路此时应该是断的,万用表显示“1.”为正常;如果万用表指示为“0”,说明控制电路存在短路故障,需要检查电路,之后重新此步骤检查。

(4)保持两表笔位置不动,按下起动按钮 SB2。如果万用表显示数值等于接触器线圈内阻(一般为 400 ~ 600 Ω)说明正常;如果万用表显示“1.”,说明接触器 KM1 线圈电路断路;如果万用表显示“0”,说明接触器 KM1 线圈电路短路,需要检修电路,之后重新此步骤检查。

(5)按住 SB2 别松,轻按 SB1 不到底,万用表显示数值从线圈内阻变为“1.”,说明 KM1 线圈电路基本没有问题;如果依然显示线圈内阻,说明 SB1 常闭触点接触不良或者接错线。再继续下按 SB1,万用表重新显示线圈内阻,说明 KM2 线圈电路基本没有问题。如果万用表显示“1.”说明 KM2 线圈电路断路;如果万用表显示“0”说明 KM2 线圈电路短路,需检修,之后重新此步骤检查。

其他支路无法使用万用表整体检查,可以尝试通电试车,发现故障后再进行电路分析检修。通电试车过程中,无论出现任何故障现象,必须关闭 QF,切断电源后进行电路分析和检修,必要时可以先小组讨论再请教师协助检修。

5. 通电试车

(1)在教师监护下通电试车。按下起动按钮 SB2,接触器 KM1 线圈得电,电动机起动运

学习笔记

行。如发现电器动作异常、电动机不能正常运转时，必须马上按下 SB1 停车，断电后再进行检修，注意不允许带电检查。

（2）按下停车按钮 SB1，接触器 KM1 断电复位，接触器 KM2 和时间继电器 KT 线圈得电（KT 正面面板上“ON”灯亮），电动机进入反接制动；3 s 后 KT 面板上“UP”灯亮，接触器 KM2 线圈断电复位，电动机停止转动，同时 KT 也断电复位。

6. 清理工位

调试成功后，停车，关闭电源，清洁整理工作台，清点工具并放回工具箱。经教师同意后拆线，去掉控制面板标记。

7. 完成报告

记录实训过程中出现的问题，并按照要求按时完成实训报告。

四、故障分析与检修

单向反接制动常见故障分析与检修主要涉及以下几方面：

1. 电路连接问题

检查电路连接是否正确，确保所有接线端子紧固无误，避免因接触不良导致的故障。

2. 速度继电器问题

速度继电器是反接制动控制中的重要元件，其正常工作对于反接制动的实现至关重要。应检查速度继电器的触点是否损坏，以及其动作是否准确，即是否能在预设的转速下准确切换正反转。

3. 电源问题

检查电源电压是否稳定，以及电源线是否有断路或短路现象，确保电源供应正常。

4. 电阻器问题

在反接制动电路中，电阻器用于限制电流，防止电动机过载。应检查电阻器是否损坏或接触不良。

5. 互锁问题

正反转控制中存在互锁机制，应检查互锁触点是否正常工作，避免正反转同时起动导致的设备损坏。

6. 控制逻辑问题

检查控制逻辑是否正确，包括起动按钮、停止按钮以及速度继电器的逻辑关系是否正确实现。

在检修过程中，如果遇到难以解决的问题，可以参考相关的技术文档或向专业人士寻求帮助。此外，定期的维护和保养也是预防故障的重要手段，通过定期检查和清洁，可以及时发现并解决潜在的问题，确保设备的正常运行。

任务评价

按照任务的完成情况进行评价，评价的方式可以是教师评价、教师指定的评价组评价或者组间互评等。评价的过程中需要记录存在的问题，评价记录工作单见表 2-6。

学习笔记

表 2-6 评价记录工作单

类别	评价内容	分值	评价标准	记录	评分
功能实现情况	热继电器和时间继电器整定情况	10	热继电器和时间继电器整定正确各5分，错误0分		
	按下起动按钮SB2，电动机是否运行	10	按下起动按钮SB2，查看电动机的运行情况，有转动得10分，无转动0分		
	按下停止按钮SB1，电动机是否进入反接制动	10	按下停止按钮SB1，查看电动机是否进入反接制动，有反接制动得10分，无反接制动0分		
	电动机停止转动情况及时间继电器KT断电复位情况	10	3 s后时间继电器KT面板上“UP”灯亮，KM2线圈断电复位，电动机停止转动，同时KT也断电复位得10分，无此现象0分		
电路接线检查	电气原理图设计	10	布局不合理扣5分，少一个电气元件扣2分，符号不规范每处扣2分		
	工艺检查	10	露铜过长每处扣1分，接线不符合安全规范每处扣1分		
	初步调试	10	上电后按下按钮没有反应每处扣1分，接线错误每处扣2分，产生短路现象直接得0分		
职业素养	劳动纪律、操作规范、安全文明生产	10	不遵守实训纪律、不爱惜实训设备、浪费耗材、危险用电，根据情况酌情扣1~10分		
知识提问	由教师进行本任务相关知识的提问	20	每题完全正确得20分，部分答对由教师根据情况给分		

任务反思与练习

一、任务反思

检查任务中存在的问题并进行完善，填写改进工作单，见表2-7，提交相关技术资料。

表 2-7 改进工作单

改进要点记录		
产品提交	项目	负责人(签字)
	设计报告	
	使用说明	
	作品功能检查	
	作品技术规范检查	

学习笔记

二、练习

单选题

1. 三相异步电动机制动时，应该(　　)。

A. 使励磁电流减小　　B. 切断电源并短路绕组

C. 增加电源电压来加强制动效果　　D. 保持电源电压不变

2. 三相异步电动机制动时，下列说法中错误的是(　　)。

A. 制动电阻会产生大量的热量　　B. 制动力矩与制动电阻的阻值成正比

C. 制动力矩与电源电压成正比　　D. 制动力矩与转速成反比

3. 三相异步电动机反接制动的优点是(　　)。

A. 制动平稳　　B. 能耗较小

C. 制动迅速　　D. 定位准确

4. 三相异步电动机常用的电气制动方法有(　　)。

A. 反接制动　　B. 能耗制动

C. 以上两种均是　　D. 以上两种均不是

5. 时间继电器控制的单向反接制动电路的主电路包含(　　)。

A. 空开、熔断器、交流接触器、热继电器、电动机

B. 空开、熔断器、交流接触器、电阻、热继电器、电动机

C. 空开、交流接触器、热继电器、电动机

D. 空开、熔断器、电阻、热继电器、电动机

6. 时间继电器控制的单向反接制动电路的控制电路包含(　　)。

A. 交流接触器、热继电器、按钮、时间继电器

B. 熔断器、交流接触器、热继电器、按钮、时间继电器

C. 熔断器、交流接触器、热继电器、按钮

D. 空开、熔断器、交流接触器、热继电器、按钮、时间继电器

7. 利用电动机转子运动的惯性，可以制动三相异步电动机。(　　)

A. 对　　B. 错

8. 三相异步电动机的制动过程是一个紧急停止过程。(　　)

A. 对　　B. 错

9. 三相异步电动机制动后，电动机的转动方向会发生改变。(　　)

A. 对　　B. 错

10. 三相异步电动机的制动过程是一个持续能量转换的过程。(　　)

A. 对　　B. 错

11. 在反接制动中，当电动机的转速下降到接近零时，速度继电器迅速切断电源。(　　)

A. 对　　B. 错

12. 电动机采用制动措施的目的是迅速停车。(　　)

A. 对　　B. 错

学习笔记

拓展知识

培养良好的职业素养

为进一步营造“学校环境中的企业，企业环境中的学校”的氛围，全面提升学校实训教学管理绩效与教育质量，当前职业院校的实训教学，不仅要完成实践环节的教学任务，还要完成与企业需求相吻合的技能水平训练，使学生感受企业的氛围，养成良好的企业工作习惯，提高学生职业能力。在实训教学中实施6S管理，既可以规范加工台位，整洁周边环境，还可以让学生养成适应现代化企业需要的工作习惯，毕业后即可与工作岗位“无缝对接”。

6S最早始于日本，即整理（SEIRI）、整顿（SEITON）、清扫（SEISO）、清洁（SEIKETSU）、素养（SHITSUKE）、安全（SECURITY）六个项目，因其日语的罗马拼音均以“S”开头，因此简称为“6S”。

进行自动往复行程控制实训时，需要使用螺丝刀、剥线钳等工具，导线等耗材，电动机、断路器、熔断器、热继电器、接触器、按钮等电器，万用表等仪器。面对如此复杂的实训项目，要严格遵守6S管理模式：用完的器材要整理归位；接线端和导线排列要整洁规范美观；剥线产生的垃圾要及时清扫；所用设备要保持清洁；接线操作要遵照操作规程；通电试车时要安全第一。

项目三

典型机械设备电气控制

学习笔记

知识目标：

(1)了解车床、铣床和桥式起重机电气控制的概念；

(2)掌握车床电气控制电路组成及工作原理；

(3)掌握铣床电气控制电路组成及工作原理；

(4)掌握桥式起重机电气控制电路组成及工作原理。

能力目标：

(1)能独立识读车床、铣床和桥式起重机控制电路图，并按图正确选择控制电器；

(2)能独立进行车床电气控制在生产、生活中的应用设计；

(3)能独立进行铣床电气控制在生产、生活中的应用设计；

(4)能独立进行桥式起重机电气控制在生产、生活中的应用设计；

(5)能独立使用万用表进行电路常规检查与调试。

素质目标：

(1)培养安全生产意识，自觉按规章操作的职业素养；

(2)树立正确的人生观和价值观，增强学习自信；

(3)培养举一反三地分析问题和解决问题的能力；

(4)遵守安全操作规程，养成精益求精的工匠精神。

项目导入

本项目通过分析典型机械设备的电气控制系统，一方面进一步学习掌握电气控制电路的组成以及各种基本控制电路在具体的电气控制系统中的应用，同时学习掌握分析电气控制电路的方法，提高阅读电路图的能力，为进行电气控制系统的设计打下基础；另一方面通过了解一些具有代表性的典型机械设备的电气控制系统及其工作原理，为以后实际工作中对机械设备电气控制电路的分析、调试及维护打好基础。

典型机械设备的电气控制主要包括车床电气控制、铣床电气控制、桥式起重机电气控制。本项目主要介绍车床、铣床、桥式起重机电气控制的电路组成、工作原理以及作用。

故事汇

车床、铣床和桥式起重机的应用

车床、铣床和桥式起重机在工业生产中各自扮演着重要的角色，具有不同的应用领域和

学习笔记

功能。车床主要用于加工轴、盘、套和其他具有回转表面的工件。它是金属切削机床中最主要的一种，通过用车刀对旋转的工件进行车削加工，也可以使用钻头、扩孔钻、铰刀、丝锥、板牙和滚花工具等进行相应的加工。车床在机械制造和修配工厂中使用广泛，被誉为工作母机。铣床则主要指用铣刀对工件多种表面进行加工的机床。它可以加工平面、沟槽，也可以加工各种曲面、齿轮等。铣床除能铣削平面、沟槽、轮齿、螺纹和花键轴外，还能加工比较复杂的型面，效率较刨床高，在机械制造和修理部门得到广泛应用。桥式起重机是一种重要的物料搬运设备，广泛应用于工厂、仓库、码头等场所。它具有较大的起吊能力和较远的作业范围，能够有效地提高物流效率，减轻人工劳动强度。因此车床、铣床和桥式起重机在工业生产中各有其独特的用途和优势，共同促进了工业生产的效率和安全性。

项目要求

本项目为典型机械设备的电气控制，主要介绍车床电气控制、铣床电气控制、桥式起重机电气控制。其中车床电气控制（任务1）：由主电路中的接触器来控制主轴电动机M1、冷却泵电动机M2和快速移动电动机M3的运行。铣床电气控制（任务2）：实现两台电动机的顺序起动与停止控制。起动过程：闭合总开关为系统供电。按下起动按钮，使接触器KM1的线圈得电，从而使KM1的主触点闭合，同时KM1的常开辅助触点也闭合实现自锁，此时电动机M1开始运转。由于KM1的常开辅助触点已经闭合，接触器KM2的线圈现在已满足起动条件，因此按下起动按钮SB4后，KM2的线圈得电并吸合，电动机M2也开始运转，同时KM2的常开辅助触点闭合实现自锁，并封锁KM1的停止条件。停止过程：按下停止按钮SB3，这将使接触器KM2的线圈失电，M2电动机停止运转。同时，KM2的常开辅助触点断开，从而释放了电动机M1的停止条件。按下停止按钮SB1，接触器KM1的线圈失电，电动机M1也停止运转。实现两台电动机的顺序起动与停止控制。桥式起重机电气控制（任务3）：本任务在实训室利用行程开关实现自动往复循环运动控制。在工作台左右两边安装限位开关，限位开关SQ1放在其中一端需要反向的位置，限位开关SQ2放在另一端需要反向的位置，机械挡铁装在运动部件上。按下正转按钮，电动机正向旋转带动机床运动部件移动，当运动部件移至一端碰到限位开关时，将限位开关压下，其常闭触点先断开，切断KM1接触器线圈电路，然后其常开触点闭合，接通反转接触器KM2线圈电路，电动机由正向旋转变为反向旋转。电动机再带动运动部件向另一端移动，直到压下另一限位开关，电动机由反转又变成正转，驱动运行部件进行往复循环运动。

任务1 车床电气控制

思 考

卧式小型车床由几个电动机控制？它们是如何控制的？

知识与技能

在机械加工领域，车床是一种极为重要的设备，而电气控制则是保障车床正常运行和高效工作的关键。车床的电气控制系统主要负责控制车床的主运动、进给运动以及辅助运动。主运动即卡盘带动工件的旋转，通常由一台大功率电动机通过带传动或齿轮传动来实现。

学习笔记

电气系统通过控制电动机的起动、停止、调速等，确保主运动的稳定和精确。进给运动包括刀架的纵向和横向移动，这由专门的进给电动机驱动。电气控制能够实现进给速度的调节以及不同进给方向的切换，以满足各种加工工艺的要求。辅助运动如尾座的移动、卡盘的夹紧与松开等，也在电气控制系统的掌控之中。通过各种电气元件，如接触器、继电器等的协同工作，实现这些动作的自动化和精确控制。同时，为了保障操作人员的安全和设备的正常运行，电气控制系统还配备了一系列的保护装置，如过载保护、短路保护、限位保护等。车床的电气控制是一个复杂而精密的系统，它使得车床能够高效、精确地完成各种加工任务，为制造业的发展提供了有力的支持。

一、车床的分类

车床作为机械加工中不可或缺的设备，有着多种不同的分类方式。

按照用途和功能，可分为普通车床和数控车床。普通车床操作相对简单，适用于一般性的加工任务；数控车床则通过计算机数字控制技术，能够实现高精度、复杂形状的加工。

从结构特点来看，有卧式车床和立式车床之分。卧式车床是最常见的类型，工件水平安装；立式车床则适合加工直径较大、长度较短的工件，工件垂直安装。

还有专门用于加工特定形状或材料的车床，如走心式车床、仿形车床和多刀车床等。走心式车床主要用于加工细长轴类零件；仿形车床能依照样板或模型自动加工出相似形状的工件；多刀车床则可以同时安装多把刀具，提高加工效率。

根据加工工件的尺寸大小，还可分为小型车床、中型车床和大型车床等。

车床的分类丰富多样，用户可以根据具体的加工需求选择合适的车床类型。本书主要介绍 CA6140 卧式车床，其实物图如图 3-1 所示。

图 3-1　CA6140 卧式车床

CA6140 卧式车床是应用比较广泛的金属切削机床之一，其型号含义如图 3-2 所示。

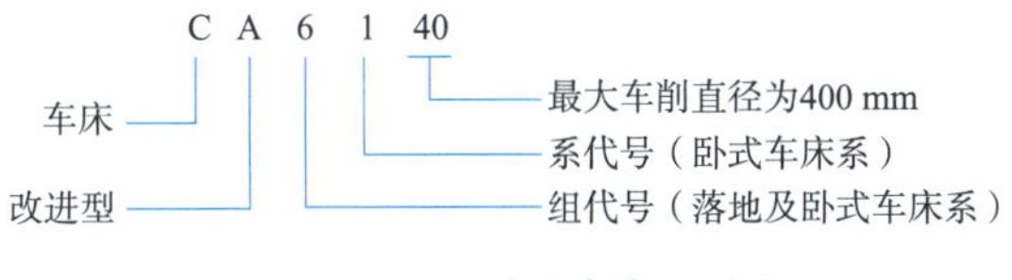

图 3-2　CA6140 卧式车床型号含义

学习笔记

二、CA6140卧式车床的特点

(1)具有较高的通用性,能够完成多种类型的回转体零件的加工,如车削外圆、内圆、螺纹、圆锥面等。

(2)在结构方面,设计合理且坚固耐用。床身采用优质铸铁制造,具有良好的刚性和稳定性,能够有效减少加工过程中的振动,保证加工精度。适用于轴类、盘类零件的内外圆柱表面、锥面、螺纹、钻孔、铰孔及曲线回转体等零件的高效、大批量车削加工。

(3)主轴箱变速系统较为完善,通过不同的齿轮组合,可以实现多种转速的选择,以适应不同材料和加工工艺的要求。

(4)进给系统精度较高,能够实现精确的直线运动,从而保证零件的尺寸精度和表面质量。

(5)操作相对简便且集中,设有快移结构,能够迅速完成加工,维修保养也较为容易,降低了使用成本和维护难度。

(6)主轴孔径较大,可选用的附件范围更加齐全。

(7)以其通用性强、结构稳固、精度较高和操作维护方便等特点,适用于多种加工需求,广泛应用于汽车、拖拉机、军工、机械等行业。

三、CA6140卧式车床的技术参数

(1)床身回转直径:400 mm。

(2)刀架上的最大工件回转直径:210 mm。

(3)最大工件长度/最大车削长度:有多种规格,包括750 mm/650 mm、1 000 mm/900 mm、1 500 mm/1 400 mm、2 000 mm/1 900 mm等。

(4)主轴通孔直径:ϕ52 mm。

(5)主轴中心至床身平面导轨距离:205 mm。

(6)主轴转速范围:在50 Hz时,为11~1 600 r/min;在60 Hz时,为13.2~1 920 r/min。

(7)纵向进给量范围:标准进给为0.08~1.59 mm/r,小进给为0.028~0.054 mm/r,加大进给为1.71~6.33 mm/r。

(8)横向进给量范围:标准进给为0.04~0.79 mm/r,小进给为0.014~0.027 mm/r,加大进给为0.86~3.16 mm/r。

(9)刀架纵/横向的快移速度:纵向为4 m/min,横向为2 m/min。

(10)加工螺纹范围:包括公制螺纹44种、英制螺纹21种和径节螺纹37种。

(11)上/下刀架最大行程:分别为140 mm和320 mm。

(12)刀架转盘回转角度:$\pm 90°$。

(13)主轴中心线至刀具支承距离:26 mm。

(14)刀杆截面尺寸:25 mm×25 mm。

四、CA6140卧式车床主要结构与运动分析

CA6140卧式车床属小型普通车床,是一种常见且重要的机床,其主要结构包括床身、主轴箱、进给箱、溜板箱、刀架、丝杠、光杠和尾座等部分。

床身是车床的基础支撑部件,为其他部件提供安装基准。主轴箱内装有主轴和变速传

学习笔记

动机构，负责驱动工件旋转，实现主运动。进给箱用于改变进给量和螺距，通过内部的齿轮传动系统，将运动传递给丝杠或光杠。溜板箱连接着刀架，将丝杠或光杠的旋转运动转换为刀架的直线运动，实现纵向和横向的进给运动。刀架用于安装车刀，可进行多种形式的车削加工。尾座可安装顶尖以支撑长轴类工件，也可安装钻头、铰刀等进行孔加工。

在运动方面，CA6140 卧式车床主要有主运动和进给运动。

主运动是工件的旋转运动，由主轴通过卡盘带动工件旋转。进给运动包括纵向进给（沿床身导轨方向）、横向进给（垂直于床身导轨方向）和螺纹进给。纵向和横向进给由溜板箱和丝杠或光杠配合实现，螺纹进给则通过丝杠的精确转动来完成。主运动和进给运动由同一台电动机带动并通过各自的变速箱调节主轴转速或进给速度。

视频 车床结构及控制要求相关知识

因此，CA6140 卧式车床的各主要结构相互配合，通过主运动和进给运动的协同作用，能够完成各种复杂的车削加工任务。

五、CA6140 卧式车床电力拖动方式与控制要求

CA6140 卧式车床的电力拖动方式及控制要求具有一定的特点和规范。

在电力拖动方面，通常采用三相交流异步电动机来提供动力，主运动由电动机 M1 单独驱动，通过带传动带动主轴旋转，完成主运动。进给运动则由另一台电动机通过丝杠和光杠来实现。

对于控制要求，主轴电动机需要能够实现正反转，以满足不同的加工需求。同时，为了适应不同的加工工艺，主轴电动机还应具备调速功能，一般通过机械变速和电气调速相结合的方式来实现。

在起动方面，要求主轴电动机能够空载起动，以减少对电网的冲击和设备的磨损。停车时，则需要快速制动，以提高生产效率。对于进给电动机，需要能够进行正反转控制，并且要保证纵向和横向进给运动之间的联锁，以防止两者同时动作造成设备损坏和事故发生。

CA6140 卧式车床设有必要的保护环节，如过载保护、短路保护和零电压保护等，以确保设备的安全运行和操作人员的人身安全。CA6140 卧式车床的电力拖动方式和控制要求是为了实现高效、精确、安全的加工过程，满足各种车削加工任务的需要。

六、CA6140 卧式车床电气控制电路分析

CA6140 卧式车床电气控制原理图如图 3-3 所示。

1. 主电路分析

CA6140 卧式车床的主电路主要包含电源、主轴电动机 M1、冷却泵电动机 M2 以及快速移动电动机 M3。

视频 车床主电路分析相关知识

（1）电源：主电路的电源通常为三相交流电，通过电源开关和门开关接入车床，提供所需的电能，其电压为 380 V，频率为 50 Hz。

（2）主轴电动机 M1：主轴电动机通过接触器 KM1 主触点控制，实现电动机的起停。

（3）冷却泵电动机 M2：冷却泵电动机通过接触器 KM2 控制其起停。

（4）快速移动电动机 M3：由 KM3 主触点控制，为单向点动、短时工作方式。

2. 控制电路分析

CA6140 卧式车床的控制电路电压有 110 V、24 V、6 V，由控制变压器 TC 提供。其中，110 V 为控制电路电压，24 V 为照明电路安全电压，6 V 为电源指示灯电路电压。

学习笔记

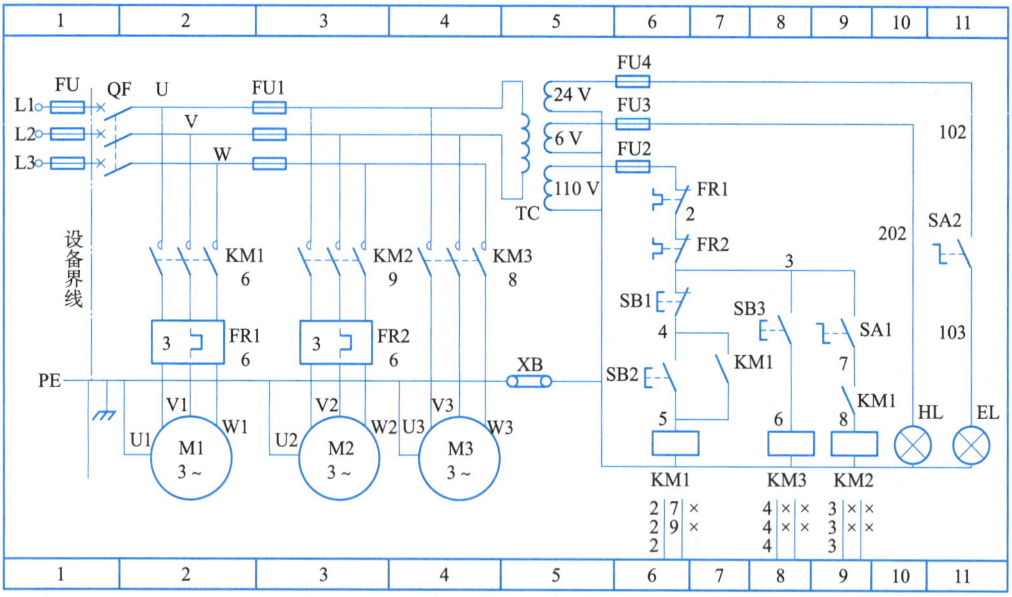

图 3-3 CA6140 卧式车床电气控制原理图

主轴电动机 M1：SB2 ±→KM1 +（自锁）→M1 起动运行。

SB1 +→KM1 -→M1 停车。

冷却泵电动机 M2：SA1 +$\xrightarrow{\text{KM1 +}}$KM2 +→M2 起动运行。

SA1 -
或 KM1 - →KM2 -→M2 停车。

快速移动电动机 M3：SB3 +→KM3 +→M3 起动运行。

3. 辅助电路分析

视频

车床控制电路分析相关知识

辅助电路包括电源指示电路和照明电路两部分。闭合 QF，HL 信号灯亮。当开关 SA2 闭合时，EL 照明灯亮；当开关 SA2 断开时，EL 照明灯灭。

4. 电气保护环节分析

为了确保安全，主电路中包含了过载保护、短路保护以及欠电压与零电压保护等措施，以防止电动机过载或电路短路时损坏设备引发事故，确保设备安全运行。

过载保护：主要由热继电器 FR1、FR2 的常闭触点串联在控制电路中实现过载保护。主轴电动机 M1 和冷却泵电动机 M2 直接起动、连续工作，有热继电器作为过载保护。快速移动电动机 M3 为单向点动、短时工作方式，无须热继电器保护。

短路保护：主要由熔断器来实现短路保护。FU 实现全部电路的短路保护，FU1 实现主轴电动机之外的其他电路的短路保护，FU2 实现控制电路的短路保护，FU3 实现电源指示灯的短路保护，FU4 实现照明电路的短路保护。

欠电压与零电压保护：接触器采用复位按钮与接触器自锁控制方式，使电动机具有欠电压和零电压保护。

任务分析

车床是一种用于加工轴、盘、套和其他具有回转表面的工件的主要机床，广泛应用于机

学习笔记

械制造和修配工厂中。车床通过其高效的车削加工能力和多功能性，在制造业中扮演着重要的角色，无论是精密零件的加工还是大规模生产，车床都能满足各种需求。本任务为车床电气控制，主电路控制主要负责车床电动机的供电和操作，包括主轴电动机 M1、冷却泵电动机 M2 和快速移动电动机 M3 的控制。主轴电动机 M1 负责拖动主轴旋转和通过传动机构实现车刀的进给，其运转和停止由接触器 KM1 控制。冷却泵电动机 M2 用于在车削加工时提供冷却液，由接触器 KM2 控制。快速移动电动机 M3 负责溜板箱的快速移动，由接触器 KM3 控制。主轴电动机 M1 的起动和停止通过按钮 SB1 和按钮 SB2 控制。冷却泵电动机 M2 的起动和停止通过按钮 SB4 和按钮 SB3 控制。快速移动电动机 M3 的起动和停止通过按钮 SB5 控制。

任务实施

一、实训电路

实训电路如图 3-4 所示。

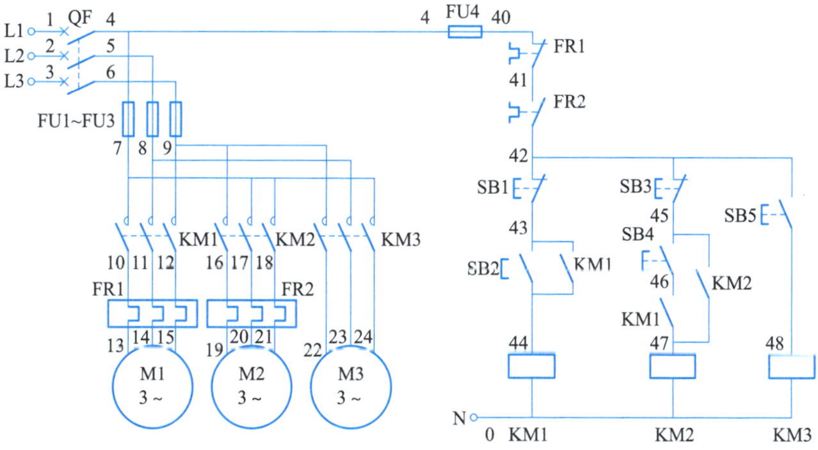

图 3-4　车床电气控制实训电路

二、实训器材

三相异步电动机 3 台、断路器 1 个、熔断器 4 个、热继电器 2 个、接触器 3 个、按钮 5 个、万用表 1 块、工具 1 套、导线若干。

三、实训步骤

1. 安装电器

按图 3-5 所示准备电器，并检查电器是否完好，观察接触器的工作电压，然后在配电盘上安装电器，注意电器不可以倒置。在控制面板上选用按钮，并做好标记。

2. 按图布线

依据先主后辅、从上到下、从左到右的顺序接线。检查三相异步电动机接线是否安全接到端子排上。观察电动机 4 个接线端子，有三端连接到电动机电枢绕组上，一端悬空，注意要从连接到电动机电枢绕组的 3 个端子上引线。

学习笔记

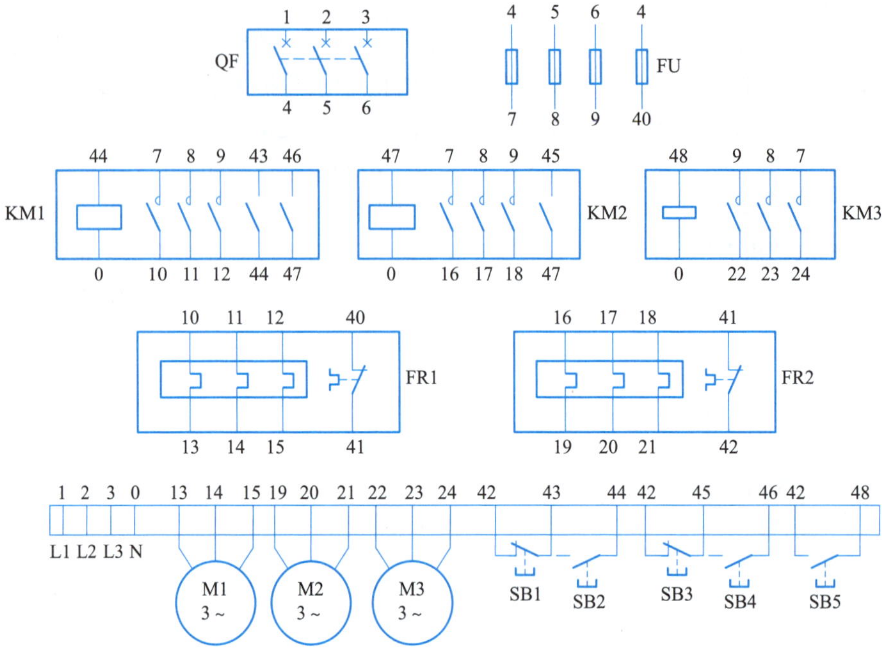

图 3-5　车床电气控制接线图

3. 整定电器

接完全部电路后，开始整定热继电器，观察热继电器正面面板右侧的绿色标记，如凸出面板则表明热继电器处于过载状态，需要按下蓝色键进行复位整定。

4. 常规检查

视频 车床电路检查相关知识

通电试车前用万用表进行控制电路常规检查

（1）合上断路器，判断整体电路是否有短路故障，使用万用表的欧姆挡，将红、黑表笔分别接三根相线中的任意两根，两相间应该是断开的，万用表显示“1.”为正常；如果万用表指示为“0”，说明这两相存在短路故障，需要检查电路。

（2）找到控制电路相线，方法是将万用表一只表笔接热继电器 FR1 的常闭触点输入端，另一只表笔分别接触三根相线，万用表显示为“0”的那相即控制电路所用的相线。

（3）找到控制电路相线后，将万用表一只表笔接控制电路相线，另一只表笔放在 FR2 的输出端，万用表显示“0”为正常，说明热继电器整定正确；否则检查 FU4、FR1、FR2 状态，以保证熔断器、热继电器状态正常。

（4）将万用表一只表笔接控制电路相线，另一只表笔接中性线，电路此时应该是断开的，万用表显示“1.”为正常；如果万用表指示为“0”，说明存在短路故障，需要检查电路，再重新本步骤检查。

（5）保持两表笔位置不动，按下起动按钮 SB2，如果万用表显示数值等于接触器线圈内阻（一般为 400 ~ 600 Ω），说明电路正常；如果万用表显示“1.”，说明 KM1 线圈电路断路；如果万用表显示“0”，说明 KM1 线圈电路短路，需要检修电路，重新本步骤检查。

（6）按住 SB2 别松，再按下 SB1，万用表显示数值从线圈内阻变为“1.”，说明 KM1 电路基本没有问题；如果依然显示线圈内阻，说明 SB1 常闭触点接触不良或者接错线，检修后返回步骤（5）。

(7)保持两表笔位置不动,用手压下 KM1,万用表显示接触器线圈内阻,同时再按下 SB4,万用表显示数值近似为刚才一半,KM2 线圈所在支路正常;否则检修电路,重新本步骤检查。

(8)KM1 和 SB4 都保持按下不动,再按下 SB3,万用表显示数值重新为线圈内阻正常,说明 KM2 线圈电路正确;否则检查 SB3 按钮是否接错,返回步骤(7)。

(9)松开 SB3 和 KM1,万用表显示“1.”,此时按下 SB5,万用表显示接触器线圈内阻,松开显示“1.”为正常,可以通电试车;否则检查 SB5 和 KM3 电器是否接触不良,接线是否正确,重新本步骤检查。

5. 通电试车

在教师监护下通电试车,并按指定顺序操作。如发现电器动作异常、电动机不能正常运转时,必须马上停车,断电后再进行检修,不允许带电检查。

6. 清理工位

调试成功后,停车,关闭电源,清洁整理工作台,清点工具并放回工具箱。经教师同意后拆线,去掉控制面板标记。

7. 完成报告

记录实训过程中出现的问题,并按照要求按时完成实训报告。

四、故障分析与检修

车床电气控制常见故障的分析与检修涉及多个方面,包括硬件故障、软件故障、电气故障等。以下是一些常见的故障类型及其分析检修方法:

1. 硬件故障

(1)电源模块故障:如果机床通电后系统启动不了,可能是电源模块损坏。

(2)伺服控制系统故障:如西门子 3M 系统的磨床出现“104 Control loop hardware”报警,指示 X 轴伺服控制环有问题。这种情况下,可能是光栅尺或系统测量模块有问题。通过互换法检查并更换有问题的 EXE 信号处理板,可以解决此类故障。

2. 软件故障

PLC 逻辑控制程序中的故障,需要输入或修改某些数据甚至修改 PLC 程序方可排除。零件加工程序故障也属于软件故障。最严重的软件故障是数控系统软件的缺损甚至丢失,这时需要与生产厂商或其服务机构联系解决。

3. 电气故障

电气故障可按性质、表象、原因或后果等分类,包括硬件故障和软件故障。有诊断指示的故障和无诊断指示的故障是其中的两种分类。当今的数控系统都设计有完美的自诊断程序,一旦发现故障则会立即报警或者还有简要文字说明在屏幕上显示出来,结合系统配备的诊断手册可以找到故障发生的原因、部位,并有排除的方法提示。

4. 精度故障

如果工件尺寸与实际尺寸相差几毫米,或某一轴向有很大变化,可能是快速定位速度太快、机械磨损、刀架问题、程序错误或系统参数设置错误。解决方案包括调整 GO 的速度、重新调整修复磨损部分、检查刀架反转时间和更换同步带等。

学习笔记

5. 其他故障

如液压电动机电源控制开关跳闸、液压电动机未起动、卡盘压力低等问题，可能需要检查液压站电动机、检测液压卡盘压力的压力继电器以及继电器板的直流 24 V 电源是否有短路故障。

综上所述，车床电气控制常见故障分析与检修涉及多个方面，从硬件到软件，从电气到精度问题，都需要专业的知识和技术进行诊断和处理。对于非专业人员来说，要及时联系专业维修人员或生产厂商的服务支持。

任务评价

按照任务的完成情况进行评价，评价的方式可以是教师评价、教师指定的评价组评价或者组间互评等。评价的过程中需要记录存在的问题，评价记录工作单见表 3-1。

表 3-1　评价记录工作单

类别	评价内容	分值	评价标准	记录	评分
功能实现情况	按下起动按钮 SB2，电动机 M1 是否运行	8	按下起动按钮 SB2，查看电动机 M1 的运行情况，有转动得 8 分，无转动 0 分		
	按下按钮 SB1，电动机 M1 是否停止运行	7	按下按钮 SB1，查看电动机 M1 的停止情况，有停止得 7 分，无停止 0 分		
	按下起动按钮 SB4，电动机 M2 是否运行	8	按下起动按钮 SB4，查看电动机 M2 的运行情况，有转动得 8 分，无转动 0 分		
	按下按钮 SB3，电动机 M2 是否停止运行	7	按下按钮 SB3，查看电动机 M2 的停止情况，有停止得 7 分，无停止 0 分		
	按下起动按钮 SB5，电动机 M3 是否运行	5	按下起动按钮 SB5，查看电动机 M3 的运行情况，有转动得 5 分，无转动 0 分		
	抬起按钮 SB5，电动机 M3 是否停止运行	5	抬起按钮 SB5，查看电动机 M3 的停止情况，有停止得 5 分，无停止 0 分		
电路接线检查	电气原理图设计	10	布局不合理扣 5 分，少一个电气元件扣 2 分，符号不规范每处扣 2 分		
	工艺检查	10	露铜过长每处扣 1 分，接线不符合安全规范每处扣 1 分		
	初步调试	10	上电后按下按钮没有反应每处扣 1 分，接线错误每处扣 2 分，产生短路现象直接得 0 分		
职业素养	劳动纪律、操作规范、安全文明生产	10	不遵守实训纪律、不爱惜实训设备、浪费耗材、危险用电，根据情况酌情扣 1～10 分		
知识提问	由教师进行本任务相关知识的提问	20	每题完全正确得 20 分，部分答对由教师根据情况给分		

任务反思与练习

学习笔记

一、任务反思

检查任务中存在的问题并进行完善，填写表3-2，提交相关技术资料。

表3-2　改进工作单

改进要点记录		
产品提交	项目	负责人(签字)
	设计报告	
	使用说明	
	作品功能检查	
	作品技术规范检查	

二、练习

(一)单选题

1. 读图必须先从(　　)电路入手。

A. 主　　B. 控制

2. 辅助电路包括执行元件的(　　)显示、电源显示、照明等。

A. 工作状态　　B. 停止状态

3. 逆推法是从主电路要控制的(　　)或者执行电器入手。

A. 低压电器　　B. 接触器

C. 电动机　　D. 触摸屏

4. CA6140卧式车床属小型普通车床，加工工件回转直径最大可达(　　)mm。

A. 400　　B. 40

5. 主轴电动机M1由接触器(　　)主触点控制，直接起动、连续工作，热继电器FR1作过载保护。

A. KM1　　B. KM2

C. KM3　　D. KM4

6. 冷却泵电动机M2，由接触器KM2主触点控制，直接起动、(　　)工作，热继电器FR2作过载保护。

A. 短时　　B. 连续

C. 间续

7. 快速移动电动机M3，由KM3的主触点控制，为单向点动、短时工作方式，因此(　　)热继电器FR保护。

A. 不需要　　B. 需要

8. 车床主轴电动机的起动按钮为(　　)。

学习笔记

A. SB1　　B. SB2

C. SB3

9. 车床冷却泵电动机的起动按钮为(　　)。

A. SB1　　B. SB2

C. SB3　　D. SA1

10. 快速移动电动机的起动按钮为(　　)。

A. SB1　　B. SB2

C. SB3

11. 车床电路中,按下起动按钮SB2,万用表显示(　　)。

A. 接触器线圈内阻　　B. 1

C. 0

12. 车床电路中,按下起动按钮SB2,同时按下SB1,万用表显示(　　)。

A. 接触器线圈内阻　　B. 1

C. 0

13. 手动按下接触器KM1,万用表显示(　　)。

A. 接触器线圈内阻　　B. 1

C. 0

14. 用手压下KM1,万用表显示接触器线圈内阻;再按下SB4,万用表显示数值近似为刚才(　　),KM2线圈回路正常。

A. 相等　　B. 一半

C. 2倍

(二)多选题

1. 电气原理图的读图基本原则可以总结成(　　)。

A. 统观全局　　B. 自上而下

C. 从左到右　　D. 先主后辅

E. 顺藤摸瓜

2. 车床是一种应用极为广泛的金属切削机床,能够车削(　　)、螺纹和定型表面,并可以通过尾架进行钻孔、铰孔等加工。

A. 外圆　　B. 内圆

C. 端面　　D. 钻孔

3. CA6140卧式车床结构主要由床身、(　　)、丝杠、光杠和尾座等部分组成。

A. 主轴箱　　B. 进给箱

C. 溜板箱　　D. 刀架

4. 车床的冷却泵电动机M2用以车削加工时提供冷却液,以避免刀具和工件温度过高。要求主轴电动机起动后冷却泵电动机才能起动,且与主轴电动机同时停车,采用(　　)的控制方式。

A. 直接起动　　B. 单向运行

C. 连续工作　　D. 短时工作

5. 车床控制电路中的保护环节包括(　　)。

A. 短路保护　　B. 过载保护

C. 失电压、欠电压和零电压保护

学习笔记

任务2　铣床电气控制

思　考

卧式万能铣床是怎样工作的？

知识与技能

在现代机械加工领域，铣床作为一种重要的机床设备，其电气控制起着至关重要的作用。铣床的电气控制系统犹如人类的大脑，精准地指挥着各个部件协同工作。通过复杂而有序的电路设计，实现了铣床主轴的旋转、工作台的移动以及刀具的进给等动作的精确控制。

电气控制系统中的各种电气元件，如接触器、继电器、按钮开关等，相互配合，确保了铣床在加工过程中的稳定性和可靠性。例如，接触器能够承受较大的电流，实现电动机的起动和停止；继电器则可以完成各种逻辑控制功能，保障铣床按照预定的程序运行。同时，先进的电气控制技术还为铣床带来了智能化的功能。通过数控系统的引入，操作人员可以更加便捷地设定加工参数，实现复杂形状的加工，大大提高了生产效率和加工精度。总之，铣床的电气控制是其高效、精准运行的关键所在，不断发展的电气控制技术也将为铣床的性能提升和应用拓展带来更多可能。

一、铣床的分类

根据不同的特点和功能，铣床可以分为多种类型。升降台铣床，它的工作台可以在垂直方向上移动，适用于加工平面、沟槽等。这种铣床结构简单，操作方便，是常见的铣床类型之一。龙门铣床，其外形像一个龙门框架，具有较大的加工范围和承载能力，常用于大型零件的加工。床身铣床，床身结构稳固，能够保证加工的精度和稳定性，适用于对精度要求较高的零件加工。工具铣床，专门用于加工模具。仿形铣床，用于加工复杂曲面。卧式铣床，其主轴是水平的。立式铣床，其主轴是垂直的。

铣床的分类丰富多样，每种类型都有其独特的优势和适用场景，为不同的加工需求提供了多样化的选择。本书主要介绍 X6132 卧式万能铣床，其实物图如图 3-6 所示。

图 3-6　铣床实物图

学习笔记

X6132 卧式万能铣床是应用最广泛的铣床之一,其型号含义如图 3-7 所示。

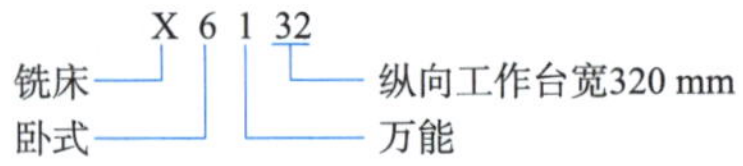

图 3-7 X6132 卧式万能铣床型号含义

二、X6132 卧式万能铣床的特点

(1)高强度材料铸造:底座、机身、工作台等主要构件采用高强度材料铸造,确保长期使用的稳定性。

(2)三支承结构主轴:主轴采用三支承结构,刚性好,承载能力强。

(3)广泛的应用范围:适用于加工各种零件的平面、斜面、沟槽、孔等。

(4)高效润滑和冷却系统:润滑装置对纵、横、垂向的丝杠及导轨进行强制润滑,减小磨损,保证高效运转;冷却系统满足不同加工条件下的需求。

(5)人体工程学设计:操作面板使用形象化符号设计,简单直观,操作方便。

(6)能耗制动:主轴采用能耗制动,停止迅速可靠。

(7)多方向进给:工作台可以实现手动、机动和快速进给,满足不同的加工需求。

三、X6132 卧式万能铣床的技术参数

(1)主轴孔锥度:7:24。

(2)主轴中心线至床身垂直导轨的距离:30 ~ 350 mm。

(3)主轴中心线至悬梁的距离:155 mm。

(4)主轴孔径:ϕ29 mm。

(5)工作台回转角度: ±45°。

(6)主轴转速范围:30 ~ 1 500 r/min(18 级)。

(7)工作台面尺寸:1 325 mm × 320 mm。

(8)工作台行程:纵向 700 mm,横向 255 mm,垂直方向 320 mm。

四、X6132 卧式万能铣床的主要结构与运动分析

X6132 卧式万能铣床主要结构包括床身、主轴箱、工作台、升降台和进给变速机构等部分。床身是铣床的基础部件,提供了稳定的支撑。主轴箱内装有主轴和变速传动机构,负责驱动铣刀旋转。

视频 铣床结构与控制要求相关知识

在运动方面,X6132 卧式万能铣床的主要有主运动和进给运动。主运动是铣刀的旋转运动,由主轴电动机通过传动系统带动主轴实现,从而对工件进行切削。进给运动则包括工作台的纵向、横向和垂直方向的移动,以及升降台的上下移动。工作台的纵向移动通过纵向丝杠螺母副实现,横向移动则通过横向丝杠螺母副完成,垂直方向的移动由升降台的丝杠螺母副控制。这些结构和运动的协同作用,使得 X6132 卧式万能铣床的能够精确地加工出各种形状和尺寸的工件,满足不同的生产需求。

五、X6132 卧式万能铣床的电力拖动方式与控制要求

X6132 卧式万能铣床的电力拖动方式和控制要求是为了实现高效、精确和安全的加工过程。其电力拖动方式具有独特性。通常采用多台电动机分别拖动不同的运动部件。

学习笔记

主运动由一台电动机拖动主轴旋转，以实现铣刀的切削动作。进给运动则由另外的电动机通过相应的传动机构，带动工作台在纵向、横向和垂直方向上移动。

在控制要求方面，首先要求电动机能够实现正反转，以满足不同方向的切削和进给需求。其次，为保证加工精度，各运动部件的速度需要能够进行调节，通常通过变速机构和电气控制系统来实现。对于工作台的进给运动，还需要具备联锁保护功能，防止纵向、横向和垂直方向的运动同时进行，避免损坏机床和影响加工质量。此外，为了便于操作，铣床还应配备起动、停止、急停等控制按钮，以及相应的指示灯，以显示其工作状态。

六、X6132 卧式万能铣床的电气控制电路分析

X6132 卧式万能铣床电气控制原理图如图 3-8 所示。

1. 主电路分析

X6132 卧式万能铣床的主电路主要包含电源、主轴电动机 M1、进给电动机 M2 以及冷却泵电动机 M3。

（1）电源：主电路的电源通常为三相交流电，通过电源开关和门开关接入铣床，提供所需的电能，其电压为 380 V，频率为 50 Hz。

（2）主轴电动机 M1：主轴电动机通过接触器 KM2 和 KM3 控制，实现电动机的起停和正反转，满足铣刀的不同旋转需求。

视频
铣床主电路
分析相关知识

（3）进给电动机 M2：进给电动机通过接触器 KM4 和 KM5 控制，实现工作台的前后、左右和上下移动，完成各种进给动作。KM6 接通为快速移动，断开为慢速自动进给。由图 3-8 所示电路还可以看出，只有在先有进给的情况下，KM6 主触点闭合才有可能快速进给，这是联锁控制。

（4）冷却泵电动机 M3：冷却泵电动机通过接触器 KM1 控制其起停。

2. 控制电路分析

X6132 卧式万能铣床的控制电路电压为 127 V，由控制变压器 TC 提供。

1）主轴电动机控制

主轴电动机在没有变速的状态下，SQ7 不受压；根据所用的铣刀，由 SA5 选择转向；合上 QS。

$$\text{起动：}\begin{array}{l}\text{SB1}\pm\\ \text{或 SB2}\pm\end{array}\rightarrow\text{KM3}+(\text{自锁})\rightarrow\text{M1 直接起动}\xrightarrow{n>120\ \text{r/min}}\begin{array}{l}\text{KS-1}+\\ \text{或 KS-2}+\end{array}。$$

$$\text{停车：}\begin{array}{l}\text{SB3}\pm\\ \text{或 SB4}\pm\end{array}\rightarrow\text{KM3}-\rightarrow\text{KM2}+(\text{自锁})\rightarrow\text{M1 串电阻反接制动}\xrightarrow{n<100\ \text{r/min}}\begin{array}{l}\text{KS-1}-\\ \text{或 KS-2}-\end{array}\rightarrow\text{KM2}-\rightarrow\text{M1 停车}。$$

SB1、SB3 与 SB2、SB4 分别为安装在机床两边的起动和停车控制按钮，可实现两地控制，便于生产操作。

小贴士

两地控制原则：起动用控制按钮的常开触点并联，停车用控制按钮的常闭触点串联。

视频
铣床控制电路
分析相关知识

主轴电动机在变速的状态下，在变速手柄推拉过程中，变速冲动开关 SQ7 动作，即 SQ7-2 分断，SQ7-1 闭合，使 M1 反向瞬时冲动一次，以利于变速后的齿轮啮合，但要注意的是应以较快的速度把手柄推回原始位置。

学习笔记

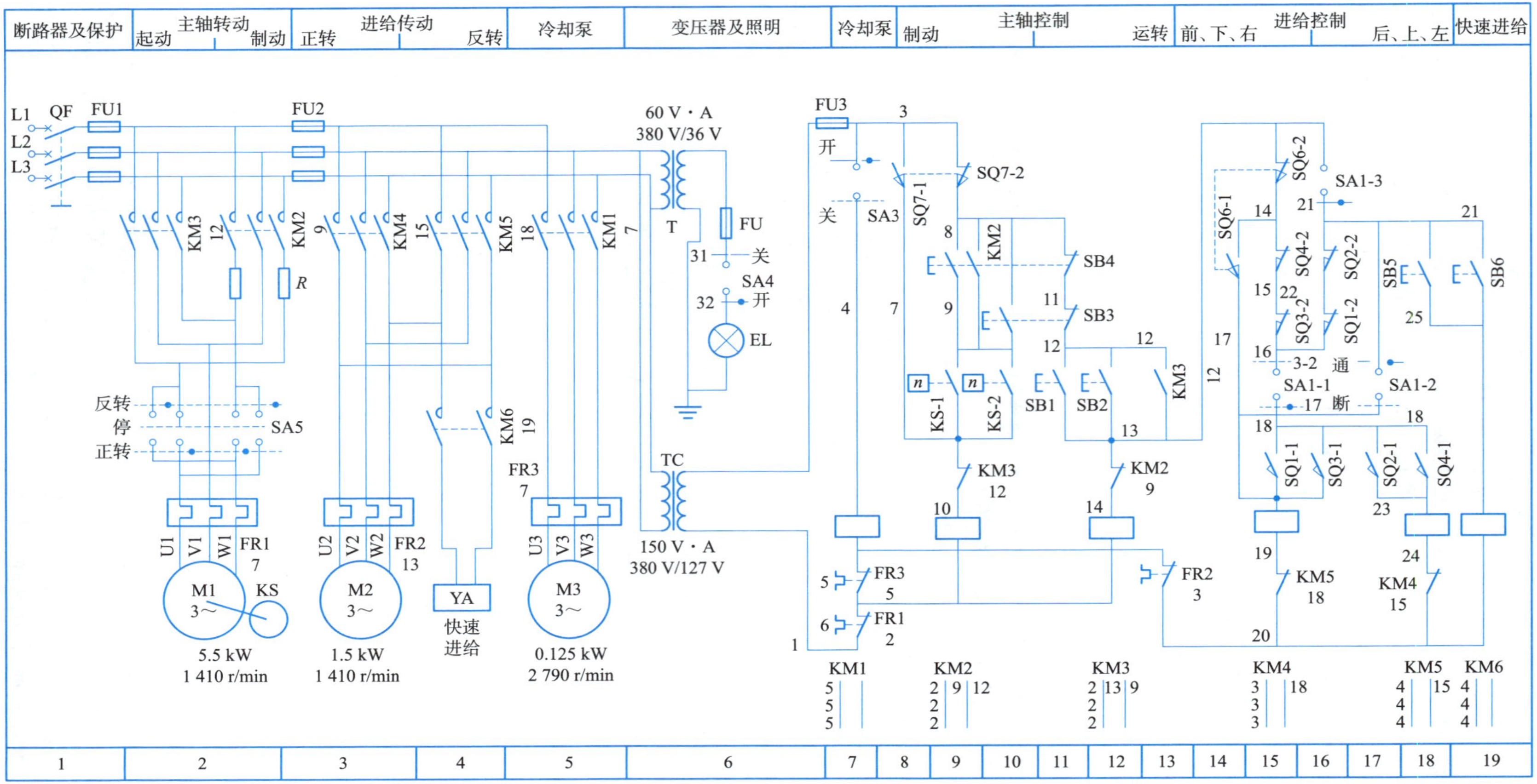

图3-8　X6132卧式万能铣床电气控制原理图

2)工作台进给控制

工作台进给控制电路的电源是从 13 点引出,并在回路中串入 KM3 的自锁触点,以保证主轴旋转与工作台进给的顺序动作要求。

首先由转换开关 SA1 来确定是要进行圆工作台工作方式还是直线进给。SA1 扳到“接通”位置,是选择圆工作台工作方式。

(1)圆工作台:SA1 接“通”→SA1-2 + →KM4 + →M2 正转。

电流的路径:13→SQ6-2→SQ4-2→SQ3-2→SQ1-2→SQ2-2→SA1-2→KM4 线圈→KM5 常闭触点→20。由于该路径经过了 SQ1 ~ SQ4 四个行程开关的常闭触点,如果误操作同时选择了某个方向的直线进给和圆工作台工作方式,电路断开,使 KM4 不能工作,达到联锁保护的目的。

(2)向左进给(SQ2 受压):SA1 接“断”→ $\begin{matrix}\text{SA1-1 +}\\ \text{SA1-3 +}\end{matrix}\xrightarrow{\text{KM3 +、SQ2 +}}$ KM5 + →M2 反转。

电流的路径:13→SQ6-2→SQ4-2→SQ3-2→SA1-1→SQ2-1→KM5 线圈→KM4 常闭触点→20。欲停止工作台向左移动,只要将手柄扳回中间位置,此行程开关 SQ2 不受压,KM4 释放,工作台停止移动。

(3)向右进给(SQ1 受压):SA1 接“断”→ $\begin{matrix}\text{SA1-1 +}\\ \text{SA1-3 +}\end{matrix}\xrightarrow{\text{KM3 +、SQ1 +}}$ KM4 + →M2 正转。

电流的路径:13→SQ6-2→SQ4-2→SQ3-2→SA1-1→SQ1-1→KM4 线圈→KM5 常闭触点→20。欲停止工作台向右移动,只要将手柄扳回中间位置,此行程开关 SQ1 不受压,KM4 释放,工作台停止移动。

工作台纵向进给有限位保护。进给至终端时,利用工作台上安装的左右终端撞块,撞击手柄,使手柄回到中间停车位置,实现限位保护。

(4)向上进给(SQ4 受压):SA1 接“断”→ $\begin{matrix}\text{SA1-1 +}\\ \text{SA1-3 +}\end{matrix}\xrightarrow{\text{KM3 +、SQ4 +}}$ KM5 + →M2 反转。

电流的路径:13→SA1-3→SQ2-2→SQ1-2→SA1-1→SQ4-1→KM5 线圈→KM4 互锁触点→20。欲停止上升,只要把手柄扳回中间位置即可。

(5)向下进给(SQ3 受压):SA1 接“断”→ $\begin{matrix}\text{SA1-1 +}\\ \text{SA1-3 +}\end{matrix}\xrightarrow{\text{KM3 +、SQ3 +}}$ KM4 + →M2 正转。

电流的路径:13→SA1-3→SQ2-2→SQ1-2→SA1-1→SQ3-1→KM4 线圈→KM5 常闭触点→20。欲停止下降,只要把手柄扳回中间位置即可。

(6)向前进给(SQ3 受压):SA1 接“断”→ $\begin{matrix}\text{SA1-1 +}\\ \text{SA1-3 +}\end{matrix}\xrightarrow{\text{KM3 +、SQ3 +}}$ KM4 + →M2 正转。

电流的路径:13→SA1-3→SQ2-2→SQ1-2→SA1-1→SQ3-1→KM4 线圈→KM5 常闭触点→20。欲停止前进,只要把手柄扳回中间位置即可。

(7)向后进给(SQ4 受压):SA1 接“断”→ $\begin{matrix}\text{SA1-1 +}\\ \text{SA1-3 +}\end{matrix}\xrightarrow{\text{KM3 +、SQ4 +}}$ KM5 + →M2 反转。

电流的路径:13→SA1-3→SQ2-2→SQ1-2→SA1-1→SQ4-1→KM5 线圈→KM4 互锁触点→20。欲停止后退,只要把手柄扳回中间位置即可。

可见,工作台选择向前、向下、向右和圆工作台时进给电动机正转,工作台选择向后、向上、和向左时进给电动机反转。

工作台上、下、前、后运动都有限位保护,当工作台运动到极限位置时,利用固定在床身

学习笔记

上的挡铁，撞击十字手柄，使其回到中间位置，工作台便停止运动。

每个方向的移动都有两种速度，上面介绍的6个方向的进给都是慢速自动进给移动。需要快速移动时，可在慢速移动过程中按下SB5或SB6，KM6得电吸合，快速电磁铁YA通电，工作台便按原移动方向快速移动。快速移动为短时点动，松开SB5或SB6，快速移动停止，工作台仍按原方向继续进给。

若要求在主轴不转的情况下进行工作台快速移动，可将主轴换向开关SA5扳在停止位置，然后扳动进给手柄，按下主轴起动按钮和快速移动按钮，工作台就可以进行快速调整。

3）工作台各运动方向的联锁

在同一时间内，工作台只允许向一个方向运动，这种联锁是利用机械和电气的方法来实现的。例如工作台向左、向右控制，是同一手柄操作的，手柄本身起到左右运动的联锁作用。同理，工作台的横向和升降运动四个方向的联锁，是由十字手柄本身来实现的。

而工作台的纵向与横向、升降运动的联锁，则是利用电气方法来实现的。由纵向进给操作手柄控制的SQ1-2、SQ2-2和横向、升降进给操作手柄控制的SQ4-2、SQ3-2的两个并联支路控制着接触器KM4和KM5的线圈，若两个手柄都扳动，则把这两个支路都断开，使KM4或KM5都不能工作，可以防止两个手柄同时操作而损坏机构，达到了联锁的目的。

4）工作台进给变速冲动控制

先起动主轴电动机，拉出蘑菇形变速手轮，同时将其转动至所需要的进给速度，再把手轮用力往外一拉，并立即推回原处。在手轮拉到极限位置的瞬间，其连杆机构推动SQ6，使SQ6-2分断，SQ6-1闭合，接触器KM4短时通电，M2短时冲动，便于变速过程中齿轮的啮合。

5）冷却泵电动机M3的控制

由转换开关SA3控制接触器KM1来控制冷却泵电动机M3的起动和停止。

3. 辅助电路分析

机床的局部照明由变压器TC供给36 V安全电压，转换开关SA4控制照明灯。

4. 保护环节分析

为了确保安全，主电路中包含了过载保护、短路保护、零电压保护以及位置控制等措施，以防止电动机过载电路短路时损坏设备引发事故，确保设备安全运行。

过载保护：主要由热继电器FR1、FR2、FR3的常闭触点串联在控制电路中实现过载保护。当主轴电动机M1过载时，FR1常闭触点断开切除整个控制电路的电源；进给电动机M2过载时，FR2常闭触点断开切除自身控制电源；冷却泵电动机M3过载时，FR3常闭触点断开切除M2、M3的控制电源。

短路保护：主要由熔断器来实现短路保护。FU1实现全部电路的短路保护，FU2实现主轴电动机之外的其他电路的短路保护，FU3实现控制电路的短路保护，FU4实现照明电路的短路保护。

零电压保护：接触器KM2、KM3采用复位按钮与接触器自锁控制方式，使M1具有失电压和零电压保护。

位置控制：通过行程开关等保护装置，对电动机进行位置控制。

任务分析

本任务为铣床电气控制，对本任务的控制要求进行分析，实现两台电动机的顺序起动与停止控制可以通过以下步骤实现：

1. 起动过程

闭合断路器 QF，为系统供电。按下起动按钮 SB2，将使接触器 KM1 的线圈得电，从而使 KM1 的主触点闭合，同时 KM1 的常开辅助触点也闭合实现自锁，此时电动机 M1 开始运转。由于 KM1 的常开辅助触点已经闭合，接触器 KM2 的线圈现在已满足起动条件，因此按下起动按钮 SB4 后，KM2 的线圈得电，电动机 M2 也开始运转，同时 KM2 的常开辅助触点闭合实现自锁，并封锁 KM1 的停止条件。

2. 停止过程

按下停止按钮 SB3，将使接触器 KM2 的线圈失电，电动机 M2 停止运转。同时，KM2 的常开辅助触点断开，从而释放了电动机 M1 的停止条件。按下停止按钮 SB1，接触器 KM1 的线圈失电，电动机 M1 也停止运转。

通过这种方式，可以实现两台电动机的顺序起动与停止控制，确保电动机 M1 起动后电动机 M2 才能起动，而电动机 M2 停止后电动机 M1 才能停止。此外，还可以通过添加过载保护、短路保护和欠电压保护等功能，提高系统的安全性和可靠性。

任务实施

一、实训电路

实训电路如图 3-9 所示。

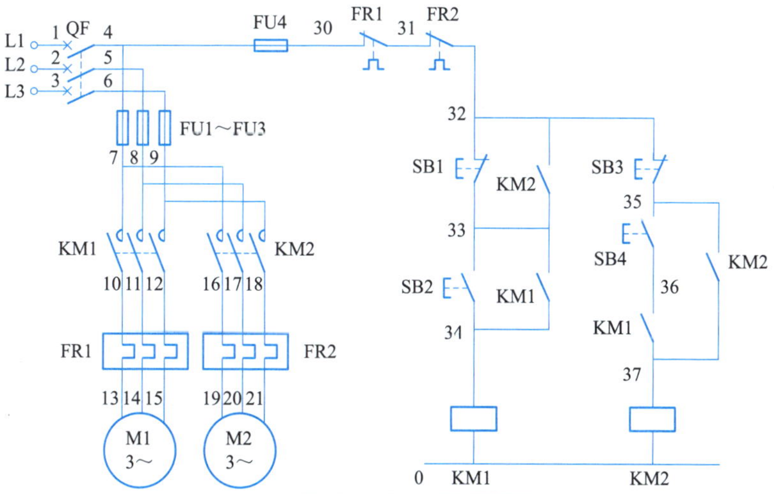

图 3-9　两台电动机顺序起停实训电路

二、实训器材

三相异步电动机 2 台、断路器 1 个、熔断器 4 个、热继电器 2 个、接触器 2 个、按钮 4 个、万用表 1 块、工具 1 套、导线若干。

三、实训步骤

1. 安装电器

按图 3-10 所示准备电器，并检查电器是否完好，观察接触器的工作电压，然后在配电盘上安装电器，注意电器不可以倒置。在控制面板上选用按钮，并做好标记。

学习笔记

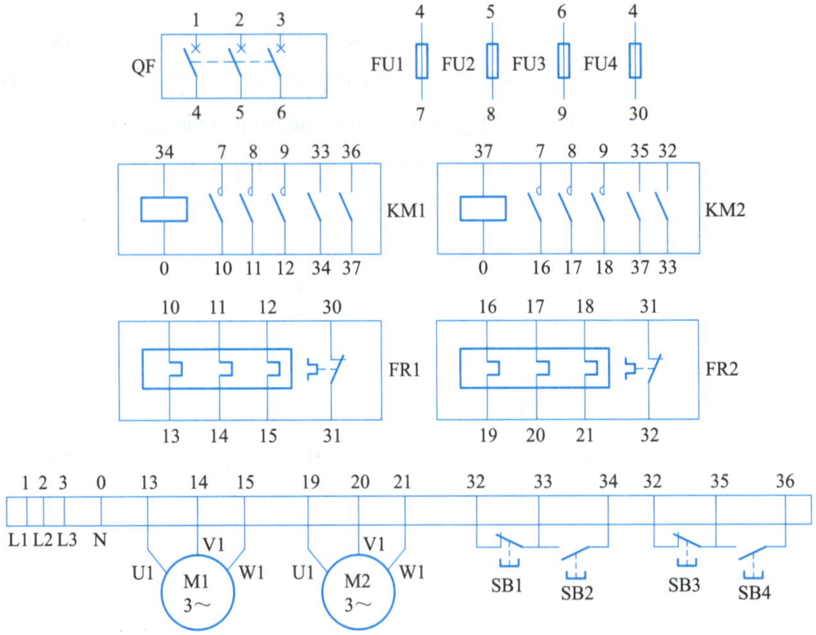

图 3-10 两台电动机顺序起停实训接线图

2. 按图布线

依据先主后辅、从上到下、从左到右的顺序接线。检查三相异步电动机接线是否安全接到端子排上。观察电动机4个接线端子，有三端连接到电动机电枢绕组上，一端悬空，注意要从连接到电动机电枢绕组的三个端子上引线。

3. 整定电器

接完全部电路后，开始整定热继电器，观察热继电器正面面板右侧的绿色标记，如凸出面板则表明热继电器处于过载状态，需要按下蓝色键进行复位整定。

视频

两台电动机顺序起停电路检查相关知识

4. 常规检查

通电试车前用万用表进行控制电路常规检查。

(1)合上断路器，判断整体电路是否有短路故障，使用万用表的欧姆挡，将红、黑表笔分别接在三根相线中的任意两根，两相间应该是断开的，万用表显示“1.”为正常；如果万用表指示为“0”，说明这两相存在短路故障，需要检查电路。

(2)找到控制电路相线。方法是将万用表一只表笔接热继电器FR1常闭触点的输入端，另一只表笔分别接触电源三根相线，万用表显示为“0”的那相即控制电路所用的相线。

(3)找到控制电路相线后，将万用表一只表笔接控制电路相线，另一只表笔放在FR2的常闭触点输出端，万用表显示“0”为正常，说明热继电器整定正常；否则检查FU4、FR1、FR2状态，以保证熔断器、热继电器状态正常。

(4)将万用表的一只表笔接控制电路相线，另一只表笔接中性线，电路此时应该是断开的，万用表显示“1.”为正常；如果万用表显示为“0”，说明存在短路故障，需要检查电路，再重新本步骤检查。

(5)保持两表笔位置不动，按下起动按钮SB2。如果万用表显示数值等于接触器线圈内阻(一般为400~600 Ω),说明正常;如果万用表显示“1.”,说明KM1线圈电路断路;如果万用表显示“0”,说明KM1线圈电路短路,需要检修电路,再重新本步骤检查。

(6)按住SB2别松,再按下SB1,万用表显示数值从线圈内阻变为“1.”,说明KM1电路正确;如果依然显示线圈内阻,说明SB1常闭触点接触不良或者接错线,返回步骤(5)。

(7)保持两表笔位置不动,松开SB1、SB2,万用表显示“1.”;用手压下接触器KM1,万用表显示接触器线圈内阻;同时再按下SB4,万用表显示数值近似为刚才一半为正常,否则检修电路,再重新本步骤检查。

(8)KM1和SB4都保持按下不动,再按下SB3,万用表显示数值重新为线圈内阻,说明正常,可以通电试车,否则检查SB3按钮是否接错。检修后返回步骤(7)。

5. 通电试车

在教师监护下通电试车,并按指定顺序操作。如发现电器动作异常、电动机不能正常运转时,必须马上停车,断电后再进行检修,不允许带电检查。

6. 清理工位

调试成功后,停车,关闭电源,清洁整理工作台,清点工具并放回工具箱。经教师同意后拆线,去掉控制面板标记。

7. 完成报告

记录实训过程中出现的问题,并按照要求按时完成实训报告。

四、故障分析与检修

两台电动机顺序起停控制电路的故障分析主要包括以下几方面:

1. 起动故障

(1)按钮接触不良:如按钮接触不良,会导致电动机无法起动。

(2)线路断路:如线路断路,会影响电动机的起动信号传递。

(3)接触器故障:如接触器线圈断路,会导致接触器无法得电,电动机无法起动。

2. 停止故障

(1)按钮接触不良:如按钮接触不良,会导致电动机无法停止。

(2)线路问题:如相关线路断路或短路,会影响停止信号的传递。

(3)接触器故障:如接触器线圈失电后仍保持自锁状态,会导致电动机无法停止。

3. 故障排查

(1)电源检查:确保电源电压正常,电源开关和熔断器工作正常。

(2)起动按钮检查:确认起动按钮是否正常工作,无接触不良或断路情况。

(3)接触器检查:确认接触器是否正常得电和失电,主触点是否闭合或断开。

(4)线路检查:检查相关线路是否有断路或短路情况。

(5)停止按钮检查:确认停止按钮是否正常工作,无接触不良或断路情况。

(6)保护装置检查:确认热继电器是否正常工作,无误动作情况。

综上,可以逐步排查并解决两台电动机顺序起停控制电路的故障。除此之外,针对不同的故障现象采取相应的检查和维修措施。同时,保持电气设备的清洁和定期维护也是预防故障的重要手段。

任务评价

按照任务的完成情况进行评价,评价的方式可以是教师评价、教师指定的评价组评价或

学习笔记

者组间互评等。评价的过程中需要记录存在的问题,评价记录工作单见表3-3。

表3-3 评价记录工作单

类别	评价内容	分值	评价标准	记录	评分
功能实现情况	按下起动按钮SB2,电动机M1是否运行	10	按下起动按钮SB2,查看电动机M1的运行情况,有转动得10分,无转动0分		
	按下起动按钮SB4,电动机M2是否运行	10	按下起动按钮SB4,查看电动机M2的运行情况,有转动得10分,无转动0分		
	按下按钮SB3,电动机M2是否停止运行	10	按下按钮SB3,查看电动机M2的停止情况,有停止得10分,无停止0分		
	按下按钮SB1,电动机M1是否停止运行	10	按下按钮SB1,查看电动机M1的停止情况,有停止得10分,无停止0分		
电路接线检查	电气原理图设计	10	布局不合理扣5分,少一个电气元件扣2分,符号不规范每处扣2分		
	工艺检查	10	露铜过长每处扣1分,接线不符合安全规范每处扣1分		
	初步调试	10	上电后按下按钮没有反应每处扣1分,接线错误每处扣2分,产生短路现象直接得0分		
职业素养	劳动纪律、操作规范、安全文明生产	10	不遵守实训纪律、不爱惜实训设备、浪费耗材、危险用电,根据情况酌情扣1~10分		
知识提问	由教师进行本任务相关知识的提问	20	每题完全正确得20分,部分答对由教师根据情况给分		

任务反思与练习

一、任务反思

检查任务中存在的问题并进行完善,填写表3-4,提交相关技术资料。

表3-4 改进工作单

改进要点记录		
产品提交	项目	负责人(签字)
	设计报告	
	使用说明	
	作品功能检查	
	作品技术规范检查	

学习笔记

二、练习

(一)单选题

1. 铣床的种类很多,有(　　)铣床、立式铣床、龙门铣床、仿形铣床以及各种专用铣床。

A. 卧式　　B. 躺式

C. 趴式　　D. 跳式

2. 卧式铣床的主轴是(　　)的。

A. 倾斜　　B. 水平

C. 竖直　　D. 三维

3. 立式铣床的主轴是(　　)的。

A. 倾斜　　B. 水平

C. 竖直　　D. 三维

4. 进给电动机只有在先有进给的情况下,才有可能(　　)进给,这是一个联锁控制。

A. 快速　　B. 慢速

C. 匀速　　D. 匀减速

5. 在同一时间内,工作台只允许向(　　)个方向运动,这种联锁是利用机械和电气的方法来实现的。

A. 四　　B. 三

C. 二　　D. 一

6. 安装万能铣床左、右配电箱门时,这两块控制板上均装有转换开关,操纵手柄均安装在箱盖外面,安装时要保证手柄中心与箱盖上的安装通孔中心(　　),并自由操纵。

A. 重合　　B. 平行

C. 垂直　　D. 保持30°夹角

7. 工作台纵向进给有限位保护。进给至终端时,利用工作台上安装的左右终端撞块,撞击手柄,使手柄回到中间停车位置,实现(　　)保护。

A. 限位　　B. 短路

C. 断路　　D. 开路

8. 工作台的纵向与横向、升降运动的联锁,是利用(　　)方法来实现的。

A. 机械　　B. 电气

C. 转换　　D. 循环

9. 机床的局部照明由变压器TC供给(　　)V安全电压,转换开关SA4控制照明灯。

A. 12　　B. 24

C. 36　　D. 48

10. X6132卧式万能铣床电路中,FU1实现全部电路的短路保护,FU2实现主轴电动机之外的其他电路的短路保护,FU3实现(　　)的短路保护,FU4实现照明电路的短路保护。

A. 全部电路　　B. 控制电路

C. 主轴电路　　D. 照明电路

11. 检查控制电路电源时,将万用表的一只表笔接控制电路相线,另一只表笔接中性线,电路此时应该是断开的,万用表显示"1."为正常,继续检查;如果万用表指示为"0",说

学习笔记

明存在(　　)故障,需要检查电路。

A. 断路　　B. 短路

C. 开路　　D. 限位

12. 在教师监护下通电试车,按教师指定顺序操作,如发现电器动作异常、电动机不能正常运转时,必须马上按下(　　)控制按钮 SB3、SB1,断电进行检修,不允许带电检查。

A. 开始　　B. 起动

C. 停车　　D. 加速

13. 通电试车过程中,不管出现什么故障现象,必须(　　)断路器,切断电源后进行电路分析和检修,必要时可以请教师协助检修。

A. 打开　　B. 关闭

C. 拆下　　D. 检查

(二)多选题

1. 铣床是一种通用的多用途机床,其使用范围仅次于车床,主要是用于加工零件的(　　)等型面的机床。

A. 平面　　B. 斜面

C. 沟槽

2. X6132 卧式万能铣床主要由(　　)、悬梁、溜板和升降台等部分组成。

A. 底座　　B. 床身

C. 刀杆支架　　D. 工作台

3. X6132 卧式万能铣床的运动有(　　)。

A. 主运动　　B. 进给运动

C. 循环运动　　D. 辅助运动

4. X6132 卧式万能铣床控制电路的显著特点是由(　　)密切配合进行控制。因此在分析电气原理图之前必须详细了解各转换开关、行程开关的作用。

A. 机械操作　　B. 电气操作

C. 转换操作　　D. 行程操作

5. 若要求在主轴不转的情况下进行工作台快速移动,可将主轴换向开关 SA5 扳在停止位置,然后扳动进给手柄,按下主轴起动按钮和(　　)移动按钮,工作台就可进行快速调整。

A. 起动　　B. 停止

C. 慢速　　D. 快速

6. 依据先主后辅、(　　)的顺序接线,注意布线合理、正确,导线平直、美观,接线正确、牢固。接线时不可跨接,也不可露出裸线太长。

A. 从下到上　　B. 从上到下

C. 从左到右　　D. 从右到左

7. 调试成功后,停车,关闭电源,经教师同意后拆线并维护实训设备及元器件,之后应该(　　)。

A. 清点工具　　B. 清理工作台位

C. 去掉配电盘上的标记　　D. 拆除接触器

学习笔记

任务3　桥式起重机电气控制

思　考

你见过桥式起重机吗？知道它是怎样工作的吗？

知识与技能

起重机是一种用来起吊和下放重物，以及在固定范围内装卸、搬运物料的起重机械，广泛应用于工矿企业、车站、港口、建筑工地、仓库等场所，是现代化生产不可缺少的机械设备。其外形如图3-11所示。起重机按其起吊质量可划分为三级：小型为5～10 t，中型为10～50 t，重型及特重型为50 t以上。起重机按结构和用途分为臂架式旋转起重机和桥式起重机两种。其中桥式起重机是一种横架于车间、仓库和料场上空进行物料吊运的起重设备，又称"天车"或"行车"。桥式起重机按起吊装置不同，又可分为吊钩桥式起重机、电磁盘桥式起重机和抓斗桥式起重机，其中尤以吊钩桥式起重机应用最广。本任务以小型桥式起重机为例来分析起重机电气控制电路的工作原理。

图3-11　桥式起重机外形图

一、桥式起重机结构简介

桥式起重机的结构主要由桥架、大车移行机构、小车、提升机构、操纵室等部分组成，具体分为驾驶室、辅助滑线架、控制盘、小车、大车电动机、大车端梁、主滑线、大车主梁、电阻箱，如图3-12所示。

桥架是桥式起重机的基本构件，由主梁、端梁、走台等部分组成。主梁跨架在跨间的上空，有箱型、桁架、腹板、圆管等结构型式。主梁两端连有端梁，在两主梁外侧安有走台，设有安全栏杆。在一侧的走台上装有大车移行机构，在另一侧走台上装有往小车电气设备供电的装置，即辅助滑线。在主梁上方铺有导轨，供小车移动。在主梁一端的下方悬挂着全视野的操纵室（驾驶室，又称吊舱）。

大车移行机构由大车电动机、传动轴、联轴节、减速器、车轮及制动器等部件构成。安装方式有集中驱动与分别驱动两种。目前我国生产的桥式起重机大多采用分别驱动。分别驱动方式指的是用一个控制电路同时对两台驱动电动机、减速装置和制动器实施控制，分别驱动安装在桥架两端的大车车轮。

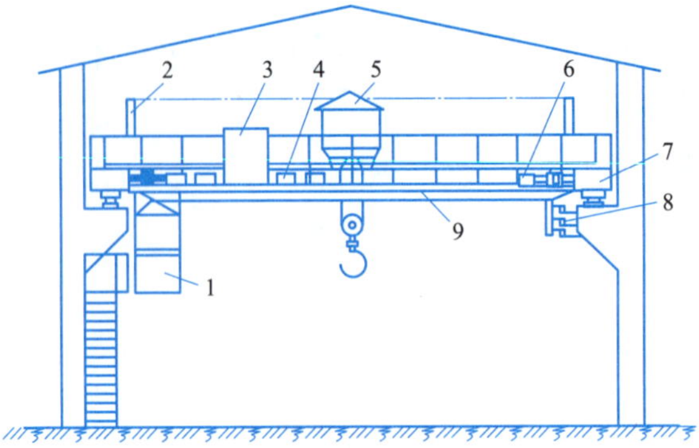

1—驾驶室;2—辅助滑线架;3—控制盘;4—小车;5—大车电动机;6—大车端梁;
7—主滑线;8—大车主梁;9—电阻箱。

图3-12 桥式起重机总体结构示意图

小车安放在桥架导轨上,可顺车间宽度方向移动。小车主要由小车架以及其上的小车移行机构和提升机构等组成。小车移行机构由小车电动机、制动器、联轴节、减速器及车轮等组成。

提升机构用以吊运重物,它由提升电动机、减速器、卷筒、制动器、吊钩等组成。提升电动机经联轴节、制动轮与减速器连接,减速器的输出轴与缠绕钢丝绳的卷筒相连接,钢丝绳的另一端装有吊钩。对于起重量在15 t及以上的起重机,备有两套提升机构,即主钩与副钩,一般情况下两钩不能同时起吊重物。

操纵室是操纵起重机的吊舱,又称驾驶室。操纵室内有大小车移行机构控制装置、提升机构控制装置以及起重机的保护装置等。操纵室一般固定在主梁的一端,也有少数装在小车下方随小车移动的。操纵室上方开有通向走台的舱口,供检修大车与小车机械及电气设备时人员上下用。

桥式起重机的运动形式包括桥式起重机由大车电动机驱动沿着工厂车间的两边轨道做纵向前后运动;大车主梁上的小车及提升机构由小车电动机驱动沿着桥架主梁轨道做横向左右运动;提升电动机驱动重物做垂直升降运动。

二、桥式起重机的主要技术参数

桥式起重机的主要技术参数包括:起重量、跨度、起升高度、运行速度、提升速度、通电持续率、工作类型、控制方式、安全设备、材料和结构、电气系统、维护和保养等。

1. 起重量

这是起重机实际允许起吊的最大负荷量,通常以t为单位。起重量较大的起重机常有两套起升机构,主钩和副钩的起重量通常用斜线分开来表示。如10/3,分子表示主钩起重量为10 t,分母表示副钩起重量为3 t。

2. 跨度

指起重机行走的两平行轨道之间的距离,这个距离通常比车间或仓库的跨度小1.5 m,跨度的数值通常有10.5 m、13.5 m、16.5 m、19.5 m、22.5 m、25.5 m、28.5 m与31.5 m等规格。

3. 起升高度

起升高度是从地面到吊钩最高点的距离,这个参数决定了起重机能达到的最大工作高度。一般常见的起升高度有 12 m、16 m、12/14 m、12/18 m、19/21 m、20/22 m、21/23 m、22/24 m、24/26 m 等,其中分数线的分子为主钩起升高度,分母为副钩起升高度。

4. 运行速度

包括大车运行速度(桥架的运行速度)和小车运行速度(起重小车在桥架上的运行速度),通常以 m/min 为单位。小车运行速度一般为 40 ~ 60 m/min,大车运行速度一般为 100 ~ 135 m/min。

5. 提升速度

在电动机额定转速时,重物的最大提升速度。该速度的选择应由货物的性质和质量来决定,一般提升速度不超过 30 m/min。

6. 通电持续率

由于桥式起重机为断续工作,其工作的繁重程度用通电持续率 JC% 表示,即

$$JC\% = \frac{\text{通电时间}}{\text{周期}} \times 100\% = \frac{\text{工作时间}}{\text{工作时间} + \text{休息时间}} \times 100\%$$

通常一个周期定为 10 min,标准的通电持续率规定为 15%、25%、40%、60% 四种。

7. 工作类型

起重机按其载荷率和工作繁忙程度可分为轻级、中级、重级和特重级四种。

8. 控制方式

桥式起重机可以采用手动、电动和遥控等多种控制方式。不同的控制方式具有不同的操作灵活性和效率,可以根据需要选择合适的控制方式。

9. 安全设备

为了确保起重作业的安全性,桥式起重机通常配备有多种安全设备,如限位器、重载保护器、风速传感器等。这些安全设备可以监测和控制起重机的运行状态,确保其在安全范围内工作。

10. 材料和结构

桥式起重机的主要材料通常采用优质钢材,具有高强度和耐腐蚀性。起重机的结构设计要考虑到各种力学因素,确保起重机能够承受起重负荷的作用力。

11. 电气系统

桥式起重机的电气系统包括电动机、控制器、传感器等。电气系统的设计要能够确保起重机的正常运行和安全操作。

12. 维护和保养

桥式起重机需要定期进行维护和保养,以确保其长期稳定运行。维护和保养工作包括润滑、检查、清洁和更换损坏部件等。

桥式起重机的技术参数对于选择适合的起重设备非常重要。根据具体的工作需求和工作环境,选择合适的桥式起重机,并根据其技术参数进行操作和维护,可以提高工作效率并确保工作安全。

三、桥式起重机提升机构对电力拖动的主要要求

桥式起重机提升机构对电力拖动的主要要求包括电动机的机械强度和过载能力、升降速度的控制、调速范围、低速运行、起动转矩、电动机运行状态、制动装置的安全性,以及电气保护环节的完善性。

学习笔记

1. 电动机的机械强度和过载能力

要求电动机具有较高的机械强度和较大的过载能力,以适应起重机的重负载工作条件。同时,要求起动转矩大且起动电流小,通常选用绕线式异步电动机。

2. 升降速度的控制

需要合理的升降速度,空载或轻载时要求速度快,以减少辅助工时;而重载时则要求速度慢以确保安全。

3. 调速范围

普通起重机的调速范围一般为3:1,对于要求较高的地方可以达到5:1～10:1的调速范围。

4. 低速运行

在提升开始或重物下降至预定位置附近时,需要低速运行,在30%额定速度内应分成几挡,以便灵活操作。

5. 起动转矩

提升的第一级作为预备级,起动转矩不能大,一般限制在额定转矩的一半以下,以避免过大的机械冲击。

6. 电动机运行状态

当下放负载时,根据负载大小,电动机的运行状态可以自动转换为电动状态、倒拉反接状态或再生发电制动状态,以满足对不同下降速度的要求。

7. 制动装置的安全性

制动装置必须十分安全可靠,以确保起重机的安全停止和重物的稳定。

8. 电气保护环节的完善性

需要有完善可靠的电气保护环节,包括短时的过载保护、失电压保护以及行程开关的限位保护等,以确保起重机的安全运行。

四、10 t桥式起重机典型电路分析

10 t桥式起重机属于小型桥式起重机范畴,仅有主钩提升机构,大车采用分别驱动方式,其他部分与前面所述相同。10 t桥式起重机的典型控制电路分析主要涉及以下几方面:

1. 保护功能

电路具有欠电压、零电压、零位、过电流、行程终端限位保护和安全保护共六种保护功能。这些保护功能确保了起重机的安全运行,防止了因电压异常、位置不当或电流过大等可能导致的事故。

2. 电动机控制

电路中包含了四台电动机,分别控制吊钩、小车和大车的升降及横向和纵向移动。这些电动机通过凸轮控制器进行对称可逆控制,通过改变电源进线两相的位置来实现电动机的正反转。

3. 调速与制动

通过转子串接不对称电阻的方式进行调速,同时采用断电制动方式的机械抱闸制动,以确保在停电或其他紧急情况下,重物不会因失去制动力而自由下落,从而保证了起重作业的安全性。

学习笔记

4. 操作与控制

凸轮控制器的控制触点串联在电动机的定子和转子回路中，直接控制电动机的工作状态。操作手柄置于不同挡位时，串入的电阻不同，从而实现电动机的调速。此外，电路还具有适当的低速区，以及预备级、电动、倒拉反接制动、再生制动等工作状态，以满足不同工作场景的需求。

5. 安全与监控

控制系统接收操作信号并将其转化为电力信号，同时通过传感器对起重机进行监控，收集设备的状态信息并传输到控制器。控制器将采集到的状态信息与指令进行比对，从而判断当前状态并进行相应的调整，确保起重机的安全运行。

任务分析

本任务为桥式起重机电气控制，由于实训室条件的限制，本任务仅利用行程开关实现电动机的自动往复循环控制，可以通过以下步骤实现：

1. 起动过程

（1）正向起动：闭合断路器 QF，为系统供电。按下正向起动按钮 SB2，将使接触器 KM1 的线圈得电，从而使 KM1 的主触点闭合，同时 KM1 的常开辅助触点也闭合实现自锁，此时电动机 M1 开始正向运转。带动机床运动部件向一端移动，当运动部件移至端点处并触碰到限位开关 SQ1 时，将 SQ1 压下，其常闭触点先断开，切断 KM1 接触器线圈电路；然后其常开触点闭合，接通反转接触器 KM2 线圈电路，电动机由正转变为反转。电动机再带动运动部件向另一端移动，直到压下限位开关 SQ2，电动机由反转又变成正转，驱动运行部件进行往复循环运动。

（2）反向起动：闭合断路器 QF，为系统供电。按下反向起动按钮 SB3，将使接触器 KM2 的线圈得电，从而使 KM2 的主触点闭合，同时 KM2 的常开辅助触点也闭合实现自锁，此时电动机 M1 开始反向运转。之后进入自动往复循环过程。

2. 停止过程

按下停止按钮 SB1，将使接触器 KM1 和 KM2 的线圈失电，电动机停止运转。

任务实施

一、实训电路

实训电路如图 3-13 所示。

二、实训器材

三相异步电动机 1 台、断路器 1 个、熔断器 4 个、热继电器 1 个、接触器 2 个、按钮 3 个、行程开关 2 个、万用表 1 块、工具 1 套、导线若干。

三、实训步骤

1. 安装电器

按图 3-14 所示准备电器，并检查电器是否完好，观察接触器的工作电压，然后在配电盘上安装电器，注意电器不可以倒置。在控制面板上选用按钮，并做好标记。

学习笔记

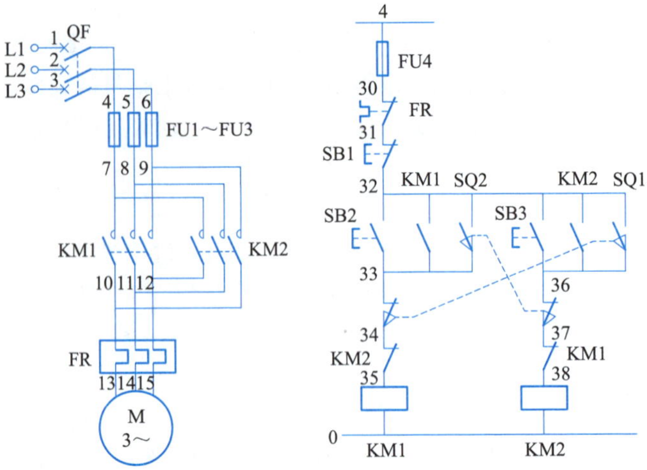

图 3-13　自动往复循环控制实训电路

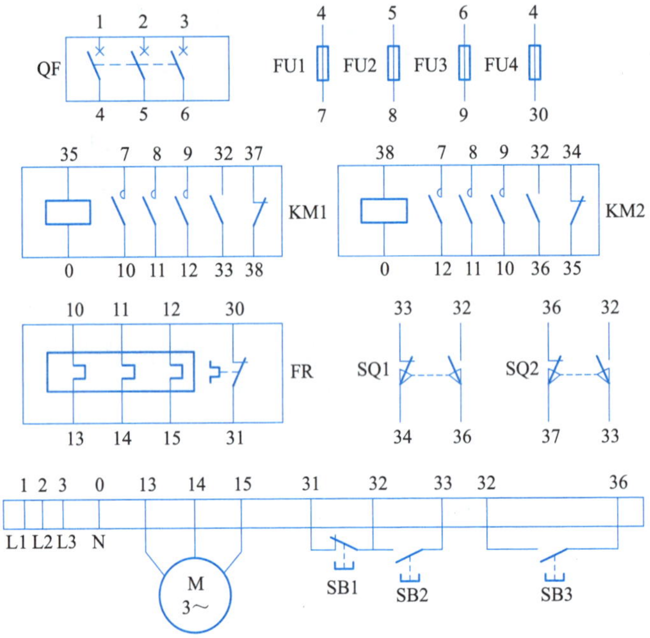

图 3-14　自动往复循环控制实训接线图

2. 按图布线

依据先主后辅、从上到下、从左到右的顺序接线。布线时导线要平直美观、合理、正确，接线牢固。主电路接线时要注意接触器 KM2 主触点相序的改变。控制电路接线时要注意行程开关SQ1 的常闭触点与接触器 KM2 的常闭触点串联，SQ1 的常开触点与接触器 KM2 的常开触点并联；行程开关 SQ2 的常闭触点与接触器 KM1 的常闭触点串联，SQ2 的常开触点与接触器 KM1 的常开触点并联。

3. 整定电器

接完电路后，开始整定热继电器，观察热继电器正面面板右侧的绿色标记，如凸出面板则表明热继电器处于过载状态，需要按下蓝色复位键进行复位整定。

学习笔记

4. 常规检查

通电试车前用万用表进行主电路和控制电路的常规检查。

(1)合上断路器,判断整体电路是否有短路故障,使用万用表的欧姆挡,将红、黑表笔分别接在三根相线中的任意两根,两相间应该是断开的,万用表显示"1."为正常;如果万用表指示为"0",说明这两相存在短路故障,需要检查电路。

(2)检查正反转相序对调。检查接触器 KM1、KM2 的主触点进线应该没有相序对调,检查接触器 KM1、KM2 的主触点出线应该有相序对调,如 L1、L3 相序对调。

(3)找到控制电路相线。方法是将万用表一只表笔接热继电器 FR1 常闭触点的输入端,另只一表笔分别接触电源三根相线,万用表显示为"0"的那相即控制电路所用的相线。

(4)找到控制电路相线后,将万用表一只表笔接控制电路相线,另一表笔接中性线,电路此时应该是断的,万用表显示"1."为正常;如果万用表指示为"0",说明控制电路存在短路故障,需要检查电路,之后重新此步骤检查。

(5)保持万用表两表笔位置不动,按下正向起动按钮 SB2。如果万用表显示数值等于接触器线圈内阻说明正常;如果万用表显示"1.",说明接触器 KM1 线圈电路断路;如果万用表显示"0",说明 KM1 线圈电路短路,需要检修电路,之后重新此步骤检查。

(6)按住 SB2,再按下 SB1,万用表显示数值从线圈内阻变为"1.",说明 KM1 电路无问题,如果依然显示线圈内阻,说明 SB1 常闭触点接触不良或接线错误。

(7)保持万用表两表笔位置不动,拨动行程开关 SQ2 摇臂,如果万用表显示数值等于接触器线圈内阻说明正常,保持 SQ2 摇臂位置不动,再按下 SB1,万用表显示数值从线圈内阻变为"1.",说明行程开关 SQ2 起动正转无问题,否则检修行程开关 SQ2 常开触点两条支路。

(8)行程开关 SQ1 常开触点及行程开关 SQ2 常闭触点所在支路的检查与步骤(5)~步骤(7)相同。

5. 通电试车

在教师监护下通电试车,并按指定顺序操作。如发现电器动作异常、电动机不能正常运转时,必须马上停车,断电后再进行检修,不允许带电检查。

6. 清理工位

调试成功后,停车,关闭电源,清洁整理工作台,清点工具并放回工具箱。经教师同意后拆线,去掉控制面板标记。

7. 完成报告

记录实训过程中出现的问题,并按照要求按时完成实训报告。

四、故障分析与检修

自动往复循环控制故障的分析与检修涉及多个方面,包括接触器粘连、行程开关问题、自锁触点问题以及控制回路无电源等。以下是一些常见的故障分析及其检修方法:

1. 接触器粘连

如果按下按钮 SB2 后,正转正常,但工作台运动部件碰到行程开关 SQ1 时,交流接触器线圈不能断电释放,导致不能停机造成事故。解决方法是检查并更换粘连的接触器。

2. 行程开关问题

正转运行正常,但工作台运动部件碰到行程开关 SQ1 时,正转接触器 KM1 断电释放,而反转接触器 KM2 不吸合。可能原因是行程开关 SQ1 的常开触点不能闭合或接触不良,或者行程开关 SQ2 的常闭触点断路。解决方法是使用万用表测量并更换损坏的行程开关。

学习笔记

3. 自锁触点问题

正转或反转时，工作台向反方向移动一段距离后停止。可能是反转接触器 KM2 的自锁触点有问题，需要检查并更换此触点。

4. 控制回路无电源

正转或反转均无法操作，工作台不移动。可能原因是控制回路没有电源（如断路器 QF2 损坏），停止按钮 SB1 的常闭触点接触不良，或热继电器 FR 的常闭触点因过载动作断开。解决方法是检查并更换损坏的部件。

综上所述，自动往复循环控制故障的检修需要从主电路和控制电路两个方面入手，针对不同的故障现象采取相应的检查和维修措施。同时，保持电气设备的清洁和定期维护也是预防故障的重要手段。

任务评价

按照任务的完成情况进行评价，评价的方式可以是教师评价、教师指定的评价组评价或者组间互评等。评价的过程中需要记录存在的问题，评价记录工作单见表 3-5。

表 3-5 评价记录工作单

类别	评价内容	分值	评分标准	记录	评分
功能实现情况	按下正向起动按钮 SB2，电动机 M1 是否正向运行	10	按下正向起动按钮 SB2，查看电动机 M1 的运行情况，正向转动得 10 分，无转动 0 分		
	按下反向起动按钮 SB3，电动机 M1 是否反向运行	10	按下反向起动按钮 SB3，查看电动机 M1 的运行情况，反向转动得 10 分，无转动 0 分		
	按下按钮 SB2 或 SB3 后，电动机 M1 转动，带动机床运动部件向一端移动，触碰限位开关后是否反向运动并往复循环	10	按下按钮 SB2 或 SB3 后，电动机 M1 转动，带动机床运动部件向一端移动，触碰限位开关后是否反向运动并往复循环，有循环得 10 分，无循环 0 分		
	按下停止按钮 SB1，电动机 M1 是否停止运行	10	按下停止按钮 SB1，查看电动机 M1 的停止情况，有停止得 10 分，无停止 0 分		
电路接线检查	电气原理图设计	10	布局不合理扣 5 分，少一个电气元件扣 2 分，符号不规范每处扣 2 分		
	工艺检查	10	露铜过长每处扣 1 分，接线不符合安全规范每处扣 1 分		
	初步调试	10	上电后按下按钮没有反应每处扣 1 分，接线错误每处扣 2 分，产生短路现象直接得 0 分		
职业素养	劳动纪律、操作规范、安全文明生产	10	不遵守实训纪律、不爱惜实训设备、浪费耗材、危险用电，根据情况酌情扣 1～10 分		
知识提问	由教师进行本任务相关知识的提问	20	每题完全正确得 20 分，部分答对由教师根据情况给分		

学习笔记

任务反思与练习

一、任务反思

检查任务中存在的问题并进行完善，填写表3-6，提交相关技术资料。

表3-6　改进工作单

改进要点记录		
产品提交	项目	负责人（签字）
	设计报告	
	使用说明	
	作品功能检查	
	作品技术规范检查	

二、练习

（一）单选题

1. 桥式起重机的基本构件是（　　）。

A. 大车　　B. 桥架

C. 车架　　D. 导轨

2. 操纵室是操纵起重机的吊舱，又称（　　）。

A. 驾驶室　　B. 小车

C. 大车　　D. 行车室

3. 桥式起重机提升速度的选择应由货物的性质和质量来决定，一般提升速度不超过（　　）。

A. 20 m/min　　B. 25 m/min

C. 30 m/min　　D. 35 m/min

4. 桥式起重机小车运行速度一般为（　　）。

A. 20～40 m/min　　B. 40～60 m/min

C. 60～80 m/min　　D. 80～100 m/min

5. 桥式起重机大车运行速度一般为（　　）。

A. 30～65 m/min　　B. 65～100 m/min

C. 100～135 m/min　　D. 135～170 m/min

6. 跨度指起重机行走的两（　　）轨道之间的距离。

A. 垂直　　B. 平行

C. 相交　　D. 重合

7. 普通起重机的调速范围一般为（　　），对于要求较高的地方可以达到5:1～10:1的

学习笔记

调速范围。

A. 3:1　　B. 4:1

C. 6:1　　D. 8:1

8. 桥式起重机在计算通电持续率时,通常将一个周期定为(　　)。

A. 5 min　　B. 10 min

C. 15 min　　D. 20 min

9. 10 t桥式起重机属于(　　)桥式起重机范畴。

A. 小型　　B. 中型

C. 重型　　D. 特重型

(二)多选题

1. 桥式起重机中大车移行机构的安装方式有(　　)。

A. 集中驱动　　B. 分别驱动

C. 直接驱动　　D. 间接驱动

2. 桥式起重机的主要技术参数包括(　　)。

A. 起重量、跨度、起升高度　　B. 运行速度、提升速度、通电持续率

C. 工作类型、控制方式、安全设备　　D. 材料和结构、电气系统、维护和保养

3. 起重机按其起吊质量可划分为(　　)。

A. 小型　　B. 中型

C. 重型　　D. 特重型

4. 桥式起重机按起吊装置不同,可分为(　　)。

A. 吊钩桥式起重机　　B. 电磁盘桥式起重机

C. 抓斗桥式起重机　　D. 臂架式旋转起重机

5. 起重机按其载荷率和工作繁忙程度可分为(　　)工作类型。

A. 轻级　　B. 中级

C. 重级　　D. 特重级

6. 桥式起重机的控制方式有(　　)。

A. 手动　　B. 电动

C. 遥控　　D. 自动控制

7. 桥式起重机的电气系统包括(　　)。

A. 电动机　　B. 控制器

C. 吊钩　　D. 传感器

8. 桥式起重机的维护和保养包括(　　)。

A. 润滑　　B. 检查

C. 清洁　　D. 更换损坏部件

拓展知识

端正态度,刻苦钻研,建立自信

对当代大学生来说,端正学习态度与钻研精神是穿透知识迷雾的探照灯。北大简牍修复团队为复原一枚战国竹简,需考证三十余种青铜器铭文,这种近乎严苛的考据精神,恰恰

印证了治学的本质：知识从不在表面漂浮，而在深度耕耘中显影。

要想快速、准确地完成两台电动机顺序起停控制项目，从按图布线到用万用表检查电路，再到通电试车调试，都需要明确电气联锁控制的逻辑关系。实训项目难度的增大，要求同学们必须有端正的学习态度和认真钻研的精神。组内成员要充分发挥自己特长，找准自己的位置，齐心协力攻坚克难。遇到困难不轻言放弃，只有在坚持和坚定中，才能逐步建立对学习的自信，进而建立对人生的自信。

学习笔记

项目四

初识PLC

学习笔记

知识目标：

(1)熟悉 S7-1200 PLC 的结构及工作过程；

(2)了解 S7-1200 PLC 的工作原理；

(3)掌握 S7-1200 PLC 安装与接线方法；

(4)掌握 TIA 软件的使用方法。

能力目标：

(1)能正确安装 S7-1200 PLC 模块，连接电源线及信号线；

(2)会使用 TIA 软件进行设备组态及梯形图编制。

素质目标：

(1)了解国内外 PLC 发展历史，增强为国效力信念，激发行业热情；

(2)培养刻苦勤奋、诚实守信、持之以恒的学习态度。

项目导入

可编程逻辑控制器(programmable logic controller)是一种专门为在工业环境下应用而设计的数字运算操作电子系统。它采用一种可编程的存储器，在其内部存储执行逻辑运算、顺序控制、定时、计数和算术运算等操作的指令，通过数字式或模拟式的输入输出来控制各种类型的机械设备或生产过程。目前，PLC 在国内外已广泛应用于钢铁、石油、化工、电力、建材、机械制造、汽车、轻纺、交通运输、环保、制药等各个行业。PLC 的生产厂商很多，如德国西门子(SIEMENS)、法国施耐德(Schneider)、日本三菱(Mitsubishi)，以及我国台湾台达(Delta)、深圳汇川、无锡信捷、杭州和利时及深圳合信等。国产 PLC 目前正处于快速崛起的阶段，其市场份额和影响力持续增长，主要得益于技术进步和成本效益。这些进步使得国产 PLC 在性能上日益接近甚至在某些领域超越了国际品牌，随着全球制造业的不断进步和数字化转型，国产 PLC 在工业自动化领域的角色变得越发重要。展望未来，国产 PLC 的发展不仅是工业自动化领域技术进步的标志，也是中国制造业转型升级和创新发展的一个缩影。随着技术的不断完善和市场策略的进一步深化，国产 PLC 无疑将在全球工业自动化领域中发挥更大的影响力。

本书以西门子 S7-1200 PLC 为例进行介绍。S7-1200 PLC 设计紧凑、成本低廉且具有功能强大的指令集，是控制小型应用的完美解决方案。

学习笔记

故事汇

PLC 的历史

美国汽车工业生产技术要求的发展促进了 PLC 的产生。20 世纪 60 年代，美国通用汽车公司在对工厂生产线调整时，发现继电器、接触器控制系统修改难、体积大、噪声大、维护不方便以及可靠性差，于是提出了著名的"通用十条"招标指标。

1969 年，美国数字化设备公司研制出第一台可编程逻辑控制器(PDP-14)，在通用汽车公司的生产线上试用后，效果显著；1971 年，日本研制出第一台可编程逻辑控制器(DCS-8)；1973 年，德国研制出第一台可编程逻辑控制器；1974 年，中国开始研制可编程逻辑控制器：1977 年，中国在工业应用领域推广 PLC。

最初的目的是替代机械开关装置(继电模块)。然而，自从 1968 年以来，PLC 的功能逐渐代替了继电器控制板，现代 PLC 具有更多的功能。其用途从单一过程控制延伸到整个制造系统的控制和监测。

20 世纪 70 年代初出现了微处理器。人们很快将其引入可编程逻辑控制器，使可编程逻辑控制器增加了运算、数据传送及处理等功能，完成了真正具有计算机特征的工业控制装置。此时的可编程逻辑控制器为微机技术和继电器常规控制概念相结合的产物。个人计算机发展起来后，为了方便和反映可编程控制器的功能特点，可编程逻辑控制器定名为 programmable logic controller(PLC)。

20 世纪 70 年代中末期，可编程逻辑控制器进入实用化发展阶段，计算机技术已全面引入可编程逻辑控制器中，使其功能发生了飞跃。更高的运算速度、超小型体积、更可靠的工业抗干扰设计、模拟量运算、PID 功能及极高的性价比奠定了它在现代工业中的地位。

20 世纪 80 年代初，可编程逻辑控制器在先进工业国家中已获得广泛应用。世界上生产可编程逻辑控制器的国家日益增多，产量日益上升。这标志着可编程逻辑控制器已步入成熟阶段。

20 世纪 80 年代至 90 年代中期，是可编程逻辑控制器发展最快的时期，年增长率一直保持在 30%~40%。在这一时期，PLC 处理模拟量能力、数字运算能力、人机接口能力和网络能力得到大幅度提高。可编程逻辑控制器逐渐进入过程控制领域，在某些应用上取代了在过程控制领域处于统治地位的 DCS(集散式控制系统)。

20 世纪末期，可编程逻辑控制器的发展特点是更加适应于现代工业的需要。这个时期发展了大型机和超小型机、诞生了各种各样的特殊功能单元、生产了各种人机界面单元、通信单元，使应用可编程逻辑控制器的工业控制设备配套更加容易。

项目要求

使用 S7-1200 PLC 实现直流电动机(DC 24 V)的起动与停止。在本项目中，PLC 对电动机的控制方式分为两种：

(1)点动控制：按住起动按钮 SB1，电动机起动运行；松开起动按钮，电动机则停止。

(2)自锁控制：按下起动按钮 SB1，电动机起动运行；松开 SB1，电动机依然运行；只有按下停止按钮 SB2，电动机才停止运转。

学习笔记

任务1 认识PLC

思考

PLC应用非常广，举例说明PLC的应用领域。

知识与技能

一、PLC的基本知识

1. PLC的定义

视频 PLC基本概念

1987年国际电工委员会(IEC)对PLC做了如下定义：可编程序控制器是一种数字运算操作的电子系统，专为在工业环境下应用而设计。它采用可编程序的存储器，用来在其内部存储执行逻辑运算、顺序控制、定时、计数和算术运算等面向用户的指令，并通过数字式、模拟式的输入和输出，控制各种类型的机械或生产过程。可编程序控制器及其有关的外围设备，都按易于与工业系统连成一个整体、易于扩充其功能的原则设计。

2. PLC的应用

近年来随着PLC的成本下降和功能大大增强，能解决复杂问题的计算和通信问题，因而应用面也日益增大。目前，PLC在国内外已广泛应用于钢铁、石油、化工、电力、建材、机械制造、汽车、轻纺、交通运输、环保、制药等各个行业。使用情况大致可归纳为如下几类：

1)开关量的逻辑控制

这是PLC控制器最基本、最广泛的应用领域，它取代传统的继电器电路，实现逻辑控制、顺序控制，既可用于单台设备的控制，也可用于多机群控及自动化流水线，如注塑机、印刷机、订书机、组合机床、磨床、包装生产线、电镀流水线等。

2)模拟量控制

在工业生产过程当中，有许多连续变化的量，如温度、压力、流量、液位和速度等都是模拟量。为了使可编程控制器处理模拟量，必须实现模拟量(analog)和数字量(digital)之间的A/D转换及D/A转换。PLC厂家都生产配套的A/D和D/A转换模块，使可编程控制器用于模拟量控制。

3)运动控制

PLC控制器可以用于圆周运动或直线运动的控制。从控制机构配置来说，早期直接用于开关量I/O模块连接位置传感器和执行机构，现在一般使用专用的运动控制模块，如可驱动步进电机或伺服电机的单轴或多轴位置控制模块。世界上各主要PLC控制器生产厂家的产品几乎都有运动控制功能，广泛用于各种机械、机床、机器人、电梯等场合。

4)过程控制

过程控制是指对温度、压力、流量等模拟量的闭环控制。作为工业控制计算机，PLC控制器能编制各种各样的控制算法程序，完成闭环控制。PID调节是一般闭环控制系统中用得较多的调节方法。大中型PLC都有PID模块，目前许多小型PLC控制器也具有此功能模块。PID处理一般是运行专用的PID子程序。过程控制在冶金、化工、热处理、锅炉控制等场合有非常广泛的应用。

学习笔记

5)数据处理

现代 PLC 控制器具有数学运算(含矩阵运算、函数运算、逻辑运算)、数据传送、数据转换、排序、查表、位操作等功能,可以完成数据的采集、分析及处理。这些数据可以与存储在存储器中的参考值比较,完成一定的控制操作,也可以利用通信功能传送到其他智能装置,或将它们打印制表。数据处理一般用于大型控制系统,如无人控制的柔性制造系统;也可用于过程控制系统,如造纸、冶金、食品工业中的一些大型控制系统。

6)通信及联网

PLC 控制器通信包括 PLC 控制器间的通信及 PLC 控制器与其他智能设备间的通信。随着计算机控制的发展,工厂自动化网络发展得很快,各 PLC 控制器厂商都十分重视 PLC 控制器的通信功能,纷纷推出各自的网络系统。新近生产的 PLC 控制器都具有通信接口,通信非常方便。

3. PLC 的结构

PLC 种类很多,但结构大同小异,典型的 PLC 主要由中央处理器(CPU)、存储器(RAM、ROM)、输入/输出(I/O)接口、电源和编程器等组成。PLC 内部结构如图 4-1 所示。

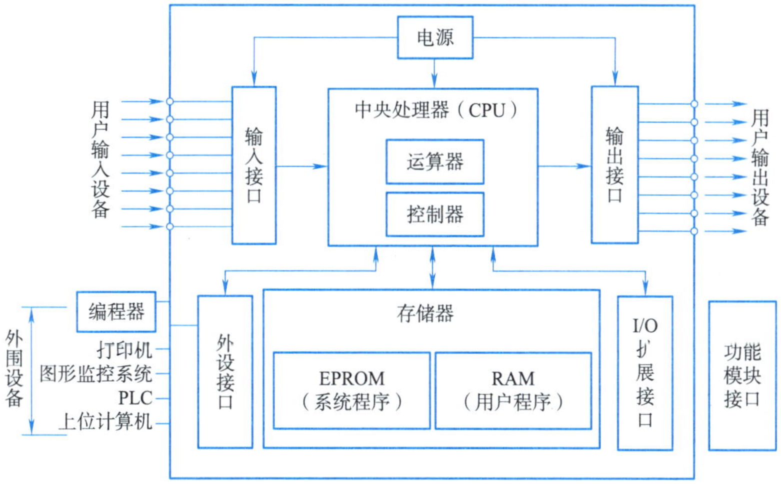

图 4-1　PLC 内部结构

1)CPU

CPU 是 PLC 的控制中心。由运算器和控制器组成。在 PLC 控制系统中,CPU 相当于人的大脑,它不断地采集输入信号,执行用户程序,刷新系统的输出。

2)存储器

存储器的功能是存储程序和数据。PLC 通常配有 ROM(只读存储器)和 RAM(随机存储器)两种存储器,ROM 用来存储系统程序,RAM 用来存储用户程序和程序运行时产生的数据。

系统程序由厂家编写并固化在 ROM 存储器中,用户无法访问和修改系统程序。系统程序主要包括系统管理程序和指令解释程序。系统管理程序的功能是管理整个 PLC,让内部各个电路能有条不紊地工作。指令解释程序的功能是将用户编写的程序翻译成 CPU 可以识别和执行的程序。

用户程序是用户通过编程器输入存储器的程序。为了方便调试和修改，用户程序通常存放在RAM中，由于断电后RAM中的程序会丢失，所以RAM专门配有后备电池供电。有些PLC采用EEPROM（电可擦编程只读存储器）来存储用户程序，由于EEPROM存储器中的内部可用电信号进行擦写，并且掉电后内容不会丢失，因此采用这种存储器后可不要备用电池。

3）输入/输出接口

输入/输出接口又称I/O接口或I/O模块，是PLC与外围设备之间的连接部件。PLC通过输入接口检测输入设备的状态，以此作为对输出设备控制的依据，同时PLC又通过输出接口对输出设备进行控制。

PLC的I/O接口能接收的输入和输出信号个数称为PLC的I/O点数。I/O点数是选择PLC的重要依据之一。

PLC外围设备提供或需要的信号电平是多种多样的，而PLC内部CPU只能处理标准电平信号，所以I/O接口要能进行电平转换。另外，为了提高PLC的抗干扰能力，I/O接口一般采用光电隔离和滤波处理，此外，为了便于了解I/O接口的工作状态，I/O接口还带有状态指示灯。

4）通信接口

PLC配有通信接口。PLC可通过通信接口与监视器、打印机、其他PLC、计算机等设备实现通信。PLC与编程器或写入器连接，可以接收编程器或写入器输入的程序；PLC与打印机连接，可将过程信息、系统参数等打印出来；PLC与人机界面（如触摸屏）连接，可以在人机界面直接操作PLC或监视PLC工作状态；PLC与其他PLC连接，可组成多机系统或连成网络，实现更大规模控制；PLC与计算机连接，可组成多级分布式控制系统，实现控制与管理相结合。

5）扩展接口

为了提升PLC的性能，增强PLC控制功能，可以通过扩展接口给PLC增加一些专用功能模块，如高速计数模块、闭环控制模块、运动控制模块、中断控制模块等。

6）电源

PLC一般采用开关电源供电，与普通电源相比，PLC电源的稳定性好、抗干扰能力强。PLC的电源对电网提供的电源稳定度要求不高，一般允许电源电压在其额定值±15%的范围内波动。有些PLC还可以通过端子往外提供直流24 V稳压电源。

4. PLC的分类

根据PLC的结构、功能和I/O点数，大致将其分为“小、中、大”三类。

具体来说，小型PLC的输入/输出总点数一般在256点以下，其功能以开关量控制为主，用户程序存储器容量在4 KB以下。这类PLC的特点是体积小、价格相对较低，适用于单机控制。

而中型PLC的输入/输出总点数在256～2 048点之间，存储容量可达2～8 KB。具有更强的数字计算能力，可以完成三角函数、指数等复杂运算，同时具有更强大的通信功能和模拟量处理能力。

大型PLC一般指I/O点数大于2 048点，采用双CPU或多CPU（16位或32位）、用户程序存储器的容量为8～16 KB或更大的PLC。大型PLC可以进行PID运算、矩阵运算等较为复杂的计算任务。除了直接用于工业控制，大型 PLC 强大的处理性能还支持对多个下级 PLC 进行监控，组成一个集散的生产过程控制系统。

学习笔记

5. PLC 的工作方式

PLC 采用循环扫描方式。在 PLC 处于运行状态时，其工作过程为内部处理、通信操作、输入处理、程序执行、输出处理。

注意：由于 PLC 是周期性循环处理的顺序扫描工作方式，在程序执行阶段即使输入发生了变化，输入状态映像寄存器的内容也不会变化，要等到下一周期的输入处理阶段才能改变。PLC 循环扫描过程如图 4-2 所示。

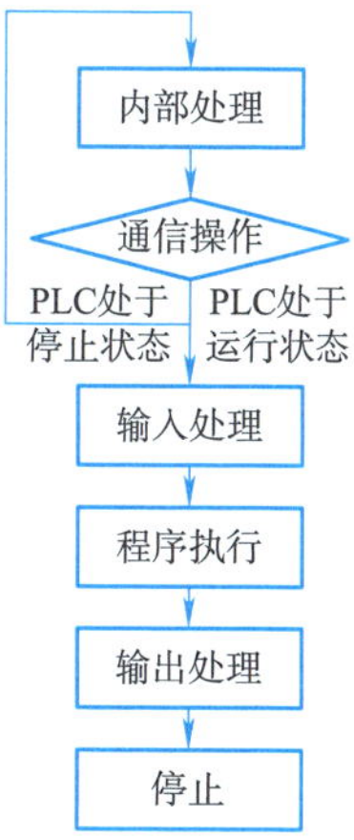

图 4-2　PLC 循环扫描过程

视频

PLC工作原理

1）内部处理

在此阶段，PLC 检查 CPU 模块的硬件是否正常，复位监视定时器，以及完成一些其他内部工作。

2）通信操作

在此阶段，PLC 与一些智能模块通信、响应编程器键入的命令、更新编程器的显示内容等。当 PLC 处于停止状态时，只进行内部处理和通信服务操作。当 PLC 处于运行状态时，还要进行输入处理、程序执行和输出处理。

3）输入处理

输入处理又称输入采样。在此阶段，顺序读入所有输入端子的通断状态，并将读入的信息存入内存中所对应的映像寄存器。在此输入映像寄存器被刷新，接着进入程序的执行阶段。

4）程序执行

根据 PLC 梯形图程序扫描原则，按先左后右、先上后下的步序，逐句扫描，执行程序。但遇到程序跳转指令，则根据跳转条件是否满足来决定程序的跳转地址。若用户程序涉及输入输出状态时，PLC 从输入映像寄存器中读出上一阶段采入的对应输入端子状态，从输出映像寄存器读出对应映像寄存器的当前状态。根据用户程序进行逻辑运算，运算结果再存入有关器件寄存器中。

5）输出处理

程序执行完毕后，将输出映像寄存器即元件映像寄存器中的 Y 寄存器的状态，在输出处理阶段转存到输出锁存器，通过隔离电路，驱动功率放大电路，使输出端子向外界输出控制信号，驱动外部负载。

二、S7-1200 PLC

西门子 PLC 产品如图 4-3 所示，包括 LOGO、S7-200、S7-1200、S7-300、S7-400、S7-1500 等。西门子 S7 系列 PLC 体积小、速度快、标准化、具有网络通信能力、功能强、可靠性高。S7 系列 PLC 产品可分为微型 PLC（如 S7-200），小规模性能要求的 PLC（如 S7-300）和中、高性能要求的 PLC（如 S7-400）等。S7-1200 PLC 结构紧凑、组态灵活且具有功能强大的指令集，可用于控制各种各样的设备以满足自动化需求。

图 4-3　西门子 PLC 产品

1. S7-1200 PLC 的外形结构

S7-1200 PLC 的外形结构如图 4-4 所示。

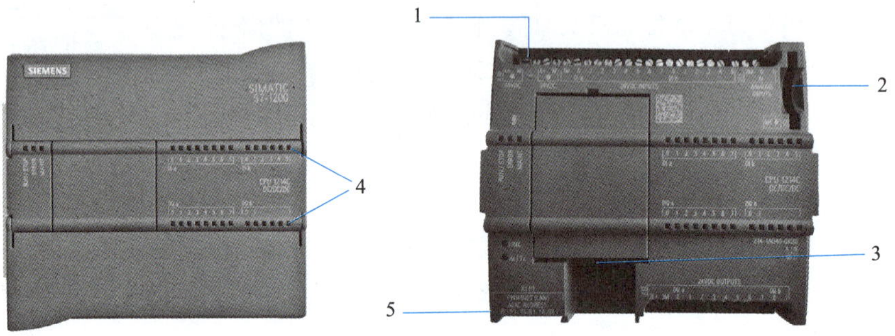

1—电源接口;2—存储卡插槽(上部保护盖下面);3—可拆卸用户接线连接器(保护盖下面);
4—板载 I/O 的状态 LED;5—PROFINET 连接器(CPU 的底部)。

图 4-4　S7-1200 PLC 的外形结构

2. S7-1200 PLC 的扩展

S7-1200 PLC 提供了各种模块和插入式板,用于通过附加 I/O 或其他通信协议来扩展 CPU 的功能。S7-1200 PLC 及其扩展如图 4-5 所示。

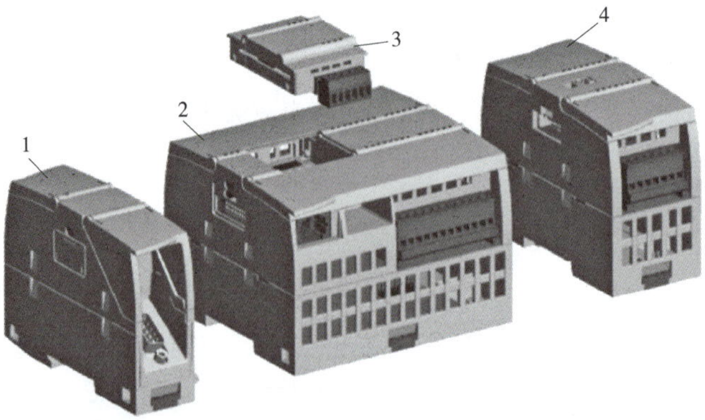

1—通信模块(CM)或通信处理器(CP);2—CPU(CPU 1211C、CPU 1212C、CPU 1214C、CPU 1215C、CPU 1217C);
3—信号板(SB)(数字 SB、模拟 SB)、通信板(CB)或电池板(BB)CPU(CPU 1211C、CPU 1212C、CPU 1214C、CPU 1215C、CPU 1217C);4—信号模块(SM)[数字 SM、模拟 SM、热电偶 SM、电阻温度检测器(RTD)SM、工艺 SM]。

图 4-5　S7-1200 PLC 及其扩展

S7-1200 PLC 扩展模块类型及说明见表 4-1。

表 4-1　S7-1200 PLC 扩展模块类型及说明

扩展模块类型	说　明
CPU 支持一个插入式扩展板： (1)信号板(SB)可为 CPU 提供附加 I/O。SB 连接在 CPU 的前端。 (2)通信板(CB)可以为 CPU 增加其他通信端口。 (3)电池板(BB)可提供长期的实时时钟备份	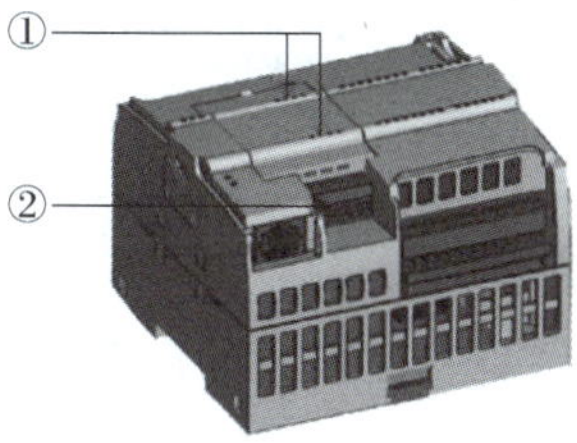 ①SB 上的状态 LED ②可拆卸用户接线连接器
信号模块(SM)可以为 CPU 增加其他功能。SM 连接在 CPU 右侧。包括： (1)数字量 I/O。 (2)模拟量 I/O。 (3)RTD 和热电偶。 (4)SM1278IO-Link 主站	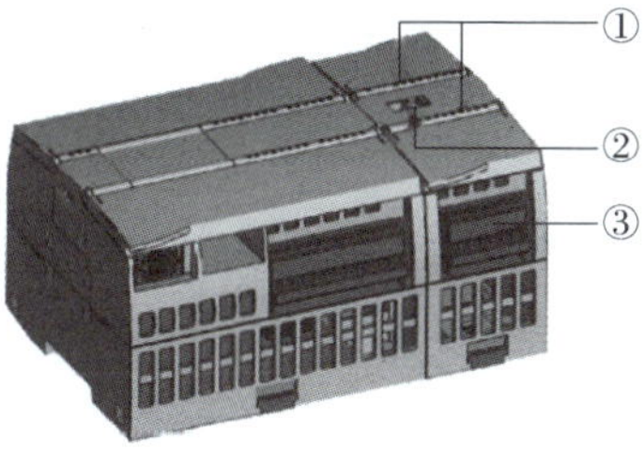 ①状态 LED ②总线连接器滑动接头 ③可拆卸用户接线连接器
通信模块(CM)和通信处理器(CP)将增加 CPU 的通信选项。例如，PROFIBUS 或 RS-232/RS-485 的连接性(适用于 P2P、Modbus 或 USS)或者 AS-i 主站。CP 可以提供其他通信类型的功能，例如通过 GPRS、IEC、DNP3 或 WDC 网络连接到 CPU。 (1)CPU 最多支持三个 CM 或 CP。 (2)各 CM 或 CP 连接在 CPU 的左侧(或连接到另一 CM 或 CP 的左侧)	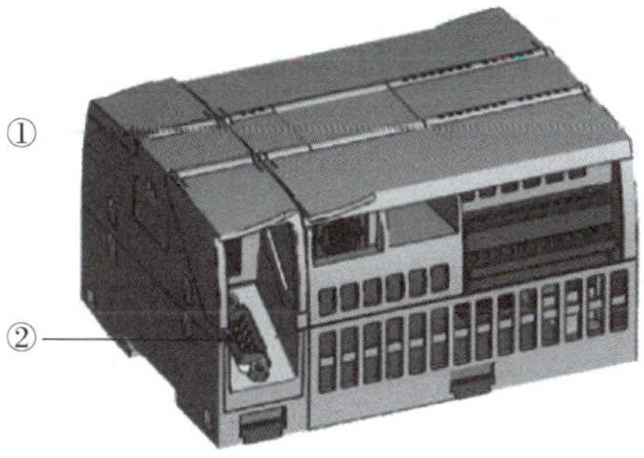 ①状态 LED ②通信连接器

3. S7-1200 PLC 的内部结构

S7-1200 PLC 内部结构包括中央处理器(CPU)、集成的电源、输入和输出电路、内置 PROFINET 以及高速运动控制 I/O。

CPU 是 PLC 控制器工作的核心元件，基本功能是监视现场输入，进行数据处理和运算，并根据控制逻辑接通或断开现场输出设备。

1)S7-1200 CPU 的型号

西门子公司提供多种类型的 CPU 以适应各种应用场合。表 4-2 列出了 S7-1200 CPU 不同型号的技术指标。

表 4-2 S7-1200 CPU 的型号比较

<table>
<tr><td colspan="2">特征</td><td>CPU 1211C</td><td>CPU 1212C</td><td>CPU 1214C</td><td>CPU 1215C</td><td>CPU 1217C</td></tr>
<tr><td colspan="2">物理尺寸/mm</td><td colspan="2">90×100×75</td><td>110×100×75</td><td>130×100×75</td><td>150×100×75</td></tr>
<tr><td rowspan="3">用户存储器</td><td>工作</td><td>75 KB</td><td>100 KB</td><td>150 KB</td><td>200 KB</td><td>250 KB</td></tr>
<tr><td>负载</td><td>1 MB</td><td>2 MB</td><td colspan="3">4 MB</td></tr>
<tr><td>保持性</td><td colspan="5">14 KB</td></tr>
<tr><td rowspan="2">本地板载 I/O</td><td>数字量</td><td>6 个输入/4 个输出</td><td>8 个输入/6 个输出</td><td colspan="3">14 个输入/10 个输出</td></tr>
<tr><td>模拟量</td><td colspan="3">2 个输入</td><td colspan="2">2 个输入/2 个输出</td></tr>
<tr><td rowspan="2">过程映像寄存器大小</td><td>输入(I)</td><td colspan="5">1 024 B</td></tr>
<tr><td>输出(Q)</td><td colspan="5">1 024 B</td></tr>
<tr><td colspan="2">位存储器 M</td><td colspan="2">4 096 B</td><td colspan="3">8 192 B</td></tr>
<tr><td colspan="2">信号模块(SM)扩展</td><td>无</td><td>2 块</td><td colspan="3">8 块</td></tr>
<tr><td colspan="2">信号板(SB)、电池板(BB)或通信板(CB)</td><td colspan="5">1 块</td></tr>
<tr><td colspan="2">通信模块(CM)(左侧扩展)</td><td colspan="5">3 块</td></tr>
<tr><td rowspan="5">高速计数器</td><td>总计</td><td colspan="5">最多可组态 6 个使用任意内置或 SB 输入的高速计数器</td></tr>
<tr><td>1 MHz</td><td colspan="4">—</td><td>Ib. 0 ~ Ib. 5</td></tr>
<tr><td>100/80 kHz</td><td colspan="5">Ia. 0 ~ Ia. 5</td></tr>
<tr><td>30/20 kHz</td><td>—</td><td>Ia. 6 ~ Ia. 7</td><td colspan="2">Ib. 6 ~ Ib. 5</td><td>Ia. 6 ~ Ib. 1</td></tr>
<tr><td>200 kHz</td><td colspan="5"></td></tr>
<tr><td colspan="2">存储卡</td><td colspan="5">SIMATIC 存储卡(选件)</td></tr>
<tr><td colspan="2">实时时钟保持时间</td><td colspan="5">通常为 20 天,40 ℃时最少为 12 天(免维护超级电容)</td></tr>
<tr><td colspan="2">PROFINET 以太网通信接口</td><td colspan="3">1</td><td colspan="2">2</td></tr>
<tr><td colspan="2">实数数学运算执行速度</td><td colspan="5">2.3 μs/指令</td></tr>
<tr><td colspan="2">布尔运算执行速度</td><td colspan="5">0.08 μs/指令</td></tr>
</table>

2)S7-1200 CPU 的操作模式

S7-1200 CPU 有以下三种操作模式:STOP 模式、STARTUP 模式和 RUN 模式。CPU 前面的状态 LED 指示灯的颜色表示当前操作模式,S7-1200 CPU 的操作模式如图 4-6 所示。

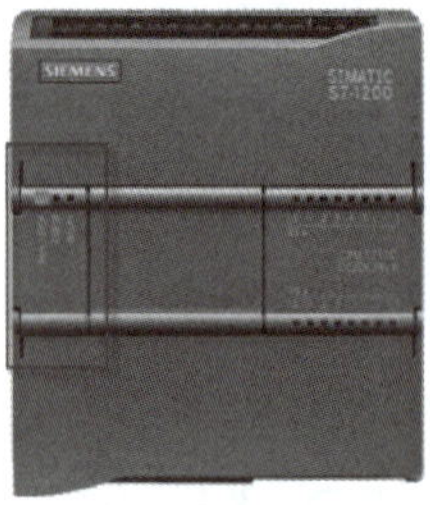

图 4-6 S7-1200 CPU 的操作模式

(1)在 STOP 模式下,CPU 不执行任何程序,而用户可以下载项目。RUN/STOPLED 为黄色长亮。

(2)在 STARTUP 模式下,CPU 会执行任何启动逻辑(如果存在)。在 STARTUP 模式下,CPU 不会处理中断事件。RUN/STOPLED 为绿色和黄色交替闪烁。

(3)在 RUN 模式下,扫描周期重复执行。在程序循环阶段的任何时刻都可能发生中断事件,CPU 可以随时处理这些中断事件。用户可以在 RUN 模式下下载项目的某些部分。RUN/STOPLED 为绿色长亮。

3)S7-1200 CPU 的工作过程

在 STOP 模式下,CPU 处理所有通信请求(如果适用)并执行自诊断。CPU 不执行用户

学习笔记

程序。过程映像寄存器也不会自动更新。

在 STARTUP 和 RUN 模式下,CPU 执行图 4-7 所示的任务。

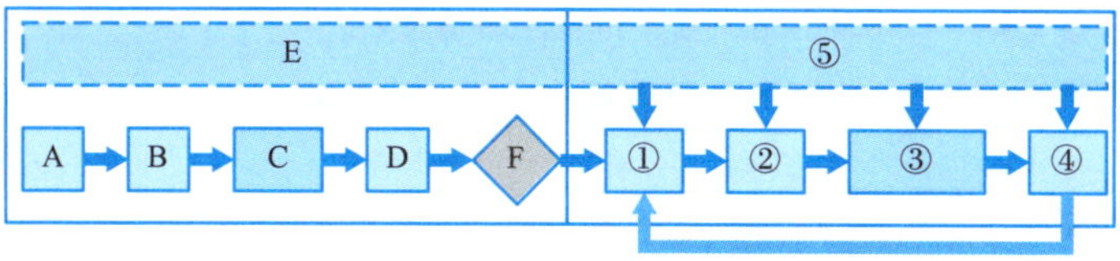

图 4-7　S7-1200 CPU 工作过程

图 4-7 中字母及数字含义说明:

STARTUP 模式:

A:清除 I(图像)存储区。

B:使用组态的零、最后一个值或替换值初始化 Q 输出(图像)存储区,并将 PB、PN 和 AS-i 输出归零。

C:将非保持性 M 存储器和数据块初始化为初始值,并启用组态的循环中断和时间事件。执行启动 OB。

D:将所有中断事件存储到要在进入 RUN 模式后处理的队列中。

E:将物理输入的状态复制到 I 存储器。

F:启用 Q 存储器到物理输出。

RUN 模式:

①:将 Q 存储器写入物理输出。

②:将物理输入的状态复制到 I 存储器。

③:执行用户程序逻辑。

④:执行自检诊断。

⑤:在扫描周期的任何时段处理中断和通信。

4)S7-1200 CPU 存储器管理

CPU 提供了以下用于存储用户程序、数据和组态的存储区:

(1)装载存储器。装载存储器用于非易失性地存储用户程序、数据和组态。将项目下载到 CPU 后,CPU 会先将程序存储在装载存储区中。该存储区位于 SIMATIC 存储卡(如存在)或 CPU 中。CPU 能够在断电后继续保持该非易失性存储区。存储卡支持的存储空间比 CPU 内置的存储空间更大。

(2)工作存储器。工作存储器是易失性存储器,用于在执行用户程序时存储用户项目的某些内容。CPU 会将一些项目内容从装载存储器复制到工作存储器中。该易失性存储区将在断电后丢失,而在恢复供电时由 CPU 恢复。

(3)保持性存储器。保持性存储器用于非易失性地存储限量的工作存储器值。断电过程中,CPU 使用保持性存储区存储所选用户存储单元的值。如果发生断电或掉电,CPU 将在上电时恢复这些保持性值。

5)S7-1200 CPU 的存储区

CPU 提供了各种专用存储区,其中包括输入(I)、输出(Q)、位存储器(M)、数据块(DB)以及本地或临时存储器(L)见表 4-3。用户程序对这些存储区中所存储的数据进行访问(读取和写入)。每个存储单元都有唯一的地址。用户程序使用这些地址访问存储单元中的信息。

学习笔记

表4-3 S7-1200 CPU的存储区

存储区	描述	强制	保持性
I过程映像输入 I_:P物理输入	在扫描周期开始时从物理输入复制	—	—
	立即读取CPU、SB和SM上的物理输入点	√	—
Q过程映像输出 Q_:P物理输出	在扫描周期开始时复制到物理输出	—	—
	立即写入CPU、SB和SM上的物理输出点	√	
M位存储器	控制和数据存储器	—	支持(可选)
L临时存储器	存储块的临时数据,这些数据仅在该块的本地范围内有效	—	—
DB数据块	数据存储器,同时也是FB的参数存储器	—	是(可选)

(1)I过程映像输入。CPU在扫描周期开始时将物理输入的状态复制到I存储器。要立即访问或强制物理输入,请在地址或变量后面添加":P"(例如,Start:P或I0.3:P)。

(2)Q过程映像输出。CPU在扫描周期开始时将Q存储器的状态复制到物理输出。要立即访问或强制物理输出,请在地址或变量后面添加":P"(例如,Stop:P或Q0.3:P)。

(3)M位存储器。用户程序读取和写入M存储器中所存储的数据。任何代码块均可访问M存储器。可以组态M存储器中的地址以在上电循环后保留数据值。

(4)L临时存储器。只要调用代码块,CPU就会分配要在执行块期间使用的临时或本地存储器(L)。代码块执行完毕后,CPU将重新分配本地存储器,以用于执行其他代码块。

(5)DB数据块。使用DB存储器存储各种类型的数据,其中包括操作的中间状态或FB的其他控制信息参数,以及许多指令(如定时器和计数器)所需的数据结构。可以指定数据块为读/写访问还是只读访问。可以按位、字节、字或双字访问数据块存储器。读/写数据块可以进行读访问和写访问。只读数据块只允许进行读访问。

注意:不管使用变量(例如,Start或Stop)还是绝对地址(例如,I0.3或Q1.7),对输入(I)或输出(Q)存储区的引用都会访问过程映像而非物理输出。

二、S7-1200 PLC支持的数据类型

PLC以位、字节、字等形式存储数字数据,数字系统内的最小信息单位为"位"(对于"二进制数")。一个位只能存储一种状态,即"0"(假或非真)或"1"(真)。灯开关是只有两种状态的"二进制"系统示例。灯开关决定是"点亮"还是"熄灭"状态,并且该"值"可存储为1位。灯开关的数字值回答了以下问题:"灯是点亮的吗?"如果灯点亮("真"),则该值为1;如果灯熄灭("假"),则该值为0。

CPU将数据位编成组,8位为一组称为1字节,字节中的每一位都通过具有自身地址的单独位置来精确定义,每一位都具有1字节地址以及0~7的位地址,如图4-8所示。

2字节一组称为1个字。4字节一组称为1个双字,如图4-9所示。

使用二进制数字系统(基数为2)来计数。字可以表示从-32 768到+32 767的整数。

2^{15}的位用来表示负数(当位置2^{15}的值为"1"时,该值为负数)。

CPU还支持8字节一组构成"长实数"数据类型(LReal),用来存储极大或极精确的值。LReal的范围是:$\pm 2.23\times10^{-308}\sim\pm1.79\times10^{308}$,S7-1200 PLC数据类型见表4-4。

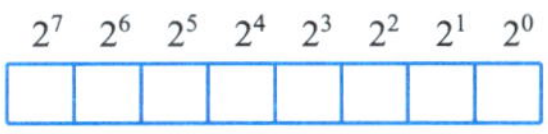

图 4-8　位格式

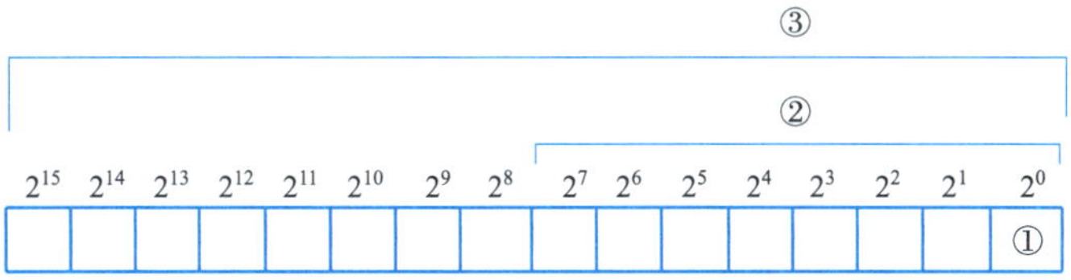

①—位;②—字节;③—字。

图 4-9　字与双字

表 4-4　S7-1200 PLC 数据类型

数据类型	大小	范围	常量输入示例
Bool(布尔型)	1 位	0～1	TRUE,FALSE,0,1
Byte(字节)	8 位(1 字节)	16#00～16#FF	16#12,16#AB
Word(字)	16 位(2 字节)	16#0000～16#FFFF	16#ABCD,16#0001
DWord(双字)	32 位(4 字节)	16#00000000～16#FFFFFFFF	16#02468ACE
Char(字符)	8 位(1 字节)	16#00～16#FF	'A','t','@'
SInt(短整型)	8 位(1 字节)	−128～127	123,−123
USInt(无符号短整型)	8 位(1 字节)	0～255	123
Int(整型)	16 位(2 字节)	−32 768～32 767	123,−123
UInt(无符号整型)	16 位(2 字节)	0～65 535	123
DInt(双整型)	32 位(4 字节)	−2 147 483 648～2 147 483 647	123,−123
UDInt(无符号双整型)	32 位(4 字节)	0～4 294 967	295 123
Real(实型或浮点型)	32 位(4 字节)	$\pm 1.18 \times 10^{-38} \sim \pm 3.40 \times 10^{38}$	123.456、−3.4、 −1.2E+12、3.4E−3
LReal(长实型)	64 位(8 字节)	$\pm 2.23 \times 10^{-308} \sim \pm 1.79 \times 10^{308}$	12 345.123 456 789
Time(时间)	32 位(4 字节)	T#−24d_20h_31m_23s_648 ms ～T#24d_20h_31m_23s_647ms 存储为 −2 147 483 648 ms～ +2 147 483 647 ms	T#5m_30s 5#−2d T#1d_2h_15m_30×_ 45 ms
String(字符串)	可变	0～254 字节字符	'ABC'
DTL1(长型日期和时间)	12 字节	最小值:DTL#1970-01-01-00: 00:00.0 最大值:DTL#2554-12-31-23: 59:59.999999999	DTL#2008-12-16-20: 30:20.25

注:DTL 数据类型是 12 字节的结构,用于以预定义的结构保存有关日期和时间的信息。可以在块的临时存储器或者 DB 中定义 DTL。

三、S7-1200 PLC 的编程软件和编程语言

STEP 7 是 TIA Portal 中的编程和组态软件。除了包括 STEP 7 外,TIA Portal 中还包括设计和执行运行过程可视化的 WinCC 以及 STEP 7 的在线帮助。

STEP 7 提供了标准编程语言,用于方便高效地开发适合用户具体应用的控制程序。

(1)LAD(梯形图逻辑)是一种图形编程语言。它使用基于电路图的表示法。

(2)FBD(函数块图)是基于布尔代数中使用的图形逻辑符号的编程语言。

学习笔记

(3)SCL(结构化控制语言)是一种基于文本的高级编程语言。

注意:创建代码块时,应选择该块要使用的编程语言。用户程序可以使用由任意或所有编程语言创建的代码块。

任务反思与练习

一、任务反思

完成表4-5的内容。

表4-5 任务反思

序号	问题	反思
1	S7-1200 PLC的模块化结构有何优点	
2	S7-1200 PLC的存储区与人的大脑有何相似之处	
3	说一说S7-1200 PLC有哪些数据类型	

二、练习

(一)单选题

1字包含(　　)。

A. 2位　　B. 8位　　C. 16位　　D. 32位

(二)多选题

1. PLC的功能有(　　)。

A. 逻辑运算　　B. 顺序控制　　C. 算术运算　　D. 定时、计数运算

2. S7-1200 PLC的内部结构有(　　)。

A. 微处理器　　B. 集成的电源　　C. 输入和输出电路

D. 内置PROFINET　　E. 高速运动控制I/O

3. S7-1200可扩展(　　)。

A. 一个信号板(SB)或一个通信板(CB)或一个电池板(BB)

B. 信号模块(SM)

C. 4个通信模块(CM)或通信处理器(CP)

4. PLC采用(　　)来存储数据。

A. 位　　B. 字节　　C. 字　　D. 双字

5. S7-1200 PLC的编程语言有(　　)。

A. 梯形图　　B. 函数块图　　C. 结构化编程语言

任务2 S7-1200 PLC初体验

思 考

作为通用的工业控制器,PLC的未来发展方向如何?

知识与技能

学习笔记

一、S7-1200 PLC 的安装

可以将 S7-1200 PLC 安装在面板或标准导轨上，并且可以水平或垂直安装。S7-1200 PLC 安装方式如图 4-10 所示。

为保证 S7-1200 PLC 在运行过程中适当冷却，在设备上方和下方必须留出至少 25 mm 的空隙。此外，模块前端与机柜内壁间至少应留出 25 mm 的距离。同时在规划 S7-1200 系统的布局时，应留出足够的空隙以方便接线和通信电缆连接。S7-1200 PLC 的安装图如图 4-11 所示。

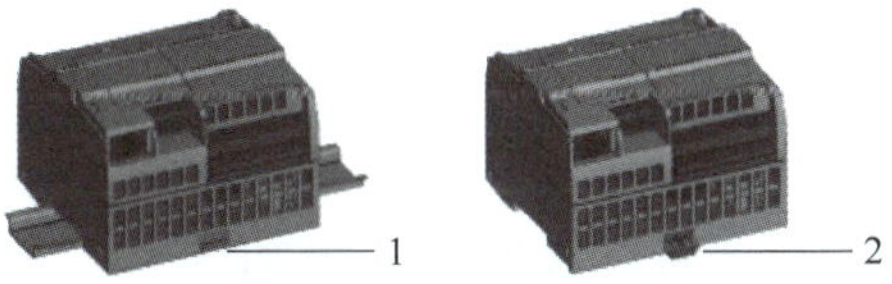

（a）DIN导轨安装　（b）面板安装

1—DIN 导轨卡夹处于锁紧位置；
2—卡夹处于伸出位置用于面板安装。

图 4-10　S7-1200 PLC 安装方式

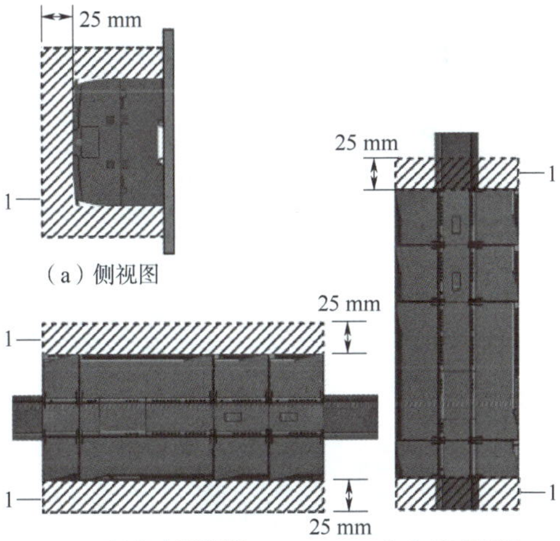

（b）水平安装　（c）垂直安装

1—空隙区域。

图 4-11　S7-1200 PLC 安装图尺寸和间隙

安装或拆卸已通电的 S7-1200 或相关设备可能会导致电击或意外设备操作。如果在安装或拆卸过程中没有断开 S7-1200 或相关设备的所有电源，则可能会由于电击或意外设备操作而导致人员死亡、人员重伤和/或财产损失。故务必遵守适当的安全预防措施，确保在尝试安装或拆卸 S7-1200 CPU 或相关设备前应断开 S7-1200 的电源。

1. 安装和拆卸 CPU

（1）将 CPU 安装在 DIN 导轨上的步骤见表 4-6。

表 4-6　将 CPU 安装在 DIN 导轨上的步骤

图　示	步　骤
	（1）安装 DIN 导轨。每隔 75 mm 将导轨固定到安装板上。 （2）确保 CPU 和所有 S7-1200 设备都与电源断开。 （3）将 CPU 挂到 DIN 导轨上方。 （4）拉出 CPU 下方的 DIN 导轨卡夹以便能将 CPU 安装到导轨上。 （5）向下转动 CPU 使其在导轨上就位。 （6）推入卡夹将 CPU 锁定到导轨上

学习笔记

(2)将 CPU 从 DIN 导轨上卸下的步骤见表 4-7。

表 4-7 从 DIN 导轨上拆卸 CPU 的步骤

图 示	步 骤
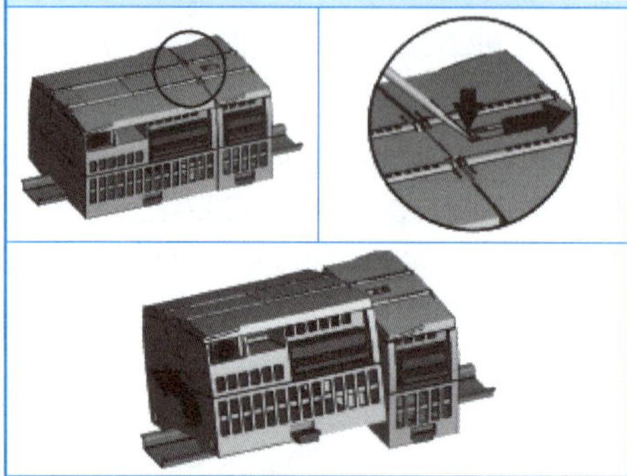	(1)确保 CPU 和所有 S7-1200 设备都与电源断开。 (2)从 CPU 断开 I/O 连接器、接线和电缆。 (3)将 CPU 和所有相连的通信模块作为一个完整单元拆卸。所有信号模块应保持安装状态。 (4)如果 SM 已连接到 CPU,则需要缩回总线连接器: ①将螺丝刀放到信号模块上方的小接头旁。 ②向下按使连接器与 CPU 分离。 ③将小接头完全滑到右侧。 (5)卸下 CPU:拉出 DIN 导轨卡夹,从导轨上松开 CPU,向上转动 CPU 使其脱离导轨,然后从系统中卸下 CPU

2. 安装和拆卸 SB、CB 或 BB

(1)安装 SB、CB 或 BB 的步骤见表 4-8。

表 4-8 安装 SB、CB 或 BB 的步骤

图 示	步 骤
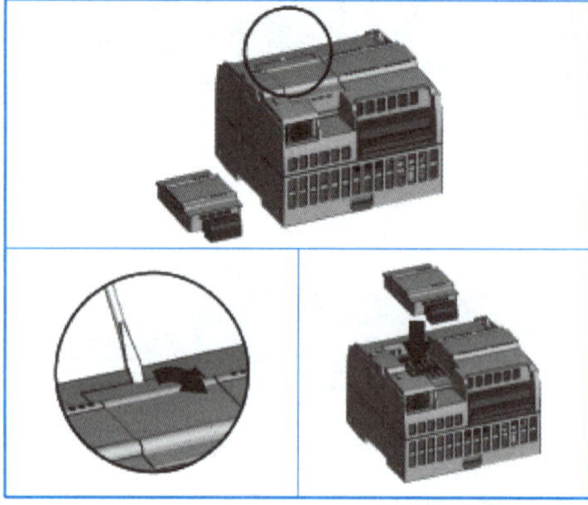	(1)确保 CPU 和所有 S7-1200 设备都与电源断开。 (2)卸下 CPU 上部和下部的端子排盖板。 (3)将螺丝刀插入 CPU 上部接线盒盖背面的槽中。 (4)轻轻将盖直接撬起并从 CPU 上卸下。 (5)将模块直接向下放入 CPU 上部的安装位置中。 (6)用力将模块压入该位置直到卡入就位。 (7)重新装上端子排盖子

(2)拆卸 SB、CB 或 BB 的步骤见表 4-9。

表 4-9 拆卸 SB、CB 或 BB 的步骤

图 示	步 骤
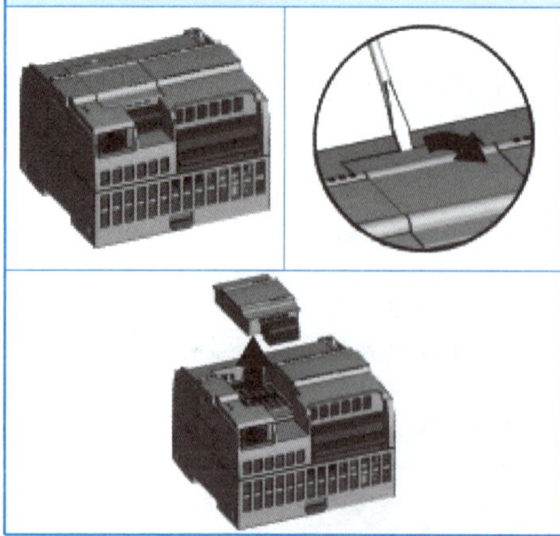	(1)确保 CPU 和所有 S7-1200 设备都与电源断开。 (2)卸下 CPU 上部和下部的端子排盖板。 (3)用螺丝刀轻轻分离以卸下信号板连接器(如已安装)。 (4)将螺丝刀插入模块上部的槽中。 (5)轻轻将模块撬起使其与 CPU 分离。 (6)不使用螺丝刀,将模块直接从 CPU 上部的安装位置中取出。 (7)将盖板重新装到 CPU 上。 (8)重新装上端子排盖子

学习笔记

3. 安装和拆卸 SM

（1）安装 SM 的步骤见表 4-10。

表 4-10　安装 SM 的步骤

图　示		步　骤
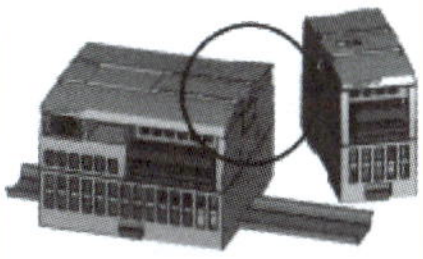		在安装 CPU 之后安装 SM （1）确保 CPU 和所有 S7-1200 设备都与电源断开。 （2）卸下 CPU 右侧的连接器盖： ①将螺丝刀插入盖上方的插槽中。 ②将其上方的盖轻轻撬出并卸下盖。 （3）收好盖以备再次使用
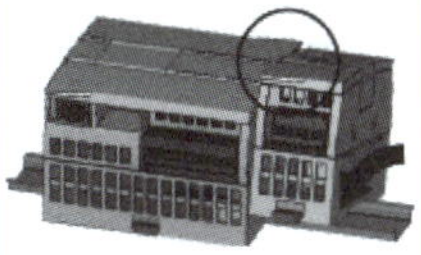		将 SM 连接到 CPU： （1）将 SM 装在 CPU 旁边。 （2）将 SM 挂到 DIN 导轨上方。 （3）拉出下方的 DIN 导轨卡夹以便将 SM 安装到导轨上。 （4）向下转动 CPU 旁的 SM 使其就位并推入下方的卡夹，将 SM 锁定到导轨上
		伸出总线连接器即为 SM 建立了机械和电气连接： （1）将螺丝刀放到 SM 上方的小接头旁。 （2）将小接头滑到最左侧，使总线连接器伸到 CPU 中。要接着信号模块再安装信号模块，请按照相同的步骤操作

（2）卸下 SM 的步骤见表 4-11。

表 4-11　拆卸 SM 的步骤

图　示	步　骤
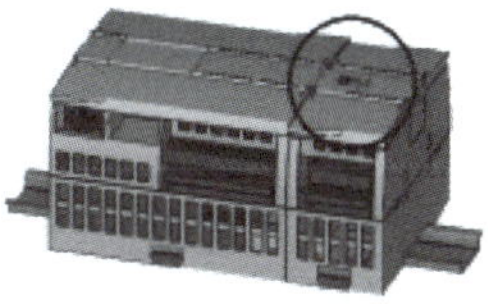	可以在不卸下 CPU 或其他 SM 处于原位时卸下任何 SM。 （1）确保 CPU 和所有 S7-1200 设备都与电源断开。 （2）将 I/O 连接器和接线从 SM 上卸下。 （3）缩回总线连接器： ①将螺丝刀放到 SM 上方的小接头旁。 ②向下按使连接器与 CPU 相分离。 ③将小接头完全滑到右侧。 如果右侧还有 SM，则对该 SM 重复该步骤

	卸下 SM： （1）拉出下方的 DIN 导轨卡夹从导轨上松开 SM。 （2）向上转动 SM 使其脱离导轨。从系统中卸下 SM。 （3）如有必要，用盖子盖上 CPU 的总线连接器以避免污染。 要拆除信号模块旁的信号模块，请按照相同的步骤操作

4. 安装和拆卸 CM 或 CP

（1）安装 CM 或 CP 的步骤见表 4-12。

学习笔记

表4-12　安装CM或CP的步骤

图　示		步　骤
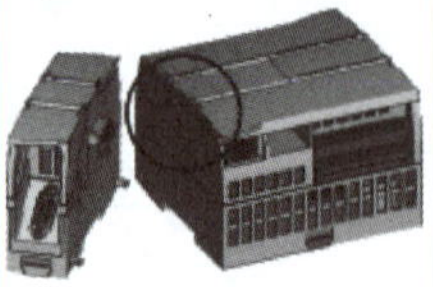		(1)确保CPU和所有S7-1200设备都与电源断开。 (2)请首先将CM连接到CPU上,然后再将整个组件作为一个单元安装到DIN导轨或面板上。 (3)卸下CPU左侧的总线盖: ①将螺丝刀插入总线盖上方的插槽中。 ②轻轻撬出上方的盖。 (4)卸下总线盖。收好盖以备再次使用。 (5)将CM或CP连接到CPU上: ①使CM的总线连接器和接线柱与CPU上的孔对齐。 ②用力将两个单元压在一起直到接线柱卡入到位。 (6)将CPU和CP安装到DIN导轨或面板上
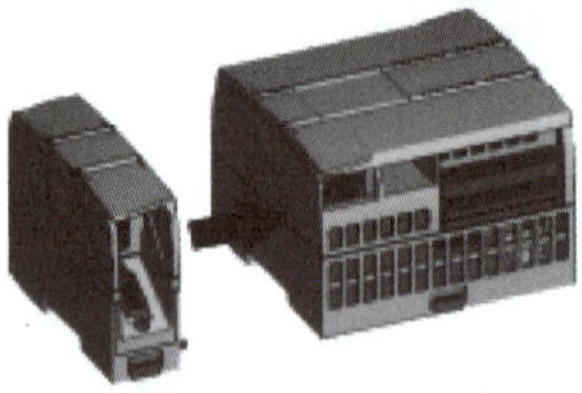		

(2)拆卸CM或CP的步骤见表4-13。

表4-13　拆卸CM或CP的步骤

图　示	步　骤
 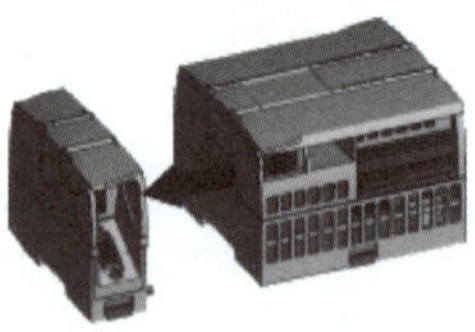	将CPU和CM作为一个完整单元从DIN导轨或面板上卸下: (1)确保CPU和所有S7-1200设备都与电源断开。 (2)拆除CPU和CM上的I/O连接器和所有接线及电缆。 (3)对于DIN导轨安装,将CPU和CM上的下部DIN导轨卡夹掰到伸出位置。 (4)从DIN导轨或面板上卸下CPU和CM。 (5)用力抓住CPU和CM,并将它们分开

5. 拆卸和重新安装S7-1200端子板连接器

CPU、SB和SM模块提供了方便接线的可拆卸连接器。

(1)拆卸连接器的步骤见表4-14。

表4-14　拆卸连接器的步骤

图　示	步　骤
 	通过卸下CPU的电源并打开连接器上的盖子,准备从系统中拆卸端子排连接器。 (1)确保CPU和所有S7-1200设备都与电源断开。 (2)查看连接器的顶部并找到可插入螺丝刀头的槽。 (3)将螺丝刀插入槽中。 (4)轻轻撬起连接器顶部使其与CPU分离。连接器从夹紧位置脱离。 (5)抓住连接器并将其从CPU上卸下

(2)安装连接器的步骤见表 4-15。

表 4-15　安装连接器的步骤

图　示	步　骤
	断开 CPU 的电源并打开连接器的盖子,准备端子排安装的组件。 (1)确保 CPU 和所有 S7-1200 设备都与电源断开。 (2)使连接器与单元上的插针对齐。 (3)将连接器的接线边对准连接器座沿的内侧。 (4)用力按下并转动连接器直到卡入到位。 (5)仔细检查以确保连接器已正确对齐并完全啮合
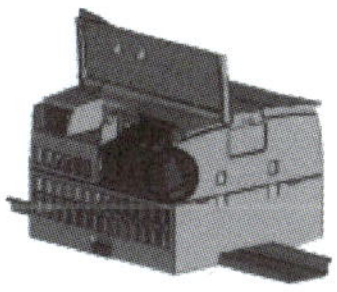	

二、STEP 7 简介

STEP 7 软件提供了一个用户友好的环境,供用户开发、编辑和监视控制应用所需的逻辑,其中包括用于管理和组态项目中所有设备(例如控制器和 HMI 等设备)的工具。为了帮助用户查找需要的信息,STEP 7 提供了内容丰富的在线帮助系统。

1. 安装 STEP 7

STEP 7 的安装磁盘包含以下 SIMATIC 软件:

(1)用于 S7-1200 CPU 的 STEP 7。

(2)用于 SIMATIC HMI 精简系列面板的 WinCC Flexible Basic。

(3)用于对 SIMATIC 软件产品进行授权的授权管理器。

安装前关闭杀毒软件和防火墙,右击安装文件夹中的 Start. exe 文件,选择安装语言为“简体中文”,单击“下一步”按钮,选择产品语言为“简体中文”,如图 4-12 所示。

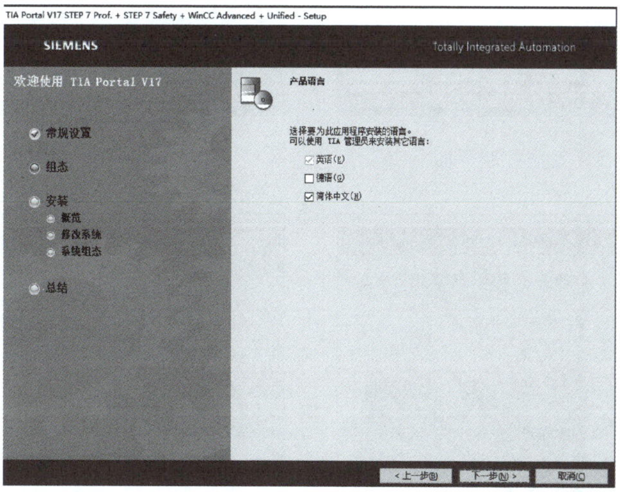

图 4-12　产品语言选择界面

选择要安装的产品配置,如图 4-13 所示,选择典型(T),单击“浏览”按钮,选择安装的

学习笔记

目标目录,然后单击“下一步”按钮。

进入许可证条款界面,如图 4-14 所示,勾选“本人接受所列出的许可协议中的所有条款”和“本人特此确认,已阅读并理解了有关产品安全操作的安全信息”复选框,单击“下一步”按钮。

进入安全控制界面,如图 4-15 所示,勾选“我接受此计算机上的安全和权限设置”复选框,单击“下一步”按钮。

进入概览界面,如图 4-16 所示,查看安装的产品配置和安装路径,检查无误后,单击“安装”按钮。

进入安装等待界面,如图 4-17 所示。

此阶段安装完成后,进入重设置安装完成界面,如图 4-18 所示。

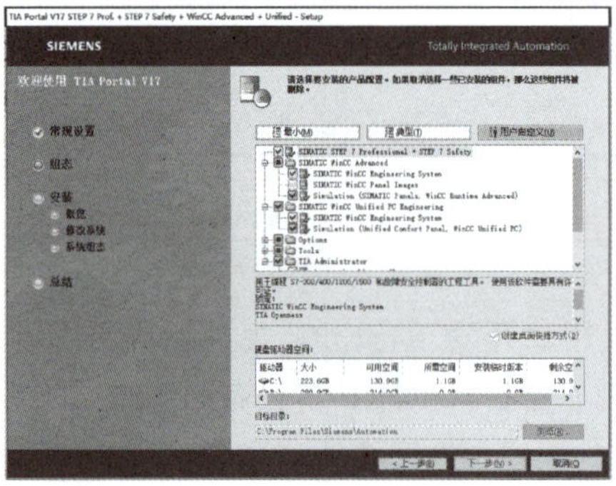

图 4-13 产品配置界面

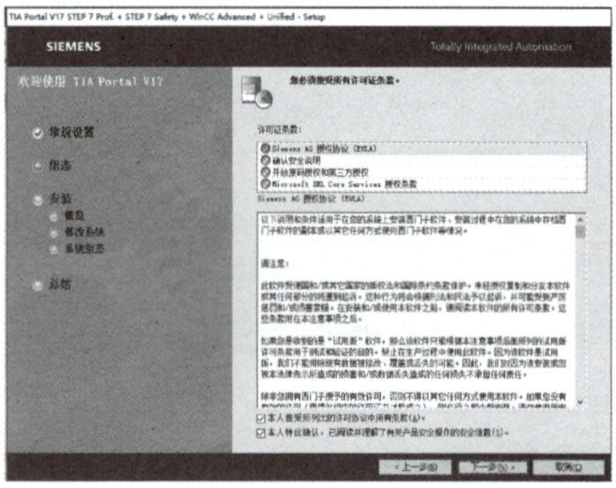

图 4-14 许可证条款界面

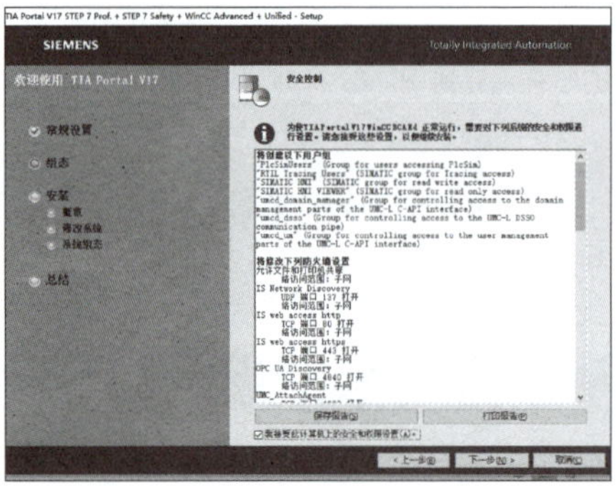

图 4-15 安全控制界面

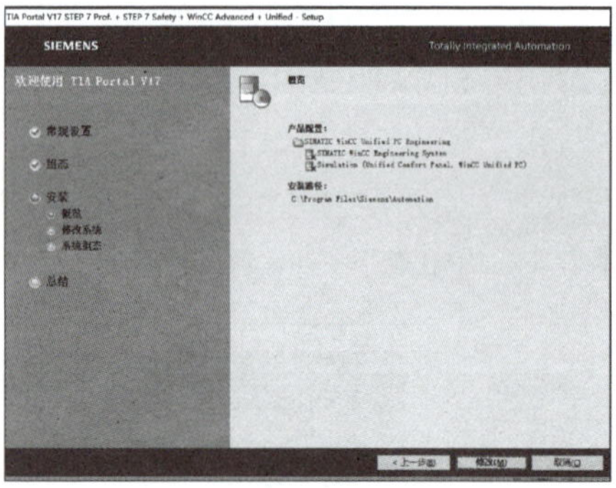

图 4-16 概览界面

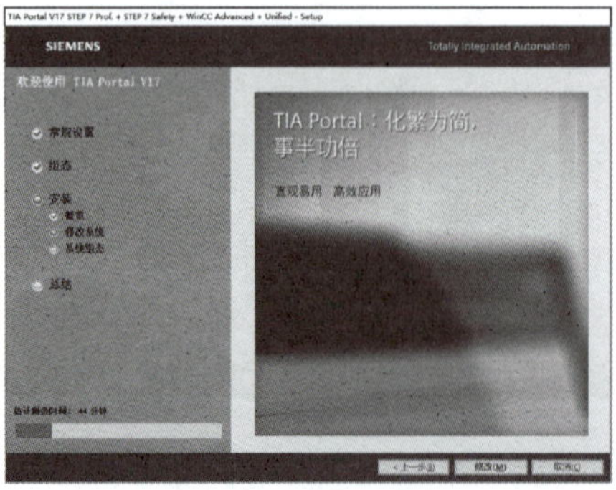

图 4-17 安装等待界面

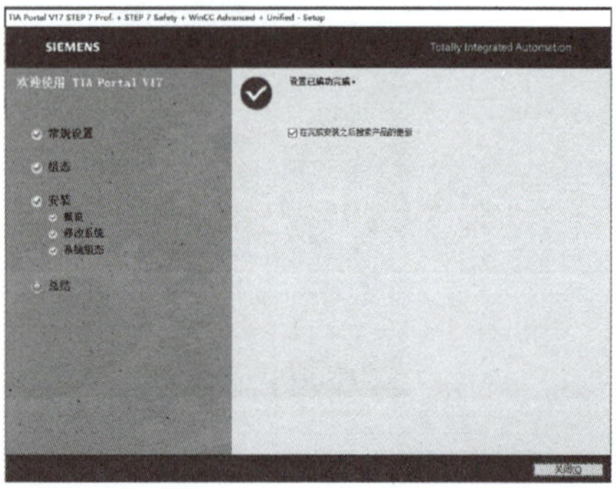

图 4-18 安装完成界面

学习笔记

2. STEP 7 界面（以 TIA Portal V17 为例）

1)门户视图(见图 4-19)

图 4-19 中数字含义如下：

①不同任务的门户。

②所选门户的任务。

③所选操作的选择面板。

④切换到项目视图。

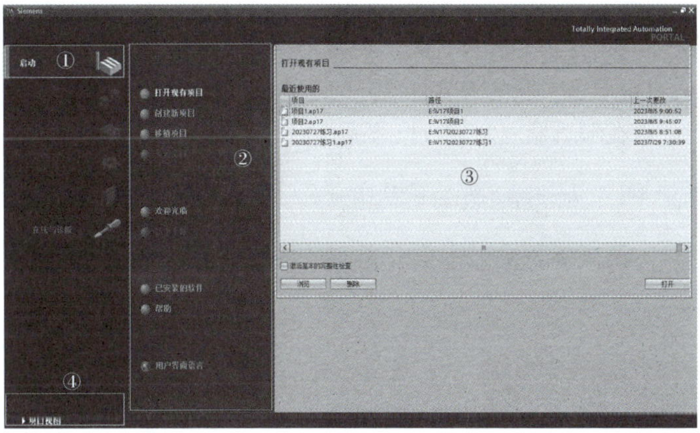

图 4-19　门户视图

2)项目视图(见图 4-20)

图 4-20 中数字含义如下：

①菜单和工具栏。

②项目浏览器。

③工作区。

④任务卡。

⑤巡视窗口。

⑥切换到门户视图。

⑦编辑器栏。

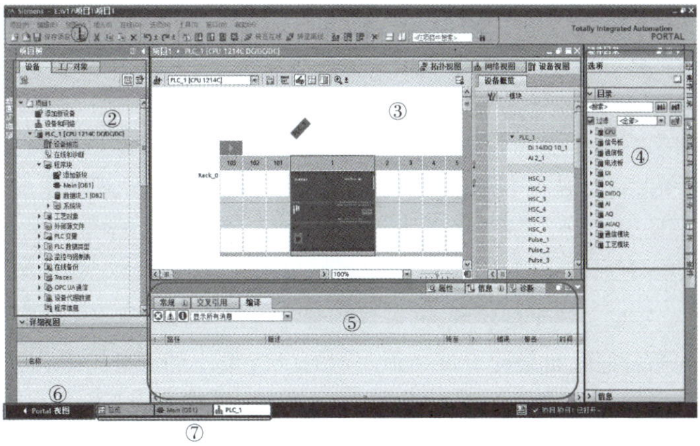

图 4-20　项目视图

学习笔记

工作区由三个选项卡形式的视图组成：

①设备视图：显示已添加或已选择的设备及其相关模块。

②网络视图：显示网络中的 CPU 和网络连接。

③拓扑视图：显示网络的 PROFINET 拓扑，包括设备、无源组件、端口、互连及端口诊断。每个视图还可用于执行组态任务。

巡视窗口显示用户在工作区中所选对象的属性和信息。当用户选择不同的对象时，巡视窗口会显示用户可组态的属性。巡视窗口包含用户可用于查看诊断信息和其他消息的选项卡。

编辑器栏会显示所有打开的编辑器，从而帮助用户更快速和高效地工作。要在打开的编辑器之间切换，只需单击不同的编辑器。还可以将两个编辑器垂直或水平排列在一起显示。通过该功能可以在编辑器之间进行拖放操作。

视频

PLC标准触点及线圈指令

三、S7-1200 PLC 标准触点与线圈指令

位逻辑运算指令属于 PLC 基本指令中的一类，如图 4-21 所示，位逻辑运算指令包括标准触点指令、线圈指令、置位复位指令和跳变指令。

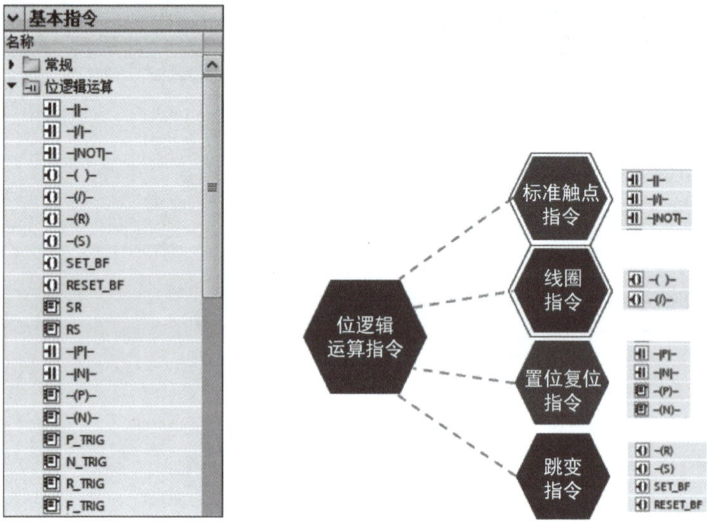

图 4-21　位逻辑运算指令

1. 标准触点指令

标准触点指令包括常开触点指令、常闭触点指令和逻辑取反指令。

常开触点的图形符号是一个逻辑开关，可以理解为电气控制原理图中的常开按钮，通常情况下是断开的，见表 4-16。是否接通，是受寻址结果而定的。当 I0.0 的寻址结果为“1”时，这个逻辑开关就会动作导通；当 I0.0 的寻址结果为“0”时，这个逻辑开关恢复断开状态。常闭触点的图形符号也是一个逻辑开关，可以理解为电气控制原理图中的常闭按钮，通常情况下是接通的。是否动作，也是受寻址结果而定的。当 I0.1 的寻址结果为“1”时，这个逻辑开关就会动作断开；当 I0.1 的寻址结果为“0”时，这个逻辑开关就会恢复接通状态。

需要特殊说明的是，位地址 I0.0、I0.1，以及后续课程用到的所有位地址都是可以任意选取的。

表 4-16　常开触点与常闭触点图形符号及功能

名称	图形符号	功　能
常开触点	<??.?> —| |—	用户指定的输入位可使用存储器标识符 I(输入)或 Q(输出)。输入位的寻址结果为“1”时,逻辑开关导通;输入位的寻址结果为“0”时,逻辑开关断开
常闭触点	<??.?> —|/|—	用户指定的输入位可使用存储器标识符 I(输入)或 Q(输出)。I0.1 的寻址结果为“1”时,逻辑开关断开;I0.1 的寻址结果为“0”时,逻辑开关导通

逻辑取反指令需要与其他指令配合使用,作用是将它前面指令的逻辑运算结果进行取反操作,见表 4-17。这个指令非常好理解,如果 NOT 左边的运算结果为 0,则 NOT 右边的输出结果就是 1;反之,如果 NOT 左边的运算结果为 1,则 NOT 右边的输出结果就是 0。

表 4-17　逻辑取反指令图形符号及功能

名称	图形符号	功　能
逻辑取反指令	—| NOT |—	执行取反操作。 NOT 触点左侧为“1”时,右侧为“0”,能量流不能传递到右侧,输出为低电平。 NOT 触点左侧为“0”时,右侧为“1”,左侧没有能量流通过 NOT 触点,反而向右产生了能量流输出为高电平

2. 线圈指令

线圈指令包括常开线圈输出指令、常闭线圈输出指令。

常开线圈指令可以理解为未通电状态下的接触器线圈,它的状态也是受寻址结果影响的,见表 4-18。如果 Q0.0 的寻址结果为“1”,常开线圈闭合,相当于接触器线圈通电了,接触器触点吸合动作;如果 Q0.0 的寻址结果为“0”,则常开线圈恢复断开,相应所有触点复位。

常闭线圈指令也可以理解为通电状态下的接触器线圈,它的状态也是受寻址结果影响的。如果 Q0.1 的寻址结果为“1”,常闭线圈断开,相当于接触器的线圈失电,接触器所有触点断开;如果 Q0.1 的寻址结果为“0”,常闭线圈指令不变化,线圈保持得电状态,所有触点复位接通。

表 4-18　线圈指令图形符号及功能

名称	图形符号	功　能
输出线圈指令	< ??.? > —( )—|	左侧触点逻辑运算结果为“1”时,CPU 将线圈位地址指定的过程映像寄存器位置“1”。 左侧触点逻辑运算结果为“0”时,CPU 将线圈位地址指定的过程映像寄存器位置“0”
反向输出线圈指令	< ??.? > —(/)—|	左侧触点逻辑运算结果为“1”时,CPU 将线圈位地址指定的过程映像寄存器位置“0”。 左侧触点逻辑运算结果为“0”时,CPU 将线圈位地址指定的过程映像寄存器位置“1”

学习笔记

3. 指令操作训练

（1）操作训练1：常开触点、常闭触点与线圈的编程举例（无自锁）。

在图4-22中，I0.0为常开触点，I0.1为常闭触点，Q0.0为输出。

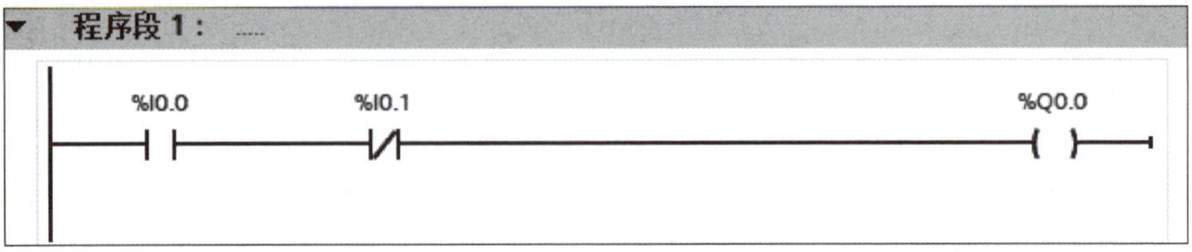

图4-22 触点与线圈的编程举例（无自锁）

运行效果分析：当I0.0为“0”，I0.1为“0”时，线圈Q0.0为“0”，线圈Q0.0无输出；当I0.0为“1”，I0.1为“0”时，线圈Q0.0为“1”，线圈Q0.0有输出；当I0.0为“0”，I0.1为“1”时，线圈Q0.0为“0”，线圈Q0.0无输出；当I0.0为“1”，I0.1为“1”时，线圈Q0.0为“0”，线圈Q0.0无输出。图4-22程序完成的逻辑运算是：$Q0.0 = I0.0 \cdot \overline{I0.1}$。

（2）操作训练2：常开触点、常闭触点与线圈的编程举例（有自锁）。

在4-23中，在常开触点I0.0下面并联了输出线圈Q0.0的常开触点进行自锁。

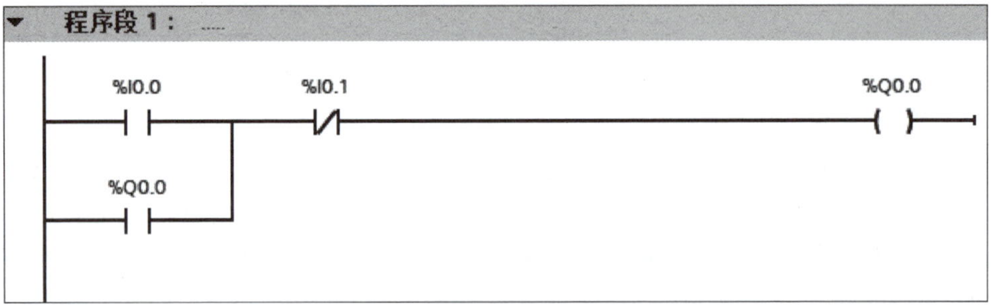

图4-23 触点与线圈的编程举例（有自锁）

运行效果分析：常开触点I0.0一旦为“1”，输出线圈Q0.0为“1”，输出线圈Q0.0的常开触点进行自锁，此时即使常开触点为“0”，输出线圈Q0.0也保持为“1”，直到常闭触点I0.1为“1”，破坏了自锁，输出线圈Q0.0才为“0”。

（3）操作训练3：常开触点、逻辑取反指令的编程举例。

在图4-24中，常开触点I0.0与NOT指令串联，Q0.0为输出线圈。

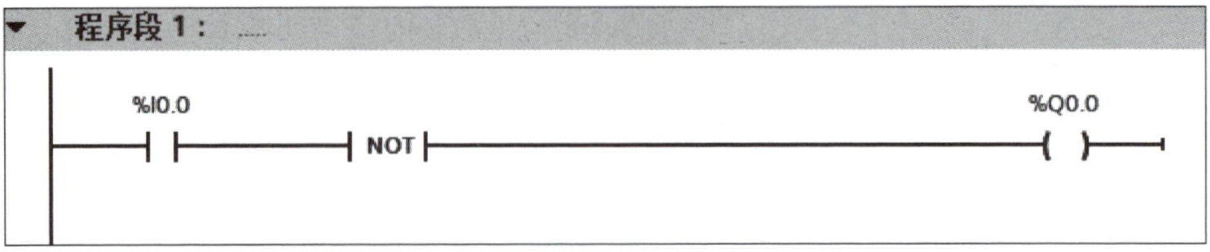

图4-24 触点与逻辑取反指令的编程举例

运行效果分析：常开触点I0.0为“1”时，输出线圈Q0.0为“0”；常开触点I0.0为“0”时，输出线圈Q0.0为“1”。

四、创建一个简单的程序(以 TIA Portal V17 为例)

学习笔记

视频
TIA软件的使用

1. 为用户程序创建项目

在“开始”门户中,单击“创建新项目”按钮,如图 4-25 所示,输入项目名称。

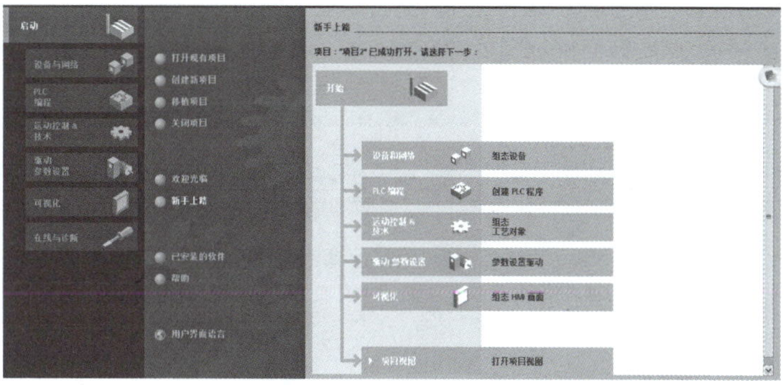

图 4-25　创建项目

创建项目后,选择“设备与网络-添加新设备”,选择控制器 CPU 型号(例如:CPU 1214C DC/DC/DC)及订货号,单击“添加”按钮,如图 4-26、图 4-27 所示。

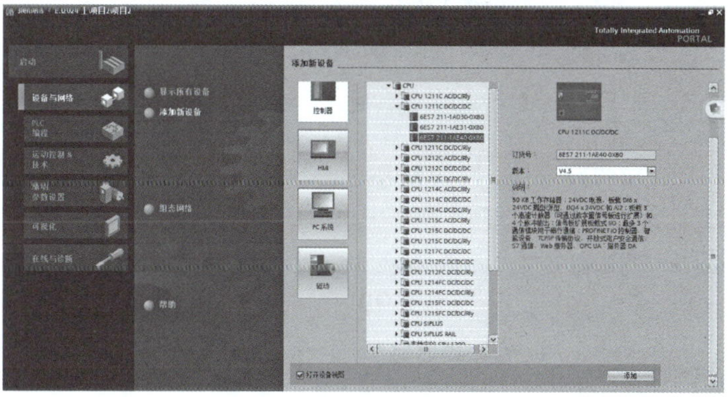

图 4-26　组态设备 1

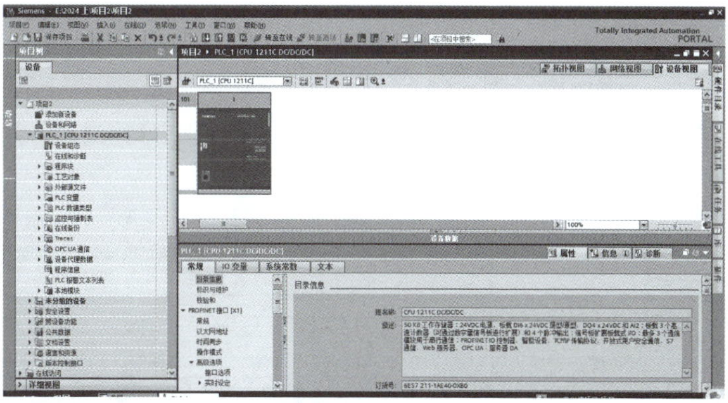

图 4-27　组态设备 2

2. 为CPU的I/O创建变量

“PLC变量”是I/O和地址的符号名称。用户创建PLC变量后，STEP 7会将变量存储在变量表中。

单击PLC_1(CPU 1214C DC/DC/DC)下的PLC变量，打开默认变量表，单击工具栏中的“水平拆分编辑器空间”按钮，STEP 7将同时显示变量表和设备编辑器。将设备配置放大200%以上，便能清楚地查看并选择CPU的I/O点。将输入和输出从CPU拖动到变量表，如图4-28所示。

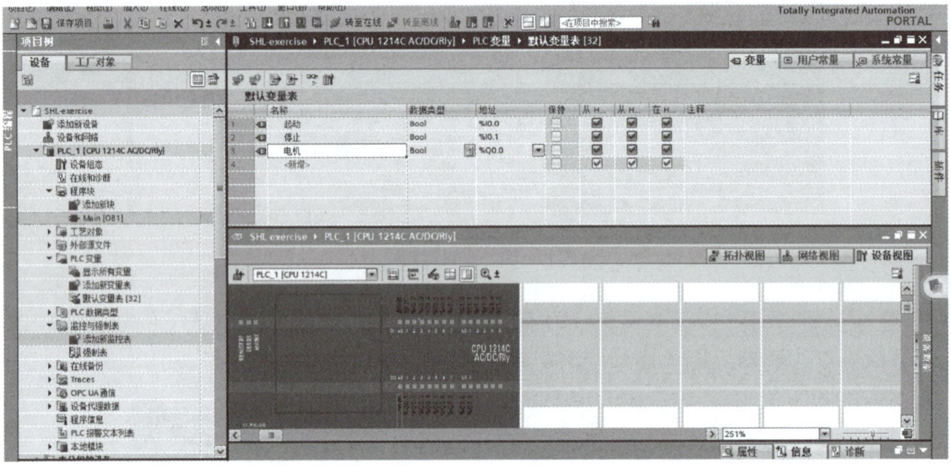

图4-28 创建变量表

更改变量表中变量名称："Tag_1"为“起动”，"Tag_2"为“停止”，"Tag_3"为“电机”。将变量输入PLC变量表之后，即可在用户程序中使用这些变量。

3. 在用户程序中创建一个简单程序段

在项目树中展开“程序块”，双击Main[OB1]块打开程序编辑器，如图4-29所示。

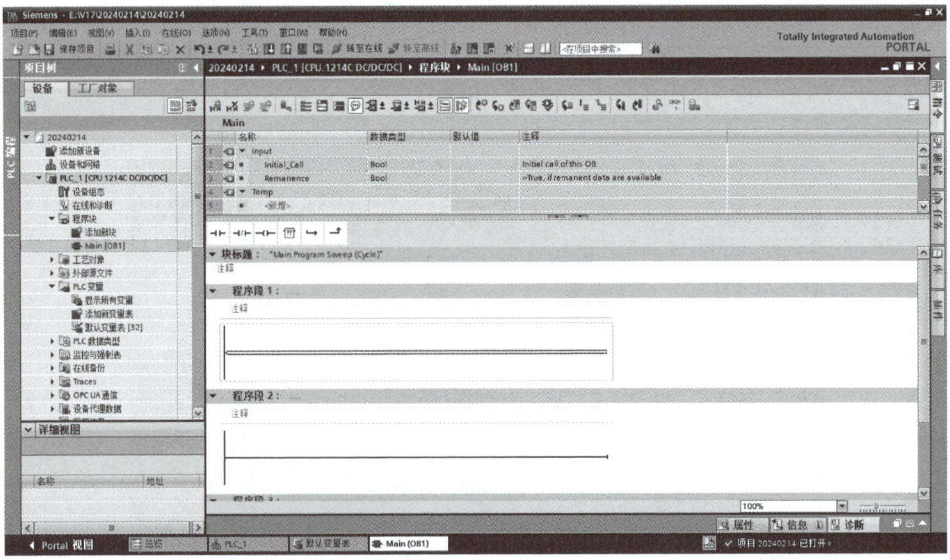

图4-29 程序编辑器

学习笔记

单击收藏夹中的“常开触点”向程序段 1 添加一个触点，或先单击程序段 1，然后双击“常开触点”向程序段 1 添加一个触点。编写程序如图 4-30 所示。

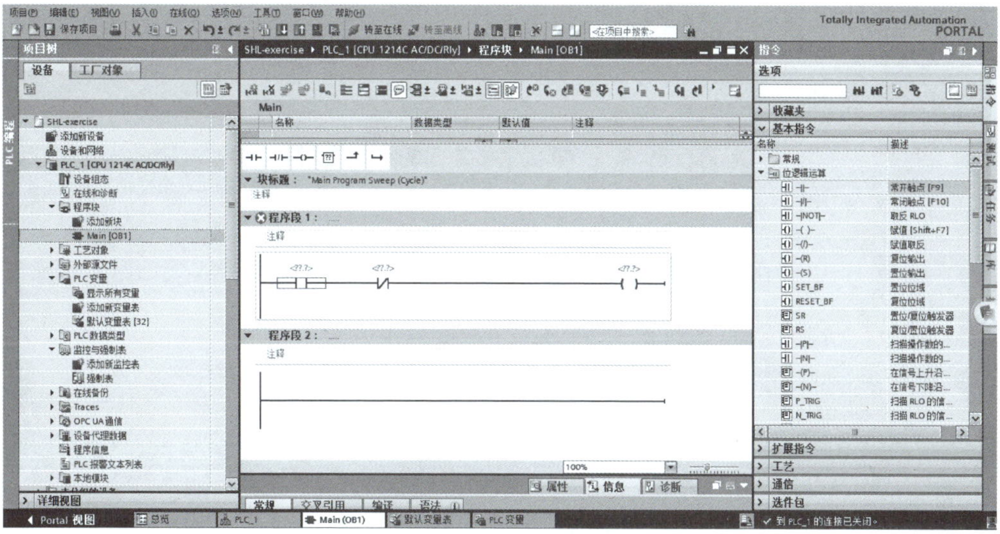

图 4-30 添加指令

修改程序段 1 中 3 个触点的地址分别为“起动”、“停止”和“电机”：单击 <??.?>，出现一个带有组合框的方框，单击组合框，出现前面定义的 PLC 变量，选择此触点的 PLC 变量，如图 4-31 所示。

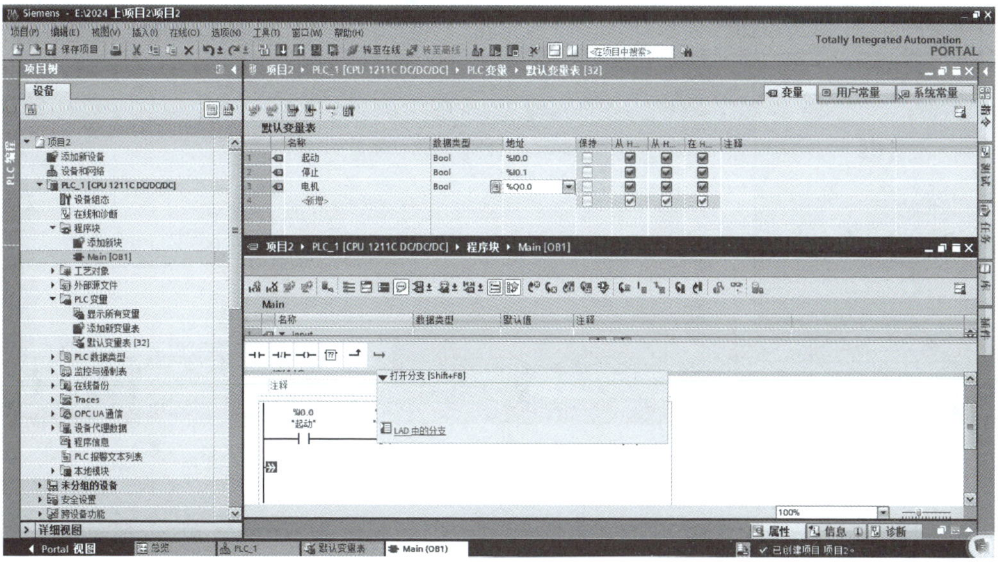

图 4-31 给指令添加变量

选择左侧的能流线可以指定分支的能流线。单击“打开分支”图标向程序段的电源线添加分支。然后在打开的分支中插入另一个常开触点，将双向箭头拖动到第一梯级上两个触点之间的一个连接点位置，最后为这个常开触点指定 PLC 变量。过程如图 4-32、图 4-33 所示。

学习笔记

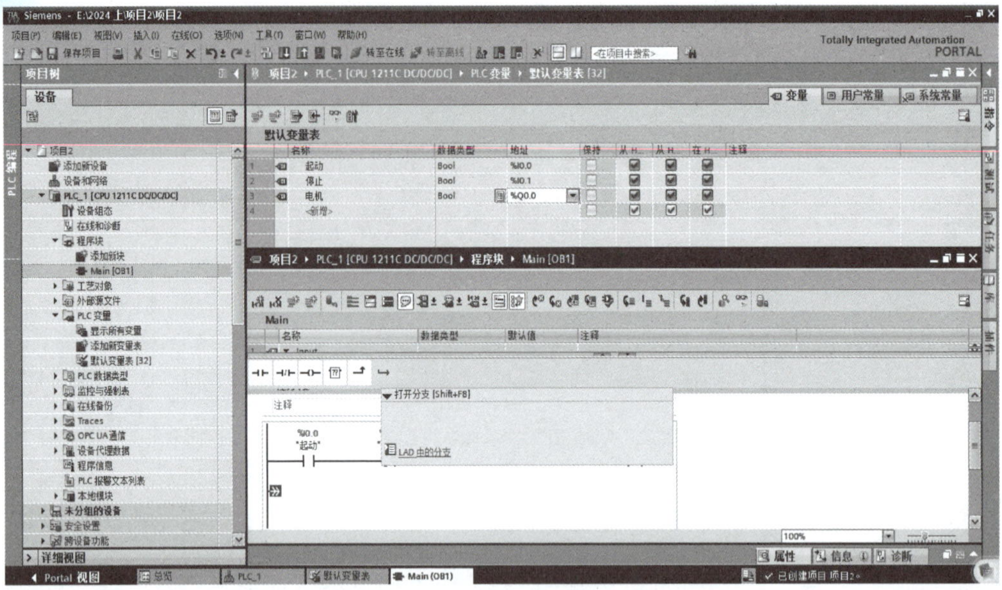

图 4-32　完成分支程序 1

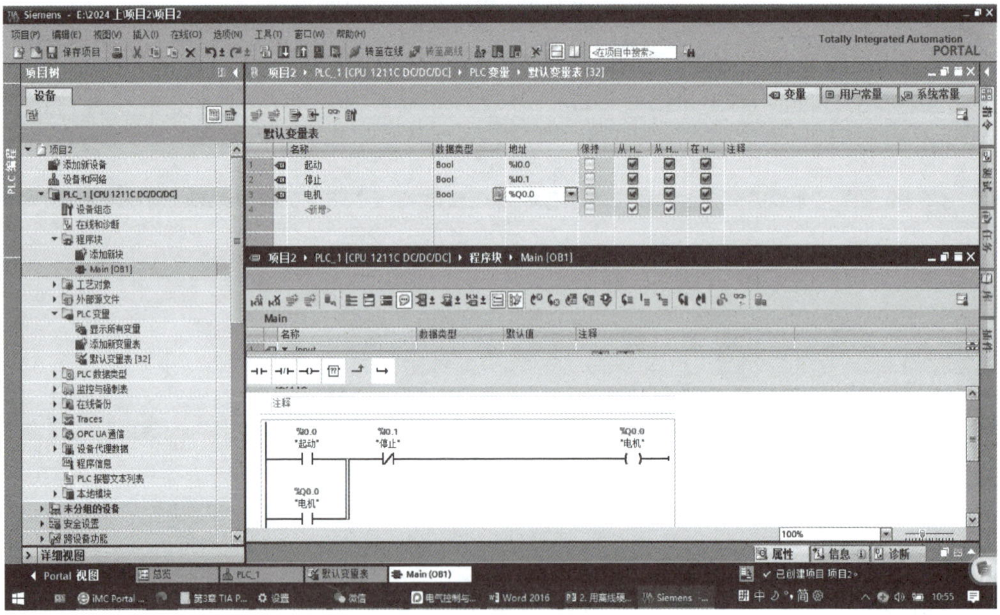

图 4-33　完成分支程序 2

为程序段 1 分支的常开触点指定 PLC 变量。一个简单的“起保停”控制程序编写完成。

4. 编译并将用户程序下载到 CPU

选中“PLC_1”文件夹，使用电机工作区工具栏的编译按钮，对硬件组态和程序进行编译，编译完成后，在巡视窗口的“信息”选项卡下的“编译”选项卡中可以看到编译的结果，如图 4-34 所示。如果结果是“错误 0，警告 0”，就可以把程序下载到 PLC。如果有错误，则需要更改错误，再次编译，直到没有错误才可以下载，下载程序如图 4-35 所示。

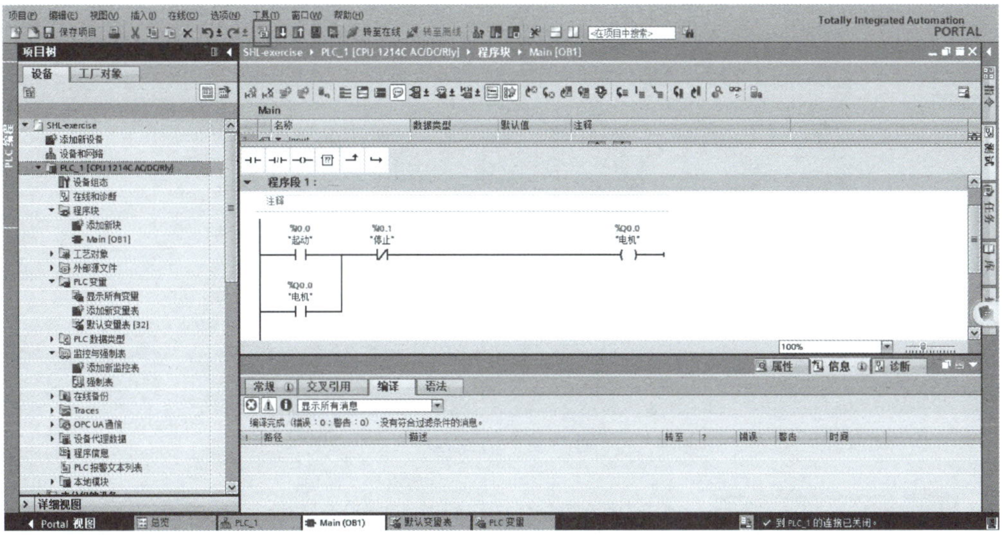

图 4-34　编译程序

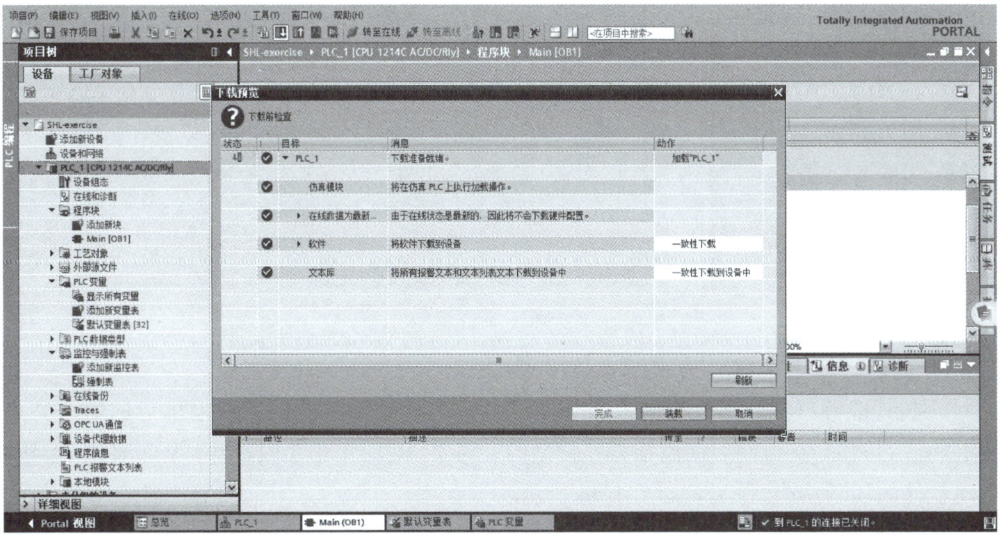

图 4-35　下载程序

5. 程序的在线监控

单击工作区工具栏中的“启用/禁用监视按钮”如图 4-36 所示，可以选择是否启用在线监控功能。

梯形图编译器以绿色显示信号流，常闭触点本身为绿色，表示如果有信号流就可以通过该触点。蓝色虚线时表示没有信号流，灰色表示“状态未知”或“程序没有执行”，梯形图为黑色表示没有被在线监控。

6. 监控表监控变量

选择项目树中“监控与强制表”文件夹的“添加新监控表”，如图 4-37 所示，添加要监控的变量，单击工作区中“全部监视”按钮，启动变量的在线监控。位变量为“TRUE”（1 状态）时，“监视列”的方形指示灯为绿色；为“FALSE”（0 状态）时，“监视列”的方形指示灯为灰色。

再次单击“全部监视”按钮，停止在线监控。

学习笔记

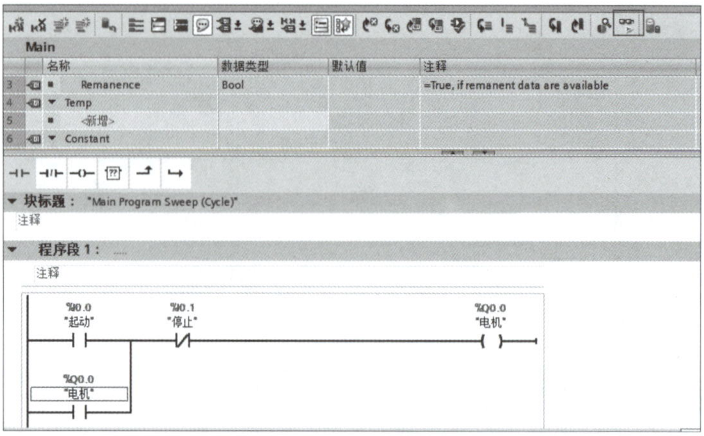

图 4-36　监控程序

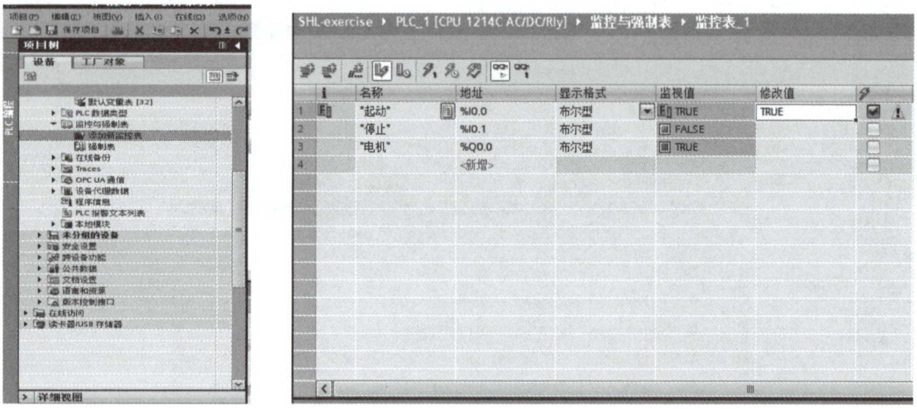

图 4-37　监控变量

7. 强制

“强制”能够将与外围设备输入或外围设备输出地址对应的输入或输出点的值改写成特定的值。例如，在强制表中添加需要强制的变量 I0.0:P，单击工具栏中“全部监视”按钮，启动软件的强制功能，强制表如图 4-38 所示。

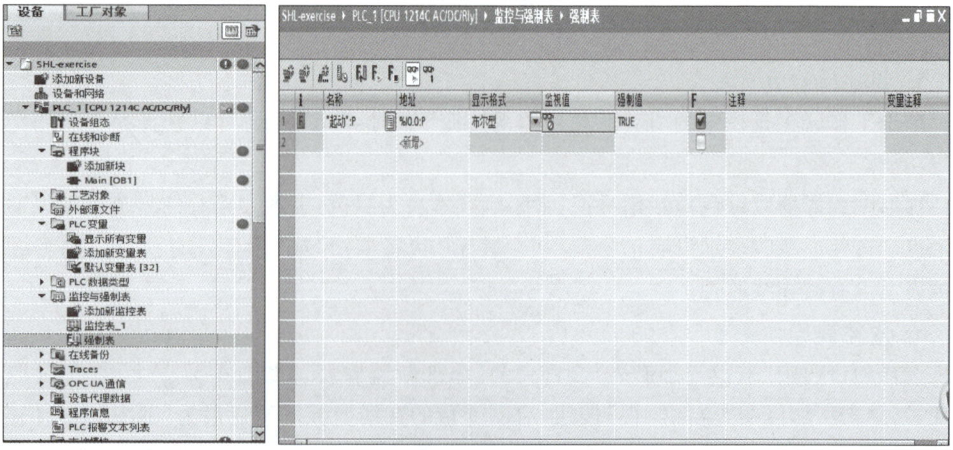

图 4-38　强制表

学习笔记

任务分析

根据任务的控制要求，用 S7-1200 PLC 控制直流电动机的点动、起动与停止，PLC 控制不同于继电器-接触器控制，PLC 作为软继电器及通用的工业控制器，根据输入的指令或信息进行逻辑运算，运算结果对被控对象进行控制，使用 PLC 进行直流电动机的起停控制的 PLC 梯形图程序可参照电气控制的电动机点动及“起保停”电路。

任务实施

一、I/O 分配

根据任务的控制要求，使用 S7-1200 PLC 控制直流电动机的起动与停止，需要两个 PLC 的输入点，分别是起动按钮（点动按钮）、停止按钮，需要一个 PLC 输出点，用来控制直流电动机。I/O 分配见表 4-19。

视频

PLC控制电动机起停系统设计

表 4-19　直流电动机起停控制的 I/O 分配

输　入		
元器件	地址	注释
SB1	I0.0	起动按钮（点动按钮）
SB2	I0.1	停止按钮
输　出		
元器件	地址	注释
M	Q0.0	控制直流电动机

二、设计硬件原理图

本任务采用的 PLC 为 S7-1200 系列的 CPU 1214C DC/DC/DC PLC，输出类型为晶体管输出，采用外接直流 24 V 开关电源供电，该开关电源同时也作为输出的驱动电源，输入的驱动电源采用的是 PLC 自带的 24 V 传感器电源，即 PLC 中的接地端子右侧的 L+ 和 M 端口。

根据控制要求，即表 4-18 所示的 I/O 分配表，可设计 PLC 控制电动机起停控制系统硬件原理图，如图 4-39 所示。

三、设计及调试 PLC 控制程序

1. 定义变量

PLC 控制直流电动机起停的程序变量表如图 4-40 所示。

2. 设计程序

1）点动控制程序

PLC 控制电动机起停的点动控制梯形图程序如图 4-41 所示。

2）长动控制程序（自锁控制程序）

PLC 控制电动机起停的长动控制（自锁控制）梯形图程序如图 4-42 所示。

学习笔记

视频

PLC控制电动机起停硬件接线与系统调试

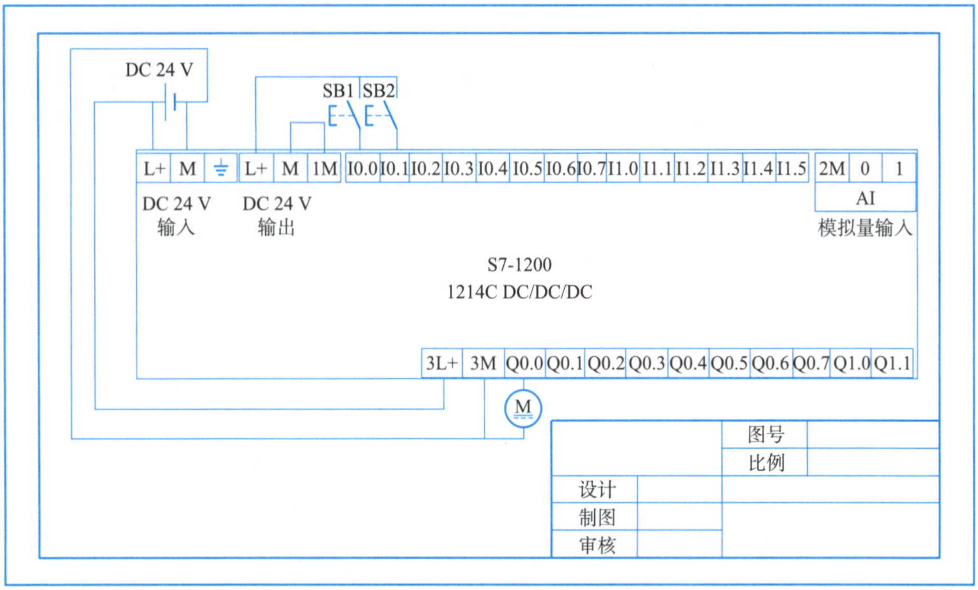

图 4-39 PLC 控制电动机起停原理图

PLC 变量

名称	变量表	数据类型	地址	保持	从 H...	从 H...	在 H...
起动按钮	默认变量表	Bool	%I0.0	☐	☑	☑	☑
停止按钮	默认变量表	Bool	%I0.1	☐	☑	☑	☑
电机运行	默认变量表	Bool	%Q0.0	☐	☑	☑	☑

图 4-40 PLC 控制直流电动机起停的程序变量表

图 4-41 点动控制梯形图程序

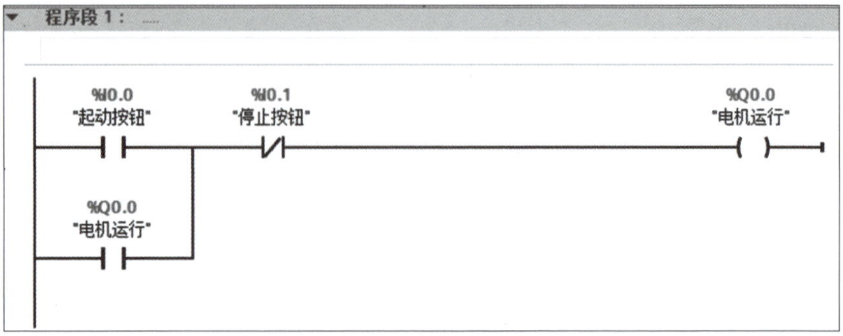

图 4-42 长动控制梯形图程序

3. 编译、下载程序（以起保停控制程序为例）

1）编译程序

选中 PLC_1 文件夹，使用工具栏的编译按钮，对硬件组态和程序进行编译，编译成功后显示错误“0”，警告“0”，编译界面如图 4-43 所示。

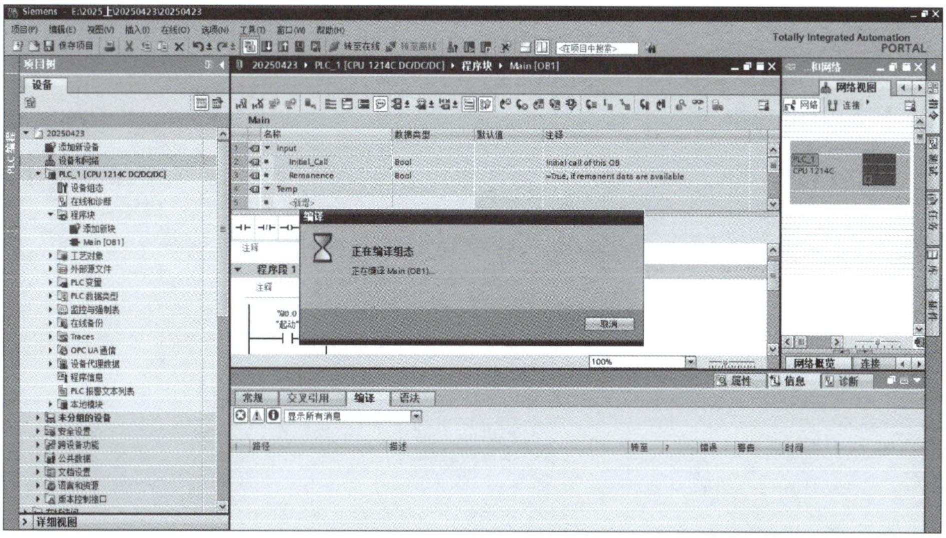

图 4-43　编译程序

2）下载程序

编程成功后，单击工具栏的下载按钮，下载硬件组态和程序，下载界面如图 4-44 所示。

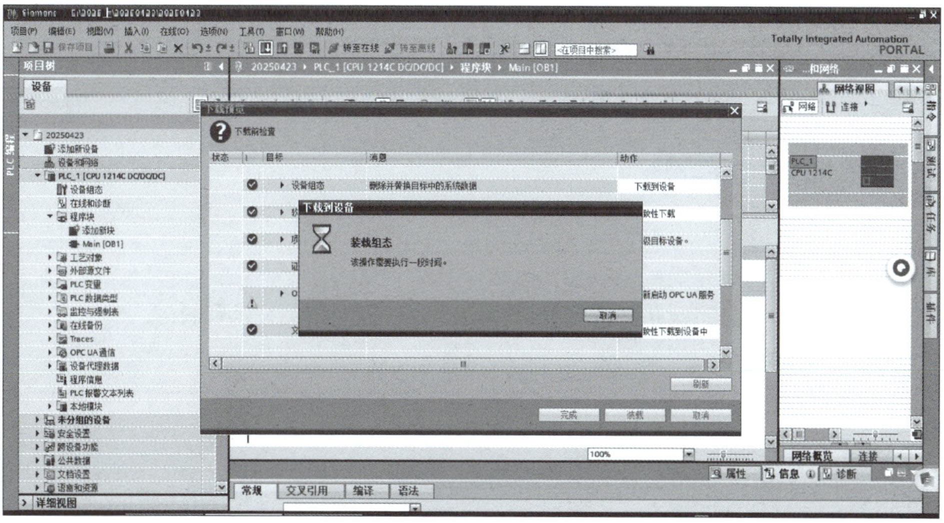

图 4-44　下载程序

学习笔记

视频

PLC控制电动机起停程序编写与仿真

任务评价

按照任务的完成情况进行评价，评价的方式可以是教师评价、教师指定的评价组评价或者组间互评等。评价的过程中需要记录存在的问题，评价记录工作单见表 4-20。

学习笔记

表 4-20 评价记录工作单

类别	评价内容	分值	评分标准	记录	评分
功能实现情况	按下起动按钮，电动机是否运行（点动）	10	按下I/O分配对应的按钮，PLC的输出指示灯有点亮的情况得10分，无点亮0分		
	松开起动按钮，电动机是否停止（点动）	10	松开I/O分配对应的按钮，PLC的输出指示灯熄灭得10分，没有熄灭0分		
	按下起动按钮，电动机起动运行	10	电动机能够起动得10分		
	按下停止按钮，电动机是否停止	10	电动机不能停止得0分		
电路接线检查	电气原理图设计	10	布局不合理扣5分，少一个电气元件扣2分，符号不规范每处扣2分		
	工艺检查	10	露铜过长每处扣1分，接线不符合安全规范每处扣1分		
	初步调试	10	上电后按下按钮没有反应每处扣1分，接线错误每处扣2分，产生短路现象直接得0分		
职业素养	劳动纪律、操作规范、安全文明生产	10	不遵守实训纪律、不爱惜实训设备、浪费耗材、危险用电，根据情况酌情扣1～10分		
知识提问	由教师进行本任务相关知识的提问	20	每题完全正确得20分，部分答对由教师根据情况给分		

任务反思与练习

一、任务反思

检查任务中存在的问题并进行完善，填写表4-21，提交相关技术资料。

表 4-21 改进工作单

改进要点记录		
产品提交	项目	负责人（签字）
	设计报告	
	使用说明	
	作品功能检查	
	作品技术规范检查	

学习笔记

二、练习

单选题

1. S7-1200 PLC 可以安装在面板或标准导轨上,只能水平安装。(　　)

A. 对　　B. 错

2. 安装或拆卸的 S7-1200 或相关设备时可以不用断开 S7-1200 或相关设备的所有电源。(　　)

A. 对　　B. 错

3. 在 STEP 7 门户视图可以进行打开、创建或移植项目操作。(　　)

A. 对　　B. 错

4. 在 STEP 7 项目视图的工作区有设备视图、网络视图和拓扑视图三个选项卡。(　　)

A. 对　　B. 错

5. 安装 S7-1200 PLC 时,在设备上方和下方必须留出至少 25 mm 的空隙,模块前端与机柜内壁间至少应留出 35 mm 的深度。(　　)

A. 对　　B. 错

6. 总线连接器为 CPU 和 SM 建立机械和电气连接。(　　)

A. 对　　B. 错

7. S7-1200 PLC 只能强制外设输入,不能强制外设输出。(　　)

A. 对　　B. 错

8. 在监控程序时,绿色虚线表示有能流流过。(　　)

A. 对　　B. 错

9. 选中“PLC_1”文件夹,单击“下载”按钮,只能将程序下载到 PLC 中。(　　)

A. 对　　B. 错

10. 安装、拆卸 CPU 和各种模块用到的工具只有螺丝刀。(　　)

A. 对　　B. 错

拓展知识

国家信息安全

PLC 在国内控制领域中应用广泛,但国外 PLC 厂商却占据国内市场已有数十年,存在严重的安全隐患。因此,要大力发展自主可控的安全 PLC 产品。国内许多厂商,比如汇川、信捷等公司经过刻苦攻关,研制出了自主可控、可信安全的全国产化 PLC 系列产品。

每位青年都应该保持初生牛犊不怕虎、越是艰险越向前的刚健勇毅,勇立时代潮头,争做时代先锋,坚决维护国家安全和人民利益。

项目五

电动机PLC控制

学习笔记

知识目标：

(1)熟悉 PLC 置位指令和复位指令的含义、图形符号、功能与应用；

(2)熟悉 PLC 正跳变指令和负跳变指令的含义、图形符号、功能与应用；

(3)掌握三相异步电动机的工作原理；

(4)理解直流电动机/三相异步电动机正反转控制的主电路和控制电路；

(5)掌握直流电动机正反转控制的硬件接线、系统调试方法。

能力目标：

(1)能使用博途软件仿真控制置位/复位指令的通断；

(2)能使用博途软件仿真控制正/负跳变指令的通断；

(3)能正确使用 PLC 仿真软件并遵守仿真软件操作步骤；

(4)会电动机正反转 PLC 控制的硬件设计接线；

(5)会电动机正反转 PLC 控制的软件设计、程序编写及虚拟仿真；

(6)会电动机正反转 PLC 控制的系统调试及故障排除。

素质目标：

(1)培养学生编程时严谨认真的品质；

(2)遵守职业操守和职业道德；

(3)培养学生团队合作意识。

项目导入

随着科技的发展，电动机的设计和应用也在不断进步，例如永磁同步电动机和无刷直流电动机的应用，以及对于能效和环保要求的提高，促使电动机设计师不断创新，寻找更高效的设计方案，减少电动机的能耗和对环境影响。本项目要完成几种不同类型电动机的 PLC 控制：控制直流电动机正反转(任务 1)；控制三相异步电动机正反转(任务 2)。

故事汇

中国电机之父

钟兆琳，我国电机制造工业的拓荒者和奠基人，有“中国电机之父”之称，是我国电机工程专家，是钱学森的老师，更是开拓大西北的积极倡导者、实践者和建设者。

1942 年，日本傀儡汪精卫的伪政府“接收”交大，钟兆琳先生拍案而起，拂袖而去，宣布退出汪伪的“交大”。他不畏恐吓,不为利诱所动,坚持不替汪伪做事。为解决生活困难,他担任家庭教师、做中学辅导工作、担任技术工,辗转挣扎在困难的生活之中。中华人民共和国成立后,钟先生高兴万分,当交大党组织请他继续担任电动机系主任时他愉快地接受并表示,一定做得更好,为新中国培养更多的科技人才。

1954 年,国务院决定交通大学内迁西安。钟先生对此非常赞成并积极支持。1956 年搬迁时,周恩来总理提出,钟先生年龄较大,身体不好,夫人又卧病在床,可以留在上海。但他表示,上海经过许多年发展,西安无法和上海相比,正因为这样,我们要到西安办校扎根,献身于开发祖国的西部。

项目要求

使用 S7-1200 PLC 实现直流电动机(DC 12 V)或三相异步电动机(AC 380 V)的正反转控制。按下正转起动按钮 SB1/反转起动按钮 SB2,电动机正转/反转起动运行,按下停止按钮 SB3,电动机停止运行,电动机正在运行时,按下反转起动按钮,电动机能立即停止运行,并反向起动运行。

任务 1　控制直流电动机正反转

思　考

日常生产、生活中,哪些场合用到了直流电动机?对于直流电动机,还了解哪些?

知识与技能

一、直流电机工作原理及接线

直流电机是通以直流电流的电机。将机械能转换为电能的是直流发电机,将电能转换为机械能的是直流电动机。

直流电动机具有良好的调速性能、较大的起动转矩和过载能力等很多优点,在起动和调速要求较高的生产机械中,得到广泛应用。

1. 直流发电机的基本工作原理

如图 5-1 所示,线圈内部的感应电动势是交变的。由于电刷 A 始终与转到 N 极下的线圈边所连接的换向片接触,电刷 B 始终与转到 S 极下的线圈边所连接的换向片接触,因此电刷 A 的极性总为正,电刷 B 的极性总为负,在电刷两端可获得直流电动势。

决定感应电动势方向的因素有两个:一是导体运动方向(电枢转向);二是磁场极性。所以,改变磁场的极性也可使直流发电机电刷两端输出的电动势极性改变。

2. 直流电动机的基本工作原理

如图 5-2 所示,电磁力的方向取决于磁场极性和导体中电流的方向,所以直流电动机获得反转的方法有两个:

(1)改变磁场极性;

(2)改变电源电压的极性使流过导体的电流方向改变。

应注意,二者只能改变其一,否则,直流电动机的转向不变。

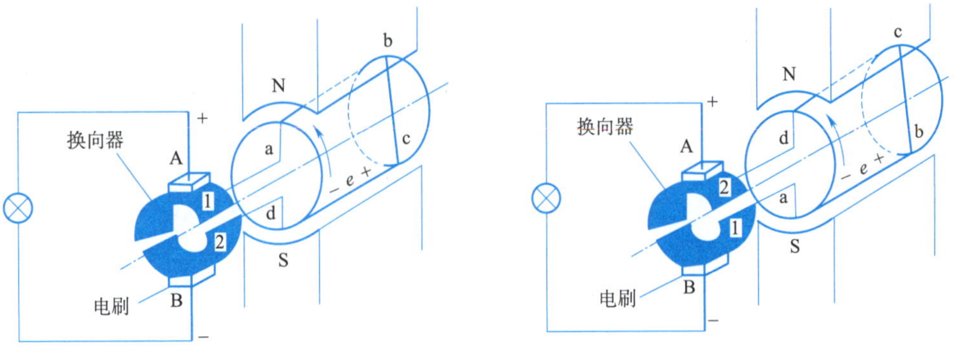

1—1 号换向器;2—2 号换向器。

图 5-1　直流发电机的基本工作原理

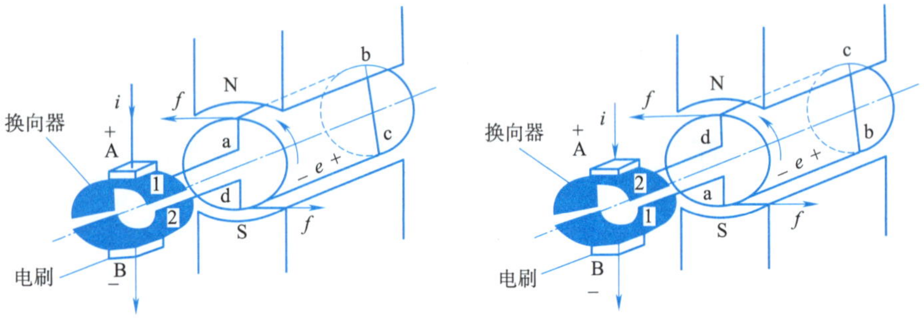

图 5-2　直流电动机的基本工作原理

3. 电机的可逆原理

直流发电机和电动机工作原理模型的结构完全相同,但工作原理不同。

1)直流发电机

电磁转矩阻碍发电机旋转,是制动转矩。

为此,原动机必须用足够大的拖动转矩来克服电磁转矩的制动作用,以维持发电机的稳定运行。此时发电机从原动机吸取机械能,转换成电能向负载输出。

2)直流电动机

当电动机旋转起来后,导体 ab 和 cd 切割磁力线,产生感应电动势,用右手定则判断出其方向与电流方向相反。这意味着,此电枢电动势是一反电动势,它阻碍电流流入电动机。

所以,直流电动机要正常工作,就必须施加直流电源以克服反电动势的阻碍作用,把电流送入电动机。此时电动机从直流电源吸取电能,转换成机械能输出。

4. 电源与直流电机的接线方法

1)直流电机

图 5-3 是 PLC 实训室使用的直流电机,是供电电源 DC 12 V 的直流电机,电机标识红点的红线为直流电动机的正极,没有标识红点的黄线为直流电动机的负极。

2)开关电源

图 5-4 是 PLC 实训室使用的开关电源,如图 5-4(a)所示,该开关电源输入(INPUT)为 AC 100～265 V,50 Hz;如图 5-4(b)所示,L 接相线,N 接中性线,⏚接地线。输出(OUTPUT)为两挡直流电,第一挡为直流电 DC 5 V/2 A,第二挡为直流电 DC 12 V/1 A,如图 5-4(c)所

示，V1、G1 为直流 DC 5 V 电源，V1 为电源正极，G1 为电源负极，V2、G2 为直流 DC 12 V 电源，V2 为电源正极，G2 为电源负极。

图 5-3　PLC 实训室使用的直流电机

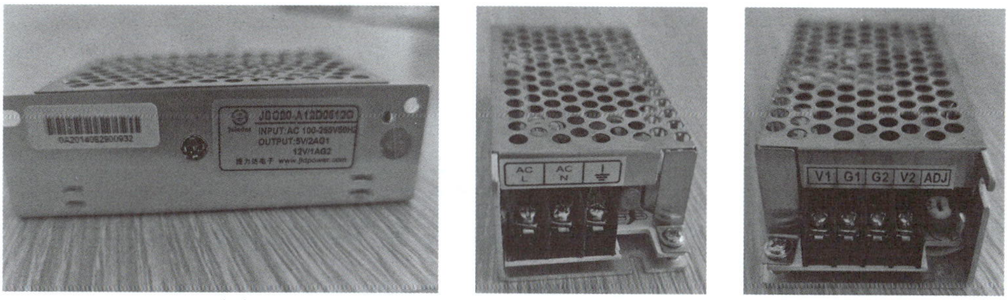

（a）　（b）　（c）

图 5-4　PLC 实训室使用的开关电源

二、S7-1200 PLC 的存储器

如图 5-5 所示，S7-1200 PLC 提供了以下用于存储用户程序、数据和组态的存储器。

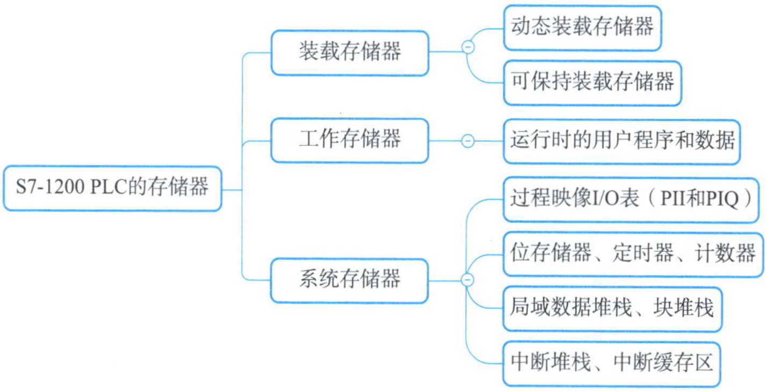

图 5-5　S7-1200 PLC 的存储器

1. 装载存储器

装载存储器用于非易失性地存储用户程序、数据和组态。项目被下载到 CPU 后，首先

存储在装载存储器中。每个CPU都具有内部装载存储器。该内部装载存储器的大小取决于所使用的CPU。该内部装载存储器也可以用外部存储卡来替代。如果未插入存储卡，CPU将使用内部装载存储器；如果插入了存储卡，CPU将使用该存储卡作为装载存储器。但是，可使用的外部装载存储器大小不能超过内部装载存储器的大小，即使插入的存储卡有更多空闲空间。该非易失性存储区能够在断电后继续保持数据。

对于S7-300/400PLC，符号表、注释不能下载，仍然保存在编程设备中；而对于S7-1200 PLC，符号表、注释可以下载到装载存储器。

2. 工作存储器

工作存储器是易失性存储器（RAM），用于执行用户程序时存储用户项目的某些内容。CPU会将一些项目内容从装载存储器复制到工作存储器中。存在易失性存储区的数据在断电后丢失，而在恢复供电时由CPU恢复。

3. 系统存储器

系统存储器是CPU为用户程序提供的存储组件，被划分为若干个地址区域，使用指令可以在相应地址区内对数据直接进行寻址。系统存储器用于存放用户程序的操作数据，例如过程映像输入/输出、标志位、数据块、局部数据，I/O区和诊断缓冲区等。

1）过程映像输入区（I区）（见图5-6）

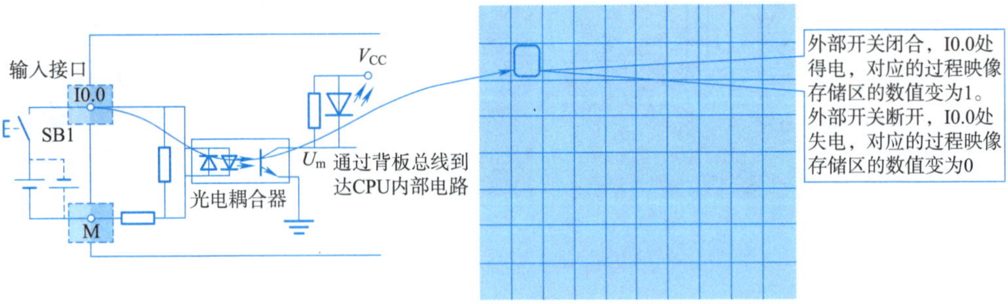

图5-6 I区

2）过程映像输出区（Q区）（见图5-7）

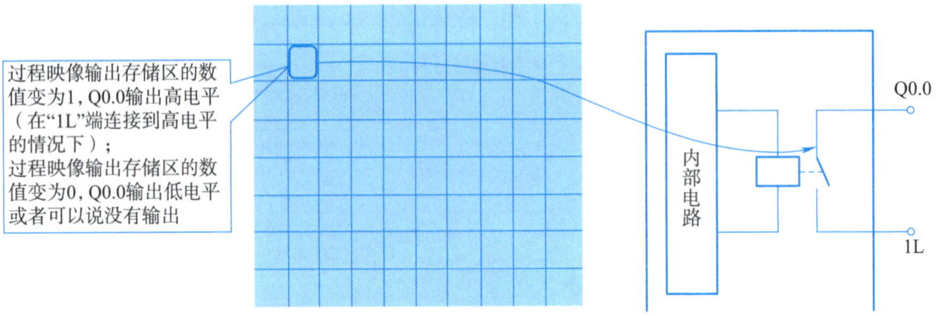

图5-7 Q区

3）标志位存储区（M区）

标志位存储区与继电器控制系统中的中间继电器相似。标志位存储区不能直接驱动外部负载，标志位存储区的常开与常闭触点在PLC内部编程时，可无限次使用。M的数量根据不同型号的 PLC 而不同。可以用标志位存储区来存储中间操作状态和控制信息，并且可以按位、字节、字或双字来存取标志位存储区。

位格式：M[字节地址].[位地址]，如 M2.7。

4）数据块存储区（DB 块）

数据块可以存储在装载存储器、工作存储器以及系统存储器中（块堆栈），共享数据块的标识符为 DB，函数块（FB）的背景数据块的标识符为 DB。数据块的大小与 CPU 的型号相关。数据块默认为掉电保持，不需要额外设置。

任务分析

使用 S7-1200 PLC 进行直流电机的正反转控制的硬件设计可参考直流电机 PLC 起停控制，梯形图控制程序可以参考电气控制的电动机正反转控制电路，要能够实现自锁和互锁。

任务实施

一、I/O 分配

根据任务要求，控制系统中存在一个正转起动按钮、一个反转起动按钮、一个停止按钮，因此有三个输入；有一个中间继电器控制直流电动机正转运行，一个中间继电器控制直流电动机反转运行，因此共有两个输出。I/O 分配见表 5-1。

表 5-1　控制直流电动机正反转的 I/O 分配

输　入		
元器件	地址	注释
SB1	I0.0	正转起动按钮
SB2	I0.1	反转起动按钮
SB3	I0.2	停止按钮
输　出		
元器件	地址	注释
KA1	Q0.0	控制直流电动机正转运行
KA2	Q0.1	控制直流电动机反转运行

二、设计硬件原理图

I/O 分配完成后，进行控制直流电动机正反转的 PLC 外围电路设计。硬件接线设计时注意以下几点：

（1）直流电动机正反转控制系统硬件电路分为主电路和控制电路，主电路中的常开、常闭触点受控制电路中的中间继电器线圈控制。

（2）PLC 的供电电源为直流 24 V。

（3）PLC 自带的直流 24 V 输出，可作为 PLC 的输入驱动电源。

（4）PLC 的输入按钮 SB1 作为正转起动按钮、SB2 作为反转起动按钮、SB3 作为停止按钮。

（5）输出驱动电源（3L+和 3M）必须接 24 V 直流电源，否则会烧毁 PLC。

学习笔记

(6) PLC 的输出线圈 Q0.0 用于控制中间继电器 KA1，当 KA1 的线圈得电时，其常开触点闭合，常闭触点断开，直流电动机正向接入直流电路，实现正转。

PLC 的输出线圈 Q0.1 用于控制中间继电器 KA2，当 KA2 的线圈得电时，其常开触点闭合，常闭触点断开，直流电动机反向接入直流电路，实现反转。具体电路原理图如图 5-8 所示。

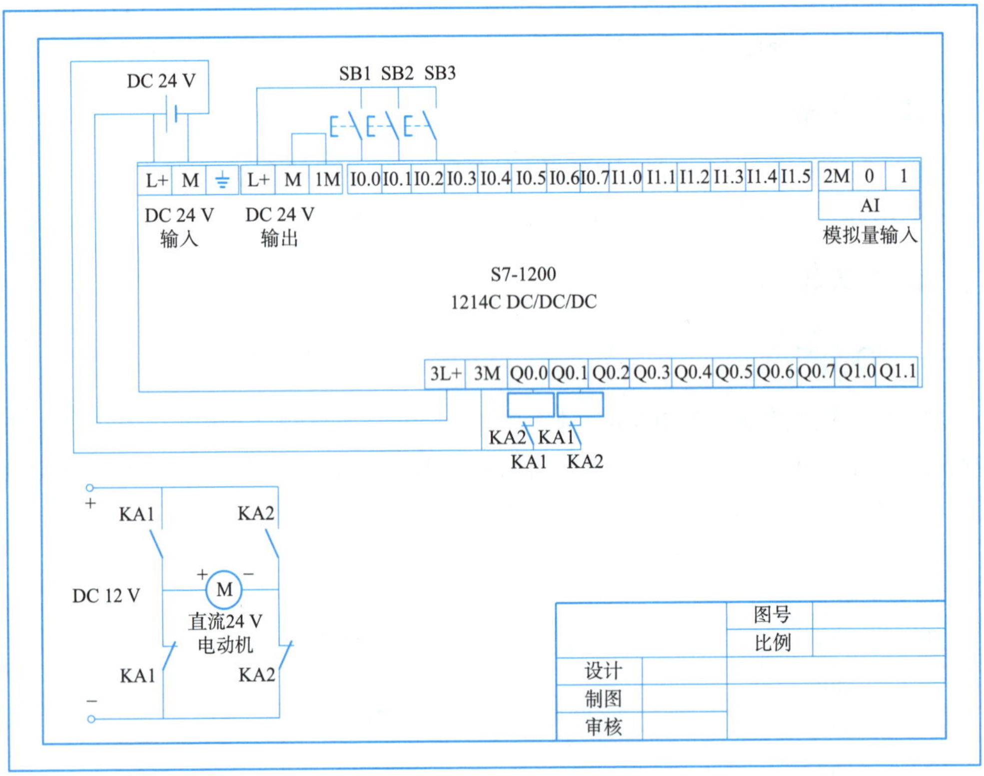

图 5-8 控制直流电动机正反转的电路原理图

三、设计及调试 PLC 控制程序

1. 定义变量

在 PLC 的默认变量表中填写输入输出的功能注释，主要包括输入、输出和中间继电器的注释。注释的目的是使编程者及程序使用者能更加清晰和容易地理解程序，从而提高调试效率。控制直流电动机正反转 PLC 程序变量表如图 5-9 所示。

控制直流电动机正反转

		名称	数据类型	地址	保持	从 H...	从 H...	在 H...
1		正转起动	Bool	%I0.0	☐	☑	☑	☑
2		反转起动	Bool	%I0.1	☐	☑	☑	☑
3		停止按钮	Bool	%I0.2	☐	☑	☑	☑
4		电机正转	Bool	%Q0.0	☐	☑	☑	☑
5		电机反转	Bool	%Q0.1	☐	☑	☑	☑

图 5-9 控制直流电动机正反转 PLC 程序变量表

学习笔记

2. 设计程序

如图 5-10 所示，程序段 1、程序段 2 结构相似，类似电气控制部分三相异步电动机正反转控制的控制电路，程序段 1 为电动机正转起动程序，I0.0 正转起动，使用常开触点，I0.2 为停止按钮，使用常闭触点，I0.1 反转起动，使用常闭触点，Q0.0 线圈为电动机正转输出，Q0.0 常开触点进行自锁。程序段 2 为电动机反转起动程序，编程与程序段 1 相同，不再赘述。

思考： 在电气控制部分，三相异步电动机正反转控制的控制电路中除了有按钮互锁，还有线圈互锁，如果将线圈互锁也加入梯形图中，控制直流电动机正反转梯形图程序应该是什么样的？

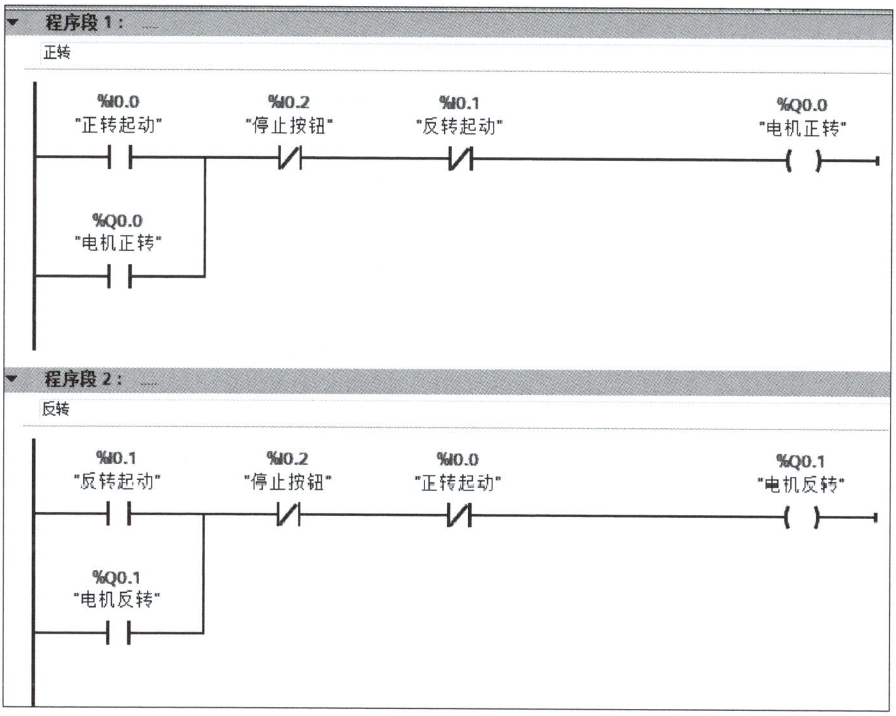

图 5-10 控制直流电动机正反转梯形图程序

3. 调试程序

将图 5-10 所示的程序下载到 PLC 中，然后进行调试。可以同时打开博途软件的监视功能，监控整个程序的运行过程，以便程序的调试。按下正转起动按钮 SB1 之后，Q0.0 有输出，松开 SB1，直流电动机保持正转输出，直到按下停止按钮 SB3，直流电动机停止运行。按下反转起动按钮 SB2 之后，Q0.1 有输出，松开 SB2，直流电动机保持反转输出，直到按下停止按钮 SB3，直流电动机停止运行。直流电动机正在运行过程中，按下反向起动按钮，直流电动机能停止运行并立即起动反方向运行。

任务评价

按照任务的完成情况进行评价，评价的方式可以是教师评价、教师指定的评价组评价或者组间互评等。评价的过程中需要记录存在的问题，评价记录工作单见表 5-2。

学习笔记

表 5-2 评价记录工作单

类别	评价内容	分值	评分标准	记录	评分
功能实现情况	按下正转起动按钮 SB1，电动机是否正转运行	15	按下 I/O 分配对应的正转起动按钮，PLC 的输出指示灯有点亮的情况得 15 分，无点亮 0 分		
	按下反转起动按钮 SB2，电动机是否反转运行	15	按下 I/O 分配对应的反转起动按钮，PLC 的输出指示灯有点亮的情况得 15 分，无点亮 0 分		
	按下停止按钮 SB3，电动机是否停止运行	10	按下 I/O 分配对应的停止按钮，PLC 的输出指示灯全部熄灭得 10 分，没有全部熄灭 0 分		
电路接线检查	电气原理图设计	10	布局不合理扣 5 分，少一个电气元件扣 2 分，符号不规范每处扣 2 分		
	工艺检查	10	露铜过长每处扣 1 分，接线不符合安全规范每处扣 1 分		
	初步调试	10	上电后按下按钮没有反应每处扣 1 分，接线错误每处扣 2 分，产生短路现象直接得 0 分		
职业素养	劳动纪律、操作规范、安全文明生产	10	不遵守实训纪律、不爱惜实训设备、浪费耗材、危险用电，根据情况酌情扣 1 ~ 10 分		
知识提问	由教师进行本任务相关知识的提问	20	每题完全正确得 10 分，部分答对由教师根据情况给分		

任务反思与练习

一、任务反思

检查任务中存在的问题并进行完善，填写表 5-3，提交相关技术资料。

表 5-3 改进工作单

改进要点记录		
产品提交	项目	负责人(签字)
	设计报告	
	使用说明	
	作品功能检查	
	作品技术规范检查	

学习笔记

二、练习

单选题

1. 当逻辑运算结果为 1 时，常开触点指令不会动作，保持断开状态（　　）。

   A. 对　　　　B. 错

2. 当逻辑运算结果为 0 时，常闭触点指令不会动作，保持接通状态（　　）。

   A. 对　　　　B. 错

3. 逻辑取反指令左边的运算结果为 0 时，逻辑取反指令右边的输出结果为 1（　　）。

   A. 对　　　　B. 错

4. 当逻辑运算结果为 1 时，常开线圈指令不会动作，保持失电状态（　　）。

   A. 对　　　　B. 错

5. 当逻辑运算结果为 0 时，常闭触点指令不会动作，保持通电状态（　　）。

   A. 对　　　　B. 错

任务 2　控制三相异步电动机正反转

思　考

日常生产、生活中哪些场合用到了三相异步电动机？对于三相异步电动机，还了解哪些？

知识与技能

一、三相异步电动机的工作原理

1. 圆形旋转磁场的产生

在三相交流电动机的定子上安放着结构完全相同，在空间位置各相差 120°电角度的三相对称的绕组 U1-U2、V1-V2、W1-W2，如图 5-11（a）所示。

定子绕组可以接成星形或三角形。

向这三相绕组通入对称的三相交流电 i_U、i_V、i_W。

假定电流从绕组的首端流入，尾端流出时电流的瞬时值为正值；反之，电流从绕组的尾端流入，首端流出时电流的瞬时值为负值，如图 5-11（a）所示。流入用⊗表示，流出用⊙表示。

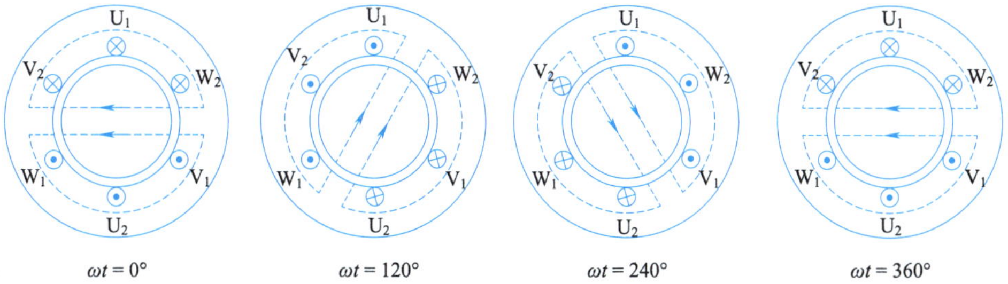

（a）旋转磁场的产生过程

图 5-11　两极电动机旋转磁场的产生

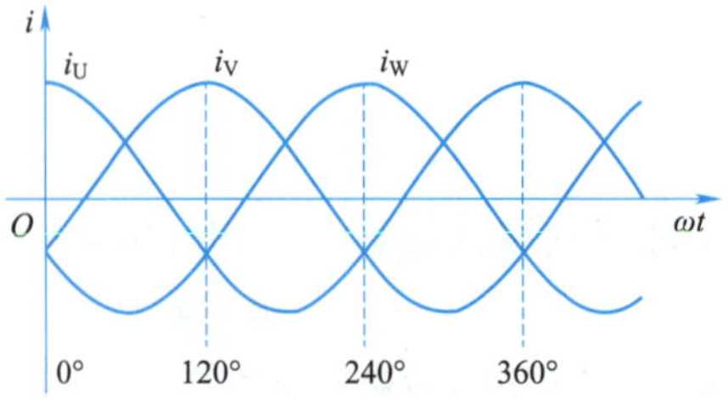

（b）三相对称交流电的波形图

图 5-11　两极电动机旋转磁场的产生（续）

2. 旋转磁场的转向

由图 5-11（b）可以看出，通入电流出现最大值的顺序是 U→V→W。将 i_U 接 U 相绕组，将 i_V 接 V 相绕组，将 i_W 接 W 相绕组，则旋转磁场的旋转方向也为 U→V→W，正好和电流出现最大值的顺序相同，即旋转磁场由电流超前相转向电流滞后相。

若任意调换电动机两相绕组所接交流电源的相序，如 i_U 接 U 相绕组，将 i_V 接 W 相绕组，将 i_W 接 V 相绕组，三相绕组出现电流最大值的顺序是 U→W→V，由图解法分析可知，合成磁场的旋转方向也为 U→W→V。

可见，旋转磁场的转向决定于通入定子绕组中的三相交流电的相序，旋转磁场总是由电流超前相转向电流滞后相。只要任意调换电动机两相绕组所接交流电源的相序，即可改变旋转磁场的转向。

3. 旋转磁场的转速

旋转磁场的转速称为同步转速 n_1（r/min），它与电网的频率 f_1（Hz）及电动机的磁极对数 p 有关，即

$$n_1 = \frac{60f_1}{p}$$

二、S7-1200 PLC 置位和复位指令及操作训练

1. 置位和复位指令

置位指令全称是置位输出指令，如图 5-12（a）所示，若该指令被激活，则线圈的地址位 Q0.0 被置位为“1”并保持。与置位指令相反的是复位指令。

复位指令全称是复位输出指令，如图 5-12（b）所示，若该指令被激活，则线圈的地址位 Q0.1 被复位为“0”并保持。

图 5-12　置位和复位指令的梯形图程序

读者可能已经发现，置位和复位指令只能改变单一地址位的状态，那么，有没有一种指令能够做到批量置位和复位呢？

答案是有的。如图 5-13 所示，可以采用置位位域指令和复位位域指令，它们可以对从地址位 Q0.0 或 Q1.0 处开始的 n 位进行置位或复位。

在图 5-13 中，寻址变量分别是 Q0.0 和 Q1.0，n 分别是 2 和 3，那么当这两个指令被激活

时，Q0.0 和 Q0.1 会被置位位域指令置位，Q1.0、Q1.1 和 Q1.2 会被复位位域指令复位。

这里用到的地址位 Q0.0、Q1.0 以及整数 n，均可以自由设置。

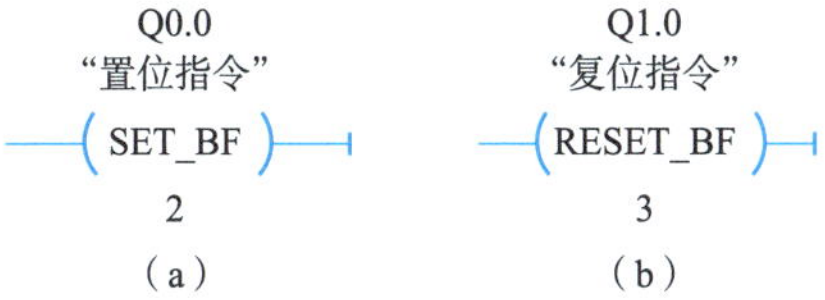

图 5-13　置位位域和复位位域指令的梯形图程序

2. 操作训练

1）置位和复位指令操作训练

在图 5-14 中，设置 I0.0 为置位控制，I0.1 为复位控制，Q0.0 为置位复位的被控对象，通过 I0.0、I0.1 的接通、断开观察输出 Q0.0 的状态。

图 5-14　置位和复位指令操作训练

运行效果分析：当 I0.0 接通 1 个扫描周期以上，输出位 Q0.0 被置位，Q0.0 输出指示灯亮，即使 I0.0 断开，Q0.0 也保持输出不变，直到 I0.1 接通 1 个扫描周期以上，输出位 Q0.0 被复位，Q0.0 输出指示灯灭。

2）置位位域和复位位域指令操作训练

在图 5-15 中，设置 I0.0 为置位位域控制，I0.1 为复位位域控制，Q0.5 开始的连续 6 个位为置位位域和复位位域的被控对象，通过 I0.0、I0.1 的接通、断开观察 Q0.5 开始的连续 6 个位 Q0.5、Q0.6、Q0.7、Q1.0、Q1.1、Q1.2 的状态。

图 5-15　置位位域和复位位域指令操作训练

学习笔记

运行效果分析：当I0.0接通1个扫描周期以上，输出位Q0.5开始的连续6个位被置位，Q0.5、Q0.6、Q0.7、Q1.0、Q1.1、Q1.2输出指示灯亮，即使I0.0断开，输出也保持不变，直到I0.1接通1个扫描周期以上，输出位Q0.5开始的连续6个位被复位，Q0.5、Q0.6、Q0.7、Q1.0、Q1.1、Q1.2输出指示灯灭。

视频 PLC置位、复位指令

三、S7-1200 PLC跳变指令及操作训练

1. 正跳变、负跳变指令

跳变指令是位逻辑指令中的最后一个指令，它包括正跳变指令和负跳变指令。

正跳变指令又称上升沿指令，如图5-16所示，与常开触点相比，它中间多了一个字母P，即Positive，并且上方和下方各多了一个地址位。

若该指令检测到上方地址位的逻辑运算结果从0变为1，则将保持逻辑运算结果一个扫描周期。同时独立存储位，即下方地址位保存上一周期的信号值。正跳变指令应用的时序图如图5-17所示。

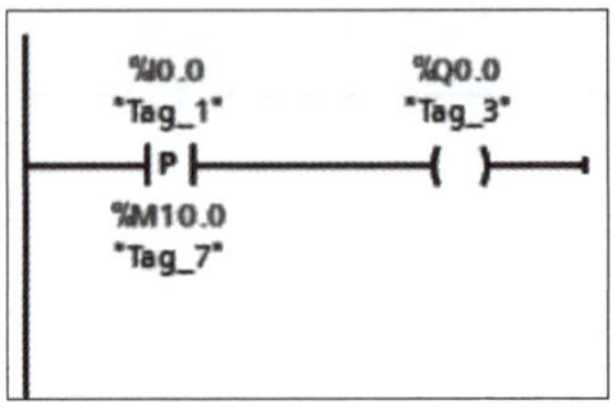

图5-16 正跳变指令的梯形图程序

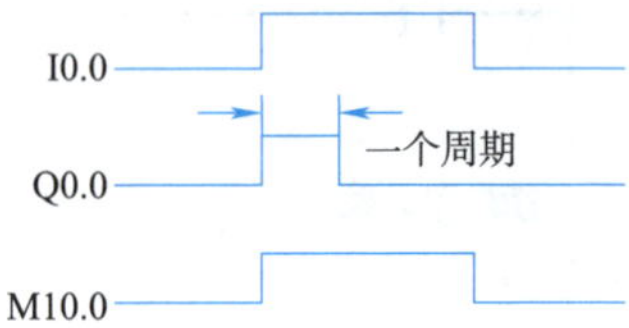

图5-17 正跳变指令应用的时序图

因为PLC是循环扫描方式，所以当把某些功能指令直接接到母线上时，比如移位指令、移动指令等，它会不断执行该指令。

如果在母线与功能指令之间加入一个正跳变指令，那么该指令只在一个周期内有效执行。在后续的案例中，会用到这种编程技巧，请读者注重知识之间的衔接。正跳变指令的应用如图5-18所示。

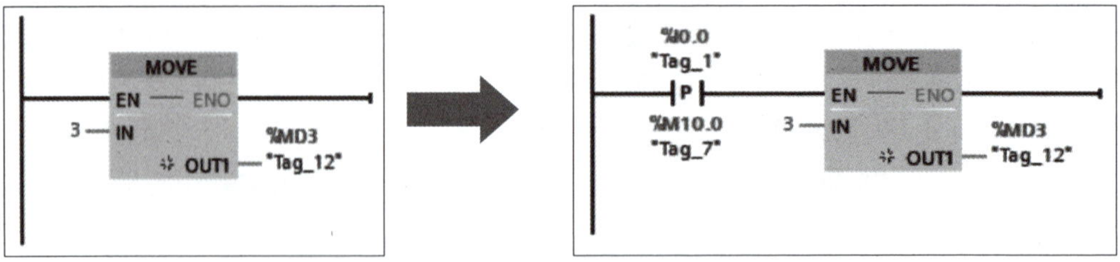

图5-18 正跳变指令的应用

负跳变指令又称下降沿指令，如图5-19所示，与常开触点相比，它中间多了一个字母N，即negative，并且上方和下方各多了一个地址位。

若该指令检测到上方地址位的逻辑运算结果从1变为0，则将保持逻辑运算结果一个扫描周期。同时独立存储位，即下方地址位保存上一周期的信号值。

以这个程序段为例，并结合时序图（见图5-20），可以看出，当按钮I0.1按下抬起时，产生一个下降沿，输出Q0.2得电一个扫描周期。同时M10.1保存上一周期Q0.2的信号值。

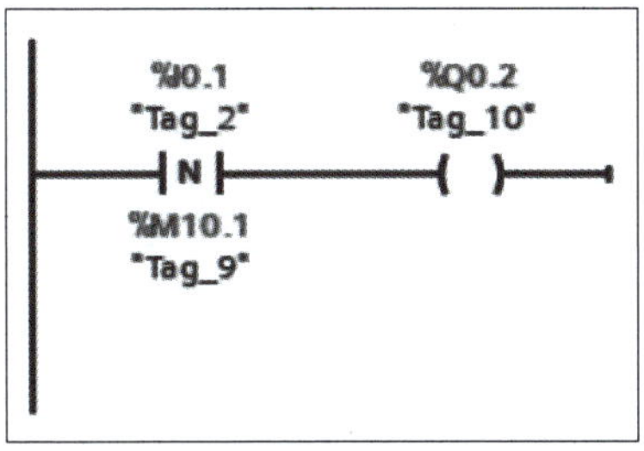

图 5-19　负跳变指令的梯形图程序

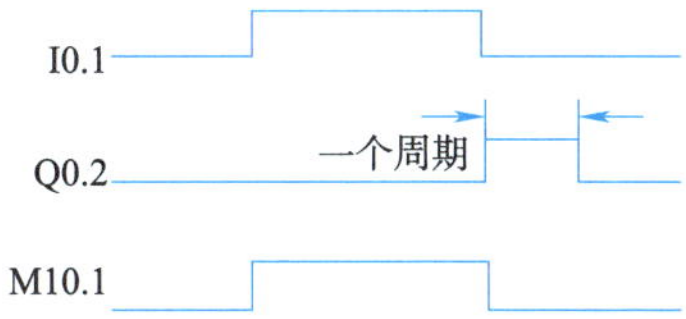

图 5-20　负跳变指令应用的时序图

2. 操作训练

1)正跳变指令操作训练

在图 5-21 中,设置检测 I0.0 由 OFF(断)到 ON(通)的上升沿,观察输出 Q0.0 和 Q0.1 的变化,I0.1 控制输出的断开。

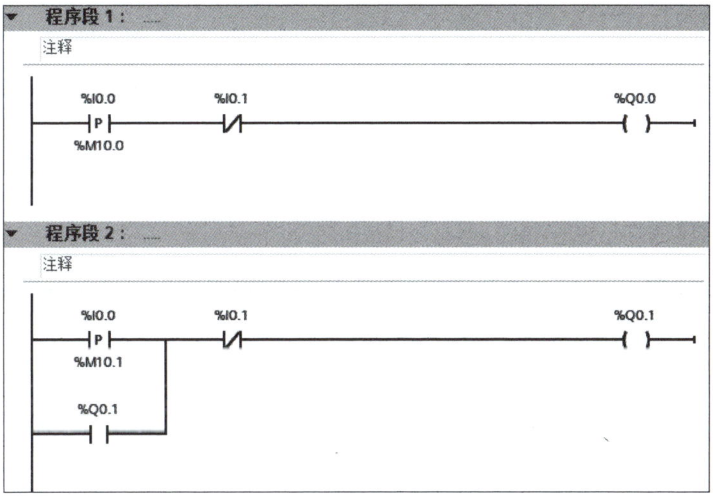

图 5-21　正跳变指令操作训练

运行效果分析:当输入 I0.0 由 OFF(断)到 ON(通)产生一个上升沿,上升沿触点指令接通一个扫描周期,输出 Q0.0 得电一个扫描周期,因 PLC 一个扫描周期只有几毫秒,用肉眼很难看到 Q0.0 的得电输出,观察有自锁的程序段 2,发现输出 Q0.1 得电,说明上升沿触点指令接通过。

2)负跳变指令操作训练

在图 5-22 中,设置检测 I0.0 由 ON(通)到 OFF(断)的下升沿,观察输出 Q0.0 和 Q0.1 的变化,I0.1 控制输出的断开。

运行效果分析:当输入 I0.0 由 ON(通)到 OFF(断)产生一个下升沿,下升沿触点指令接通一个扫描周期,输出 Q0.0 得电一个扫描周期,因 PLC 一个扫描周期只有几毫秒,用肉眼很难看到 Q0.0 的得电输出,观察有自锁的程序段 2,发现输出 Q0.1 得电,说明下升沿触点指令接通过。

3)单按钮控制电动机起停

在图 5-23 中,设置 I0.0 为电动机起停按钮,输出 Q0.0 控制电动机。

学习笔记

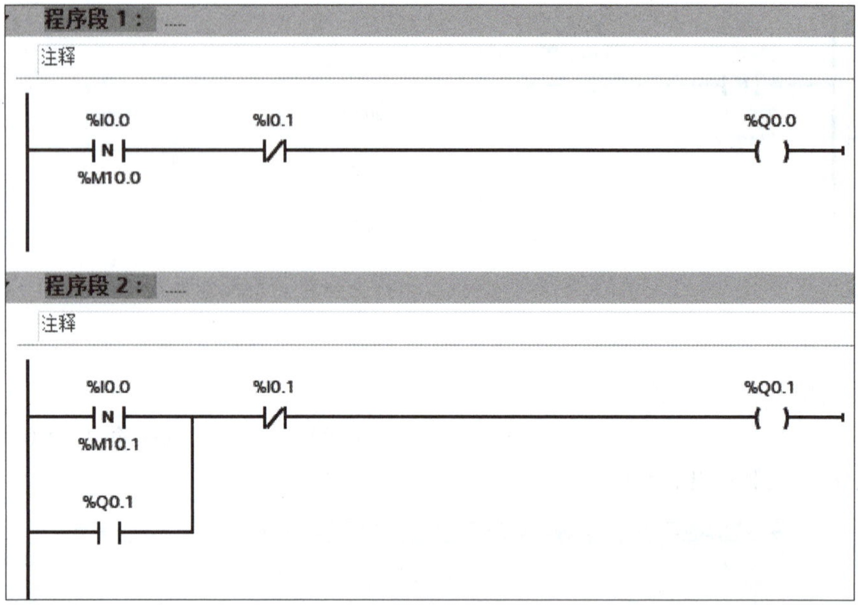

图 5-22　负跳变指令操作训练

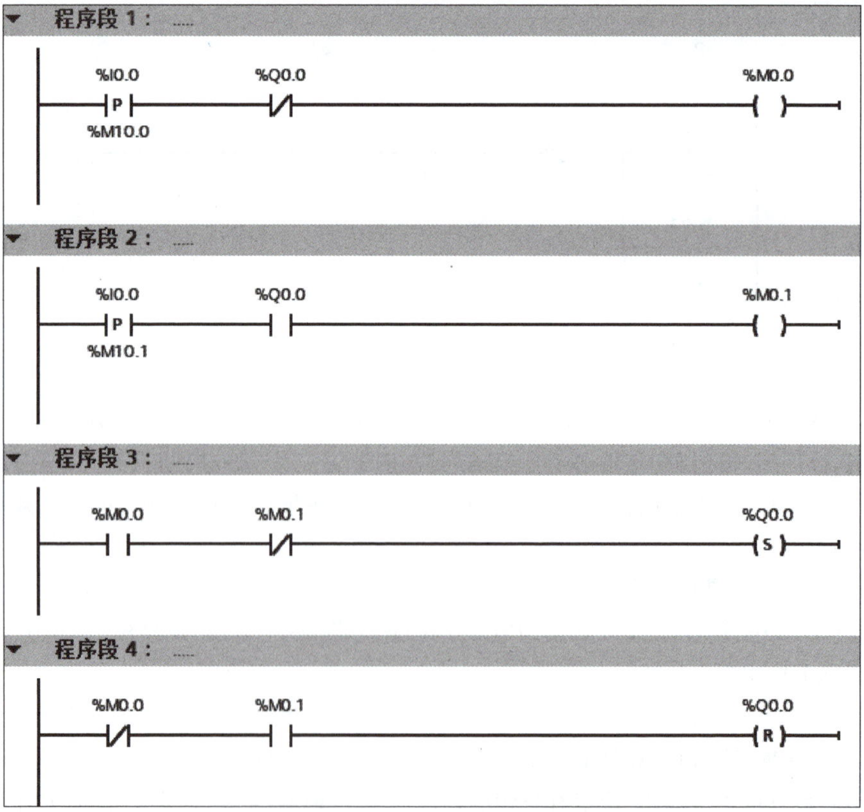

图 5-23　单按钮控制电动机起停

运行效果分析：Q0.0 没有输出，检测到 I0.0 上升沿，中间继电器 M0.0 接通一个扫描周期;Q0.0 有输出,检测到 I0.0 上升沿,中间继电器 M0.1 接通一个扫描周期。M0.0 接通时,使输出 Q0.0 置位;M0.1 接通时,使输出 Q0.0 复位。

PLC 边沿指令的特点是不关心输入信号的持续状态,只关注信号的瞬时变化。这种指令在需要精确控制信号的边沿时刻,或者在信号的边沿时刻对外围设备进行控制时非常有用。边沿指令的执行不受 PLC 扫描周期的影响,它只与最近两次执行的情况有关。这意味着无论程序是在主程序还是子程序中执行,无论是在同一个扫描周期内被调用多次,还是在多个扫描周期中只调用一次,边沿指令的行为都不会受到影响。因此,边沿指令提供了一种可靠的方式来检测和处理输入信号的边沿变化。

任务分析

使用 S7-1200 PLC 进行三相异步电动机的正反转控制,不同于使用 PLC 进行直流电动机的正反转控制。三相异步电动机与直流电动机的工作原理不同。所以实现正反转的路径也不同,对于三相异步电动机来说,需要改变相序实现正反转,因此主电路用两个接触器 KM1 和 KM2 进行换相,控制电路 PLC 的输出控制继电器线圈,用继电器的触点控制接触器的线圈得电与否,进行弱电控制强电,同时实现弱电与强电的隔离。PLC 是通用的工业控制器,也是专用工业控制计算机,因此 PLC 也有计算机的属性,可以使用 PLC 的置位和复位指令进行三相异步电动机正反转 PLC 的梯形图程序设计。

任务实施

一、I/O 分配

根据任务要求,控制系统中存在一个正转起动按钮,一个反转起动按钮,一个停止按钮,因此有三个输入;有一个中间继电器控制三相异步电动机正转运行,一个中间继电器控制三相异步电动机反转运行,因此共有两个输出。I/O 分配见表 5-4。

表 5-4　控制三相异步电动机正反转的 I/O 分配

输　入		
元器件	地址	注释
SB1	I0.0	正转起动按钮
SB2	I0.1	反转起动按钮
SB3	I0.2	停止按钮
输　出		
元器件	地址	注释
KA1	Q0.0	控制三相异步电动机正转运行
KA2	Q0.1	控制三相异步电动机反转运行

二、设计硬件原理图

I/O 分配完成后,进行控制三相异步电动机正反转的 PLC 外围电路设计。硬件接线设计时注意:与直流电动机相比,三相异步电动机工作电流较大,所以需要中间继电器去间接控制接触器的通断。如图 5-24 所示的控制三相异步电动机正反转的主电路,与直流电动机

学习笔记

的不同在于，三相电源或经过正转接触器 KM1，或经过反转接触器 KM2，被接到三相异步电动机上。KM1 与 KM2 轮流导通实现三相异步电动机的正反转控制。

具体接线图如图 5-24、图 5-25 所示。

视频 电动机正反转PLC控制项目分析与系统设计

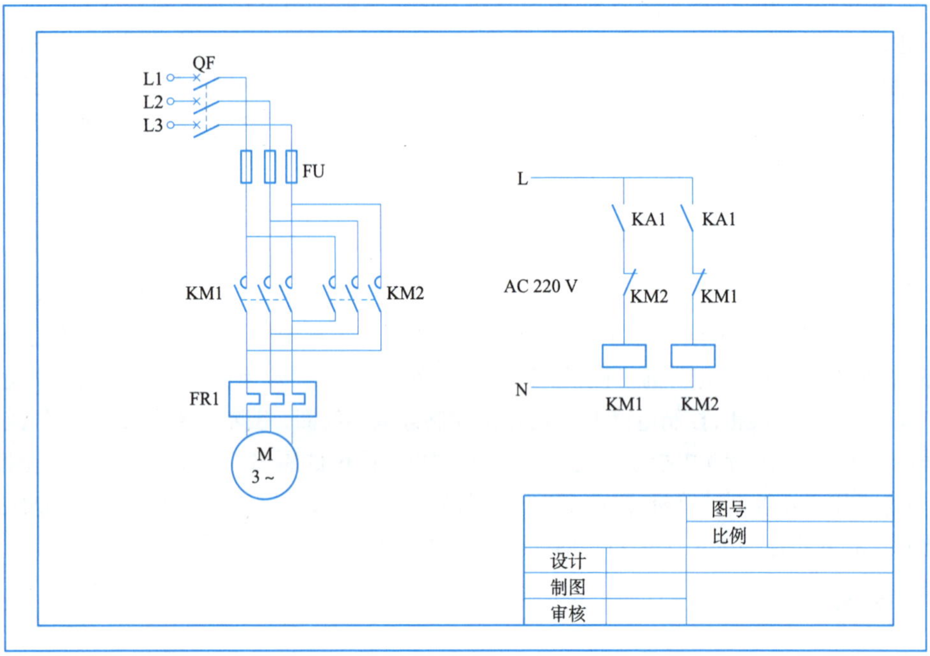

图 5-24 控制三相异步电动机正反转的主电路图

视频 电动机正反转PLC控制硬件接线与系统调试

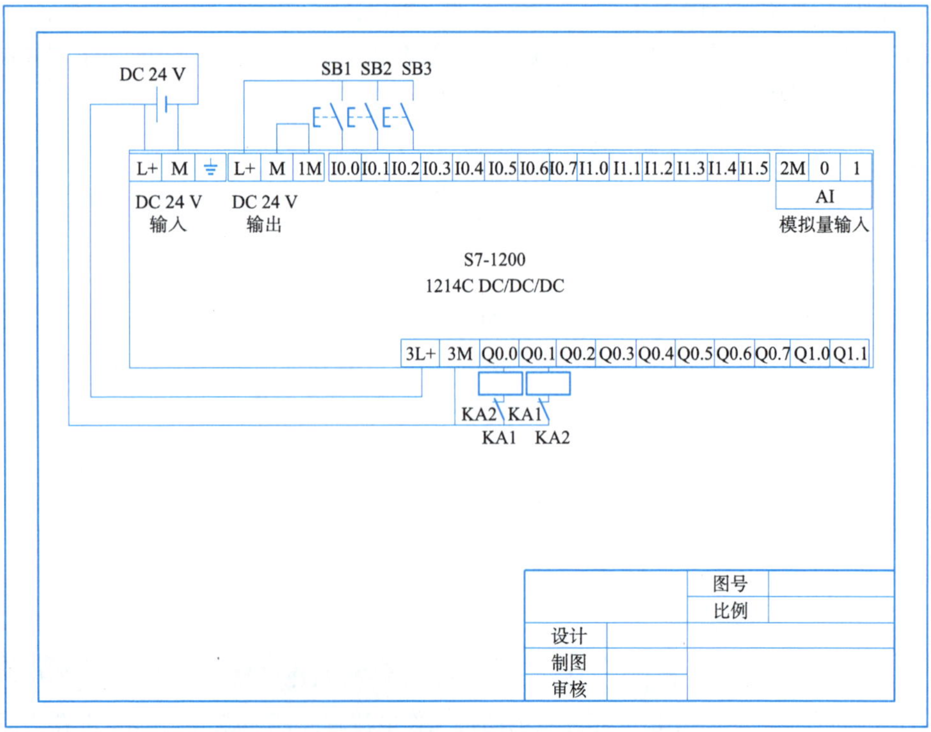

图 5-25 控制三相异步电动机正反转的控制电路图

学习笔记

三、设计及调试 PLC 控制程序

1. 定义变量

在 PLC 的默认变量表中填写输入输出的功能注释，主要包括输入、输出和中间继电器的注释。注释的目的是使编程者及程序使用者能更加清晰和容易地理解程序从而提高调试效率。控制三相异步电动机正反转 PLC 程序变量表如图 5-26 所示。

视频

电动机正反转 PLC控制程序 编写与仿真

控制直流电动机正反转

	名称	数据类型	地址	保持	从 H...	从 H...	在 H...
1	正转起动	Bool	%I0.0	☐	☑	☑	☑
2	反转起动	Bool	%I0.1	☐	☑	☑	☑
3	停止按钮	Bool	%I0.2	☐	☑	☑	☑
4	电机正转	Bool	%Q0.0	☐	☑	☑	☑
5	电机反转	Bool	%Q0.1	☐	☑	☑	☑

图 5-26　控制三相异步电动机正反转 PLC 程序变量表

2. 设计程序

如图 5-27 所示，程序段 1、2 为控制电机正转的程序；程序段 3、4 为控制电机反转的程序；程序段 1、2 与程序段 3、4 结构相同，编程思路和方法一致。在程序段 1 中，I0.0 正转起动，使用常开触点，I0.1 反转起动，使用常闭触点，Q0.1 电机反转，使用常闭触点。当 I0.0 接通，I0.1 和 Q0.1 都未接通的情况下，使电机正转 Q0.0 置位。在程序段 2 中，停止按钮 I0.2 接通，使电机正转复位。程序段 3、4 与程序段 1、2 类似，不再赘述。

本任务是使用置位/复位指令编写的三相异步电动机正反转程序。与使用“起保停”编程方法相比，有以下不同：标准线圈指令被替换成置位输出指令，因为置位输出指令具有保持功能，所以去掉了自锁支路；需要用停止按钮控制正反转的复位输出指令；多串联一个线圈的常闭触点，用来提高自锁可靠性。

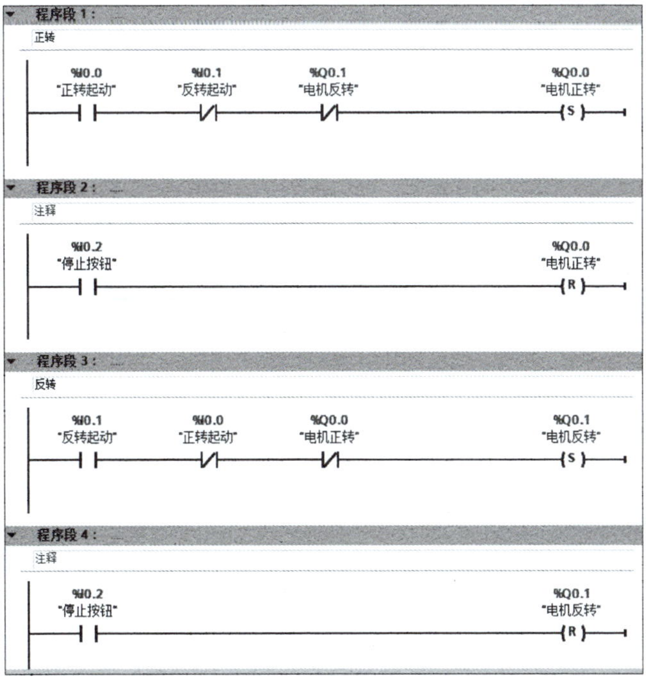

图 5-27　控制三相异步电动机正反转梯形图程序

学习笔记

3. 调试程序

将图5-27所示的程序下载到PLC中,然后进行调试。可以同时打开博途软件的监视功能,监控整个程序的运行过程,以便程序的调试。按下正转起动按钮SB1之后,Q0.0有输出,松开SB1,三相异步电动机保持正转输出,直到按下停止按钮SB3,三相异步电动机停止运行。按下反转起动按钮SB2之后,Q0.1有输出,松开SB2,三相异步电动机保持反转输出,直到按下停止按钮SB3,三相异步电动机停止运行。三相异步电动机正在运行过程中,按下反向起动按钮,电动机不能停止运行,更加安全可靠。

任务评价

按照任务的完成情况进行评价,评价的方式可以是教师评价、教师指定的评价组评价或者组间互评等。评价的过程中需要记录存在的问题,评价记录工作单见表5-5。

表5-5 评价记录工作单

类别	评价内容	分值	评分标准	记录	评分
功能实现情况	按下正转起动按钮SB1或者反转起动按钮SB2,电动机正转或者反转运行	10	按下I/O分配对应的起动按钮,PLC的输出指示灯有点亮的情况得10分,无点亮0分		
	按下停止按钮SB3,电动机停止运行	10	按下I/O分配对应的停止按钮,PLC的输出指示灯全部熄灭得10分,没有全部熄灭0分		
	能够使用触点、线圈指令编程	10	不能使用触点、线圈指令编程得0分		
	能够使用置位、复位指令编程	10	不能使用置位、复位指令编程得0分		
电路接线检查	电气原理图设计	10	布局不合理扣5分,少一个电气元件扣2分,符号不规范每处扣2分		
	工艺检查	10	露铜过长每处扣1分,接线不符合安全规范每处扣1分		
	初步调试	10	上电后按下按钮没有反应每处扣1分,接线错误每处扣2分,产生短路现象直接得0分		
职业素养	劳动纪律、操作规范、安全文明生产	10	不遵守实训纪律、不爱惜实训设备、浪费耗材、危险用电,根据情况酌情扣1~10分		
知识提问	由教师进行本任务相关知识的提问	20	每题完全正确得10分,部分答对由教师根据情况给分		

任务反思与练习

一、任务反思

检查任务中存在的问题进行完善,填写表5-6,提交项目相关技术资料。

学习笔记

表 5-6　改进工作单

改进要点记录		
产品提交	项目	负责人(签字)
	设计报告	
	使用说明	
	作品功能检查	
	作品技术规范检查	

二、练习

(一)单选题

1. 置位指令被激活后,线圈的地址位被置位为“0”并保持(　　)。

A. 对　　B. 错

2. 复位指令被激活后,线圈的地址位被复位为“1”并保持(　　)。

A. 对　　B. 错

3. 置位/复位指令具有置位/复位保持功能(　　)。

A. 对　　B. 错

4. 正跳变指令,也可以称为上升沿指令,用来检测逻辑运算结果从 0 变为 1(　　)。

A. 对　　B. 错

5. 负跳变指令,也可以称为下降沿指令,用来检测逻辑运算结果从 1 变为 0(　　)。

A. 对　　B. 错

6. 当正跳变指令检测到其上方地址位的逻辑运算结果从 0 变为 1 时,则保持逻辑运算结果为 1 一个扫描周期。(　　)

A. 对　　B. 错

7. 当负跳变指令检测到其上方地址位的逻辑运算结果从 1 变为 0 时,则保持逻辑运算结果为 0 一个扫描周期。(　　)

A. 对　　B. 错

8. 正/负跳变指令下方的地址位,通常用来保存上一周期的信号值(　　)。

A. 对　　B. 错

(二)多选题

1. 如果想一次批量改变多个连续的地址位,可以采用(　　)。

A. 置位指令　　B. 复位指令

C. 置位位域指令　　D. 复位位域指令

2. 使用置位位域指令对从 Q0.6 开始的 3 个位地址进行置位,那么(　　)均被置位为 1。

A. Q0.6　　B. Q0.7

C. Q0.8　　D. Q1.0

学习笔记

拓展知识

发展工业软件，建设制造强国

工业软件可以提高产品价值、降低企业成本、提高企业的核心竞争力，对于推进我国工业结构调整和产业升级、保持经济平稳较快发展具有重大的意义。国家高度重视并积极推动基础软件和工业软件的发展。

如何逾越工业软件的技术鸿沟，这对于工程技术人员来说，需要付出多年的努力。首先同学们要有良好的数学和物理基础，其次工业软件与硬件是高度融合的，因此要掌握计算机技术，最后，将工业技术与知识系统化、数字化，从而实现技术与场景的深度融合。

项目六 气缸自动往复运动PLC控制

学习笔记

知识目标：

(1)掌握 S7-1200 PLC 程序结构；

(2)掌握 S7-1200 PLC 跳转指令功能；

(3)掌握气压传动的基础知识及常用检测元件；

(4)掌握气缸自动往复运动 PLC 控制的软硬件设计及系统调试方法。

能力目标：

(1)会 S7-1200 PLC 跳转指令的应用；

(2)会灵活选择 PLC 程序结构编写 PLC 程序；

(3)会简单气压传动系统的 PLC 控制；

(4)会气缸自动往复运动 PLC 控制的硬件设计接线；

(5)会气缸自动往复运动 PLC 控制的软件设计、程序编写及虚拟仿真；

(6)会气缸自动往复运动 PLC 控制的系统调试及故障排除。

素质目标：

(1)培养学生独立思考、精益求精的品质；

(2)培养学生结构化的思维方式；

(3)培养学生的创新思维。

项目导入

一、气动技术的概念

气动技术简称“气动”(pneumatic)，是以空气压缩机为动力源，以压缩空气为工作介质，进行能量传递或信号传递的工程技术，是实现各种生产控制、自动控制的重要手段。

二、气动技术的应用

1. 汽车制造业

包括焊装生产线、夹具、机器人、输送设备、组装线、涂装线、发动机、轮胎生产装备等方面。

2. 工业生产自动化

包括机械加工生产线上零件的加工和组装，如工件的搬运、转位、定位、夹紧、进给、装

学习笔记

卸、装配、清洗、检测等工序。

3. 机械设备

包括建筑机械、农业机械、冶金机械、印刷机械、自动喷气织布机、自动清洗机、塑料制品生产线、玻璃制品加工线等许多场合。

4. 包装自动化

用于实现化工、粮食、食品、药品等粉末、粒状、块状物料的自动计量包装。用于对黏稠液体（如油漆、油墨、化妆品、牙膏等）和有毒气体（如煤气等）的自动计量灌装。

故事汇

中国自动化控制之父——钱学森

钱学森被誉为中国自动化控制之父。他在自动控制理论方面有着重要的贡献，并因此在中国自动化领域享有极高的声誉。钱学森的著作《工业控制论》是自动控制专业的基础，涉及自动控制理论的各个方面。除了在自动化领域的贡献，钱学森还是中国著名的导弹专家和航天科学家，被授予“两弹一星功勋奖章”，并入选“庆祝中华人民共和国成立70周年大型成就展”1970—1979年英雄模范人物。

项目要求

使用西门子S7-1200 PLC控制两个气缸自动往复运动，如图6-1所示，用这种给料设备，把料仓中的木板分配给加工站。木板被气缸A（双作用气缸）从料仓中推出并被气缸B（双作用气缸）运至加工站。当气缸A的活塞杆运动至末端时，才允许气缸B的活塞杆向末端移动。使用PLC进行控制，按下起动按钮，按如下顺序动作气缸A伸出→气缸B伸出→气缸A缩回→气缸B缩回，完成工作循环自动停止。在运行过程中，按下停止按钮，设备立即停止运行。

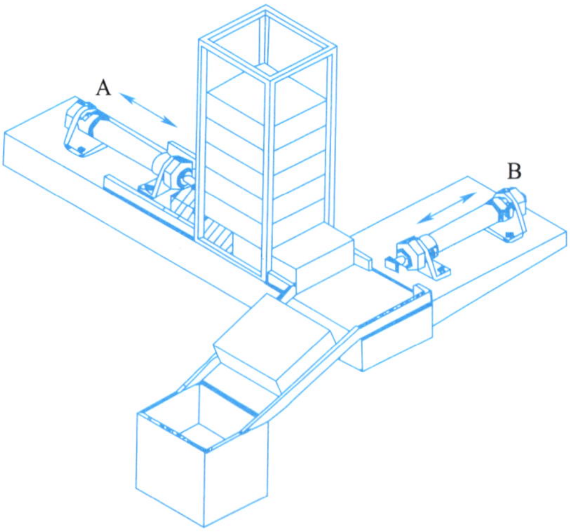

图6-1　气动给料设备

任务　控制气缸自动往复运动

学习笔记

思　考

你在哪些场合看到过气动设备？你对气动设备了解有多少？

知识与技能

一、气动的基础知识

1. 气动系统的组成

典型的气动系统主要由气压发生装置、执行元件、控制元件和辅助元件四大部分组成。

(1)气压发生装置：气压发生装置(简称“气源装置”)是获得压缩空气的能源装置，由空气压缩机和气源净化设备组成。

①空气压缩机：将原动机提供的机械能转化为空气的压力能。

②气源净化设备：降低压缩空气的温度，除去压缩空气的水分、油分以及污染杂质等。

(2)执行元件：执行元件是以压缩空气为工作介质，并将压缩空气的压力能转变为机械能的能量转换装置，主要包括：

①气缸：提供直线往复运动。

②气马达：提供连续回转运动。

(3)控制元件：控制元件(又称操纵、运算、检测元件)是控制压缩空气的压力、流量、方向等的元件，以便使执行机构完成预定运动规律。控制元件主要包括压力阀、流量阀、逻辑元件、行程阀、转换器和各种传感器等。

(4)辅助元件：辅助元件是使压缩空气净化、润滑、消声以及元件之间连接所需的一些装置。辅助元件包括：分水滤气器、油雾器、消声器以及各种管路附件。

2. 气动系统的特点

1)气动系统的优点

(1)适用性好；压缩空气容易实现长距离传输。

(2)易于贮存、环境干净。

(3)设计和控制简单。

(4)易于实现无级调速的直线和回转运动。

(5)安全性、经济性、可靠性好。

(6)具有较强的防火、防爆、抗电磁干扰的能力。

(7)恶劣环境适应性强。

2)气动系统的缺点

(1)由于空气的可压缩性，载荷变化时运动平稳性稍差。

(2)因工作压力低，不易获得较大的输出力或转矩，因此，气压传动不适于重载系统。

(3)有较大的排气噪声。

(4)因空气无润滑性能，气路中有时应设置给油润滑装置。

3. 单作用气缸

单作用气缸的结构如图 6-2 所示。

学习笔记

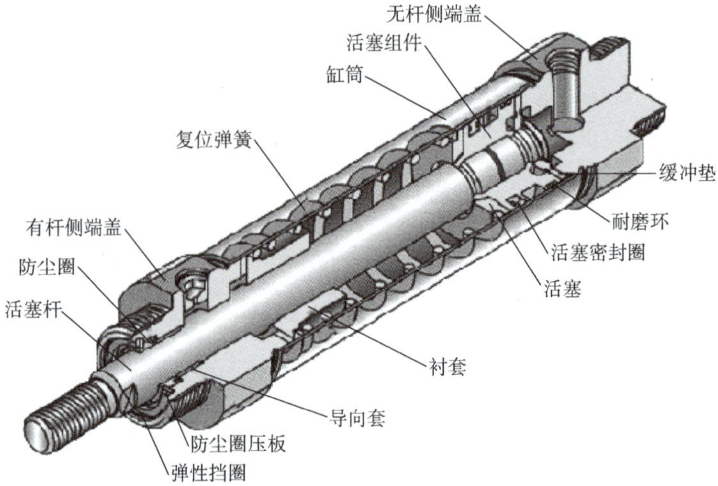

图 6-2 单作用气缸的结构

单作用气缸主要由缸筒、活塞杆、活塞、复位弹簧以及密封圈等部分组成。在压缩空气作用下,单作用气缸活塞杆伸出或压回;当无压缩空气时,缸的活塞杆在弹簧力作用下恢复原位。气缸活塞上永久磁环可用于驱动磁感应传感器动作,如图 6-3 所示。

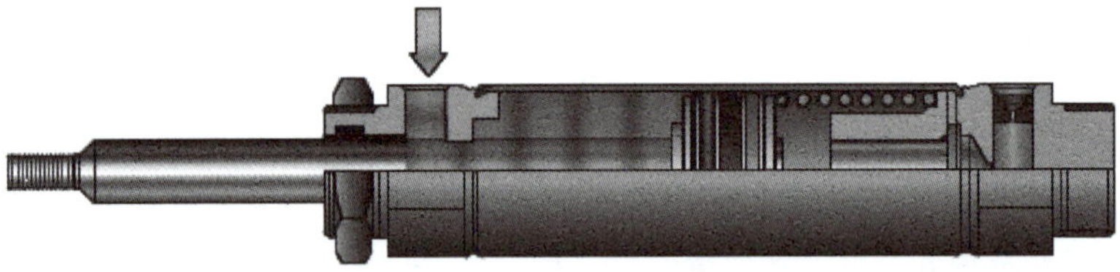

(a)进气使活塞杆压回

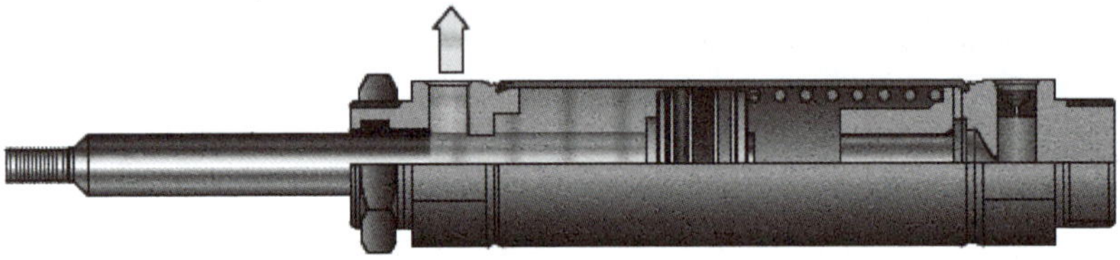

(b)弹簧复位使活塞杆伸出

图 6-3 单作用气缸的工作原理图

单作用气缸的外形图和图形符号如图 6-4 所示。

单作用气缸结构简单,耗气量少。缸体内安装了弹簧,缩短了气缸的有效行程。弹簧的反作用力随压缩行程的增大而增大,故活塞杆的输出力随运动行程的增大而减小。弹簧具有吸收动能的能力,可减小行程终端的撞击作用。一般用于行程短,对输出力和运动速度要求不高的场合。

4. 双作用气缸

气缸两个方向的运动都是通过气压传动进行的。双作用气缸的结构如图 6-5 所示,它的两端具有缓冲。在气缸轴套前端有一个防尘环,以防止灰尘等杂质进入气缸腔内。前缸盖上安装的密封圈用于活塞杆密封,轴套可为气缸活塞杆导向,其由烧结金属或涂塑金属制成。

学习笔记

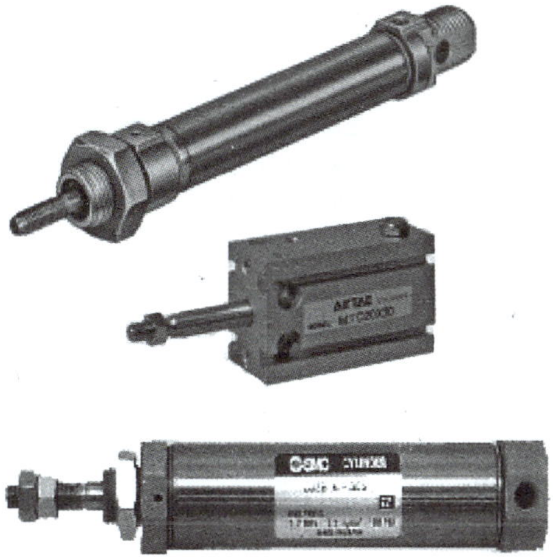

（a）外形图

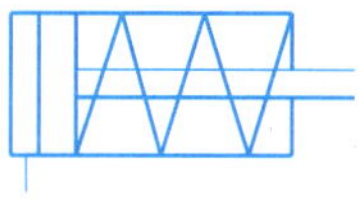

（b）图形符号

图 6-4　单作用气缸的外形图和图形符号

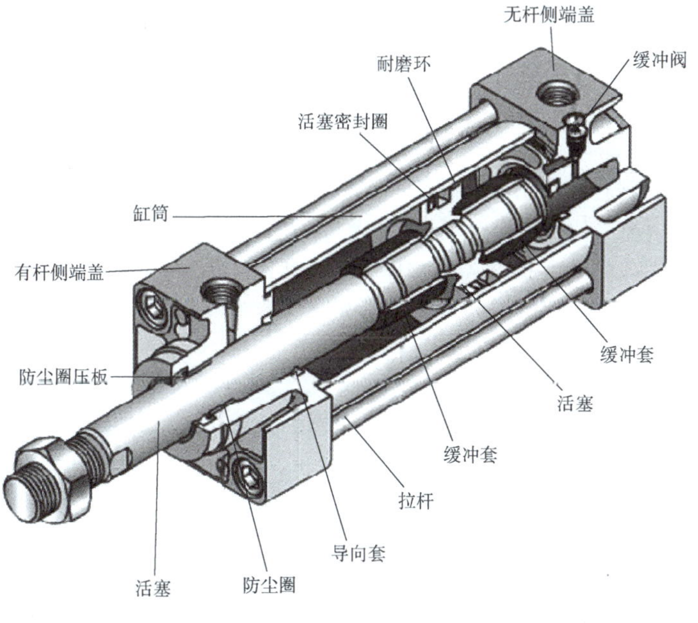

图 6-5　双作用气缸的结构

在压缩空气作用下，双作用气缸活塞杆既可以伸出，也可以回缩，如图 6-6 所示。通过缓冲调节装置，可以调节其终端缓冲。气缸活塞上永久磁环可用于驱动行程开关动作。

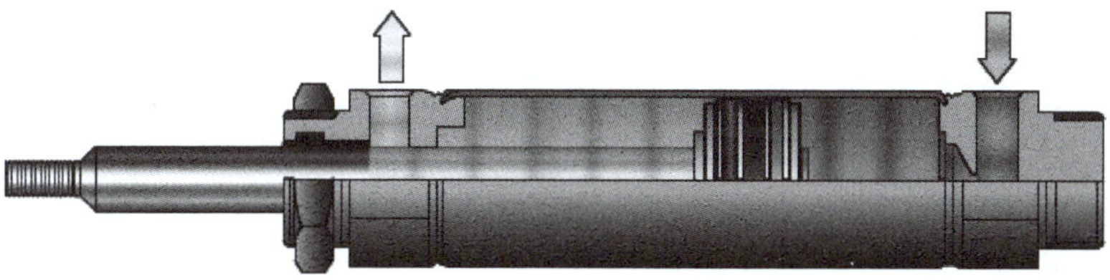

（a）活塞杆伸出

图 6-6　双作用气缸的工作原理图

学习笔记

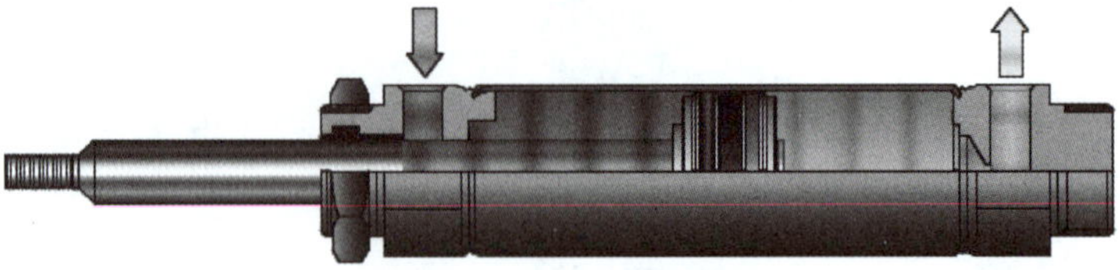

（b）活塞杆缩回

图 6-6 双作用气缸的工作原理图(续)

双作用气缸的外形图和图形符号如图 6-7 所示。

（a）外形图 （b）图形符号

图 6-7 双作用气缸的外形图和图形符号

5. 单电控换向阀

单电控换向阀阀芯的移动靠电磁铁，而复位靠弹簧，因而换向冲击较大，一般制成小型阀。图 6-8 为单电控二位三通换向阀的实物图、结构图、原理图及图形符号。当电磁线圈通电时单电控二位三通阀的 P 口与 A 口接通。电磁线圈失电，单电控二位三通阀在弹簧作用下复位，则 P 口关闭。

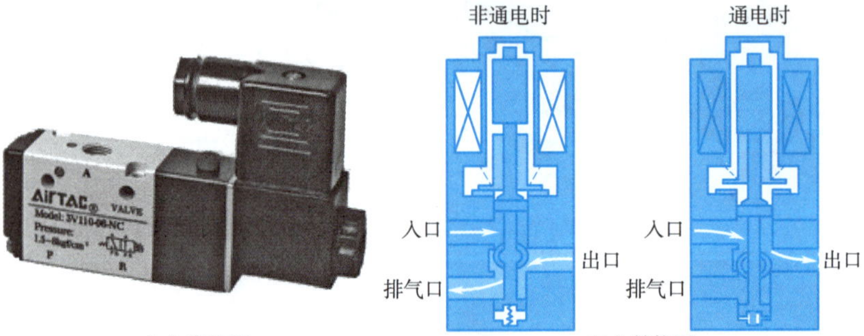

（a）实物图 （b）结构图

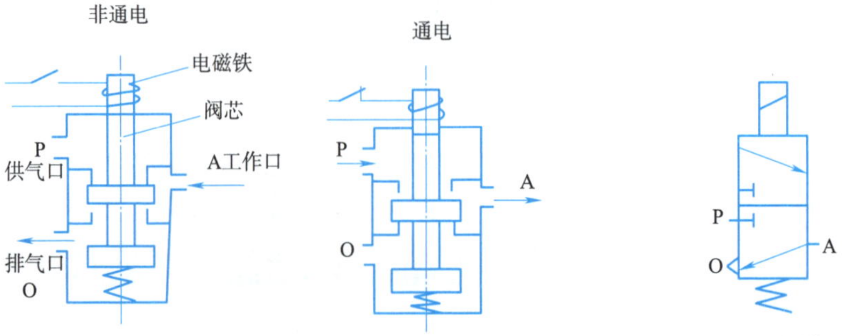

（c）原理图 （d）图形符号

图 6-8 单电控二位三通换向阀

学习笔记

6. 双电控换向阀

将单电控换向阀阀芯复位弹簧改成电磁铁就成为双电控换向阀，如图 6-9 所示。

当电磁线圈 2 得电，双电控二位五通换向阀的 P 口与 A 口接通，且具有记忆功能，只有当另一个电磁线圈得电，双电控二位五通换向阀才复位，即 P 口与 B 口接通。

注意：双电控二位换向阀的两个电磁铁只能交替工作，不能同时得电，否则会产生误动作。因而，这种阀也具有记忆的功能。

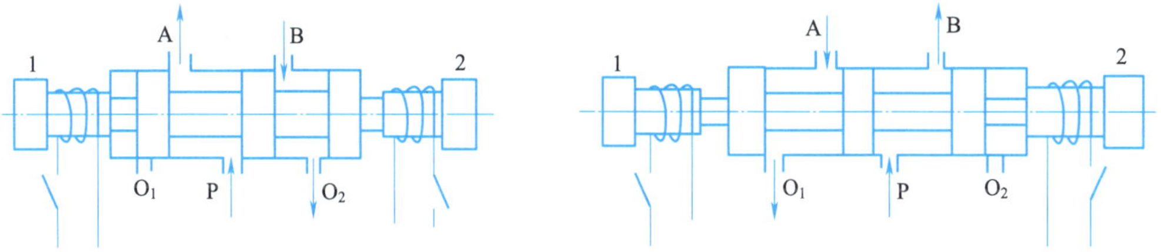

（a）原理图

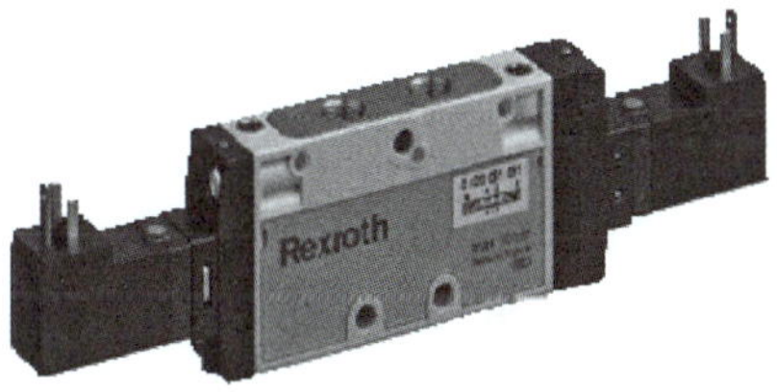

（b）实物图

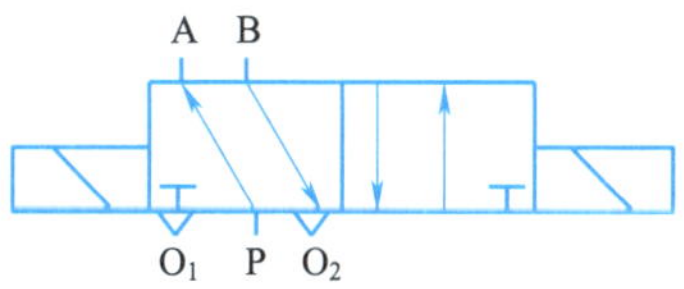

（c）图形符号

图 6-9　双电控二位五通换向阀

二、气动设备的常用检测元件

视频
气动的基础知识

1. 光电传感器

如图 6-10 所示，光电传感器又称光敏传感器，或称光电开关。它是利用各种手段将光能量变换成相应电信号的器件。其中，最常用的光电传感器为红外线光电传感器。

1）光电传感器工作原理

红外线光电传感器是利用被检测物体对红外光束的遮光或反射，由同步回路选通而检测物体的有无。物体不限于金属，对所有能反射光线的物体均可检测。工作原理图如图 6-11 所示。

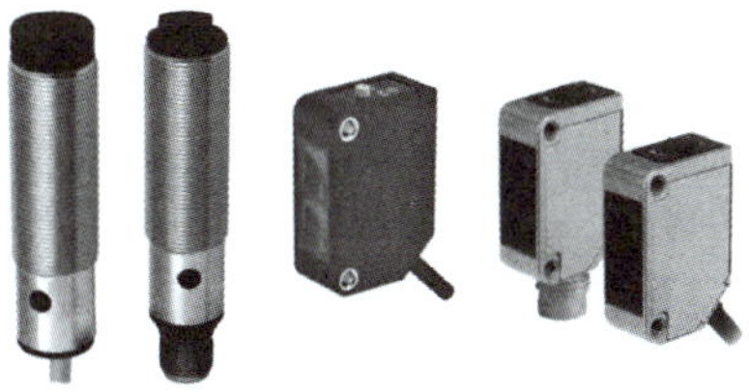

图 6-10　光电传感器

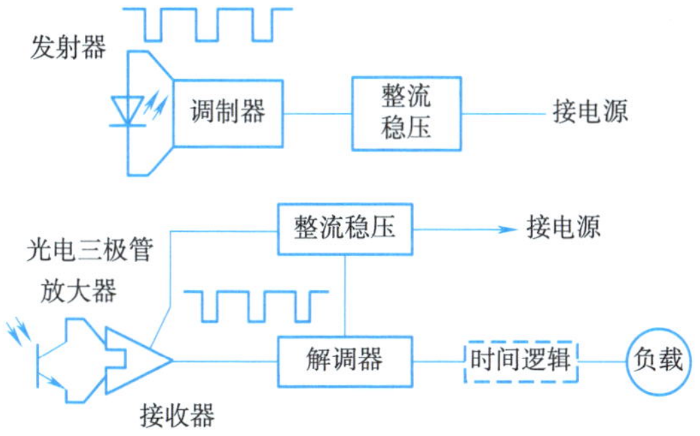

图 6-11　光电传感器工作原理图

学习笔记

2）光电传感器分类

根据检测方式的不同，光电传感器可分为：

（1）漫反射式光电传感器。漫反射式光电传感器是一种集发射器和接收器于一体的传感器，如图6-12所示。当有被检测物体经过时，将光电传感器发射端发射的足够量的光线反射到接收端，于是光电传感器就产生了开关信号。当被检测物体的表面光亮或其反光率极高时，漫反射式光电传感器是首选的检测元件。

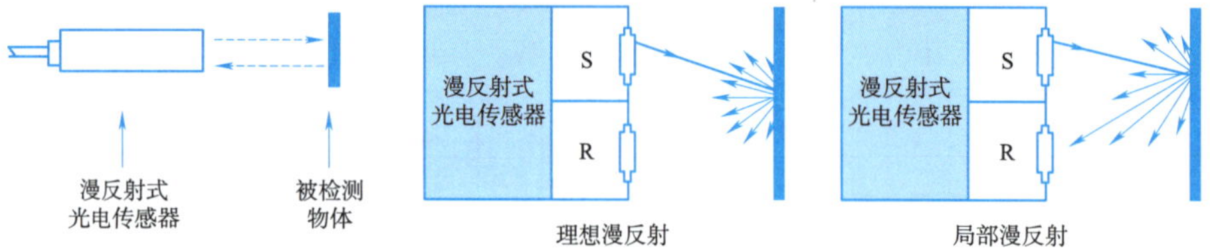

S—发射端；R—接收端。

图6-12　漫反射式光电传感器工作原理

（2）镜反射式光电传感器。镜反射式（又称同轴一回归式）光电传感器也是集发射器与接收器于一体的传感器如图6-13所示。光电传感器发射端发出的光线经过反射镜反射回接收器，当被检测物体经过且完全阻断光线时，光电传感器就产生了检测开关信号。

（3）对射式光电传感器。对射式光电传感器包含在结构上相互分离且光轴相对放置的发射端和接收端。发射端发出的光线直接进入接收端。当被检测物体经过发射端和接收端之间且阻断光线时，光电传感器就产生了开关信号。当检测物体不透明时，对射式光电传感器是最可靠的检测元件，如图6-14所示。

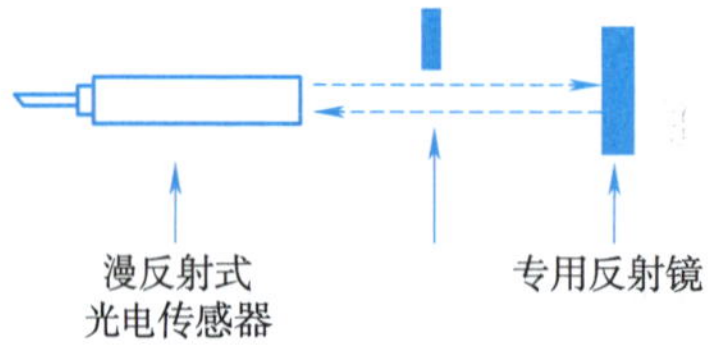

图6-13　镜反射式光电传感器工作原理

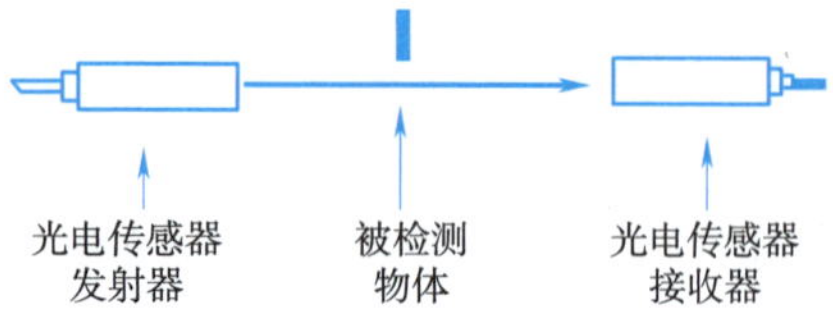

图6-14　对射式光电传感器工作原理

（4）槽式光电开关。槽式光电开关通常是标准的U形结构，其发射器和接收器分别位于U形槽的两边，并形成一光轴，当被检测物体经过U形槽且阻断光轴时，光电开关就产生了检测到的开关量信号。槽式光电开关比较安全可靠，适合检测高速变化、分辨透明与半透明物体，如图6-15所示。

（5）光纤式光电传感器。光纤式光电传感器采用塑料或玻璃光纤传感器来引导光线，以实现被检测物体与光纤控制器距离较远的检测。通常光纤式光电传感器分为对射式和漫反射式，如图6-16所示。

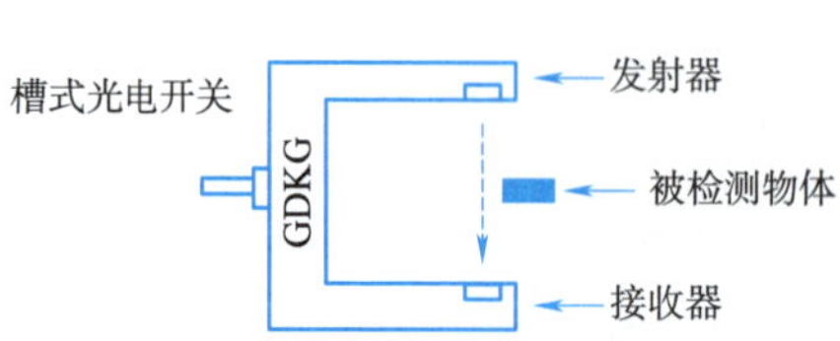

图6-15　槽式光电开关工作原理

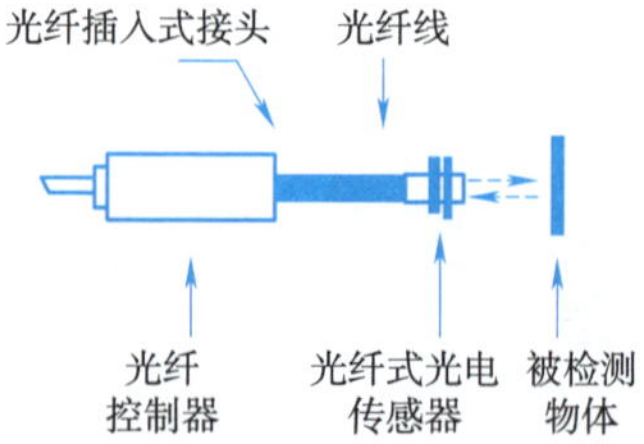

图6-16　光纤式光电传感器工作原理

学习笔记

2. 电感式传感器

电感式传感器如图 6-17 所示。

图 6-17　电感式传感器

1）电感式传感器工作原理

电感式传感器属于一种有开关量输出的位置传感器，如图 6-18 所示，它由高频振荡电路、整形检波、信号处理等电路组成，利用金属物体在接近这个能产生电磁场的振荡感应头时，使物体内部产生涡流。这个涡流反作用于电感式传感器，使电感式传感器振荡能力衰减，内部电路的参数发生变化，由此识别出有无金属物体接近，进而控制开关的通或断。

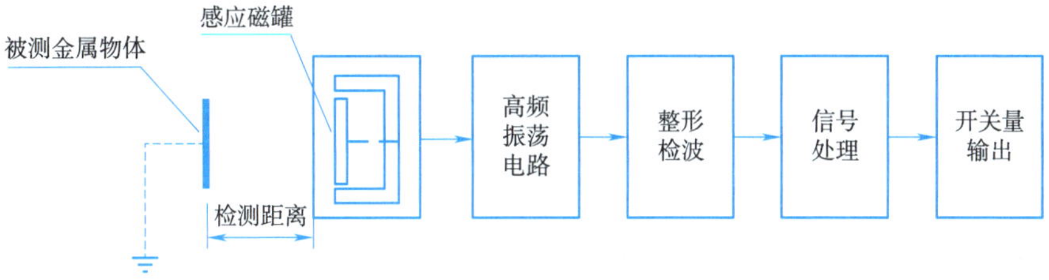

图 6-18　电感式传感器原理示意图

2）结论

电感式传感器只能检测金属，传感器直径越大，检测距离越大。电感式传感器对于不同的金属介质，其检测的范围是不同的。介质的面积越大，其检测的范围就越大。

3. 电容式传感器

如图 6-19 所示电容式传感器。

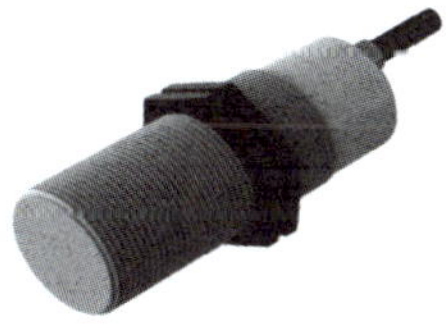

图 6-19　电容式传感器

1）电容式传感器工作原理

图 6-20 为电容式传感器原理示意图。电容式传感器的检测面由两个同轴金属电极构成，很像打开的电容器电极，该电极串接在 *RC* 振荡回路内。当被测物体接近检测面时，电极的容量产生变化，使振荡器起振，通过后级整形放大，转换成开关信号，从而检测有无物体存在，使得和测量头相连的电路状态也随之发生变化，由此便可控制传感器的接通和关断。

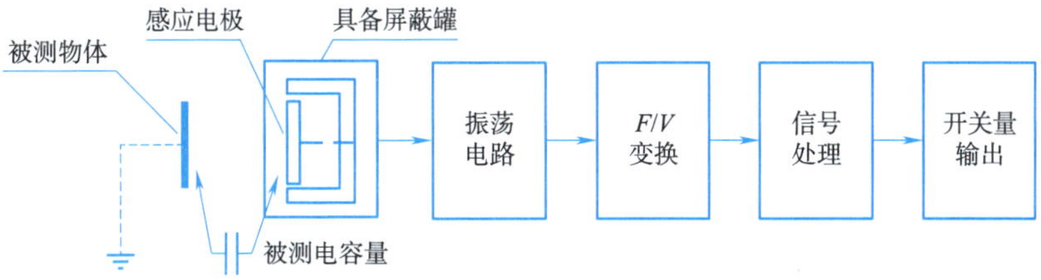

图 6-20　电容式传感器原理示意图

电容式传感器检测物体并不限于金属物体，也可以是绝缘的液体或粉状物体。不同的物体，其介电常数不一样，因此检测到的距离也不相同。在检测较低介电常数的物体时，可以顺时针调节多圈电位器（位于传感器后部）来增加感应灵敏度。一般调节电位器使电容式传感器在 0.7～0.8S_n（S_n 表示传感器的标准检测距离）的位置动作。

2)结论

电容式传感器可以检测所有介质。与光纤式漫射传感器相比,它有一些优点:可以在很暗淡的环境或被检测的介质表面反射率很低的情况下进行检测。对于电导率很低的介质(如塑料),检测结果一般仅与其厚度有关。

电容式传感器主要是检测介质表面静电荷的变化。因此,介电常数越小的介质,如果要得到较可靠的检测结果,要么缩短与传感器的距离,要么增加介质的厚度。

4. 电磁式传感器

电磁式传感器是利用磁感应原理将磁学量信号转换为电信号的接近式传感器,如图 6-21 所示。

图 6-21 电磁式传感器

利用磁学量与其他物理量的变换关系,以磁场作为媒介,也可将其他非电物理量转变为电信号。磁感应传感器的种类很多,其中利用霍尔效应原理制成的霍尔传感器具有无触点、低功耗、长使用寿命、响应频率高等特点,内部采用环氧树脂封灌成一体化,所以能在各类恶劣环境下可靠地工作。霍尔传感器可应用于接近开关、压力开关等。

霍尔传感器适用于气动、液动、气缸和活塞泵的位置测定(见图 6-22),亦可作为限位开关用。当磁性目标接近时,产生霍尔效应,经放大输出开关信号。

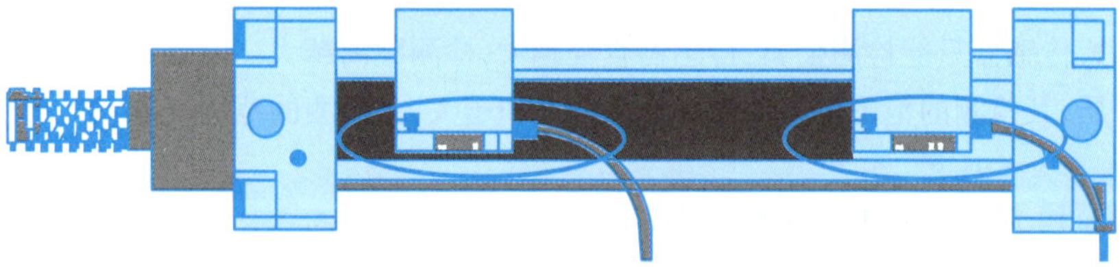

图 6-22 用于气缸活塞位置检测的电磁开关

视频

气动常用检测元件

与电感式传感器比较有以下优点:可安装在金属中、可并排紧密安装、可穿过金属进行检测。缺点:距离受磁场强度及检测体接近方向的影响,有可能出现误动作,固定时不允许使用铁质材料。

电磁式传感器只能检测磁性介质(永久的、交变的都可以)。检测的范围与磁场强度有关,磁场越强,检测范围越大。

三、S7-1200 PLC 跳转指令及操作训练

1. 跳转指令的含义

PLC 跳转指令是程序控制指令,用来改变程序执行顺序的,以及在程序运行中用于控制的指令。所谓跳转,就是跳过某段程序不去执行,使用跳转指令可以实现改变程序的执行顺序的功能。如果没有执行跳转指令,各个程序段是按照从上往下的顺序执行的,当执行了跳转指令之后,跳转指令会中止程序的顺序执行,跳转到指定位置的程序开始往下执行。

2. S7-1200 PLC 跳转指令

S7-1200 PLC 的跳转指令 JMP/JMPN 与标签指令 LABLE 能使 PLC 的程序灵活性和智能性大大提高,可以使主机根据对不同条件的判断选择不同的程序段执行。

学习笔记

1）指令格式

S7-1200 PLC 跳转指令格式见表 6-1。

表 6-1　S7-1200 PLC 跳转指令格式

指　令	功　能
–(JMP)–	如果有能流通过该指令线圈，则程序将从指定标签后的第一条指令继续执行
–(JMPN)–	如果没有能流通过该指令线圈，则程序将从指定标签后的第一条指令继续执行
<???>	LABEL 指令，JMP 或 JMPN 跳转指令的目标标签
–(RET)–	用于终止当前块的执行

视频

PLC跳转指令

2）指令功能

逻辑运算结果为 1 时，执行跳转指令 JMP；逻辑运算结果为 0 时，执行跳转指令 JMPN。配套使用的标签指令是 LABEL，标签指令上需要标上标签号，可以是数字，也可以是字母或汉字。S7-1200 PLC 最多可以声明 32 个跳转标签。

3. 操作训练

跳转 JMP 与标签 LABEL 指令编程举例。

设 I0.2 为点动/连续运转控制开关，当 I0.2 得电时，选择点动控制；当 I0.2 不得电时，选择连续运行控制。采用跳转指令控制的点动/连续运转控制程序如图 6-23 所示。

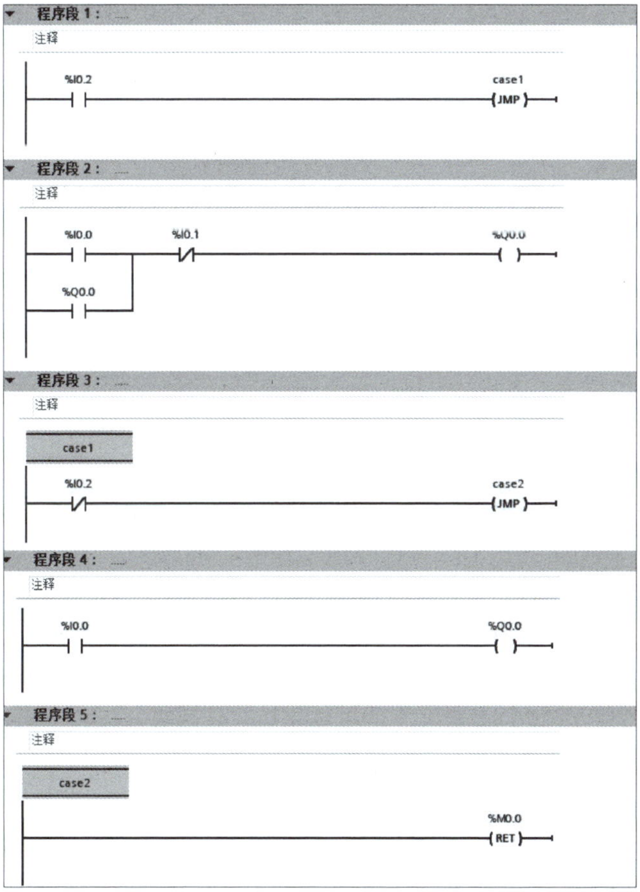

图 6-23　采用跳转指令控制的点动/连续运转控制程序

学习笔记

运行效果分析：

（1）程序段1中当I0.2常开触点接通，执行JMP case1，程序跳过程序段2，跳转到程序段3标号为case1处继续执行，此时JMP case2执行条件不具备，因此执行程序段4的点动控制程序。

（2）程序段1中当I0.2常开触点不接通，JMP case1执行条件不具备，因此执行程序段2的连续控制程序，程序段3中执行JMP case2，跳过程序段4，跳转到程序段5标号为case2处继续执行。

四、S7-1200 PLC程序结构

1. PLC程序结构概述

S7-1200 PLC编程采用块（block）的概念，即将程序分解为独立的、自成体系的各个部件。块类似子程序的功能，但类型更多、功能更强大。在工业控制中，程序往往是非常庞大和复杂的，采用块结构便于大规模程序的设计和理解，可以设计标准化的块程序进行重复调用，程序结构清晰明了，修改方便，调试简单。采用块结构显著地增加了PLC程序的组织透明性、可理解性和易维护性。

2. S7-1200 PLC用户程序中的块

西门子PLC将程序分为系统程序和用户程序两大类，其中系统程序是用于维护用户程序与系统硬件的操作系统，用户程序根据功能的不同分为组织块（OB）、数据块（DB）、功能（FC）与功能块（FB）见表6-2。

表6-2　S7-1200 PLC用户程序中的块

块	简要描述
组织块（OB）	操作系统与用户程序的接口，决定用户程序的结构
数据块（DB）	存储用户数据的数据区域
功能（FC）	用户编写的包含经常使用的功能的子程序，无存储区
功能块（FB）	用户编写的包含经常使用的功能的子程序，有存储区

1）组织块

组织块（organization block，OB）是CPU系统和用户程序之间的接口，不同序号的组织块功能不同。例如组织块OB1（Program Cycle）是整个PLC用户程序的主程序块，一直处于循环执行状态，减少OB1组织块中所包含的程序可减少程序单次扫描时间。组织块OB100（Startup）用于系统初始化，该组织块当PLC由STOP转为RUN状态时执行一次。

2）数据块

数据块（data block，DB）用于存储用户数据，可全局访问且支持自定义结构。S7-1200 PLC提供以符号名称方式访问数据元素的可优化访问数据块，以及以固定地址方式访问数据元素的标准访问数据块两种方式。

3）功能（FC）与功能块（FB）

功能（function，FC）是可自定义输入（Input）参数、输出（Output）参数、输入输出（InOut）参数和返回（Return）值等的代码块，可将经常重复使用的程序以合适的编程语言封装在块中，提高效率的同时细化程序结构功能。

学习笔记

功能块(function block,FB)可理解为 FC 和 DB 的组合,不仅可实现 FC 的功能,并且将程序运行过程中的参数(Input 参数、Output 参数、InOut 参数)和静态数据保存在 DB 中,使得其具有记忆性。将与 FB 同时调用的 DB 称为实例数据块(也称为背景数据块)。

3. 操作训练

操作训练 1:不带参数 FC 程序设计。

点动/连续运转控制程序的点动部分及连动部分可分别作为 FC 功能编写。在主程序 OB1 中根据需要调用也可很好地完成控制任务,程序如图 6-24 所示。

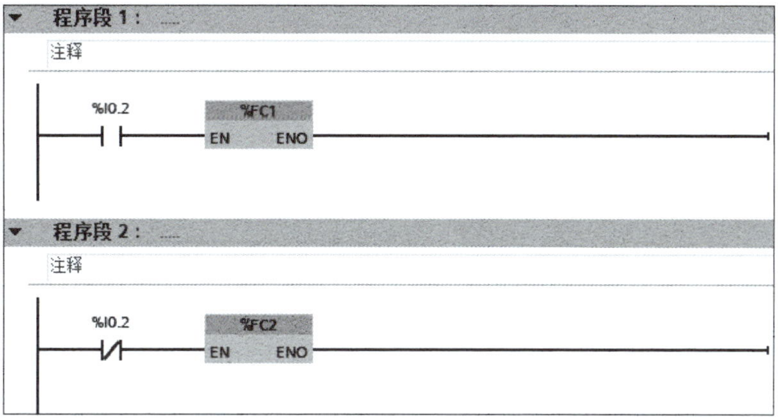

(a)主程序OB1

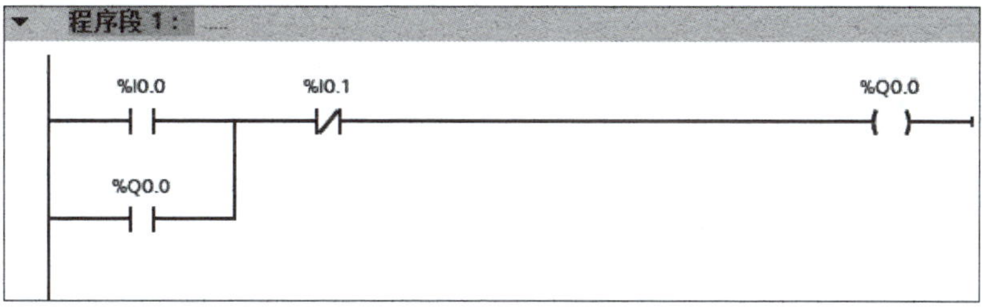

(b)子程序FC1

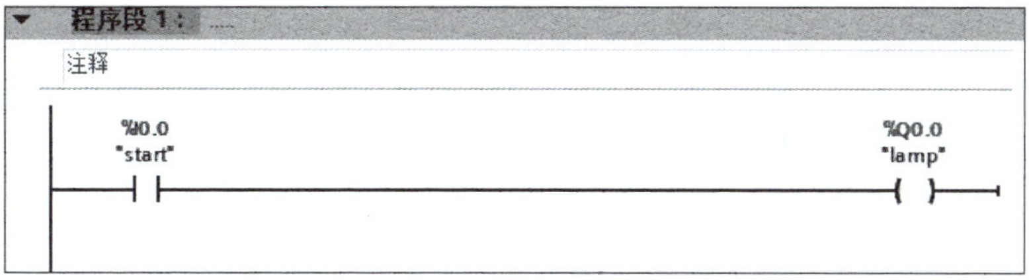

(c)子程序FC2

图 6-24　不带参数 FC 设计点动/连动控制程序

运行效果分析:

I0.2 为点动与连动控制的开关,在主程序 OB1 程序段 1 中,I0.2 常开触点接通,调用子程序 FC1,程序段 2 中 I0.2 常闭触点接通,调用子程序 FC2;子程序 FC1 是连续控制程序;子程序 FC2 是点动控制程序。

学习笔记

操作训练 2:带参数 FC 程序设计。

将电动机的“起保停”控制功能模块化编成 FC,当控制多台电动机时,在主程序 OB1 中重复调用 FC,赋值不同输入、输出参数即可实现。程序如图 6-25 所示。

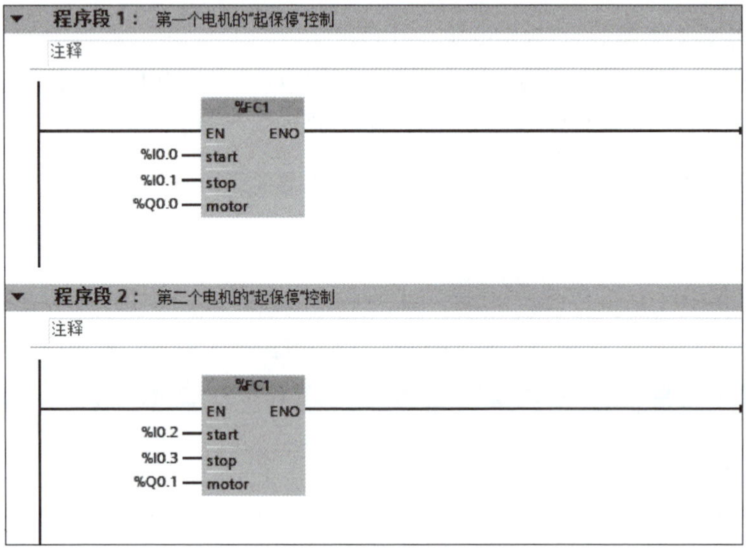

(a)主程序OB1

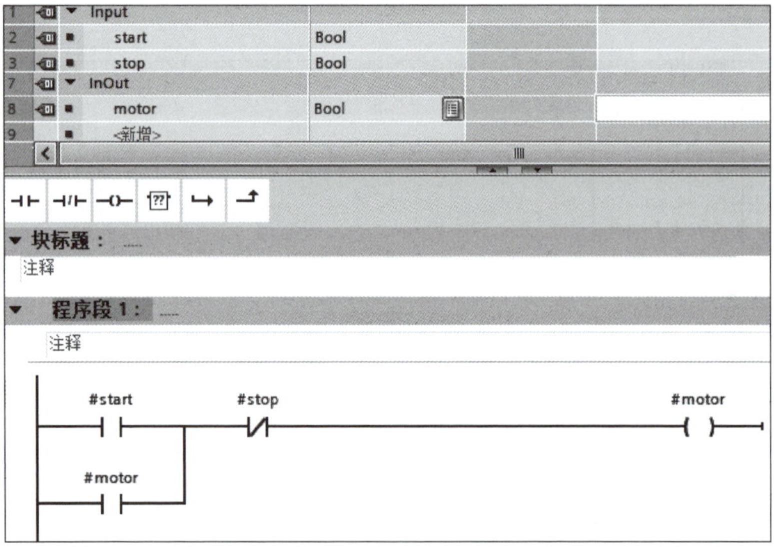

(b)子程序FC1

图 6-25 带参数 FC 程序设计两台电动机起停控制程序

视频
PLC程序结构

运行效果分析:

在子程序 FC1 的变量声明表中,设置 Input 参数 start 和 stop,设置 InOut 参数 motor,然后在子程序 FC1 的程序编辑区编写通用电动机起停控制的梯形图程序。在主程序 OB1 中重复调用 FC1,通过不同的赋值分别控制电动机 1 起动、电动机 2 起动,电动机 1 起动用 I0.0,停止用 I0.1,输出用 Q0.0;电动机 2 起动用 I0.2,停止用 I0.3,输出用 Q0.1。

学习笔记

任务分析

通过分析控制要求可知，本项目是典型的 PLC 顺序控制，应用西门子 S7-1200 PLC 内的中间继电器、置位和复位指令编写顺序控制程序，学习绘制 PLC 顺序控制功能图（状态转移图），掌握气动设备的气动回路搭建方法，学会电磁式传感器（磁感应开关）接线方法。

任务实施

一、硬件设计

1. 设计并搭建气动回路

气动回路主要包括 2 个双作用气缸、2 个双电控电磁阀、1 个三联件、1 个空气压缩机、气管若干。气缸自动往复运动控制元器件列表见表 6-3，气缸自动往复运动控制的气动回路如图 6-26 所示。

表 6-3　气缸自动往复运动控制元器件列表

元器件	数　量	注　释
空气压缩机	1	气源
三联件	1	过滤、干燥及调节压缩空气
电磁换向阀（双控）	2	改变压缩空气方向
气缸（双作用）	2	产生机械动作

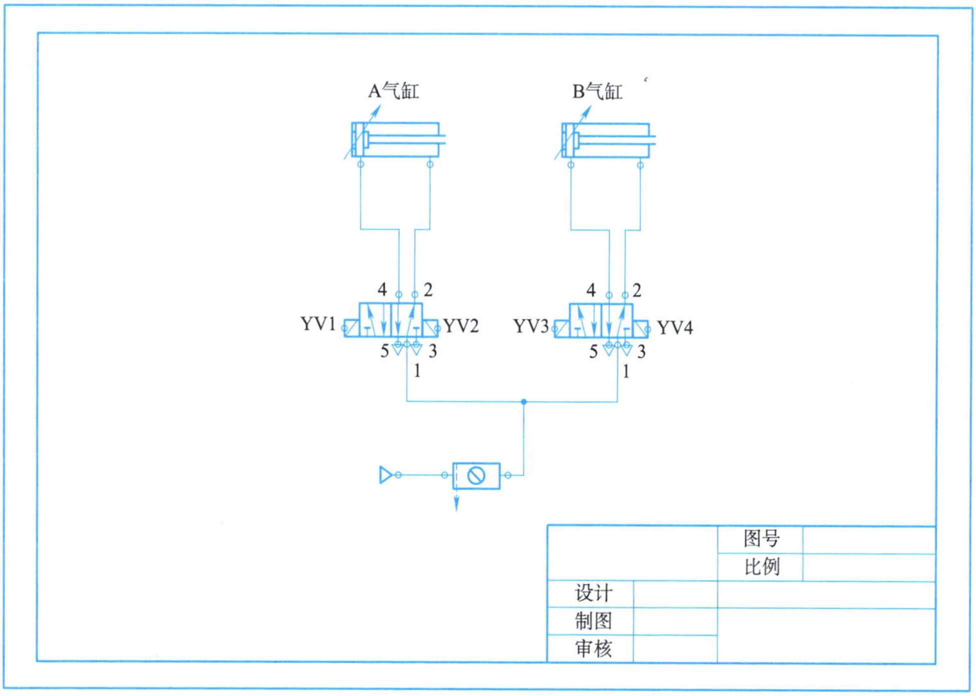

图 6-26　气缸自动往复控制的气动回路

学习笔记

搭建气动回路的注意事项：

(1)气缸三联件进气和出气的方向一定不能接反。

(2)注意二位五通换向阀的各个口的作用：1 口为进气口，2、4 口为工作口，3、5 口为排气口。

(3)气缸的两个气口不能接反，保证 YV1 得电时，A 气缸伸出；YV2 得电时，A 气缸缩回，B 气缸与 A 气缸类似。

建议使用换向阀的手动按键进行模拟动作和调试。

2. 设计电气接线图

1)I/O 分配

根据气缸自动往复运动控制的要求，控制系统中存在 1 个起动按钮，1 个停止按钮，A 气缸的伸出、缩回限位开关，B 气缸的伸出、缩回限位开关，因此有 6 个输入点；需要 4 个输出点分别控制 A 气缸的伸出、缩回，B 气缸的伸出、缩回。I/O 分配见表 6-4。

表 6-4　气缸自动往复运动控制 I/O 分配

输　入		
元器件	地　址	注　释
SB1	I0.0	起动按钮
SB2	I0.1	停止按钮
SQ1	I0.2	A 气缸缩回限位
SQ2	I0.3	A 气缸伸出限位
SQ3	I0.4	B 气缸缩回限位
SQ4	I0.5	B 气缸伸出限位
输　出		
元器件	地　址	注　释
KA1	Q0.0	控制 A 气缸伸出
KA2	Q0.1	控制 A 气缸缩回
KA3	Q0.2	控制 B 气缸伸出
KA4	Q0.3	控制 B 气缸缩回

2)设计硬件原理图

视频
气缸自动往复运动控制项目分析与系统设计

I/O 分配完成后，进行气缸自动往复运动控制的 PLC 外围电路设计。PLC 的输出与电磁阀线圈之间通过中间继电器 KA 进行电气隔离，也实现硬件互锁，在硬件接线上保证双电控换向阀的两个电磁阀不会同时得电。硬件接线设计时注意以下几点：

(1)直流 24 V 开关电源注意正负极性，V 引脚为正(+)，G 引脚为负(-)。

(2)磁性开关 SQ1 ~ SQ4 的接线要注意正负极性，棕色为正(+)，蓝色为负(-)。

(3)中间继电器线圈接线注意正负极性，14 引脚为正(+)，13 引脚为负(-)。中间继电器 KA 的常开、常闭触点：1-9、2-10、3-11、4-12 为常闭触点，5-9、6-10、7-11、8-12 为常开触点。

气缸自动往复运动控制的 PLC 外围接线图如图 6-27 所示。

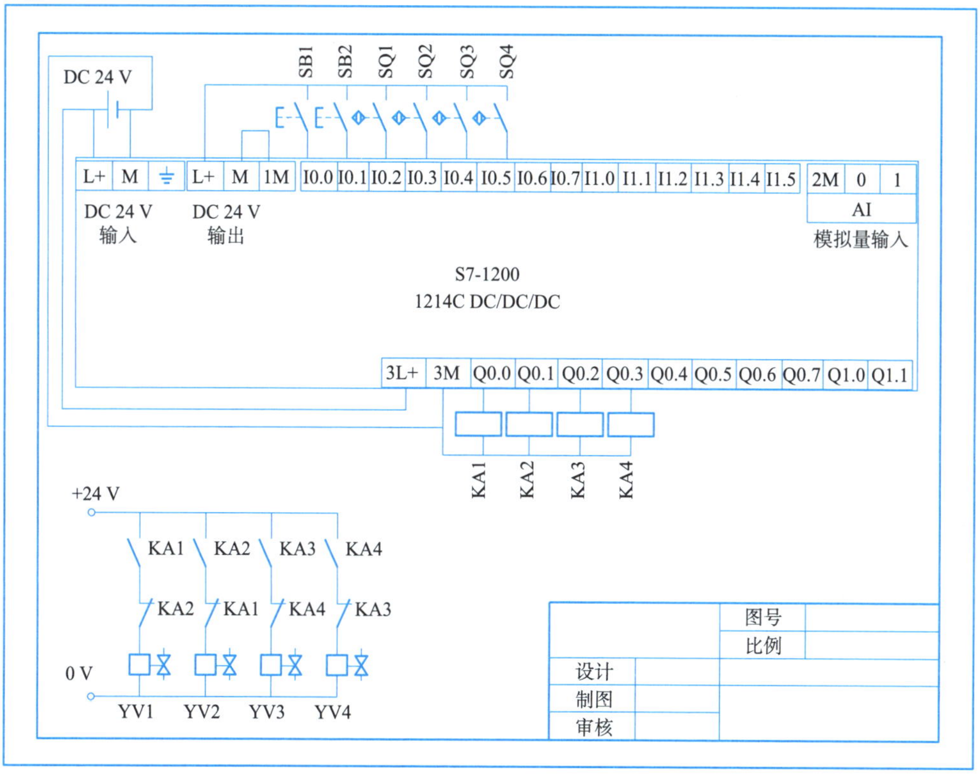

图 6-27　气缸自动往复运动控制的 PLC 外围接线图

视频

气缸自动往复运动控制硬件接线与系统调试

二、设计 PLC 控制程序

1. 程序编写的思路

气缸自动往复运动控制属于典型的顺序控制，分析控制要求先定义变量，然后绘制顺序功能图（状态转移图），根据顺序功能图编写 PLC 梯形图程序，使用组织块 OB100 进行初始化，进入预备状态。编程使代表四个步的 M0.1 ~ M0.4 按顺序得电，最后再编写 PLC 输出程序，使 Q0.0 ~ Q0.3 得电输出。

2. 定义变量

在 PLC 的默认变量表中填写输入输出的功能注释，主要包括输入、输出和中间继电器的注释。注释的目的是使编程者及程序使用者能更加清晰和容易地理解程序从而提高调试效率。气缸自动往复运动控制 PLC 程序变量表如图 6-28 所示。

变量表_1

	名称	数据类型	地址
1	start	Bool	%I0.0
2	stop	Bool	%I0.1
3	A-lim	Bool	%I0.2
4	A+lim	Bool	%I0.3
5	B-lim	Bool	%I0.4
6	B+lim	Bool	%I0.5
7	A+	Bool	%Q0.0
8	A-	Bool	%Q0.1
9	B+	Bool	%Q0.2
10	B-	Bool	%Q0.3

图 6-28　气缸自动往复运动控制 PLC 程序变量表

学习笔记

3. 设计程序

1）顺序功能图（状态转移图）

气缸自动往复运动控制的顺序功能图，如图 6-29 所示。气缸自动往复运动控制顺序功能图中的方框表示“步”，气缸自动往复运动控制有 1 个预备步、4 个动作步，4 个动作步对应 A 气缸伸出、B 气缸伸出、A 气缸缩回和 B 气缸缩回，有向线段表示“步”的转移方向，在步与步之间的短线标出步的转移条件。

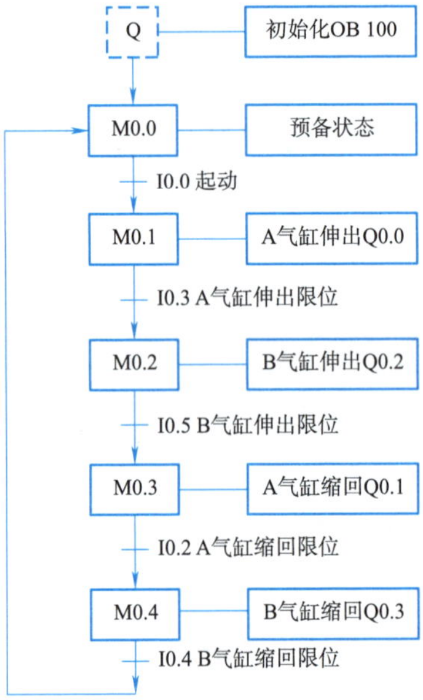

图 6-29　气缸自动往复运动控制的顺序功能图

2）梯形图程序

根据顺序功能图编写 PLC 梯形图程序，如图 6-30(a)所示，新建组织块 OB100 进行初始化，OB100 是 PLC 上电第一个扫描周期只执行一次的组织块，一般用于设备初始化。在 OB100 中将中间寄存器 M0.0 置位，为气缸自动往复运动控制做好准备。

如图 6-30(b)所示，在主程序组织块 OB1 中根据顺序功能图编写气缸自动往复运动控制梯形图程序。编程实现 M0.1 ~ M0.4 顺序得电，并在表示当前步的中间继电器寄存器得电的时候进行控制的输出。程序段 1、程序段 2 为第一步，M0.1 得电，A 气缸伸出；程序段 3、程序段 4 为第二步，M0.2 得电，B 气缸伸出；程序段 5、程序段 6 为第三步，M0.3 得电，A 气缸缩回；程序段 7、程序段 8 为第四步，M0.4 得电，B 气缸缩回；程序段 9 是完成第四步后返回预备状态 M0.0；程序段 10 是按下停止按钮后，立即复位 M0.1 ~ M0.4，Q0.0 ~ Q0.3，并使 M0.0 得电，为下一次起动做好准备。

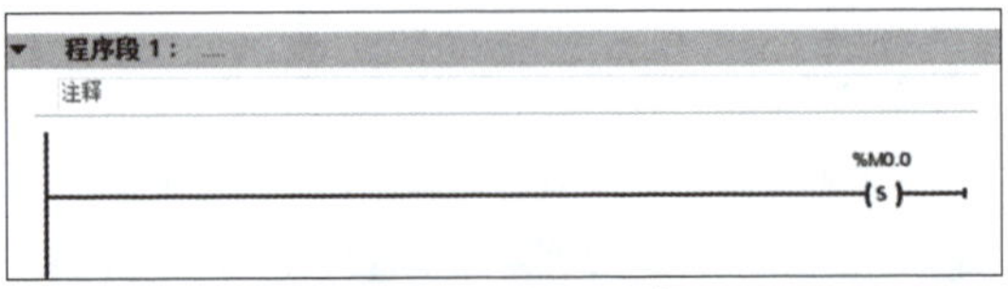

(a) OB100梯形图程序

图 6-30　气缸自动往复运动控制梯形图程序

学习笔记

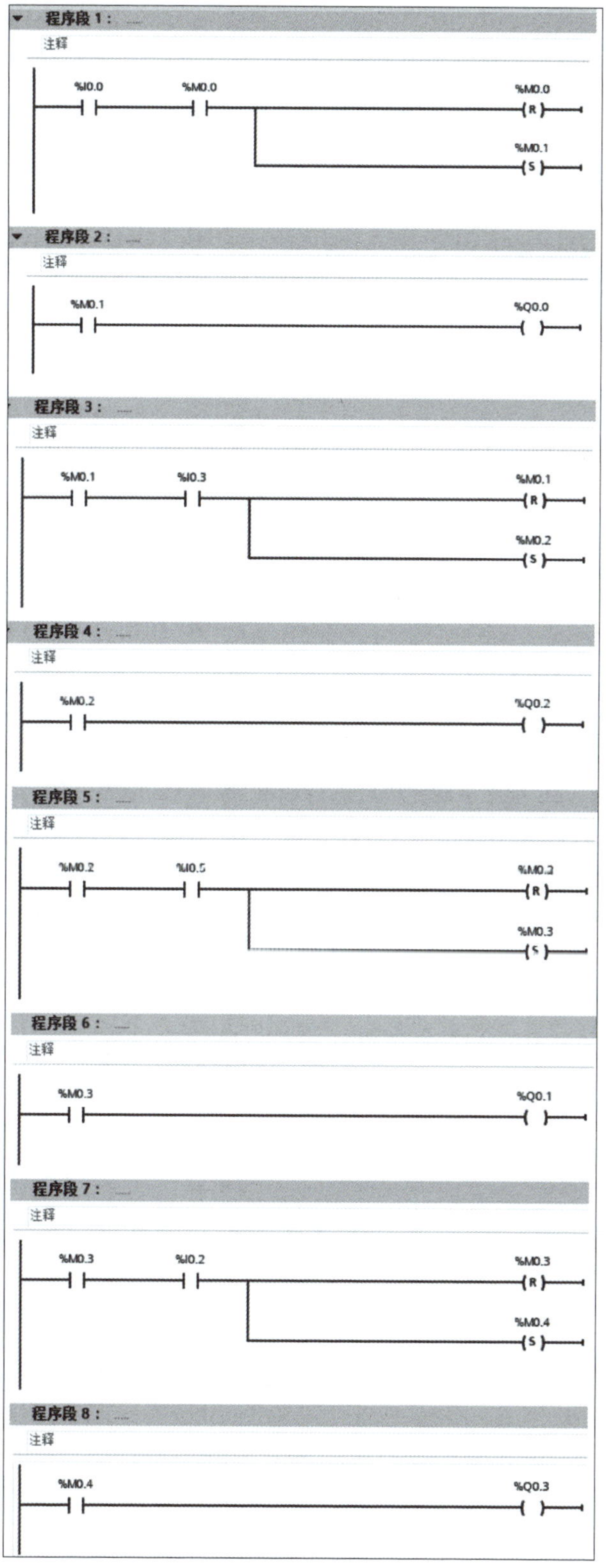

（b）OB1梯形图程序

图 6-30　气缸自动往复运动控制梯形图程序(续)

学习笔记

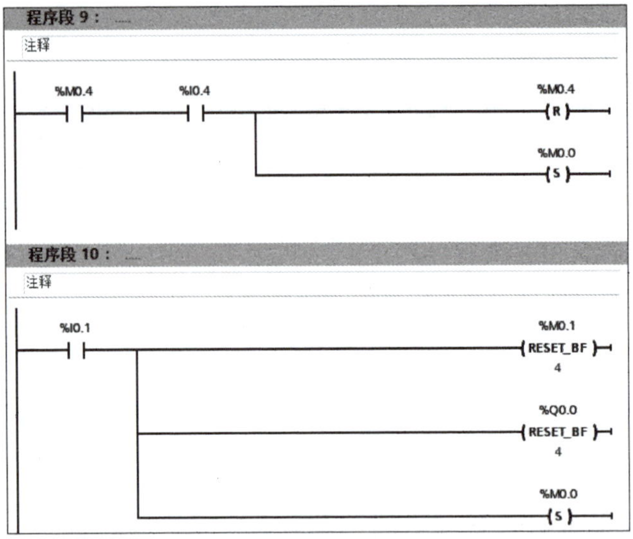

(b) OB1梯形图程序

图6-30　气缸自动往复运动控制梯形图程序(续)

4. 调试程序

视频

气缸自动往复运动控制程序编写与仿真

将图6-30所示的程序下载到PLC中，然后进行调试。可以同时打开博途软件的监视功能，监控整个程序的运行过程，以便程序的调试，在PLC程序下载时要注意计算机IP与PLC的IP设置为同一网段。PLC程序下载完毕后进行调试，按下起动按钮SB1，观察气缸A和气缸B是否按照气缸A伸出→气缸B伸出→气缸A缩回→气缸B缩回顺序进行动作，观察气缸上磁性开关的指示灯、中间继电器指示灯、电磁阀指示灯是否有故障。在两个气缸动作顺序正常的情况下，按下停止按钮SB2，看两个气缸是否立即停止动作，停止后按下起动按钮能否正常重新起动。

任务评价

按照任务的完成情况进行评价，评价的方式可以是教师评价、教师指定的评价组评价或者组间互评等。评价的过程中需要记录存在的问题，评价记录工作单见表6-5。

表6-5　评价记录工作单

类别	评价内容	分值	评分标准	记录	评分
功能实现情况	按下起动按钮SB1后，A、B气缸开始往复运动	5	按下I/O分配对应的起动按钮，PLC的输出指示灯有点亮的情况得5分，无点亮情况0分		
	按下停止按钮SB2气缸停止运动	5	按下I/O分配对应的停止按钮，PLC的输出指示灯全部熄灭得5分，未全部熄灭0分		
	按下起动按钮SB1后，A、B气缸可按照项目要求的规律运动	20	动作规律错，每项扣5分		
	气缸起动运动后，完成一次循环可自动停止	5	不可以自动停止得0分		
	能够绘制顺序功能图	5	会绘制顺序功能图得5分，否则得0分		

学习笔记

续表

类别	评价内容	分值	评分标准	记录	评分
气动回路、电路接线检查	气动回路图设计	8	布局不合理扣 5 分，少一个气动元件扣 2 分，符号不规范每处扣 2 分		
	电气原理图设计	8	布局不合理扣 5 分，少一个电气元件扣 2 分，符号不规范每处扣 2 分		
	工艺检查	7	露铜过长每处扣 1 分，接线不符合安全规范每处扣 1 分		
	初步调试	7	上电后按下按钮没有反应每处扣 1 分，接线错误每处扣 2 分，产生短路现象直接得 0 分		
职业素养	劳动纪律、操作规范、安全文明生产	10	不遵守实训纪律、不爱惜实训设备、浪费耗材、危险用电，根据情况酌情扣 1 ~ 10 分		
知识提问	由教师进行本项目相关知识的提问	20	每题完全正确得 10 分，部分答对由教师根据情况给分		

任务反思与练习

一、任务反思

检查项目中存在的问题并进行完善，填写表 6-6，提交相关技术资料。

表 6-6　改进工作单

改进要点记录		
产品提交	项目	负责人（签字）
	设计报告	
	使用说明	
	作品功能检查	
	作品技术规范检查	

二、练习

单选题

1. S7-1200 PLC 最多可以声明（　　）个跳转标签。

A. 8　　B. 16

C. 32　　D. 64

2. S7-1200 PLC 中用户程序的块有组织块（OB）、功能块（FB）、（　　）、数据块（DB）。

A. 功能（FC）　　B. 集成块（JB）

C. 集成（JC）　　D. 控制块（CB）

学习笔记

3. 数据块(DB)分为(　　)和背景数据块。

A. 静态　　B. 临时

C. 共享　　D. 独享

4. 组织块(OB)中起到主程序作用的是(　　)。

A. OB1　　B. OB30

C. OB36　　D. OB100

5. 组织块(OB)中起到初始化作用的是(　　)。

A. OB1　　B. OB30

C. OB36　　D. OB100

6. 空气压缩机是将原动机提供的(　　)转化为空气的压力能。

A. 电能　　B. 机械能

C. 转动能　　D. 力能

7. 气动执行元件是以压缩空气为工作介质,并将压缩空气的(　　)转变为机械能的能量转换装置。

A. 电能　　B. 压力能

C. 转动能　　D. 力能

8. 在压缩空气作用下,单作用气缸活塞杆伸出或压回,当无压缩空气时,缸的活塞杆在(　　)作用下恢复原位。

A. 重力　　B. 电磁力

C. 弹簧力　　D. 摩擦力

9. 双作用气缸活塞上(　　)可用于驱动磁感应行程开关动作。

A. 永久磁环　　B. 驱动头

C. 机头　　D. 撞块

10. 单电控换向阀阀芯的移动靠(　　),而复位靠弹簧。

A. 电磁铁　　B. 弹簧

C. 气体　　D. 机械

11. 光电传感器又称光敏传感器,或称光电开关。它是利用各种手段将(　　)变换成相应的电信号的器件。

A. 气能　　B. 风能

C. 光能　　D. 水能

12. 漫反射式光电传感器是一种集发射器和(　　)于一体的传感器。

A. 接收器　　B. 光学器

C. 光敏器　　D. 传感器

13. 电感式传感器所能检测的物体必须是(　　)。

A. 非晶体　　B. 晶体

C. 非金属　　D. 金属

14. 电容式传感器可以检测(　　)介质。

A. 金属　　B. 非金属

C. 所有　　D. 晶体

15. 在博途中,(　　)是一个非常重要的功能,它可以展示程序中定义的变量的信息,包括变量的名称、数据类型、地址等。

A. 组态设备 B. 变量表

C. 创建 PLC 程序 D. 组态工艺对象

16. S7-PLC SIM 是西门子公司开发的可编程控制器(　　)软件。

A. 编程 B. 组态

C. 模拟 D. 下载

17. S7-1200 PLC 的 RESET_BF 是(　　)指令。

A. 复位位域 B. 置位位域

C. 复位位 D. 置位位

18. S7-1200 PLC 的-(R)-是(　　)指令。

A. 复位位域 B. 置位位域

C. 复位位 D. 置位位

19. 对于二位五通换向阀,(　　)口为进气口。

A. 1 B. 2、4

C. 3、5 D. 6

20. 对于二位五通换向阀,(　　)口为工作口。

A. 1 B. 2、4

C. 3、5 D. 6

21. 对于二位五通换向阀,(　　)口为排气口。

A. 1 B. 2、4

C. 3、5 D. 6

22. JMP 指令的功能是使程序跳转到另一个程序的具体标签处。(　　)

A. 对 B. 错

23. JMP 指令的功能是使程序跳转到同一个程序的具体标签处。(　　)

A. 对 B. 错

24. 可以在主程序 OB1 中用 JMP 指令,而在子程序 FB 中用跳转标号指令。(　　)

A. 对 B. 错

25. 逻辑运算结果为 1 时,执行跳转指令 JMP。(　　)

A. 对 B. 错

26. 逻辑运算结果为 0 时,执行跳转指令 JMPN。(　　)

A. 对 B. 错

27. 双电控二位换向阀的两个电磁铁只能交替工作,不能同时得电,否则会产生误动作。(　　)

A. 对 B. 错

28. 磁性开关 SQ1 ~ SQ4 的接线,棕色为正(+),蓝色线为负(-)。(　　)

A. 对 B. 错

29. 中间继电器线圈接线,引脚 14 为正(+),引脚 13 为负(-)。(　　)

A. 对 B. 错

30. PLC 程序下载时,编程计算机 IP 与 PLC 的 IP 设置为不同的网段。(　　)

A. 对 B. 错

学习笔记

拓展知识

坚持系统观念　运用系统思维

党的二十大报告提出,“必须坚持系统观念”,“为前瞻性思考、全局性谋划、整体性推进党和国家各项事业提供科学思想方法”。坚持系统观念,是习近平新时代中国特色社会主义思想世界观和方法论的重要内容,是以习近平同志为核心的党中央自觉运用辩证唯物主义和历史唯物主义,从新的实际出发在思想和工作方法上作出的新概括、新提升。

实践证明,只有坚持系统观念、运用系统思维,才能从整体上更加全面、综合、准确地认识和处理问题,进而指导各项工作夺取新的胜利,以中国式现代化全面推进中华民族伟大复兴必须坚持系统观念。

摘自:《光明日报》2023年4月29日文章《必须坚持系统观念》。

项目七

交通信号灯PLC控制

知识目标:

(1)掌握定时器指令使用方法和基本要求;

(2)熟悉时钟存储器的使用方法和要点;

(3)掌握交通灯硬件接线图的设计方法;

(4)掌握博途软件的使用方法与交通灯的编程方法。

能力目标:

(1)能独立使用定时器指令实现延时功能;

(2)能激活时钟存储器;

(3)能独立画出交通灯的硬件接线图并完成接线;

(4)能独立进行交通灯的程序设计;

(5)能独立进行交通灯系统的调试。

素质目标:

(1)培养安全生产意识,自觉按规章操作的职业素养;

(2)培养缜密的逻辑思维和善于发现问题的批判思维能力;

(3)从时代精神入手,培养追求精益求精的劳模精神;

(4)遵守安全用电规则,培养安全用电观念;

(5)锻炼辩证的思维,运用辩证思维举一反三,分析问题、解决问题。

学习笔记

项目导入

交通是城市经济活动的命脉,对城市经济发展、人民生活水平的提高起着十分重要的作用。交通路线的发达程度,衡量着一个国家的城镇化、经济化水平。交通便捷与否,也影响着人们的生活水平,一个交通发达的地区,当地居民的幸福指数是较高的。

道路交通信号灯是一类交通安全产品。它是加强道路交通管理、减少交通事故、提高道路使用效率和改善交通状况的重要工具。

交通信号灯一般指的是指挥交通运行的信号灯,其作用非常重要,直接关系着道路及行人的安全。交通安全看起来是小事,又都是人命关天的大事。常怀畏惧、遵守规则,交通安全就能成为每个人的"护身符"。

交通信号灯是控制车辆流量和维护交通秩序的重要社会设施,尤其在十字路口,各个方向的车辆有序通行,行人车辆各行其道,这都离不开一个稳定可靠的交通信号灯控制系统。那么,交通信号灯是如何实现红、绿、黄三种颜色信号灯交替变化,并在四个方向协调工作的

学习笔记

呢？如果再增加行人信号灯，或者考虑不同时段的不同信号灯规则，这些看似复杂的要求，在PLC中是如何轻松实现的呢？

根据不同的道路要求，交通信号灯的运行方式有多种。采用PLC实现交通信号灯自动控制，常见的有以下两种：顺序控制原则的交通信号灯控制（任务1）；时序控制原则的交通信号灯控制（任务2）。

故事汇

交通安全

最早的交通信号灯只有红、绿两色，经改良后，再增加一盏黄色的灯。红灯表示停止，黄灯表示准备，绿灯表示通行。黄色信号灯的发明者是我国的胡汝鼎，他怀着“科学救国”的抱负到美国深造。一天，他站在繁华的十字路口等待绿灯信号，当他看到红灯而正要过去时，一辆转弯的汽车呼的一声擦身而过，吓了他一身冷汗。回到宿舍，他反复琢磨，终于想到在红、绿灯中间再加上一个黄色信号灯，提醒人们注意危险。现在，红、黄、绿三色信号灯即以一个完整的工具遍及全世界交通领域。

项目要求

交通信号灯是生活中常见的交通指示系统，可以使用西门子S7-1200 PLC控制交通信号灯，交通信号灯示意图如图7-1所示。交通信号灯由系统起、停开关控制，起动开关闭合时，首先是南北红灯、东西绿灯同时点亮。东西绿灯亮20 s后闪烁3 s自动熄灭，同时起动东西黄灯。东西黄灯维持2 s后熄灭，并使东西红灯及南北绿灯亮。与东西绿灯工作方式一样，南北绿灯亮20 s后闪烁3 s后自动熄灭，同时起动南北黄灯，南北黄灯亮2 s后，再次转向南北红灯、东西绿灯点亮，系统进入下一工作周期，不断周而复始工作。停止开关闭合时，各方向交通灯全部熄灭。

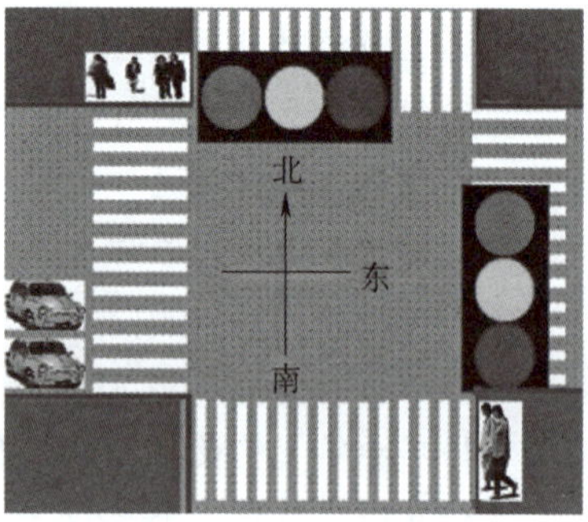

图7-1 交通信号灯示意图

任务1 顺序控制原则的交通信号灯控制

思考

交通信号灯各种颜色的灯亮灭时间如何实现控制？日常生产生活中，还有哪些现象与时间控制有关？

视频

交通信号灯相关知识

知识与技能

一、认识S7-1200 PLC定时器指令及操作训练

定时器的功能是可以实现延时。定时器指令属于函数块，使用时，每个定时器都需要分配一个数据块来保存定时器的数据。当把定时器指令拖动出来，选择好定时器后，系统会自

动给定时器分配一个数据块 DB，在程序编辑器中放置定时器即可为其分配数据块，可以采用默认设置，也可以手动修改。S7-1200 使用符合 IEC 标准的定时器指令和计数器指令。定时器指令是在 PLC 程序设计中非常常见的一种指令。S7-1200 PLC 的定时器种类有接通延时定时器、断开延时定时器、脉冲定时器、保持型接通延时定时器。S7-1200 PLC 定时器指令的格式及功能见表 7-1。

1. S7-1200 PLC 定时器指令格式及功能

S7-1200 PLC 定时器指令格式及功能见表 7-1。

表 7-1　S7-1200 PLC 定时器指令格式及功能

定时器名称	梯形图形式	功　能
接通延时定时器 TON	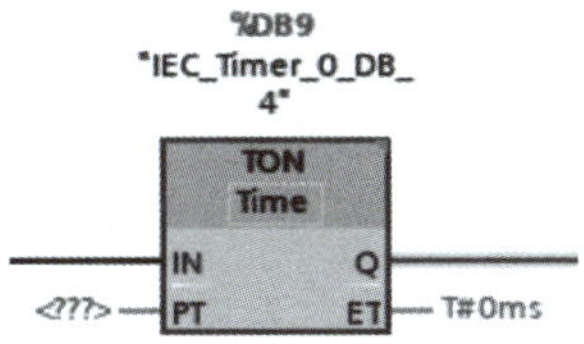	IN 从“0”变为“1”，定时器起动。 当 ET = PT 时，Q 立即输出“1”，ET 立即停止计时并保持。 在任意时刻，只要 IN 变为“0”，ET 立即停止计时并回到 0，Q 输出“0”。 梯形图中，IN 为输入端，PT 为预设时间值，ET 为当前时间值，Q 为输出
断开延时定时器 TOF	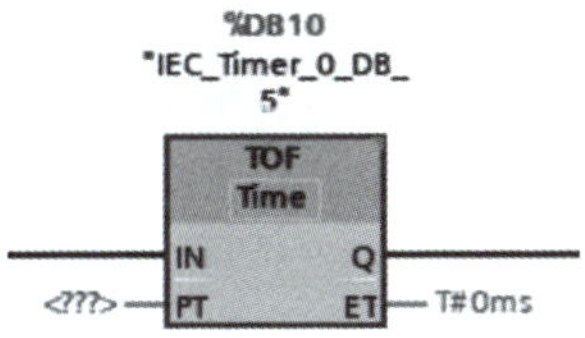	只要 IN 为“1”时，Q 即输出为“1”。 IN 从“1”变为“0”，定时器起动。 当 ET = PT 时，Q 立即输出“0”，ET 立即停止计时并保持。 在任意时刻，只要 IN 变为“1”，ET 立即停止计时并回到 0。 断开延时定时器的引脚与接通延时定时器相同
脉冲定时器 TP	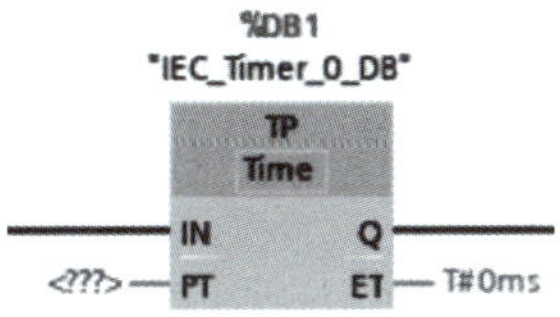	使用该指令可以将输出 Q 置位为预设的一段时间。当输入 IN 的逻辑运算结果（RLO）从“0”变为“1”（信号上升沿）时，启动该指令。指令启动时，预设的时间 PT 即开始计时。无论后续输入信号的状态如何变化，都将输出 Q 置位由 PT 指定的一段时间。当 PT 正在计时时，在 IN 输入处检测到的新的信号上升沿对 Q 输出处的信号状态没有影响
保持型接通延时定时器 TONR	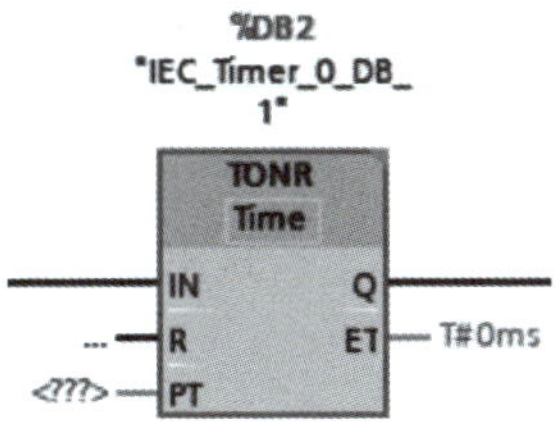	可以使用“保持型接通延时定时器”指令来累加由参数 PT 设定的时间段内的时间值。输入 IN 的信号状态从“0”变为“1”（信号上升沿）时，将执行时间测量，同时时间 PT 开始计时。当 PT 正在计时时，加上在 IN 输入的信号状态为“1”时记录的时间值。累加得到的时间值将写入输出 ET 中，并可以在此进行查询。持续时间 PT 计时结束后，输出 Q 的信号状态为“1”，即使 IN 参数的信号状态从“1”变为“0”（信号下降沿），Q 参数仍将保持置位为“1”。无论启动输入的信号状态如何，输入 R 都将复位输出 ET 和 Q。 “保持型接通延时定时器”指令可以放置在程序段的中间或者末尾。它需要一个前导逻辑运算。 每次调用“保持型接通延时定时器”指令，必须为其分配一个用于存储实例数据的 IEC 定时器

2. 操作训练

1）接通延时定时器的操作训练

在图 7-2 中，设置 I0.0 为接通延时定时器输入信号 IN 端的通断开关，Q0.0 为接通延时

学习笔记

定时器输出Q端的输出指示灯。设置PT端的时间是3 s，通过I0.0的接通、断开，观察输出Q0.0的通断状态。

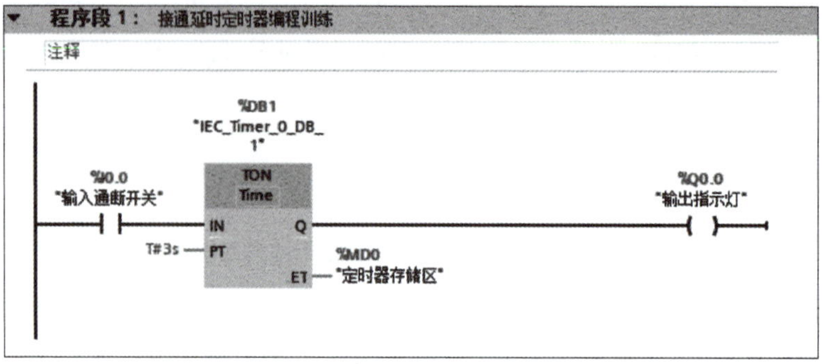

图7-2　接通延时定时器的操作训练

运行效果分析：当I0.0保持接通3 s及以上时，Q0.0开始由"0"变为"1"；当I0.0断开，Q0.0由"1"变为"0"。总结以上程序的运行效果为输入通断开关得电3 s后输出指示灯开始点亮，输入通断开关失电瞬间，输出指示灯熄灭。

2）断开延时定时器的操作训练

在图7-3中，设置I0.0为断开延时定时器输入信号IN端的通断开关，Q0.0为断开延时定时器输出Q端的输出指示灯。设置PT端的时间是3 s，通过I0.0的接通、断开，观察输出Q0.0的通断状态。

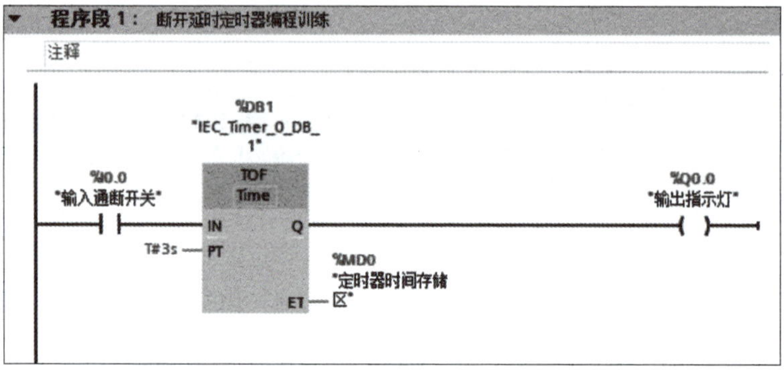

图7-3　断开延时定时器的操作训练

运行效果分析：当I0.0接通时，Q0.0开始由"0"变为"1"；当I0.0断开后3 s，Q0.0由"1"变为"0"。总结以上程序的运行效果为输入通断开关得电后输出指示灯开始点亮，输入通断开关失电3 s后，输出指示灯熄灭。

3）脉冲定时器的操作训练

在图7-4中，设置I0.0为脉冲定时器输入信号IN端的通断开关，Q0.0为脉冲定时器输出Q端的输出指示灯。设置PT端的时间是30 s，通过I0.0的接通、断开，观察输出Q0.0的通断状态。

运行效果分析：当I0.0接通时，Q0.0开始由"0"变为"1"；当I0.0断开后，Q0.0仍旧为"1"，保持30 s后变为"0"。总结以上程序的运行效果为输入通断开关得电后输出指示灯开始点亮，输出指示灯点亮30 s后，输出指示灯自动熄灭。

学习笔记

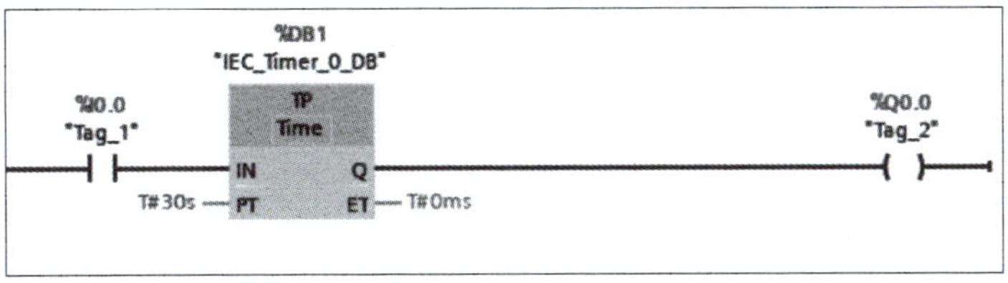

图 7-4　脉冲定时器的操作训练

4)保持型接通延时定时器的操作训练

在图 7-5 中,设置 I0.0 为保持型接通延时定时器输入信号 IN 端的通断开关,Q0.0 为保持型接通延时定时器输出 Q 端的输出指示灯。设置 PT 端的时间是 30 s,通过 I0.0 的接通、断开,观察输出 Q0.0 的通断状态。

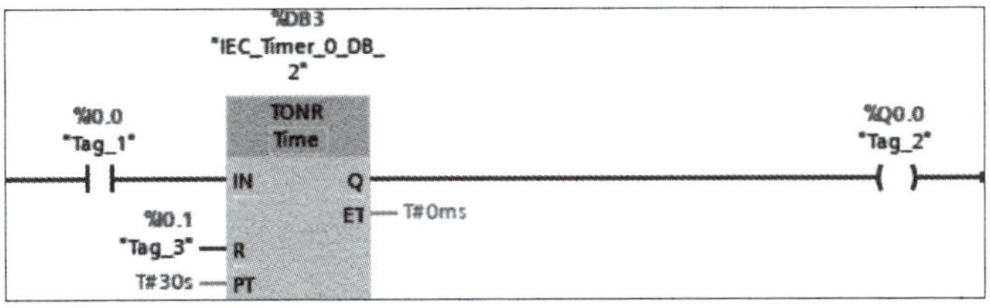

图 7-5　保持型接通延时定时器的操作训练

运行效果分析:当 I0.0 接通时,PT 值开始增加;当 I0.0 断开后,PT 值保持不变;当 I0.0 再次接通时,PT 值在刚才保持的值的基础上增加,直到 PT 的值大于或等于 30 后,Q0.0 由“0”变为“1”。总结以上程序的运行效果为输入通断开关得电累计够 30 s 后输出指示灯开始点亮,直到有复位指令 I0.1 由“0”变为“1”出现,指示灯 Q0.0 才会熄灭。

视频

S7-1200 PLC
定时器指令

二、S7-1200 PLC 时钟存储器

1. S7-1200 PLC 时钟存储器的作用

时钟存储器就是 PLC 自动产生不同频率(周期)的方波信号。S7-1200 PLC 需要使用时钟存储器必须在设置中激活才可以。

2. S7-1200 PLC 时钟存储器的激活

(1)激活“启用时钟存储器字节”:在 TIA Portal 项目视图中依次选择“设备组态”→“设备视图”→CPU→“常规系统和时钟存储器”,激活 S7-1200 PLC 时钟存储器。

(2)时钟存储器字节地址:设置分配给“时钟存储器字节的地址”如图 7-6 所示。

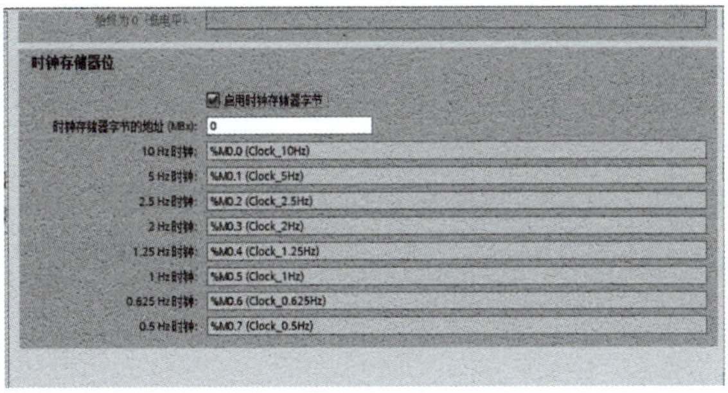

图 7-6　S7-1200 PLC 时钟存储器的字节地址

学习笔记

(3)被组态为时钟存储器中的 8 个位提供了 8 种不同频率的方波,可在程序中用于周期性触发动作。其每一位对应的周期与频率见表 7-2。

表 7-2 时钟存储器字节每位的周期或频率

位号	7	6	5	4	3	2	1	0
周期/s	2.0	1.6	1.0	0.8	0.5	0.4	0.2	0.1
频率/Hz	0.5	0.625	1	1.25	2	2.5	5	10

3. 时钟存储器的操作训练

在图 7-7 中,设置 I0.0 为时间存储器启动信号输入通断开关,Q0.0 输出指示灯。通过 I0.0 的接通、断开,观察输出 Q0.0 的通断状态。

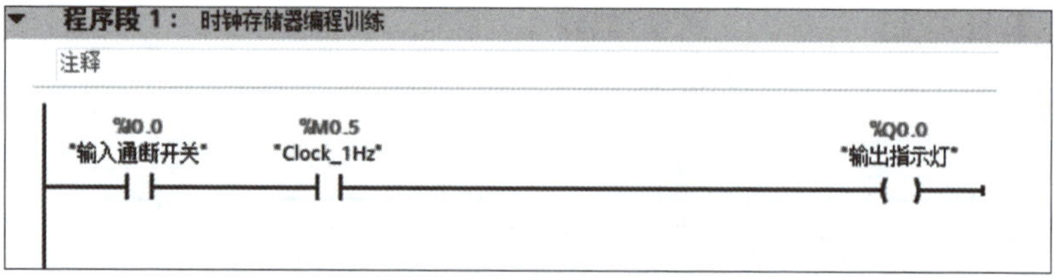

图 7-7 时钟存储器的操作训练

视频
S7-1200 PLC 时钟存储器

运行效果分析:当 I0.0 对应的按钮被按下后,Q0.0 在每秒内接通半秒,断开半秒,如此往复。

思考时钟存储器频率与周期的关系。对时钟存储器频率的理解要准确,才能正确地应用到程序设计中,例如让输出指示灯按一定频率亮灭。

任务分析

对任务控制要求进行分析,交通信号灯亮的规律是东西绿灯亮→东西绿灯闪烁→东西黄灯亮→南北绿灯亮→南北绿灯闪烁→南北黄灯亮等六个步骤。交通信号灯的 PLC 控制是典型的顺序控制,根据上一项目气缸自动往复运动 PLC 控制的经验可以应用西门子 S7-1200 PLC 的顺序控制方法编写顺序控制程序。编程前先绘制顺序控制功能图,再根据顺序控制功能图编写 PLC 控制程序。

任务实施

一、I/O 分配

根据交通信号灯的控制要求,控制系统中存在 1 个起动按钮,1 个停止按钮,因此有 2 个输入;有东西绿灯、东西黄灯、东西红灯、南北绿灯、南北黄灯、南北红灯,因此共有 6 个输出。I/O 分配见表 7-3。

表 7-3 交通信号灯控制系统 I/O 分配

输入		
元器件	地址	注释
SB1	I0.0	起动按钮
SB2	I0.1	停止按钮

续表

输出		
元器件	地址	注释
HL1	Q0.0	东西红灯
HL2	Q0.1	东西黄灯
HL3	Q0.2	东西绿灯
HL4	Q0.3	南北红灯
HL5	Q0.4	南北黄灯
HL6	Q0.5	南北绿灯

二、设计硬件原理图

本任务采用的 PLC 为 S7-1200 系列的 CPU 1214C DC/DC/DC PLC,输出类型为晶体管输出,采用外接直流 24 V 开关电源供电,该开关电源同时也作为输出的驱动电源,输入的驱动电源采用的是 PLC 自带的 24 V 传感器电源,即 PLC 中的接地端子右侧的 L+和 M 端口。

电路图中主要的设备有 2 个开关和 6 个指示灯。开关的一个端子接 PLC 的传感器电源的正极(L+),开关的另外一端接 PLC 的输入。PLC 的输入公共端需要与 PLC 的传感器电源的负极(M)连接以形成电气回路。PLC 的输出驱动 3L+和 3M 可由外接的 24 V 直流电源供电,也可由 PLC 的传感器电源进行供电,本任务中,PLC 的输出驱动 3L+和 3M 由外接的开关电源进行供电,3L+接 24 V 开关电源的正极,3M 接 24 V 开关电源的负极。以东西红灯为例说明输出的接线方法。东西红灯的一个接线柱接在 Q0.0 上,另外一个接线柱接在 24 V 开关电源的负极。具体接线图如图 7-8 所示。

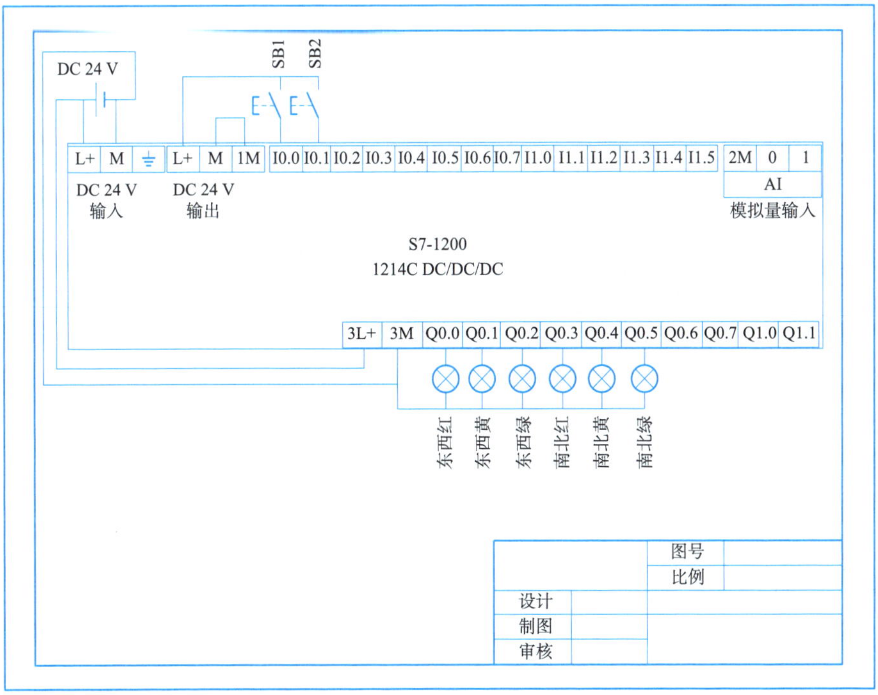

图 7-8 交通信号灯控制系统 PLC 外围接线图

学习笔记

视频

交通信号灯PLC控制任务分析与系统设计

三、绘制顺序功能图

根据交通信号灯的控制逻辑绘制的交通信号灯顺序功能图如图 7-9 所示。

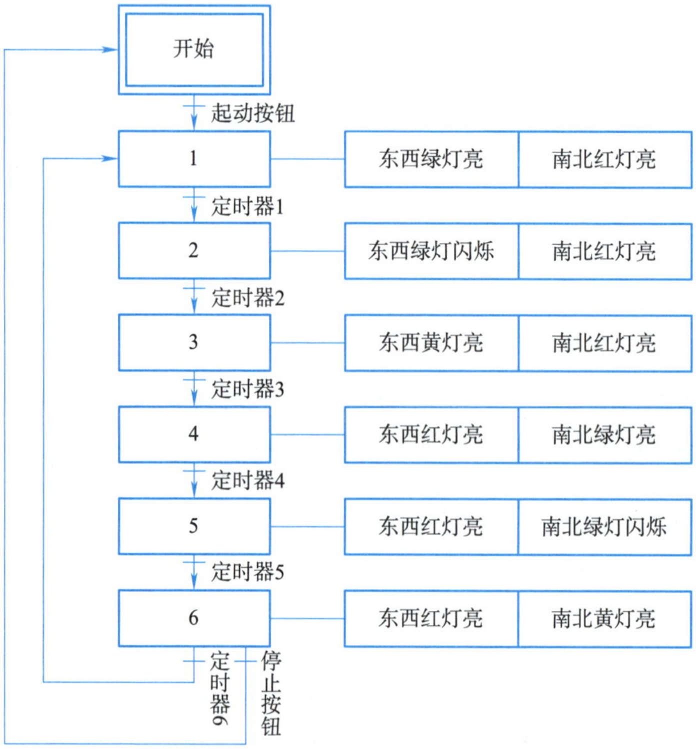

图 7-9 交通信号灯顺序功能图

四、设计 PLC 控制程序

1. 程序编写思路

按下起动按钮:

第 1 步:东西绿灯亮,同时点亮南北红灯,计时 20 s,时间到,过渡到下一步。

第 2 步:东西绿灯闪烁(时钟存储器),3 s 后,过渡到下一步。

第 3 步:东西黄灯亮,计时,2 s 后,过渡到下一步。

第 4 步:东西红灯亮,同时要灭掉南北红灯,同时要点亮南北绿灯,计时 20 s,时间到,过渡到下一步。

第 5 步:南北绿灯闪烁(时钟存储器),3 s 后,过渡到下一步。

第 6 步:南北黄灯亮,计时,2 s 后,过渡到第 1 步。

2. 定义变量

在 PLC 的默认变量表中填写输入输出的功能注释,主要包括输入、输出和中间继电器的注释。注释的目的是使编程者及程序使用者能更加清晰和容易地理解程序从而提高调试效率。交通信号灯 PLC 程序变量表如图 7-10 所示。

学习笔记

默认变量表

	名称	数据类型	地址	保持	从 H...	从 H...	在 H...
1	启动	Bool	%I0.0	☐	☑	☑	☑
2	Clock_Byte	Byte	%MB0	☐	☑	☑	☑
3	Clock_10Hz	Bool	%M0.0	☐	☑	☑	☑
4	Clock_5Hz	Bool	%M0.1	☐	☑	☑	☑
5	Clock_2.5Hz	Bool	%M0.2	☐	☑	☑	☑
6	Clock_2Hz	Bool	%M0.3	☐	☑	☑	☑
7	Clock_1.25Hz	Bool	%M0.4	☐	☑	☑	☑
8	Clock_1Hz	Bool	%M0.5	☐	☑	☑	☑
9	Clock_0.625Hz	Bool	%M0.6	☐	☑	☑	☑
10	Clock_0.5Hz	Bool	%M0.7	☐	☑	☑	☑
11	停止	Bool	%I0.1	☐	☑	☑	☑
12	东西红灯	Bool	%Q0.0	☐	☑	☑	☑
13	东西黄灯	Bool	%Q0.1	☐	☑	☑	☑
14	东西绿灯	Bool	%Q0.2	☐	☑	☑	☑
15	南北红灯	Bool	%Q0.3	☐	☑	☑	☑
16	南北黄灯	Bool	%Q0.4	☐	☑	☑	☑
17	南北绿灯	Bool	%Q0.5	☐	☑	☑	☑
18	中间继电器0	Bool	%M10.0	☐	☑	☑	☑
19	中间继电器1	Bool	%M10.1	☐	☑	☑	☑
20	中间继电器2	Bool	%M10.2	☐	☑	☑	☑
21	中间继电器3	Bool	%M10.3	☐	☑	☑	☑
22	中间继电器4	Bool	%M10.4	☐	☑	☑	☑
23	中间继电器5	Bool	%M10.5	☐	☑	☑	☑
24	中间继电器6	Bool	%M10.6	☐	☑	☑	☑
25	T1定时器计时数据	Time	%MD100	☐	☑	☑	☑
26	T2定时器计时数据	Time	%MD104	☐	☑	☑	☑
27	T3定时器计时数据	Time	%MD108	☐	☑	☑	☑
28	T4定时器计时数据	Time	%MD112	☐	☑	☑	☑
29	T5定时器计时数据	Time	%MD116	☐	☑	☑	☑
30	T6定时器计时数据	Time	%MD120	☐	☑	☑	☑
31	<新增>			☐	☑	☑	☑

图 7-10　交通信号灯 PLC 程序变量表

3. 设计程序

如图 7-11 所示，在程序段 1 中，主要实现了整个流程的起动和停止，起动了第一个动作步，控制 M10.0 得电，M10.0 控制东西绿灯点亮 20 s。在程序段 2 中，M10.0 得电后起动定时器 T1，T1 定时 20 s，控制中间继电器 M10.1 得电，M10.1 在程序段 8 中与 M0.5 串联使用控制东西绿灯闪烁 3 s，M10.1 在程序段 3 中起动定时器 T2，延时 3 s 后 M10.2 得电，M10.2 在程序段 4 中起动定时器 T3，M10.2 在程序段 9 中控制东西黄灯点亮 2 s，延时 2 s 后 M10.3 得电控制南北绿灯点亮开起反方向的循环。南北方向的绿灯、黄灯和红灯的控制逻辑与东西方向是相同的，这里不再赘述。

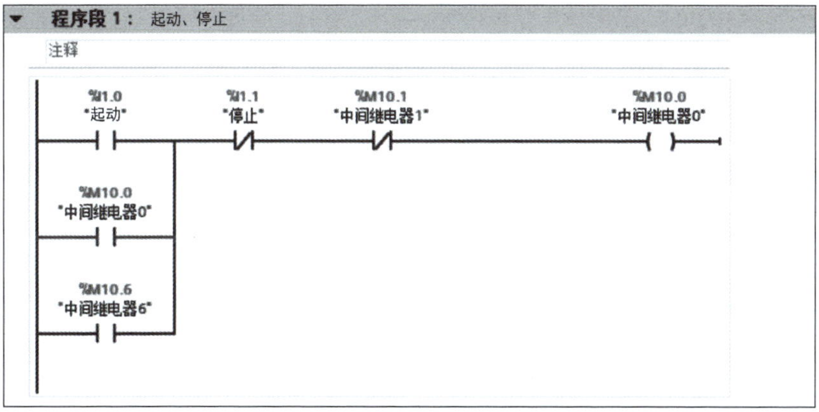

图 7-11　交通信号灯梯形图

学习笔记

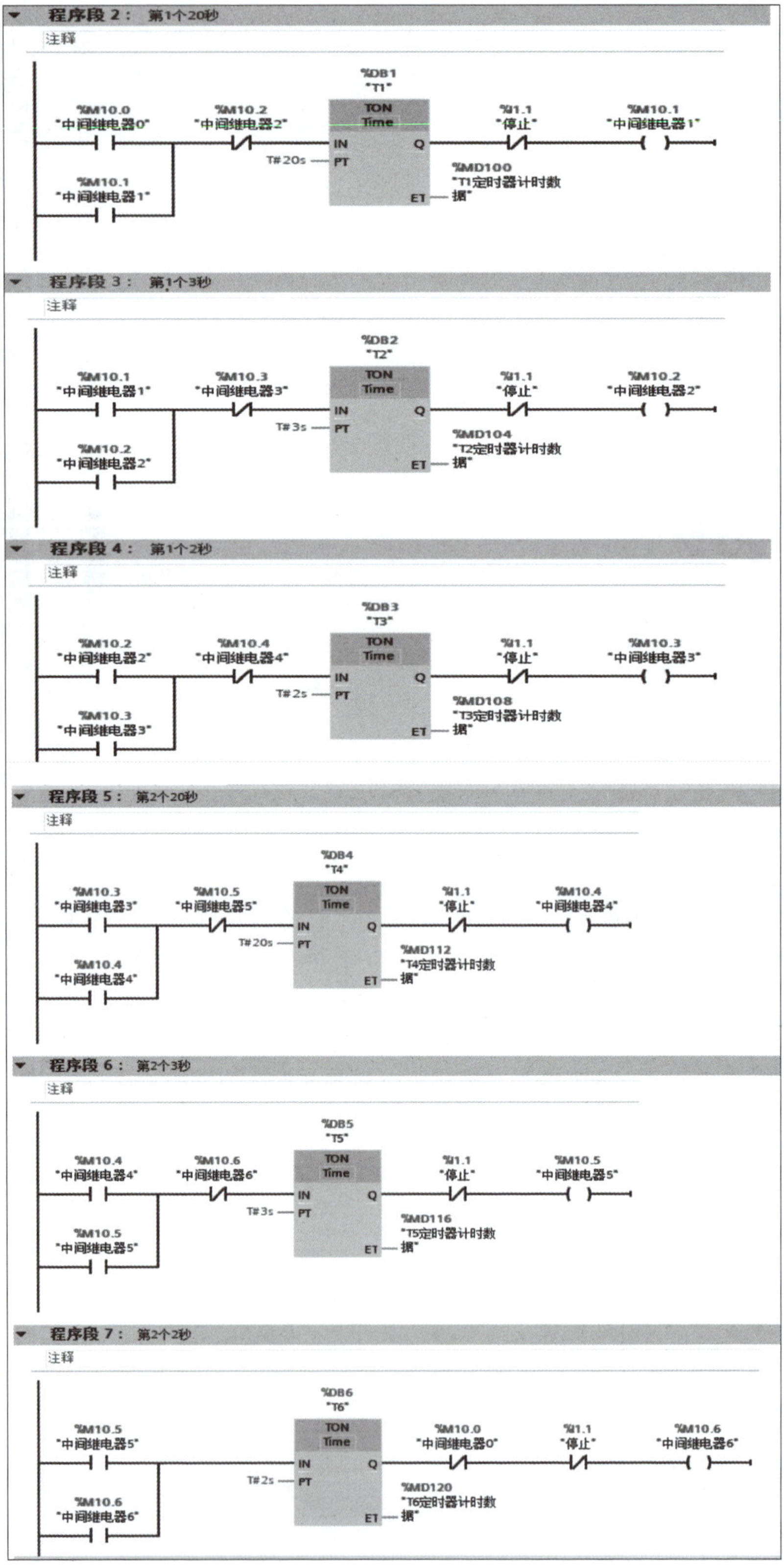

图 7-11　交通信号灯梯形图(续)

学习笔记

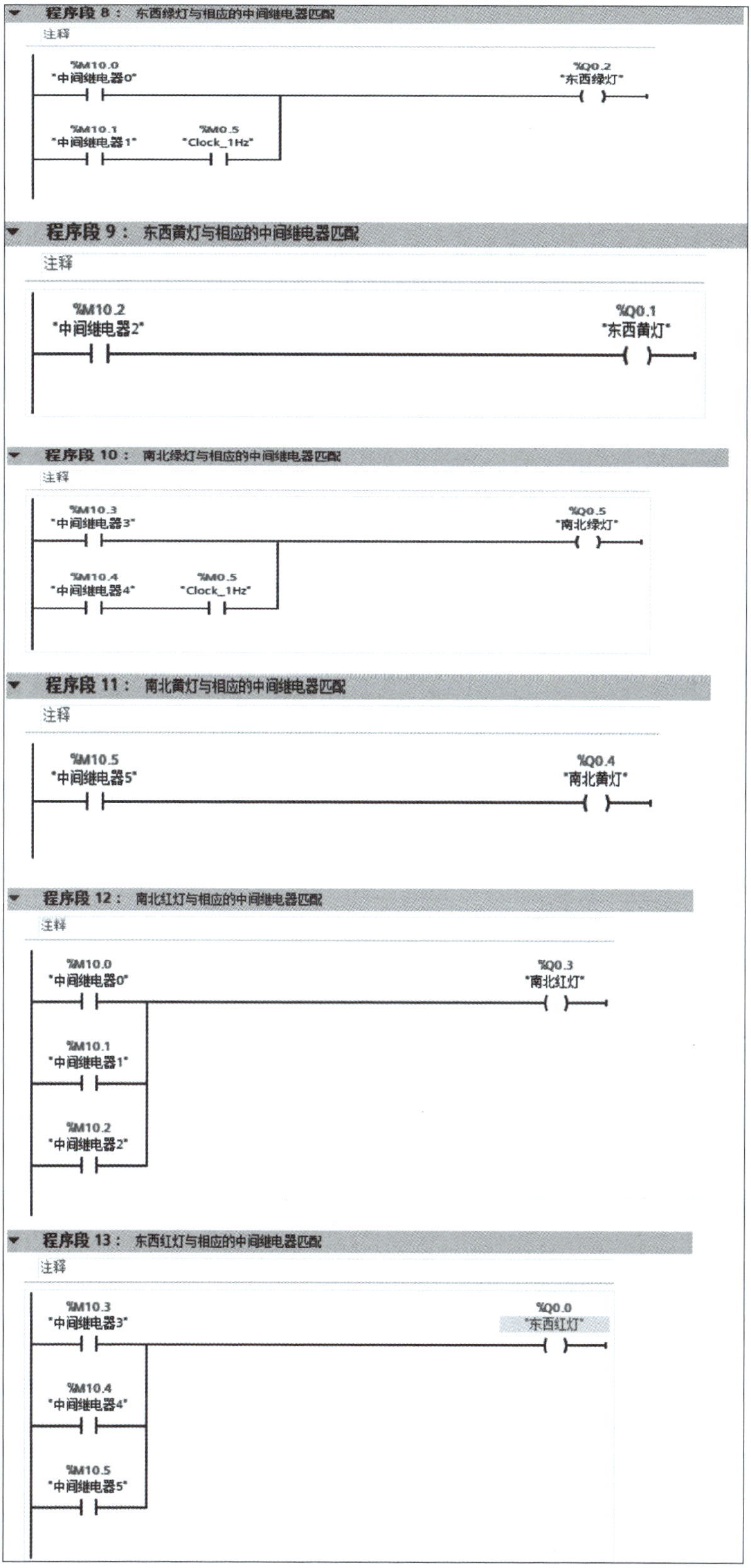

图 7-11　交通信号灯梯形图(续)

学习笔记

视频

交通信号灯PLC控制程序编写与仿真

4. 调试程序

将图 7-11 所示的程序下载到 PLC 中，然后进行调试。可以同时打开博途软件的监视功能，监控整个程序的运行过程，以便程序的调试。按下起动按钮 SB1 之后的情况该是：东西绿灯亮 20 s，之后闪烁 3 s，接着黄灯亮 2 s，2 s 后切换为红灯亮 20 s，之后又开始绿灯亮，如此循环下去。在东西方向绿灯亮和黄灯亮的同时，南北方向是红灯亮，在东西红灯亮的同时，南北方向是绿灯和黄灯亮，如此循环下去。按下 SB2 停止按钮，所有灯灭。在调试过程中，要独立思考程序段之间的逻辑关系。要追求精益求精，准确使用指令，一个小疏忽或错误很可能对整个程序有很大影响。遇到突发情况立即断开设备空开，排除故障后，方可重新开始调试。

任务评价

按照任务的完成情况进行评价，评价的方式可以是教师评价、教师指定的评价组评价或者组间互评等。评价的过程中需要记录存在的问题，评价记录工作单见表 7-4。

表 7-4 评价记录工作单

类别	评价内容	分值	评价标准	记录	评分
功能实现情况	按下起动按钮 SB1，交通信号灯是否运行	5	按下 I/O 分配对应的起动按钮，PLC 的输出指示灯有点亮的情况得 5 分，无点亮 0 分		
	按下停止按钮 SB2，交通信号灯是否停止	5	按下 I/O 分配对应的停止按钮，PLC 的输出指示灯全部熄灭得 5 分，没有全部熄灭 0 分		
	按下起动按钮 SB1，交通信号灯可按照任务要求的规律动作	20	动作规律错一项扣 5 分		
	交通信号灯起动运行后，在完成一次循环可自动循环运行	5	不可以自动循环运行 0 分		
	能够绘制顺序功能图（或时序图）	5	会绘制顺序功能图（或时序图）得 5 分，否则得 0 分		
电路接线检查	电气原理图设计	10	布局不合理扣 5 分，少一个电气元件扣 2 分，符号不规范每处扣 2 分		
	工艺检查	10	露铜过长每处扣 1 分，接线不符合安全规范每处扣 1 分		
	初步调试	10	上电后按下按钮没有反应每处扣 1 分，接线错误每处扣 2 分，产生短路现象直接得 0 分		
职业素养	劳动纪律、操作规范、安全文明生产	10	不遵守实训纪律、不爱惜实训设备、浪费耗材、危险用电，根据情况酌情扣 1～10 分		
知识提问	由教师进行本任务相关知识的提问	20	每题完全正确得 10 分，部分答对由教师根据情况给分		

任务反思与练习

学习笔记

一、任务反思

检查任务中存在的问题并进行完善，填写表 7-5，提交相关技术资料。

表 7-5　改进工作单

改进要点记录		
产品提交	项目	负责人(签字)
	设计报告	
	使用说明	
	作品功能检查	
	作品技术规范检查	

二、练习

(一)单选题

1. 定时器 TOF 指的是(　　)。

A. 脉冲定时器　　B. 接通延时定时器

C. 断开延时定时器　　D. 保持型接通延时定时器

2. 定时器 TON 指的是(　　)。

A. 脉冲定时器　　B. 接通延时定时器

C. 断开延时定时器　　D. 保持型接通延时定时器

(二)判断题

1. 定时器 TON 在 IN 端由“0”变“1”时被起动。(　　)

A. 对　　B. 错

2. 定时器 TOF 在 IN 端由“1”变“0”时被起动。(　　)

A. 对　　B. 错

3. 定时器的输入端 IN 接收脉冲信号也能定时。(　　)

A. 对　　B. 错

4. 1214C DC/DC/DC PLC 的供电电源是交流 220 V。(　　)

A. 对　　B. 错

5. 1214C DC/DC/DC PLC 可以输出直流 24 V。(　　)

A. 对　　B. 错

6. 1214C DC/DC/DC PLC 可以输出交流 24 V。(　　)

A. 对　　B. 错

学习笔记

任务2 时序控制原则的交通信号灯控制

思 考

交通信号灯的控制除了可以应用顺序控制原则，还有没有其他方法？

知识与技能

一、时序图编程法

时序图是描述设备工作过程的时间次序图，也是用于直观分析设备工作过程的一种图形。如电子技术中的触发器、定时器、计数器等均用时序图来描述其工作原理。在PLC顺序控制设计法编制梯形图程序时，往往是先画出时序图，再根据时序图设计流程图，再按流程图编制梯形图程序。这对于初学者来说的确有一定困难，因为设计流程图需要多方面的知识和经验才可完成。

能否用时序图直接编制PLC梯形图程序？PLC的编程灵活机动，只要掌握了它的编程原理与规律，就可以用时序图直接编程，达到理想效果。

1. 时序图编程的操作训练

如图7-12所示，控制两个风机M1、M2顺序起动、逆序停止，按下起动按钮SB1，风机M1起动，间隔5 s后，风机M2起动运行。停机时，按下按钮SB2，风机M2立即停止，延时3 s后，风机M1停止运行。

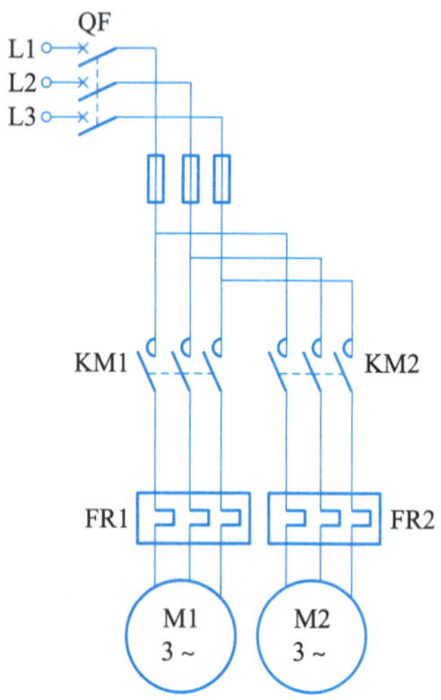

图7-12 风机顺起逆停主回路

设计思路：SB1为起动按钮，驱动I0.0；SB2为停止按钮，驱动I0.1；Q0.0输出时驱动接触器KM1，M1起动；Q0.1输出时驱动接触器KM2，延时5 s后M2起动。停止时，先停M2，延时3 s后停M1。时序图如图7-13所示。

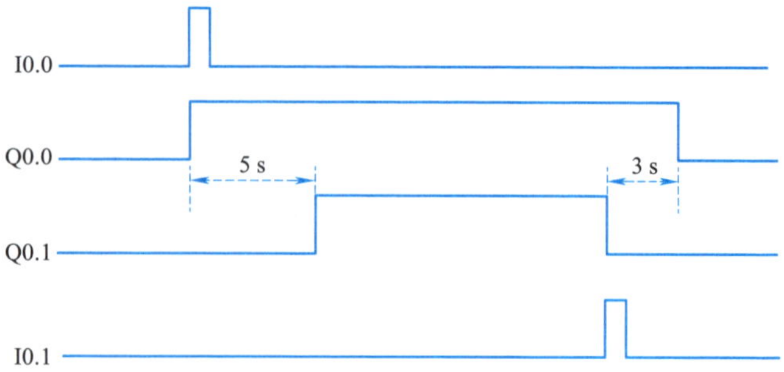

图7-13 风机顺起逆停的时序图

画出时序图后，可以清晰地看出输出Q0.0和Q0.1起动与停止的条件，应用之前学习的PLC梯形图程序设计方法可以快速地编写风机顺起逆停的梯形图程序，如图7-14所示。

运行效果分析：

(1)按下起动按钮I0.0闭合，Q0.0输出，风机M1起动运行，并进行自锁。

学习笔记

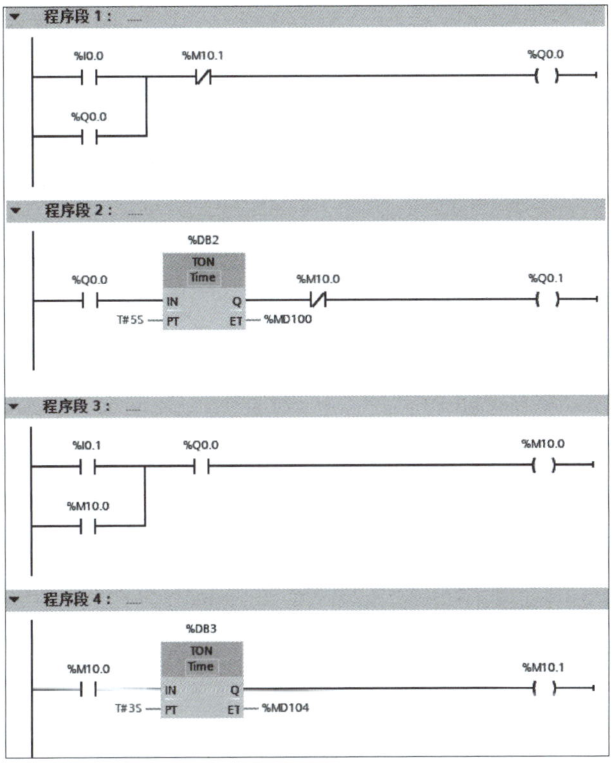

图 7-14　风机顺起逆停的梯形图程序

(2) Q0.0 输出，风机 M1 起动运行同时进行定时，定时 5 s，定时时间到，风机 M2 起动运行。

(3) 停机时，按下停止按钮 I0.1 闭合，M10.0 线圈得电，其常闭触点断开，Q0.1 停止输出，风机 M2 停止运行。

(4) 中间继电器 M10.0 线圈得电同时进行定时，定时 3 s，定时时间到，中间继电器 M10.1 线圈得电，M10.1 的常闭触点断开，Q0.0 停止输出，风机 M1 停止运行。

任务分析

对任务控制要求进行分析，交通信号灯的 PLC 控制也是典型时间上的顺序控制，画出时序图后，可以应用时序图编程法编写 PLC 的梯形图控制程序。时序图用来显示对象之间的关系，并强调对象之间的时间顺序，同时显示了对象之间的交互。对 PLC 的初学者来说，学会通过时序图进行逻辑关系分析和根据工程的实际情况所画出时序图而进一步根据时序图设计应用程序，这对加深对 PLC 的理解十分重要。除时序图法外，还可以使用定时器和比较指令的方法实现。

任务实施

一、绘制时序图

控制要求、I/O 分配、外围硬件原理图与本项目任务 1 一致。根据控制要求的描述，绘制交通信号灯PLC控制时序图如图7-15所示。

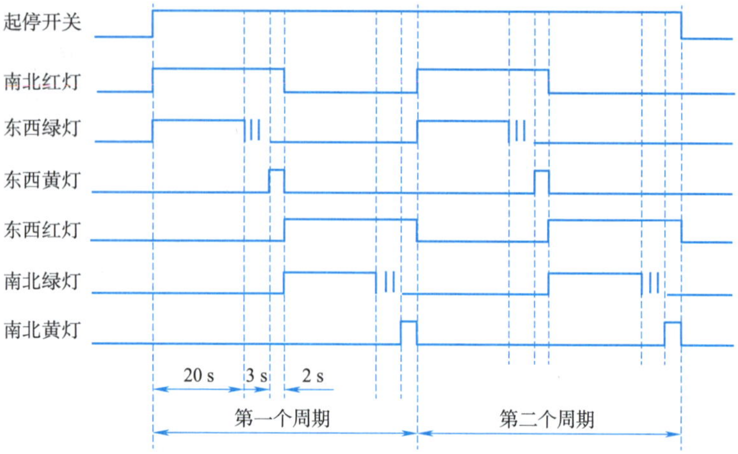

图7-15 交通信号灯PLC控制时序图

二、设计PLC控制程序

1. 程序编写思路

按下起动按钮后，中间继电器M10.0线圈得电，开始定时，分别定时20 s、23 s、25 s、45 s、48 s和50 s，各个定时时间到的时候分别使中间继电器M10.1～M10.6线圈得电，通过中间继电器M10.1～M10.6的常开、常闭触点控制输出Q0.0～Q0.5的起动与停止。

2. 程序设计

如图7-16所示，在程序段1中，主要实现了整个流程的起动和停止，M10.0相当于一个总控开关，M10.0线圈得电，交通信号灯工作，M10.0线圈不得电，交通信号灯停止工作，所有的信号灯熄灭。在程序段2中主要是进行时间控制，M10.0线圈得电作为计时的开始，定时20 s时间到，M10.1线圈得电；定时23 s时间到，M10.2线圈得电；定时25 s时间到，M10.3线圈得电；定时45 s时间到，M10.4线圈得电；定时48 s时间到，M10.5线圈得电；定时50 s时间到，M10.6线圈得电。第一个周期到，所有定时器复位，然后立即开始下一周期定时。程序段3控制东西方向红灯（Q0.0），由时序图可知东西方向红灯在M10.3线圈得电时亮，M10.6线圈得电时熄灭，则用M10.3的常开触点起动Q0.0输出，用M10.6的常闭触点停止Q0.0输出。程序段4～程序段8的编程思路与程序段3相同，不再赘述。

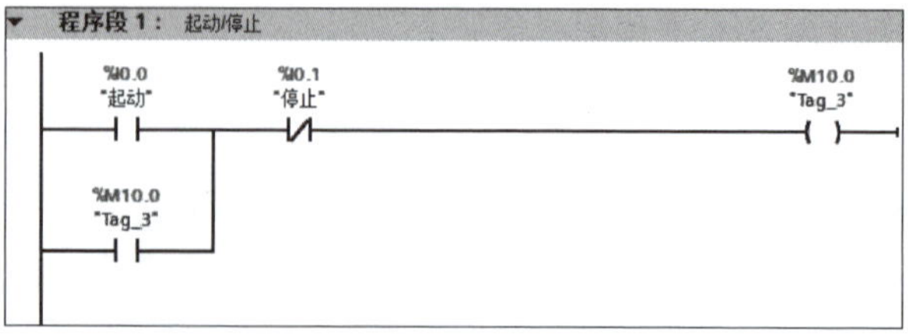

图7-16 时序图法设计的交通信号灯梯形图程序

学习笔记

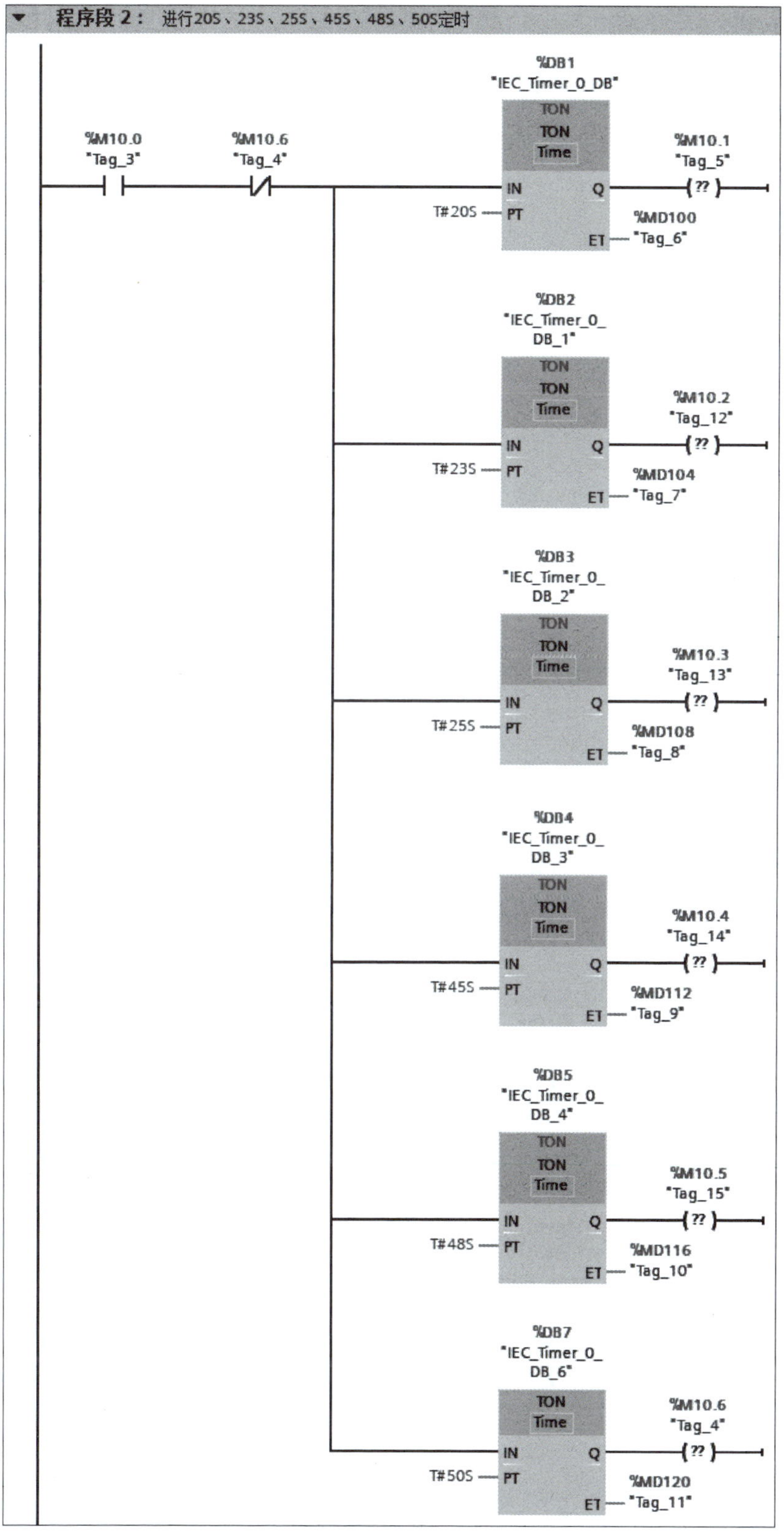

图 7-16　时序图法设计的交通信号灯梯形图程序(续)

学习笔记

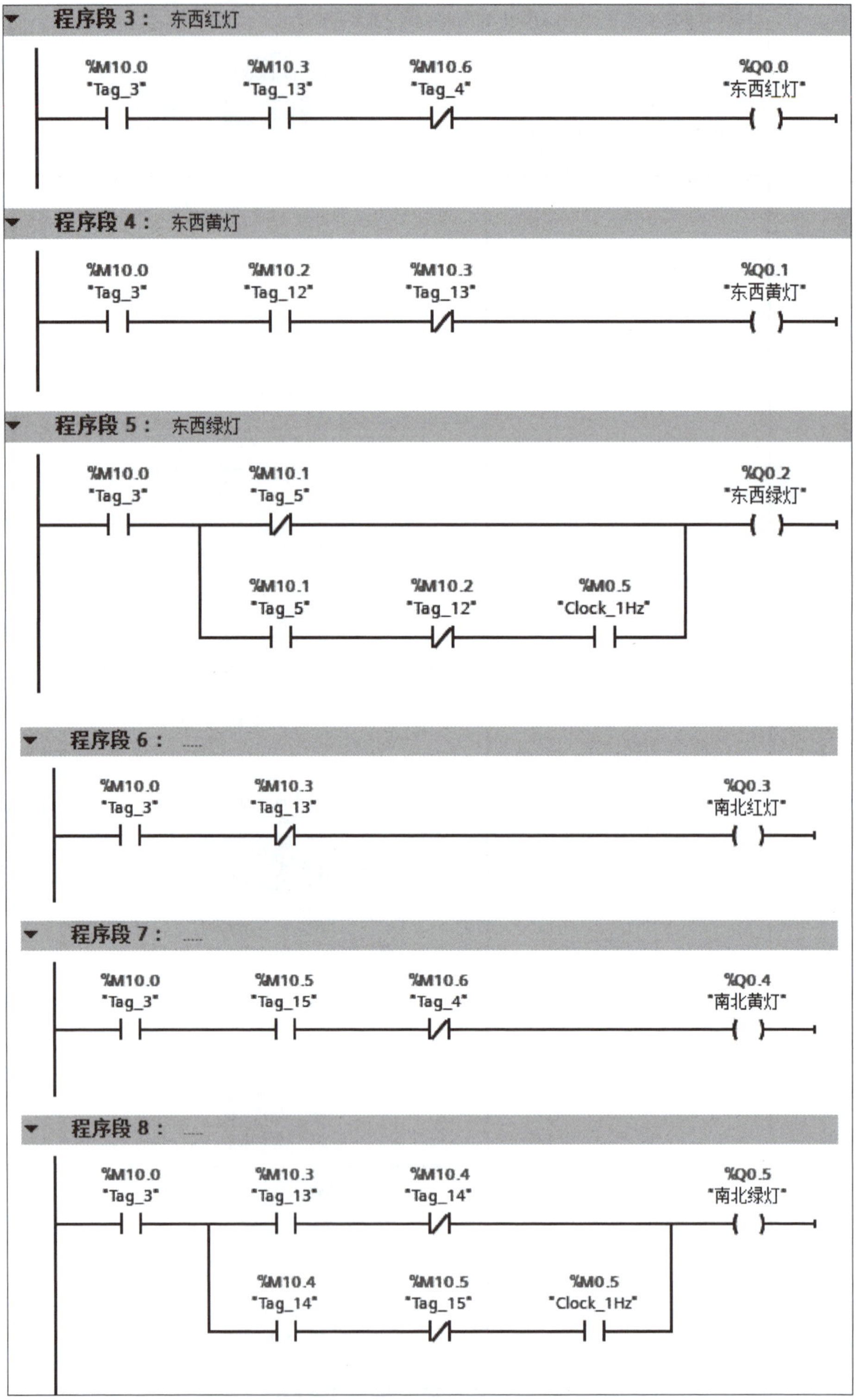

图 7-16 时序图法设计的交通信号灯梯形图程序(续)

学习笔记

任务评价

按照任务的完成情况进行评价，评价的方式可以是教师评价、教师指定的评价组评价或者组间互评等。评价的过程中需要记录存在的问题，评价记录工作单见表 7-6。

表 7-6　评价记录工作单

类别	评价内容	分值	评价标准	记录	评分
功能实现情况	按下起动按钮 SB1，交通信号灯是否运行	5	按下 I/O 分配对应的起动按钮，PLC 的输出指示灯有点亮的情况得 5 分，无点亮 0 分		
	按下停止按钮 SB2，交通信号灯是否停止	5	按下 I/O 分配对应的停止按钮，PLC 的输出指示灯全部熄灭得 5 分，没有全部熄灭 0 分		
	按下起动按钮 SB1，交通信号灯可按照任务要求的规律动作	20	动作规律错一项扣 5 分		
	交通信号灯起动运行后，在完成一次循环可自动循环运行	5	不可以自动循环运行得 0 分		
	能够绘制顺序功能图（或时序图）	5	会绘制顺序功能图（或时序图）得 5 分，否则得 0 分		
电路接线检查	电气原理图设计	10	布局不合理扣 5 分，少一个电气元件扣 2 分，符号不规范每处扣 2 分		
	工艺检查	10	露铜过长每处扣 1 分，接线不符合安全规范每处扣 1 分		
	初步调试	10	上电后按下按钮没有反应每处扣 1 分，接线错误每处扣 2 分，产生短路现象直接得 0 分		
职业素养	劳动纪律、操作规范、安全文明生产	10	不遵守实训纪律、不爱惜实训设备、浪费耗材、危险用电，根据情况酌情扣 1～10 分		
知识提问	由教师进行本任务相关知识的提问	20	每题完全正确得 10 分，部分答对由教师根据情况给分		

任务反思与练习

一、任务反思

检查任务中存在的问题进行完善，填写表 7-7，提交相关技术资料。

表 7-7　改进工作单

改进要点记录	

学习笔记

	项目	负责人(签字)
产品提交	设计报告	
	使用说明	
	作品功能检查	
	作品技术规范检查	

二、练习

单选题

1. 1214C DC/DC/DC PLC的供电电源是直流24 V。(　　)

   A. 对　　　　B. 错

2. 交通灯的6个输出灯是共阴极接法。(　　)

   A. 对　　　　B. 错

3. 用万用表检查接线正确性时设备无须断电。(　　)

   A. 对　　　　B. 错

4. 用万用表检查接线正确性时要将设备断电。(　　)

   A. 对　　　　B. 错

5. 检查接线正确性时,万用表调到蜂鸣器挡位。(　　)

   A. 对　　　　B. 错

6. 检查接线正确性时,万用表调到测电阻挡位。(　　)

   A. 对　　　　B. 错

7. 系统调试时要按步骤操作,不能随意操作。(　　)

   A. 对　　　　B. 错

拓展知识

劳模精神、劳动精神、工匠精神

民族的精英、人民的楷模、共和国的功臣,习近平总书记多次这样称赞、褒奖劳动模范和先进工作者。党的十八大以来,习近平总书记多次强调劳模精神、劳动精神、工匠精神是以爱国主义为核心的民族精神和以改革创新为核心的时代精神的生动体现,赋予了劳模精神新的时代内涵。爱岗敬业、争创一流是劳模精神的本质特征。社会主义是干出来的,新时代是奋斗出来的,新时代弘扬劳模精神、劳动精神、工匠精神,就是要让实干担当在新时代蔚然成风,让改革创新在新时代焕发活力,让精益求精在新时代落地生根。中国梦"劳动美"的时代篇章也必将焕发出更加璀璨夺目的时代光彩。

项目八 喷泉PLC控制

学习笔记

知识目标：

(1)熟悉顺序控制编程方法；

(2)掌握加计数器、减计数器的使用；

(3)掌握喷泉的硬件接线图；

(4)掌握博途软件的使用方法与喷泉的编程方法。

能力目标：

(1)能独立使用加计数器指令或减计数器指令实现计数功能；

(2)能独立画出喷泉的硬件接线图；

(3)能独立进行喷泉的程序设计；

(4)能独立进行喷泉系统的调试。

素质目标：

(1)培养安全生产意识，自觉按规章操作的职业素养；

(2)培养缜密的逻辑思维和善于发现问题的批判思维能力。

项目导入

亚洲第一大音乐喷泉即洛阳音乐喷泉，位于洛阳市开元大道南侧，它拥有多项世界之最：369 m 的世界上最长数控跑泉，12 万 m^2 的世界最大面积的综合水景，世界首创的高科技百变喷泉水形，世界上最精确的数控定位系统，世界最高最长的变频阵列。音乐喷泉以牡丹花为主要造型元素，线条优美，共有各式喷头 5 698 个，水下彩灯 22 116 盏，喷泉专用泵 1 407 台，所有设备由 10 台专业计算机通过网络多级互联控制技术进行控制。

音乐声中，道道水柱从湖中喷起，最高的可达 180 m。灯光、水幕、音乐交织在一起，面前展开了一个如梦似幻的世界。30 min 内，随着《青藏高原》等 10 首或民族、或古典的旋律，无数喷泉翩翩飞舞，瞬息万变。一幕幕水幕组合或如牡丹盛开，或似百花争艳，又如孔雀开屏，或仿金鹏展翅，直冲云霄，变幻出一组组极富动感的优美造型……水的变化，让人目不暇接。水的风情，令人心旷神怡，水的韵律，是如此动人心魄。

大型复杂的喷泉需要性能稳定的工业控制器 PLC 进行控制，控制喷头喷水的时间、流量和压力等，本项目进行喷泉中各喷头喷水时间的控制。

故事汇

音乐喷泉的起源与简介

1930 年，德国发明家奥图皮士特先生首先提出喷泉的概念，起初他只在百货商店和餐

学习笔记

馆建造小型喷泉,之后经过多年的发展,其音乐喷泉的设计及构造已变得更大型及复杂。奥图皮士特先生早于十二岁已跟随父亲设计及建造喷泉,1952年的夏天,西柏林的工业展览中,一个美国人看到音乐喷泉的表演,并把它带回纽约电台音乐会堂。1953年1月15日音乐喷泉在美国首次表演,表演期间超过一百五十万人观看。奥图皮士特先生继续改善其音乐喷泉并推向全世界,多年的改良已大大降低了建造和维修的成本,计算机已用在音乐喷泉上,使其表演能更复杂和美丽。

音乐喷泉表演是在程序控制喷泉的基础上加入了音乐控制系统,计算机通过对音频及MIDI信号的识别,进行译码和编码,最终将信号输出到控制系统,使喷泉的造型及灯光的变化与音乐保持同步,从而达到喷泉水型、灯光及色彩的变化与音乐情绪的完美结合,使喷泉表演更加生动、更加富有内涵。音乐喷泉可以根据音乐的高低起伏变化。用户可以在编辑界面编写自己喜爱的音乐程序。播放系统可以实现音乐、水、灯光气氛统一,播放同步。

项目要求

使用西门子S7-1200 PLC控制喷泉,喷泉池里有A、B、C三种喷头。按下起动按钮SB1,喷泉的喷水规律是:A喷头喷水5 s后自动停止,B喷头开始喷水,喷水5 s后自动停止,C喷头开始喷水,C喷头喷水5 s后自动停止,A喷头开始喷水,依次往复循环。循环2次后,C喷头喷水5 s后自动停止,B喷头开始喷水,喷水5 s后自动停止,A喷头开始喷水,A喷头喷水5 s后自动停止。循环2次。之后再次开始第1次循环的过程(A—B—C)。按下停止按钮SB2,喷泉停止工作。把每个喷水顺序的循环次数记录到PLC中。

任务　控制喷泉喷水

思　考

喷泉都有哪些种类?你都在哪里见到过喷泉?

知识与技能

一、PLC顺序控制编程方法

视频

PLC顺序控制编程方法

1. PLC顺序控制编程方法的含义

PLC顺序控制是一种按照特定顺序进行控制的方式,通常用于控制工业生产中的流水线或自动化生产线等。PLC顺序控制编程方法是根据工业生产流程的特点,将流程分为多个步骤或阶段,每个步骤或阶段都有特定的控制逻辑和执行条件。PLC通过编程实现这些逻辑和条件,自动执行整个流程,实现自动化控制。

2. PLC顺序控制编程的步骤

1)定义生产流程

PLC顺序控制编程的第一步是定义生产流程,将整个流程分为多个步骤或阶段。每个步骤或阶段都有特定的控制逻辑和执行条件。如图8-1所示,在流水线生产中,可以将流程分为物料进料、加工、检测、包装等多个步骤。

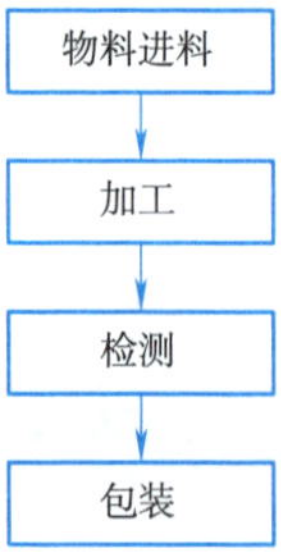

图8-1　流水线步骤图

2)设计控制逻辑

在定义好生产流程后,需要根据每个步骤或阶段的特点,设计相应的控制逻辑。控制逻辑是指根据特定的输入信号,通过PLC的编程语言,输出相应的控制信号，实现自动化控制。例如，在流水线生产中，可以控制物料的进料和加工速度等。

3）编写 PLC 程序

根据设计好的控制逻辑，编写 PLC 程序。PLC 程序是通过 PLC 编程软件编写的。在编写 PLC 程序时，需要按照工业生产流程的步骤或阶段，编写相应的程序模块。

4）调试和测试

在编写完 PLC 程序后，需要进行调试和测试。调试是指检查程序是否符合预期的控制逻辑和执行条件；测试是指在实际生产环境中，测试程序的正确性和可靠性。在调试和测试过程中，需要不断修改和优化程序，确保程序的稳定性和可靠性。

3. 功能图的基本概念

为了更直观地看出顺序控制的逻辑顺序，可以用功能图来体现。功能图是描述控制系统的控制逻辑过程的一种图解表示方法。功能图是设计 PLC 顺序控制编程程序的一种辅助工具，对于辅助系统规模较大、程序关系较复杂的控制过程程序设计，功能图比较适合。特别适合按一定顺序操作的逻辑控制。功能图的基本思想是：将被控设备的一个工作周期划分成若干个工作阶段（简称“步”），并明确表示每一步要执行的输出。“步”与“步”之间通过制定的条件进行转换，只要通过正确连接进行“步”与“步”之间的转换，就可以完成被控设备的全部动作。

4. 功能图的组成元素

（1）步：一个顺序控制过程可分为若干个阶段，也称为步或状态。系统初始状态对应的步称为初始步，初始步一般用双线框表示。当系统处于某一工作阶段时，则该步处于激活状态，称为活动步。

（2）转换条件：使系统由当前步进入下一步的信号称为转换条件。

（3）有向线段：步与步之间的连接线称为“有向线段”。“有向线段”决定了状态的转换方向与转换途径。

（4）动作：在每一步中，施控系统要发出某些“命令”，而被控系统要完成某些“动作”。“命令”和“动作”都称为动作。

5. 功能图的结构分类

如图 8-2 所示，功能图按照结构可以分为顺序结构、选择性分支结构、并发性分支结构三种。

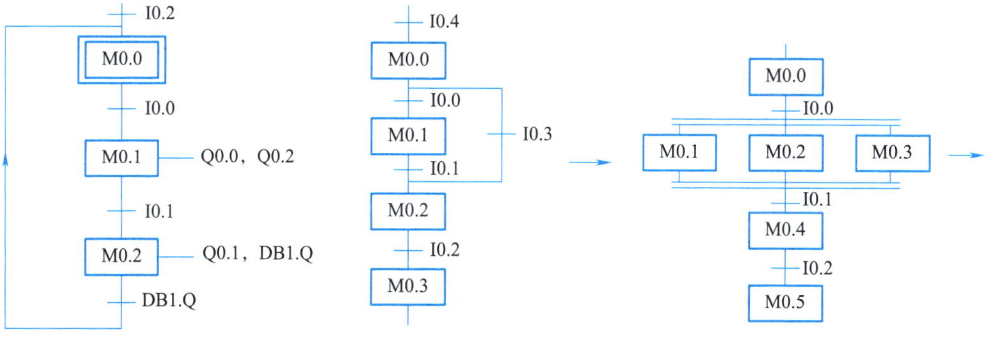

（a）顺序结构　（b）选择性分支结构　（c）并发性分支结构

图 8-2　功能图的结构分类

学习笔记

二、S7-1200 PLC 计数器指令及操作训练

计数器指令是在 PLC 程序设计中非常常见的一种指令。S7-1200 PLC 计数器有加计数器、减计数器、加减计数器。

1. S7-1200 PLC 计数器指令

1)指令格式

S7-1200 PLC 计数器指令格式见表 8-1。

视频 PLC计数器指令

表 8-1　S7-1200 PLC 计数器指令格式

计数器	指令格式
加计数器	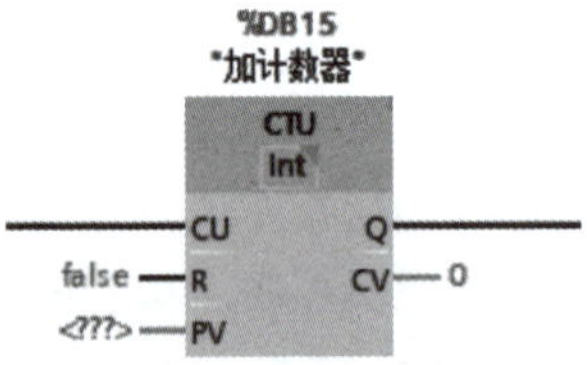
减计数器	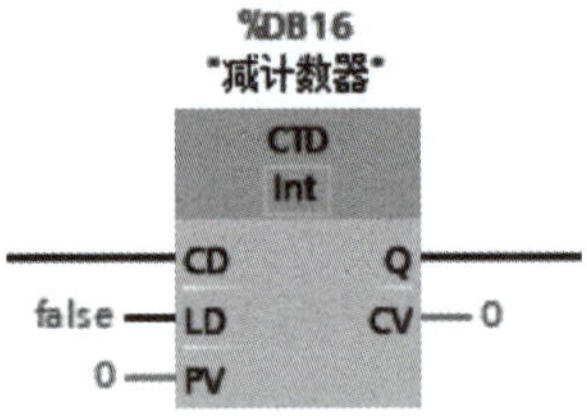

2)指令功能

(1)加计数器:

每当 CU 从“0”变为“1”,CV 增加 1。

当 CV = PV 时,Q 输出“1”,此后每当 CU 从“0”变为“1”,Q 保持输出“1”,CV 继续增加 1 直到达到计数器指定的整数类型的最大值。

在任意时刻,只要 R 为“1”时,Q 输出“0”,CV 立即停止计数并回到 0。

(2)减计数器:

每当 CD 从“0”变为“1”,CV 减少 1。

当 CV =0 时,Q 输出“1”,此后每当 CD 从“0”变为“1”,Q 保持输出“1”,CV 继续减少 1 直到达到计数器指定的整数类型的最小值。

在任意时刻,只要 LD 为“1”时,Q 输出“0”,CV 立即停止计数并回到 PV 值。

2. 操作训练

1)加计数器 CTU 操作训练

设置 I0.0 为加计数器输入信号 CU 端的通断开关,I0.1 为复位信号,Q0.0 为加计数器输出 Q 端的输出指示灯。设置 PV 端的数值是 3,通过 I0.0 的接通、断开,观察输出 Q0.0 的通断状态。再通过 I0.1 的接通,观察 Q0.0 的通断状态、CV 端的数值变化。加计数器 CTU 程序如图 8-3 所示。

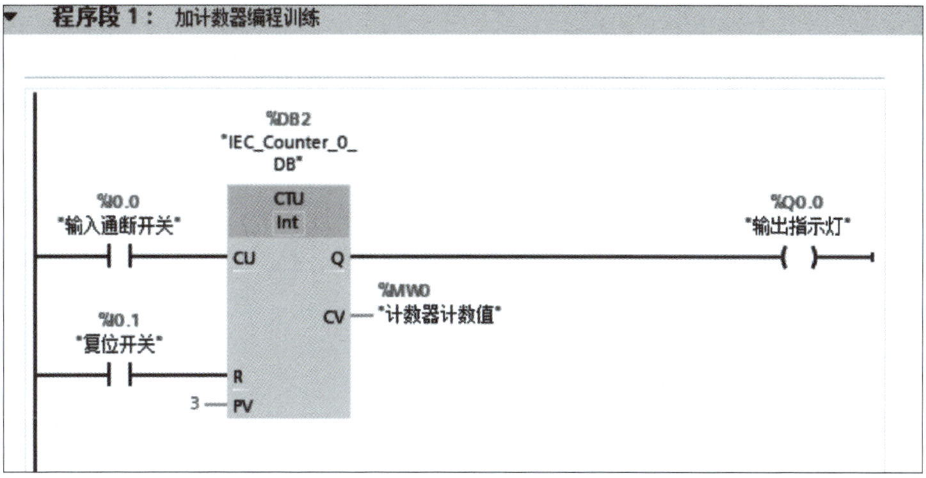

图 8-3　加计数器 CTU 程序

运行效果分析：

下载完毕，起动 PLC 运行，MW0 存储计数器的当前值为 0，计数器 Q 无输出，线圈 Q0.0 没有输出，I0.0 通断一次，计数器当前值加 1。当 I0.0 通断 3 次，计数器的当前值为 3 时，达到计数器的设定值，计数器 Q 有输出，线圈 Q0.0 得电输出，I0.0 继续通断，计数器当前值继续加 1，当 I0.1 接通时，计数器复位，计数器当前值为 0。

2）减计数器 CTD 操作训练

设置 I0.0 为减计数器输入信号 CD 端的通断开关，I0.1 为复位信号，Q0.0 为减计数器输出 Q 端的输出指示灯。设置 LD 端的数值是 3，通过 I0.0 的接通、断开，观察输出 Q0.0 的通断状态。再通过 I0.1 的接通，观察 Q0.0 的通断状态、CV 端的数值变化。减计数器 CTD 程序如图 8-4 所示。

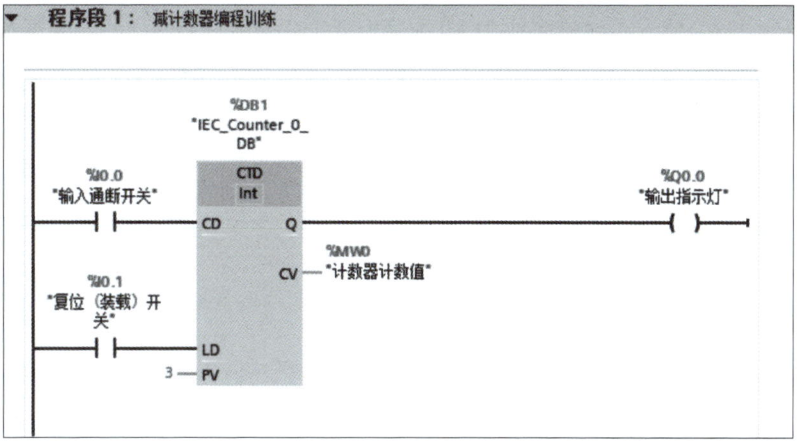

图 8-4　减计数器 CTD 程序

运行效果分析：

下载完毕，起动 PLC 运行，MW0 存储计数器的当前值为减计数器 CTD 的设定值 3，计数器 Q 无输出，线圈 Q0.0 没有输出，I0.0 通断一次，计数器当前值减 1。当 I0.0 通断 3 次，计

学习笔记

数器的当前值为0时，计数器Q有输出，线圈Q0.0得电输出，I0.0继续通断，计数器当前值数值继续减1，当I0.1接通时，计数器复位并重新装载计数器设定值，计数器当前值为3。

三、S7-1200 PLC移动指令MOVE

1. 移动指令MOVE的功能

在S7-1200 PLC中，常用MOVE指令对存储器进行赋值或是把一个存储器的数据复制到另外一个存储器中，还能实现清零功能（传送“0”）。S7-1200 PLC中的MOVE移动指令就相当于S7-200的传送指令。

2. 移动指令MOVE的简单使用

1）移动字节型数据（Byte，8位二进制数）

如图8-5所示，I0.0是起停信号，MB0为字节型数据存储区，用来存储Byte型数据。

视频

PLC移动指令

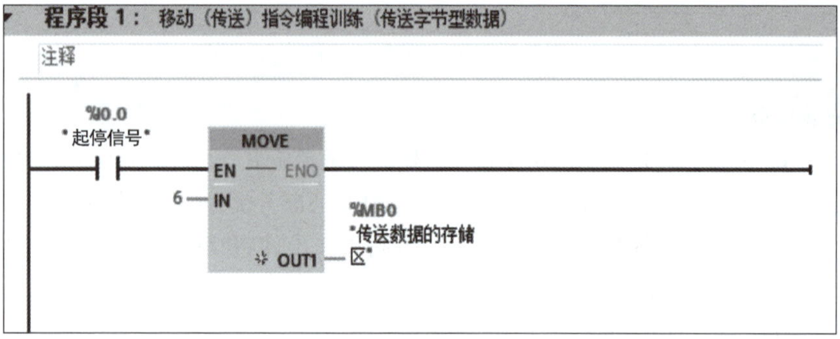

图8-5 移动字节型数据

运行效果分析：

起停信号I0.0接通，MOVE指令将数据6传送至存储区MB0。

2）移动字型数据（Word，16位二进制数）

如图8-6所示，I0.0是起停信号，MW0为字型数据存储区，用来存储Word型数据。

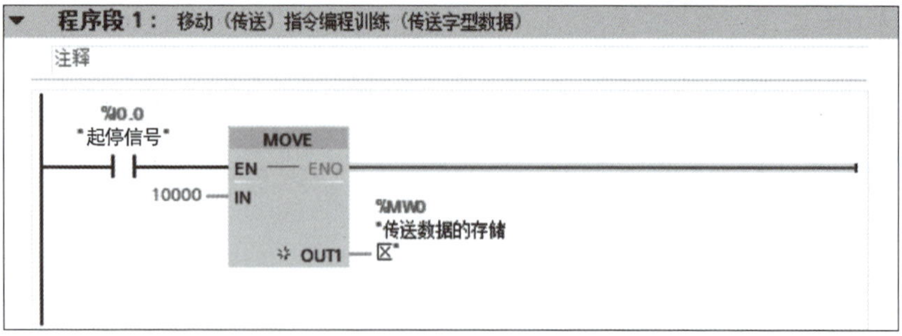

图8-6 移动字型数据

运行效果分析：

起停信号I0.0接通，MOVE指令将数据10000传送至存储区MW0。

3）清零操作

（1）字节存储空间清零操作（传送“0”到字节存储空间中）。如图8-7所示，I0.0是起停信号，I0.1是清零信号，MB0为字节型数据存储区，用来存储Byte型数据。

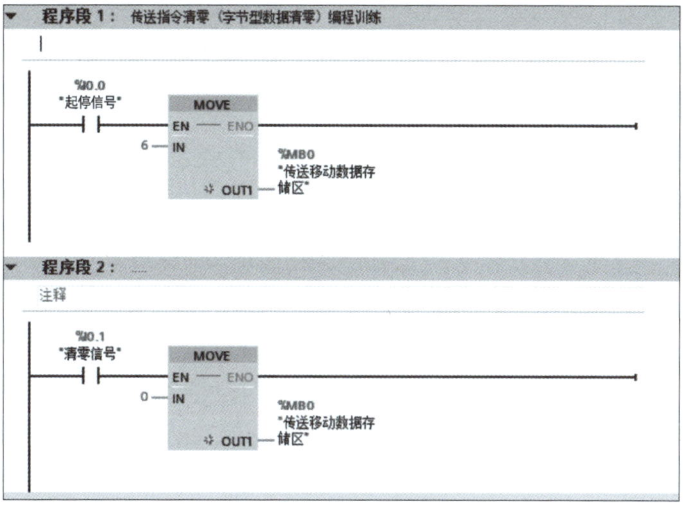

图 8-7　字节存储空间清零

运行效果分析：

起停信号 I0.0 接通，MOVE 指令将数据 6 传送至存储区 MB0，清零信号 I0.1 接通，MOVE 指令将数据 0 传送至存储区 MB0，完成存储区 MB0 的清零操作。

（2）字存储空间清零操作（传送“0”到字存储空间中）

如图 8-8 所示，I0.0 是起停信号，I0.1 为清零信号，MW0 为字型数据存储区，用来存储 Word 型数据。

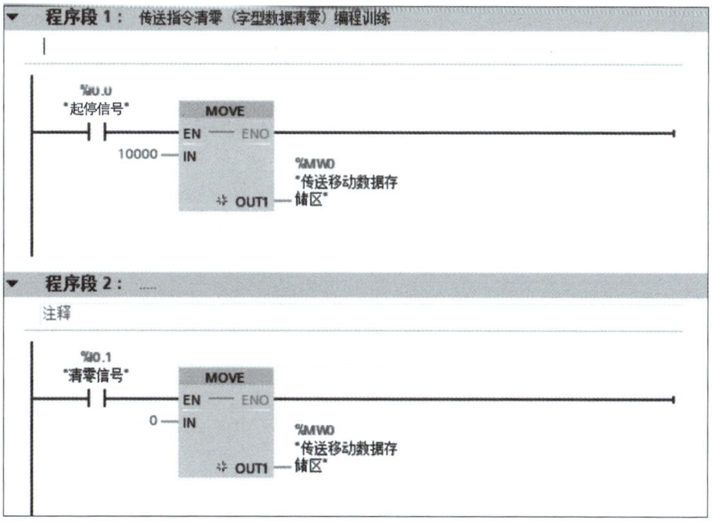

图 8-8　字存储空间清零

任务分析

通过分析任务要求可知，本任务是典型的 PLC 顺序控制，应用西门子 S7-1200 PLC 内的中间继电器、置位复位指令编写顺序控制程序。喷泉喷水时间的控制使用 PLC 定时器指令，循环次数的计数使用 PLC 计数器指令，循环次数的记录用到 PLC 移动指令。为了简化，方便分析，将A、B、C三个喷头用S7-1200 PLC的三个输出指示灯Q0.1、Q0.2、Q0.3代替。输出指示灯亮表示喷泉喷水，输出指示灯灭表示喷泉不喷水。喷泉的工作时序图如图8-9所示。

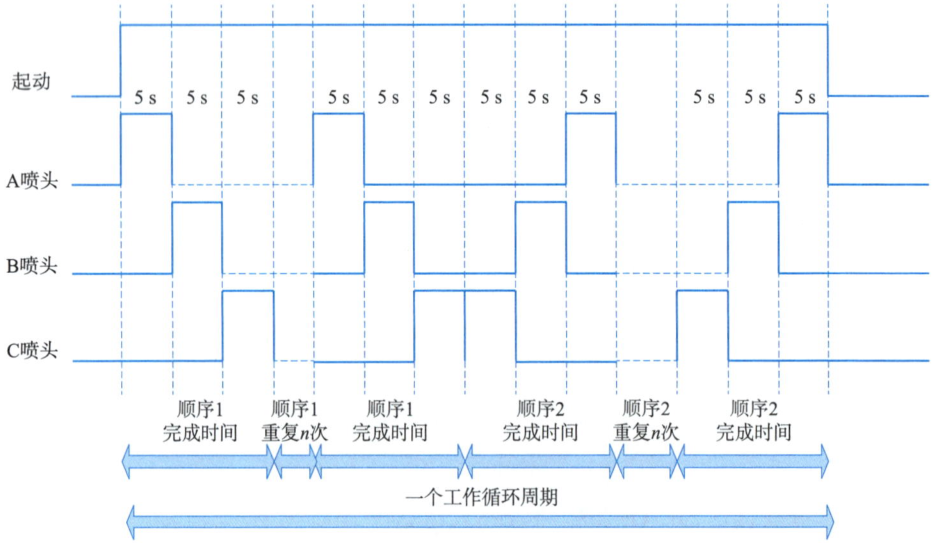

图8-9　喷泉的工作时序图

任务实施

一、硬件设计

1. I/O分配

根据喷泉PLC控制的要求，控制系统中需要1个起动按钮，1个停止按钮，因此有2个输入点；需要3个输出点分别控制A喷泉、B喷泉和C喷泉。I/O分配见表8-2。

表8-2　喷泉PLC控制I/O分配

输　入		
元器件	地　址	注　释
SB1	I0.0	起动按钮
SB1	I0.1	停止按钮
输　入		
元器件	地　址	注　释
HL1	Q0.1	A喷泉
HL2	Q0.2	B喷泉
HL3	Q0.3	C喷泉

视频：喷泉PLC控制硬件接线与系统调试

2. 设计硬件原理图

I/O分配完成后，进行喷泉PLC控制的外围电路设计。PLC输入硬件接线设计时注意以下几点：

（1）S7-1200 CPU 1214 DC/DC/DC PLC的供电电源是直流24 V，需要一个直流24 V的

学习笔记

开关电源给 PLC 供电。

(2)直流 24 V 开关电源注意正负极性,V 引脚为正(+),G 引脚为负(-)。

(3)S7-1200 CPU 1214 DC/DC/DC PLC 的 L+和 M 为直流 24 V 输出,用来驱动传感器、按钮、开关,因此 1M 接 M,L+接 SB1、SB2 的公共端。

(4)输出用来表示喷泉的指示灯,选择直流 24 V 电源驱动,因此 3L+接直流电源正极,3M 接直流电源负极,同时连接 HL1、HL2 和 HL3 的公共端。

喷泉控制的 PLC 外围接线图如图 8-10 所示。

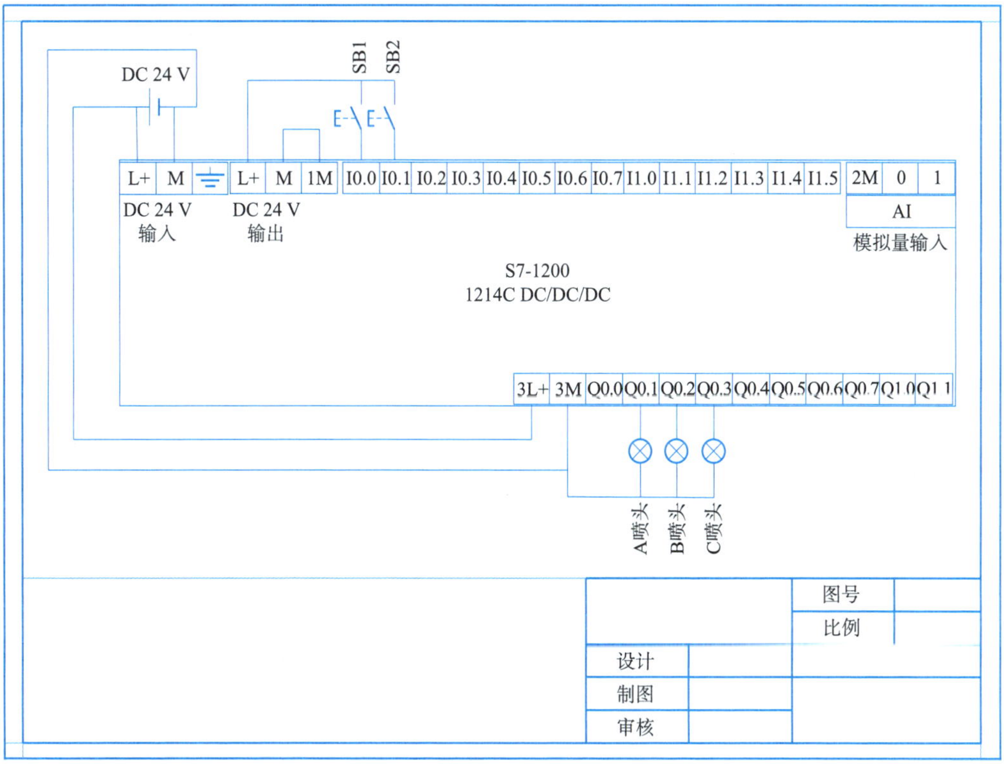

图 8-10　喷泉控制的 PLC 外围接线图

二、设计 PLC 控制程序

1. 程序编写思路

按下起动按钮:

第 1 步:A 喷头喷水 5 s(输出指示灯亮 5 s)过渡到下一步。

第 2 步:B 喷头喷水 5 s(输出指示灯亮 5 s)过渡到下一步。

第 3 步:C 喷头喷水 5 s(输出指示灯亮 5 s)过渡到下一步。

第 1~3 步循环 2 次,过渡到下一步。

第 4 步:C 喷头喷水 5 s(输出指示灯亮 5 s)过渡到下一步。

第 5 步:B 喷头喷水 5 s(输出指示灯亮 5 s)过渡到下一步。

第 6 步:A 喷头喷水 5 s(输出指示灯亮 5 s)过渡到下一步。

第 4~6 步循环 2 次,过渡到第 1 步。

2. 定义变量

在 PLC 的默认变量表中填写输入输出的功能注释，主要包括输入、输出、中间继电器、定时器存储区、计数器存储区的注释。注释的目的是使编程者及程序使用者能更加清晰和容易地理解程序从而提高调试效率。喷泉 PLC 控制程序变量表如图 8-11 所示。

默认变量表

	名称	数据类型	地址	保持	从 H...	从 H...	在 H...
1	启动	Bool	%I0.0	☐	☑	☑	☑
2	停止	Bool	%I0.1	☐	☑	☑	☑
3	A喷泉第一次	Bool	%M0.1	☐	☑	☑	☑
4	B喷泉第一次	Bool	%M0.2	☐	☑	☑	☑
5	C喷泉第一次	Bool	%M0.3	☐	☑	☑	☑
6	A喷泉第二次	Bool	%M0.4	☐	☑	☑	☑
7	B喷泉第二次	Bool	%M0.5	☐	☑	☑	☑
8	C喷泉第二次	Bool	%M0.6	☐	☑	☑	☑
9	A喷泉	Bool	%Q0.1	☐	☑	☑	☑
10	B喷泉	Bool	%Q0.2	☐	☑	☑	☑
11	C喷泉	Bool	%Q0.3	☐	☑	☑	☑
12	第一步	Bool	%M1.0	☐	☑	☑	☑
13	第二步	Bool	%M1.1	☐	☑	☑	☑
14	第三步	Bool	%M1.2	☐	☑	☑	☑
15	第四步	Bool	%M1.3	☐	☑	☑	☑
16	第五步	Bool	%M1.4	☐	☑	☑	☑
17	第六步	Bool	%M1.5	☐	☑	☑	☑
18	第七步	Bool	%M1.6	☐	☑	☑	☑
19	第八步	Bool	%M1.7	☐	☑	☑	☑
20	C1计数存储区	Int	%MW20	☐	☑	☑	☑
21	C2计数存储区	Int	%MW22	☐	☑	☑	☑
22	System_Byte	Byte	%MB3	☐	☑	☑	☑
23	FirstScan	Bool	%M3.0	☐	☑	☑	☑
24	DiagStatusUpdate	Bool	%M3.1	☐	☑	☑	☑
25	AlwaysTRUE	Bool	%M3.2	☐	☑	☑	☑
26	AlwaysFALSE	Bool	%M3.3	☐	☑	☑	☑
27	定时器T1计时数据	Time	%MD100	☐	☑	☑	☑
28	定时器T2计时数据	Time	%MD104	☐	☑	☑	☑
29	定时器T3计时数据	Time	%MD108	☐	☑	☑	☑
30	定时器T4计时数据	Time	%MD112	☐	☑	☑	☑
31	定时器T5计时数据	Time	%MD116	☐	☑	☑	☑
32	定时器T6计时数据	Time	%MD120	☐	☑	☑	☑
33	定时器T7计时数据	Time	%MD124	☐	☑	☑	☑
34	定时器T8计时数据	Time	%MD128	☐	☑	☑	☑

图 8-11　喷泉 PLC 控制程序变量表

喷泉 PLC 控制的程序初始化用到上电扫描第一周期只通一次的中间继电器 M3.0。需要设置 PLC 的系统存储器位，设置方法如图 8-12 所示。

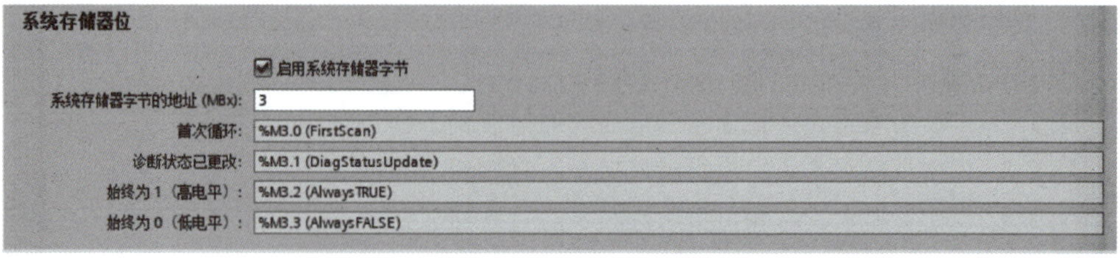

图 8-12　喷泉 PLC 控制系统存储器位设置

3. 设计程序

1）顺序功能图（状态转移图）

如图 8-13 所示，绘制喷泉 PLC 控制的顺序功能图，根据顺序功能图编写 PLC 梯形图控制程序。喷泉 PLC 控制的顺序功能图中的单线框表示“步”,喷泉 PLC 控制有一个开始步,用双线框表示;有六个动作步,六个动作步对应 A 喷头正序喷水、B 喷头正序喷水、C 喷头正序喷水、C 喷头逆序喷水、B 喷头逆序喷水、A 喷头逆序喷水,有向线段表示“步”的转移方向,在步与步之间的短线标出步的转移条件。

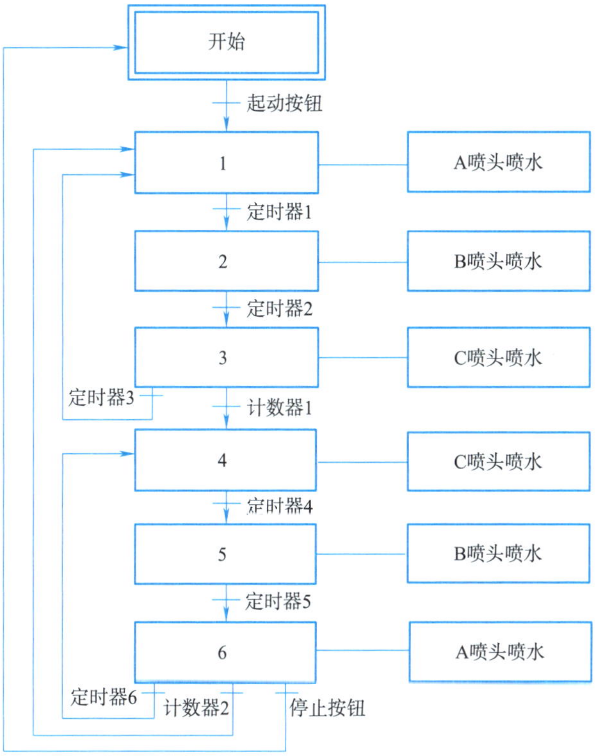

图 8-13 喷泉 PLC 控制顺序功能图

2)梯形图程序

根据顺序功能图编写 PLC 梯形图程序,如图 8-14 所示,使用中间继电器 M1.0 ~ M1.7 表示喷泉喷水的六步和两个过渡步,第四步和第八步为过渡步,过渡步没有实际输出。程序段 1 对计数器 C1、计数器 C2 的计数存储区进行清零,C1 中存储的是喷泉 A—B—C 顺序喷水的次数,C2 中存储的是 C—B—A 顺序喷水的次数,完成上述系统存储器位设置,M3.0 上电第一个扫描周期通一次;程序段 2 是按下起动按钮,第一步成为活动步;程序段 3 是按下停止按钮,从 M1.0 开始的连续 8 位复位,当前没有活动步;程序段 4 是第一步成为活动步后,A 喷泉顺序喷水,喷 5 s 后,激活第二步成为当前步,第一步成为已完成步;程序段 5、程序段 6 分别完成 B 喷泉、C 喷泉顺序喷水,其编程思路与程序段 4 相同,不再赘述;程序段 7 进行判断,在完成 A—B—C 喷水后,如果计数器 C1 计数为 1,C1. QU 常闭触点是接通的,返回第一步再执行一次 A—B—C 喷水,如果计数器 C1 计数为 2,C1. QU 常闭触点断开,计数器 C1 的 Q 端有输出,延时 0. 5 s,转去第五步执行 C—B—A 逆序喷水;程序段 8 是 C 喷头逆序喷水;程序段 9 是 B 喷头逆序喷水;程序段 10 是 A 喷头逆序喷水;程序段 11 与程序段 7 相类似,进行判断,完成 C—B—A 喷水后,如果计数器 C2 计数为 1,C2. QU 常闭触点是接通的,返回第五步再执行一次 C—B—A 喷水,如果计数器 C2 计数为 2,C2. QU 常闭触点断开,

学习笔记

计数器 C2 的 Q 端有输出，延时 0.5 s，转去第一步执行下一个周期的循环；程序段 12 是 A 喷头的输出程序，A 喷头顺序喷水时 M0.1 有输出，A 喷头逆序喷水时 M0.4 有输出，M0.1 与 M0.4 常开触点并联后 Q0.1 输出；程序段 13、程序段 14 分别是 B 喷头和 C 喷头的输出程序。

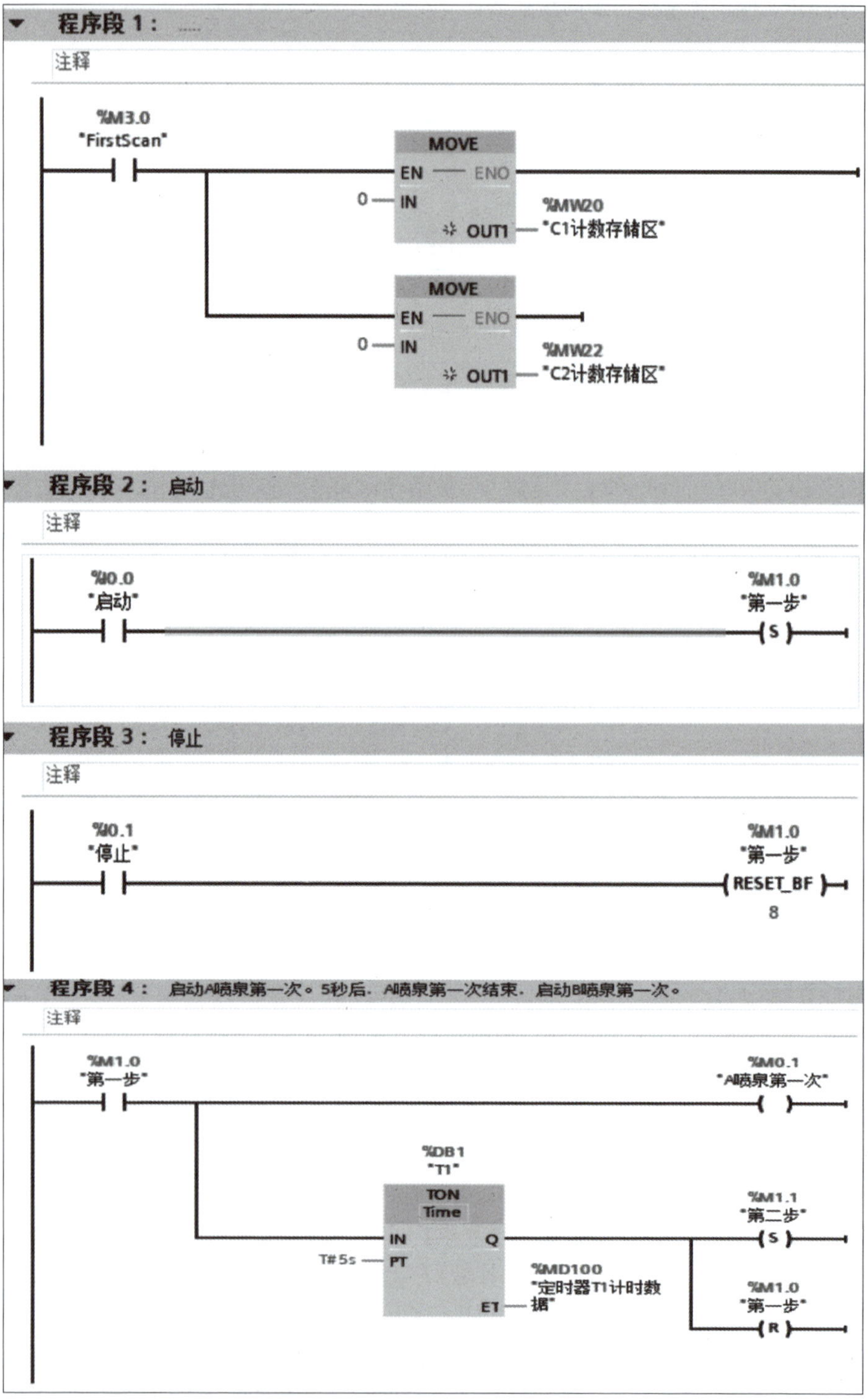

图 8-14 喷泉 PLC 控制梯形图程序

学习笔记

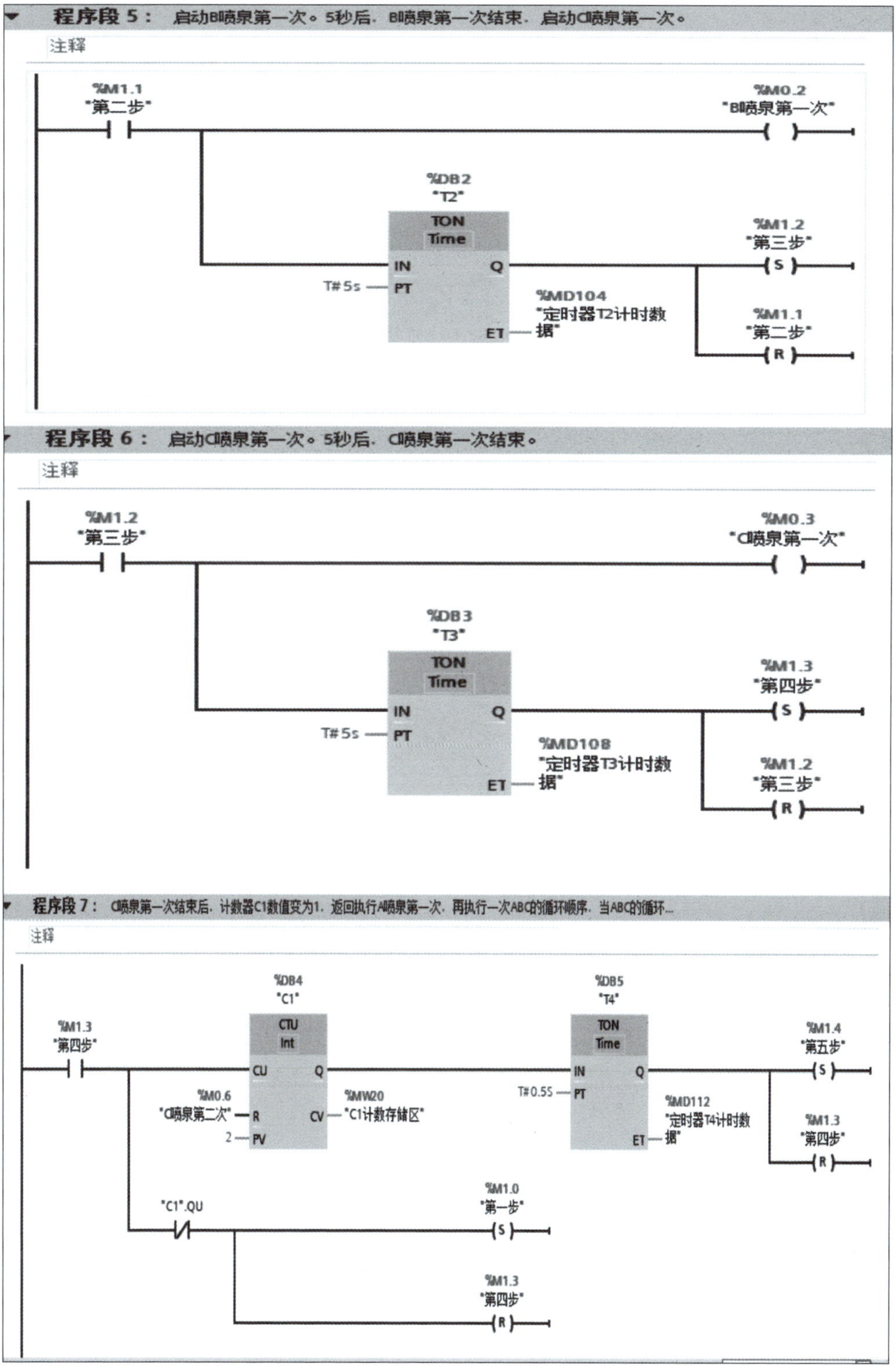

图 8-14　喷泉 PLC 控制梯形图程序(续)

学习笔记

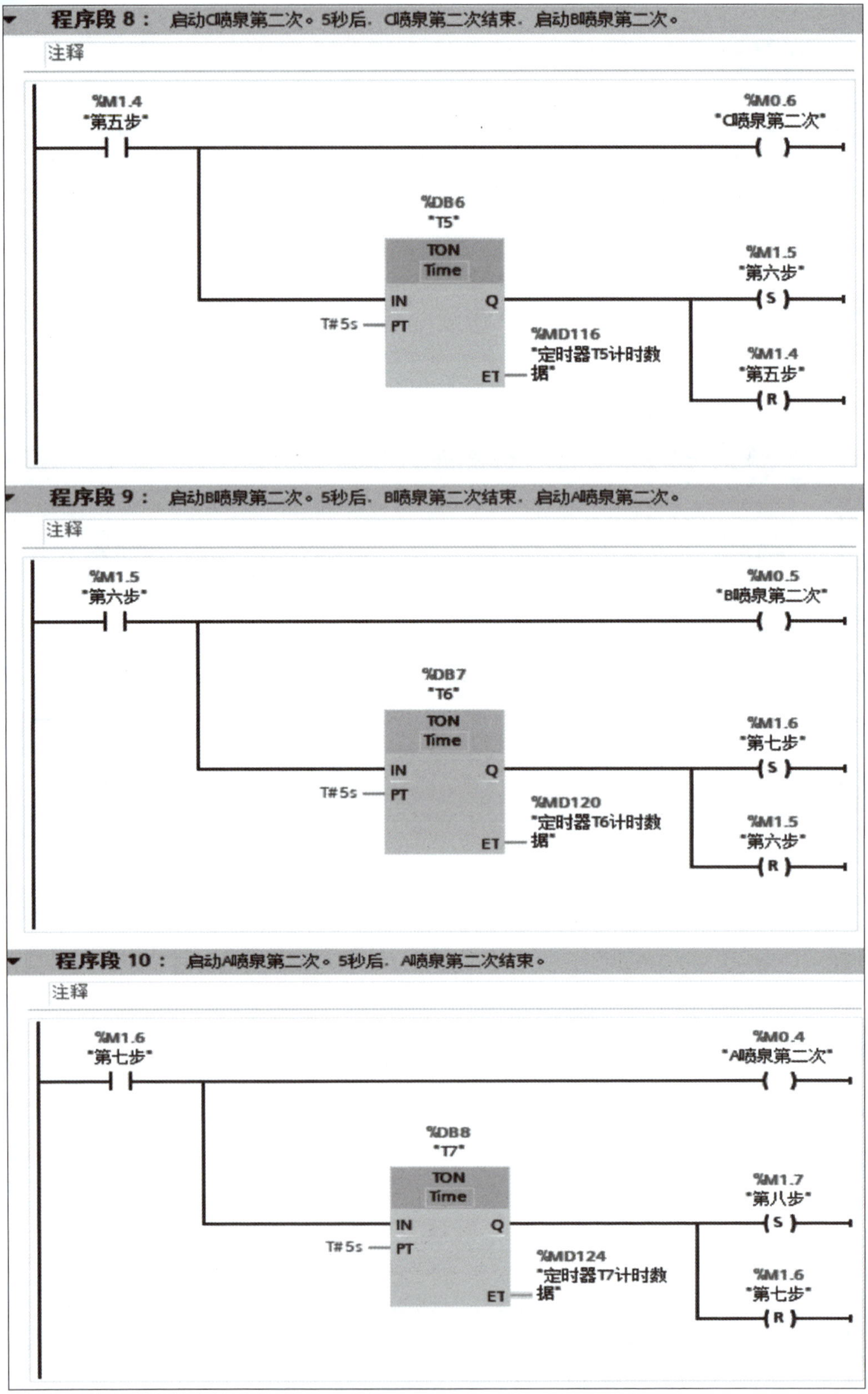

图 8-14　喷泉 PLC 控制梯形图程序(续)

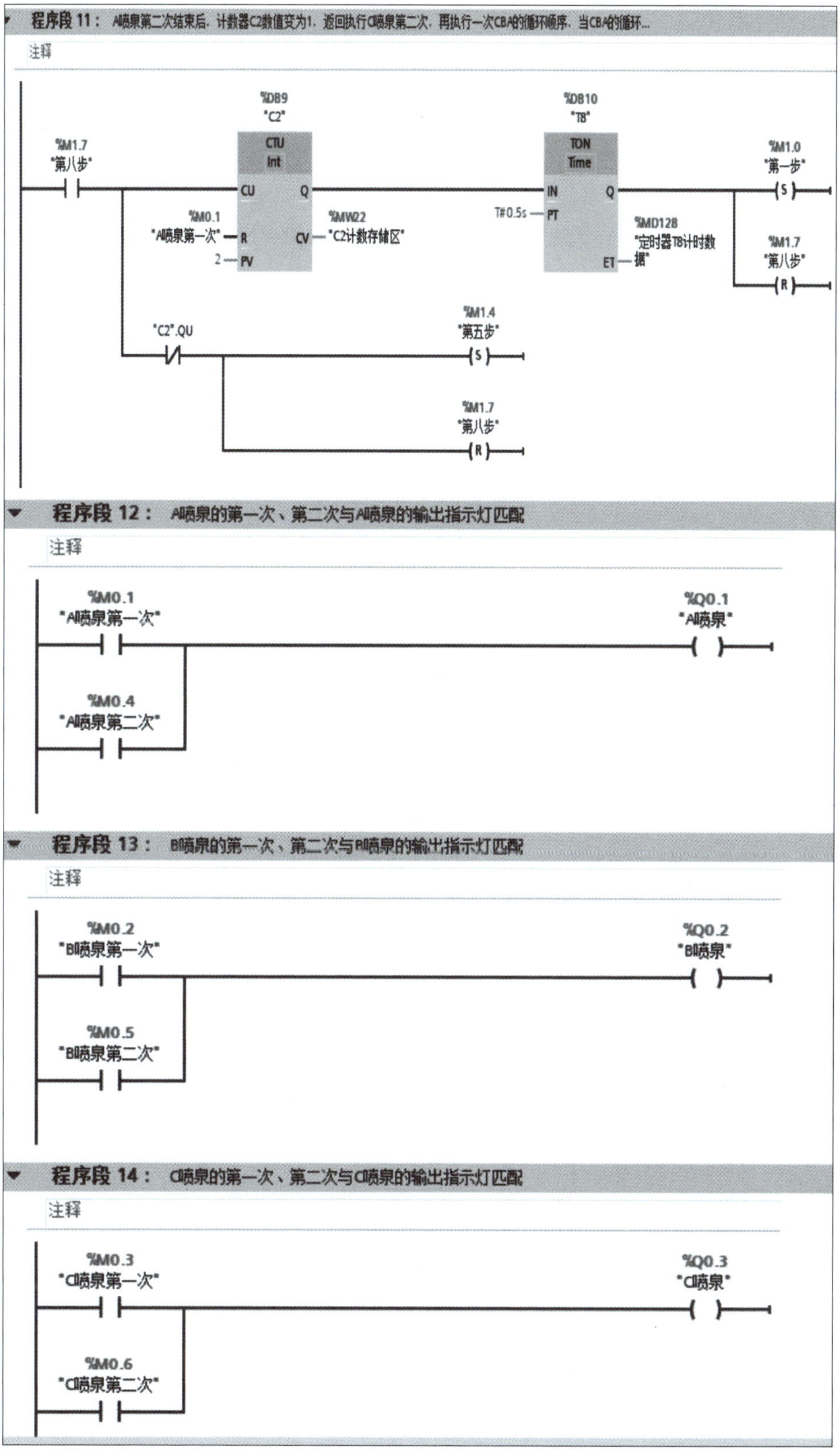

图 8-14　喷泉 PLC 控制梯形图程序(续)

学习笔记

学习笔记

视频

喷泉PLC控制程序编写与仿真

4. 调试程序

将图 8-14 所示的程序下载到 PLC 中，然后进行调试。可以同时打开博途软件的监视功能，监控整个程序的运行过程，以便程序的调试，在 PLC 程序下载时要注意计算机 IP 与 PLC 的 IP 设置为同一网段。PLC 程序下载完毕后进行调试，按下起动按钮 SB1，观察喷泉的喷头 A、B、C 是否按照 A—B—C 顺序喷水 2 次，且每个喷头喷水时间为 5 s，然后按照 C—B—A 逆序喷水 2 次，且每个喷头喷水的时间为 5 s，完成一个周期喷水后自动可以进行下一个周期喷泉喷水。按下停止按钮后喷泉停止喷水，停止后按下起动按钮能否正常重新起动。

任务评价

按照任务的完成情况进行评价，评价的方式可以是教师评价、教师指定的评价组评价或者组间互评等。评价的过程中需要记录存在的问题，评价记录工作单见表 8-3。

表 8-3 评价记录工作单

类别	评价内容	分值	评价标准	记录	评分
功能实现情况	按下起动按钮 SB1，喷泉是否运行	5	按下 I/O 分配对应的起动按钮，PLC 的输出指示灯有点亮的情况得 5 分，无点亮 0 分		
	按下停止按钮 SB2，喷泉是否停止	5	按下 I/O 分配对应的停止按钮，PLC 的输出指示灯全部熄灭得 5 分，没有全部熄灭 0 分		
	按下起动按钮 SB1，喷泉可按照任务要求的规律动作	20	动作规律错一项扣 5 分		
	喷泉起动运行后，在完成一次循环后可自动循环运行	5	不可以自动循环运行得 0 分		
	能够绘制顺序功能图（或时序图）	5	会绘制顺序功能图（或时序图）得 5 分，否则得 0 分		
电路接线检查	电气原理图设计	10	布局不合理扣 5 分，少一个电气元件扣 2 分，符号不规范每处扣 2 分		
	工艺检查	10	露铜过长每处扣 1 分，接线不符合安全规范每处扣 1 分		
	初步调试	10	上电后按下按钮没有反应每处扣 1 分，接线错误每处扣 2 分，产生短路现象直接得 0 分		
职业素养	劳动纪律、操作规范、安全文明生产	10	不遵守实训纪律、不爱惜实训设备、浪费耗材、危险用电，根据情况酌情扣 1～10 分		
知识提问	由教师进行本任务相关知识的提问	20	每题完全正确得 10 分，部分答对由教师根据情况给分		

任务反思与练习

一、任务反思

检查任务中存在的问题并进行完善，填写表 8-4，提交相关技术资料。

学习笔记

表 8-4　改进工作单

改进要点记录		
产品提交	项目	负责人(签字)
	设计报告	
	使用说明	
	作品功能检查	
	作品技术规范检查	

二、练习

单选题

1. 顺序控制编程是分步设计的。(　　)
   A. 对　　B. 错
2. 功能图中的初始步用单线框表示。(　　)
   A. 对　　B. 错
3. 功能图中的初始步用双线框表示。(　　)
   A. 对　　B. 错
4. 功能图的要素有步、有向线段、转换条件、动作。(　　)
   A. 对　　B. 错
5. 功能图的结构有顺序结构、选择性分支结构、并行性分支结构。(　　)
   A. 对　　B. 错
6. 加计数器的 CU 端接收上升沿信号。(　　)
   A. 对　　B. 错
7. 减计数器的 CU 端接收下降沿信号。(　　)
   A. 对　　B. 错
8. 减计数器使用前需要装载正整数用作计数。(　　)
   A. 对　　B. 错
9. 减计数器可以从 0 减计数。(　　)
   A. 对　　B. 错
10. 传送(移动)指令在移动数据过程中不改变数据大小。(　　)
    A. 对　　B. 错
11. 传送(移动)指令传送的数据要和存储空间相匹配。(　　)
    A. 对　　B. 错
12. 传送(移动)指令可以实现存储器空间的清零。(　　)
    A. 对　　B. 错
13. 1214C DC/DC/DC PLC 的供电电源是交流 220 V。(　　)
    A. 对　　B. 错

学习笔记

14. 1214C DC/DC/DC PLC 可以输出直流 24 V。(　　)

A. 对　　B. 错

15. 喷泉 PLC 控制程序中的循环次数用计数器统计。(　　)

A. 对　　B. 错

拓展知识

载人航天精神

2003年10月15日,神舟五号载人飞船把我国首位航天员杨利伟成功送入了浩瀚的太空,成为世界上第三个可以(独立)实现载人航天的国家。载人航天精神主要表现为热爱祖国、为国争光的坚定信念;勇于登攀,敢于超越的进取意识;科学求实,严肃认真的工作作风;同舟共济、团结协作的大局观念。淡泊名利,默默奉献的崇高品质。热爱祖国,为国争光,是中国航天人的光荣传统,也是航天人核心价值观的集中体现。勇于登攀、敢于超越体现了中国航天人开拓进取、勇往直前的英雄气概。载人航天精神彰显了坚定的中国特色社会主义道路自信、理论自信、制度自信、文化自信,为坚持和发展中国特色社会主义增添了强大的精神力量。

项目九

抢答器PLC控制

学习笔记

知识目标：

(1)掌握数值转换指令和字逻辑运算指令的功能和符号；

(2)掌握数学运算指令的功能和符号；

(3)掌握比较指令的功能和符号。

能力目标：

(1)会使用数值转换指令、数学运算指令和比较指令编写程序；

(2)会分析项目抢答器的PLC控制任务；

(3)会设计抢答器的PLC控制电路；

(4)会应用TIA Portal软件调试抢答器的PLC控制项目。

素质目标：

(1)培养安全生产意识，自觉按规章操作的职业素养；

(2)培养竞争与合作的意识。

项目导入

抢答器，顾名思义就是用于比赛时跟对手比反应时间、思维运转快慢的设备。随着社会科学技术的不断发展，它的应用场合也随之增加，技术含量大大提升，更加方便可靠。目前形式多样、功能完备的抢答器已广泛应用于电视台、商业机构、学校及企事业单位，它不仅保证了各种竞赛的公正、公平和公开，而且还添加了竞赛的刺激性、娱乐性，在一定程度上丰富了人们的业余生活。

以PLC为核心部件设计的抢答器操作方便、可靠性高、可扩展性强，只要改变PLC的控制程序，便可改变竞赛抢答器的抢答方案。那么用PLC怎样实现抢答器的控制呢？

故事汇

抢答器的发展

抢答器是一种应用非常广泛的电子电气设备，在各种抢答场合、竞赛中，它能迅速客观地分辨出最先获得发言权的选手以及实现设定发言时间、记录分数等功能。抢答器的发展是人类社会进步和科学发展的标志之一。

早期的抢答器只由几个三极管、晶闸管、发光二极管等组成，能通过发光二极管的指示辨认出选手号码。现在大多数抢答器都是以PLC或单片机为控制核心的智能抢答器，它对

学习笔记

采样获得的各种抢答信号进行分析，确定最先获得发言权的选手。但仅有抢答功能的抢答器已经不能满足当今社会的需要。所以抢答器不但有抢答功能，而且还有一个记分系统，能分别对选手进行记分，并能对分数进行加减。

随着人工智能技术的迅速发展，抢答器不断向智能化、多功能化方向发展。抢答器研究领域也将迎来更多的机遇和挑战。未来，抢答器将更加注重对多语言、多媒体信息的处理和应用，也会更加注重对用户体验的优化，以及对人机交互的深度研究。同时，不断提高抢答器在具体领域中的应用效果，如医疗问答、金融问答、法律问答等，也将是抢答器发展的重要方向。

项目要求

使用S7-1200 PLC进行抢答器的控制，有3组抢答台和1个主持人，每个抢答台上各有1个抢答按钮，参赛者在允许抢答时，当某参赛者抢先按下按钮，显示器显示该组号码，此后另外两个抢答台上即使再按各自的抢答按钮，显示器也不会显示其对应的号码。该题抢答结束后，主持人按下主持台上的复位按钮，则显示0，又可以进行下一题的抢答比赛。显示器为七段数码管。主持人按下显示分数按钮，可显示各个组的得分。

任务　控制三路抢答器

思　考

视频 S7-1200 PLC 数学函数指令

使用西门子S7-1200 PLC的哪些指令可以实现抢答器的抢答、计分功能？

知识与技能

一、认识S7-1200 PLC数学函数指令

S7-1200 PLC的数学函数指令有计算指令、加法、减法、乘法、除法运算指令，返回除法余数指令，取反指令，递增、递减指令，计算绝对值指令，获取最小值和最大值指令，设置限值指令以及指数、对数及三角函数指令。

1. S7-1200 PLC计算指令

S7-1200 PLC计算指令格式及功能见表9-1。

表9-1　S7-1200 PLC计算指令格式及功能

梯形图	功　能	参　数	数据类型
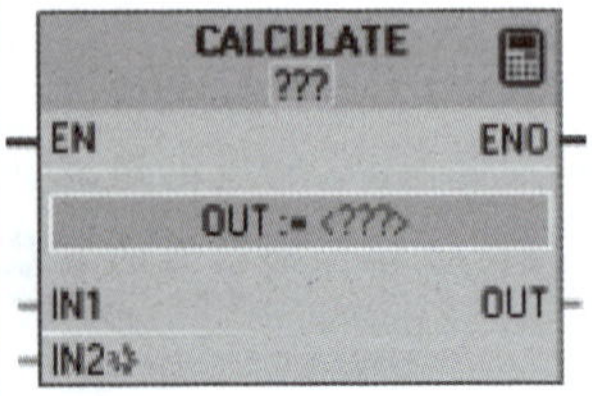	CALCULATE（计算）指令可以根据定义的等式生成作用于输入（IN1，IN2，…，INn）并在OUT中生成结果的数学函数。 （1）首先选择数据类型。所有输入和输出的数据类型必须相同。 （2）要添加其他输入，请单击最后一个输入处的图标	IN1，IN2，…，INn	SInt、Int、DInt、USInt、UInt、UDInt、Real、Byte、LReal、Word、DWord
		OUT	

学习笔记

需要注意的是：

（1）CALCULATE（计算）指令的 IN 和 OUT 参数必须具有相同的数据类型（通过对输入参数进行隐式转换）。例如：如果 OUT 是 Int 或 Real，则 SInt 输入值将转换为 Int 或 Real 值。

（2）当执行 CALCULATE 指令并成功完成计算中的所有单个运算时，ENO = 1；否则，ENO = 0。

在计算指令的表达式中一起执行的指令见表 9-2。

表 9-2　在计算指令的表达式中一起执行的指令

数据类型	指　　令	语　　法	示　　例
位字符串	AND：“与”运算	AND	IN1 AND IN2 OR IN3
	OR：“或”运算	OR	
	XOR：“异或”运算	XOR	
	INV：求反码	NOT	
	SWAP：交换	SWAP	
整数	ADD：加	+	(IN1IN2) * IN3； (ABS(IN2)) * (ABS(IN1))
	SUB：减	-	
	MUL：乘	*	
	DIV：除	/	
	MOD：返回除法的余数	MOD	
	INV：求反码	NOT	
	NEG：取反	-(in1)	
	ABS：计算绝对值	ABS( )	
浮点数	ADD：加	+	((SIN(IN2) * SIN(IN2)(SIN(IN3) * SIN(IN3)) / IN3))； (SQR(SIN(IN2))(SQR(COS(IN3)) / IN2))
	SUB：减	-	
	MUL：乘	*	
	DIV：除	/	
	EXPT：取幂	**	
	ABS：计算绝对值	ABS( )	
	SQR：计算平方	SQR( )	
	SQRT：计算平方根	SQRT( )	
	LN：计算自然对数	LN( )	
	EXP：计算指数值	EXP( )	
	FRAC：返回小数	FRAC( )	
	SIN：计算正弦值	SIN( )	
	COS：计算余弦值	COS( )	
	TAN：计算正切值	TAN( )	
	ASIN：计算反正弦值	ASIN( )	
	ACOS：计算反余弦值	ACOS( )	
	ATAN：计算反正切值	ATAN( )	
	NEG：取反	-(in1)	

续表

数据类型	指　　令	语　　法	示　　例
浮点数	TRUNC:截尾取整	TRUNC( )	((SIN(IN2) * SIN(IN2)(SIN(IN3) * SIN(IN3)) / IN3)); (SQR(SIN(IN2))(SQR(COS(IN3)) / IN2))
	ROUND:取整	ROUND( )	
	CEIL:浮点数向上取整	CEIL( )	
	FLOOR:浮点数向下取整	FLOOR( )	

2. S7-1200 PLC 加法、减法、乘法、除法运算指令

S7-1200 PLC 加法、减法、乘法、除法指令格式及功能见表 9-3。

表 9-3　S7-1200 PLC 加法、减法、乘法、除法指令格式及功能

梯形图	功　　能	参　　数	数据类型
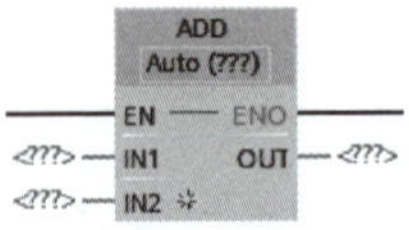	IN1 + IN2 = OUT	IN1、IN2	SInt、Int、DInt、USInt、UInt、UDInt、Real、LReal、常数
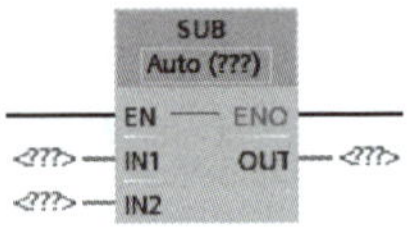	IN1 - IN2 = OUT		
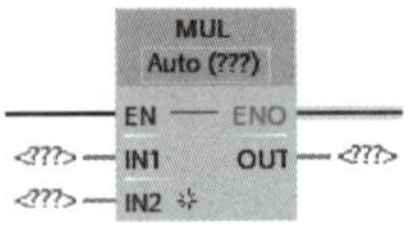	IN1 * IN2 = OUT	OUT	SInt、Int、DInt、USInt、UInt、UDInt、Real、LReal
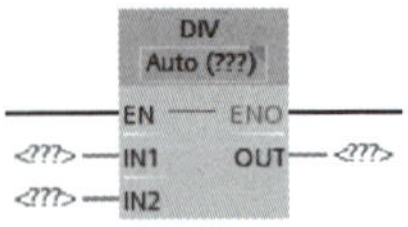	IN1 / IN2 = OUT 整数除法运算会截去商的小数部分以生成整数输出		

需要注意的是:

(1)参数 IN1、IN2 和 OUT 的数据类型必须相同。

(2)可以在 ADD 或 MUL 输入端添加或删除输入。单击 IN2 ✱ 的“创建”图标,或在其中一个现有 IN 参数的输入短线处右击,并选择“插入输入”命令。若要删除输入,请在其中一个现有 IN 参数(多于两个原始输入时)的输入短线处右击,并选择“删除”命令。

(3)启用数学指令(EN = 1)后,指令会对输入值(IN1 和 IN2)执行指定的运算并将结果存储在通过输出参数(OUT)指定的存储器地址中。运算成功完成后,指令会设置 ENO = 1。

3. S7-1200 PLC 返回除法余数指令

S7-1200 PLC 返回除法余数指令格式及功能见表 9-4。

表 9-4　S7-1200 PLC 返回除法余数指令格式及功能

梯形图	功　能	参　数	数据类型
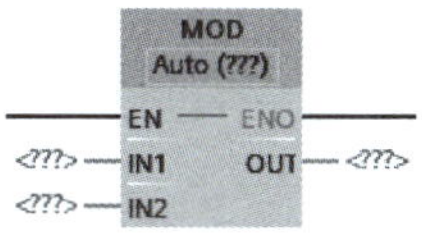	可以使用 MOD 指令返回整数除法运算的余数。用输入 IN1 的值除以输入 IN2 的值，在输出 OUT 中返回余数	IN1、IN2	SInt、Int、DInt、USInt、UInt、UDInt、常数
		OUT	SInt、Int、DInt、USInt、UInt、UDInt

需要注意的是：

(1)参数 IN1、IN2 和 OUT 的数据类型必须相同。

(2)若 ENO = 1，说明没有错误；ENO = 0，则 IN2 = 0，OUT 被赋值零。

4. S7-1200 PLC 取反指令

S7-1200 PLC 取反指令格式及功能见表 9-5。

表 9-5　S7-1200 PLC 取反指令格式及功能

梯形图	功　能	参　数	数据类型
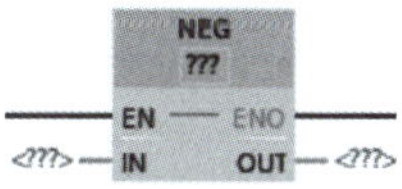	NEG 指令可将参数 IN 的值的算术符号取反并将结果存储在参数 OUT 中	IN1	SInt、Int、DInt、Real、LReal、常数
		OUT	SInt、Int、DInt、Real、LReal

需要注意的是：

(1)参数 IN1 和 OUT 的数据类型必须相同。

(2)若 ENO = 1，说明没有错误；ENO = 0，表示结果值超出所选数据类型的有效数值范围。以 SInt 为例，NEG(-128)的结果为 +128，超出该数据类型的最大值。

5. S7-1200 PLC 递增、递减指令

S7-1200 PLC 递增、递减指令格式及功能见表 9-6。

表 9-6　S7-1200 PLC 递增、递减指令格式及功能

梯形图	功　能	参　数	数据类型
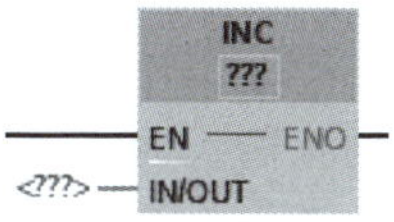	递增有符号或无符号整数值：IN_OUT 值 +1 = IN_OUT 值	IN1/OUT	SInt、Int、DInt、USInt、UInt、UDInt
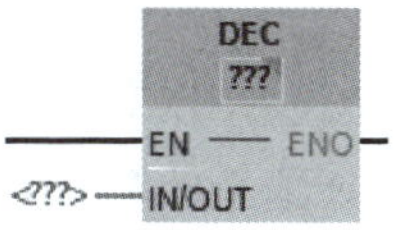	递减有符号或无符号整数值：IN_OUT 值 -1 = IN_OUT 值		

需要注意的是：

若 ENO = 1，说明没有错误；ENO = 0，表示结果值超出所选数据类型的有效数值范围。以 SInt 为例，(+127)INC 的结果为 +128，超出该数据类型的最大值。

学习笔记

6. S7-1200 PLC 计算绝对值指令

S7-1200 PLC 计算绝对值格式及功能见表 9-7。

表 9-7　S7-1200 PLC 计算绝对值格式及功能

梯形图	功　能	参　数	数据类型
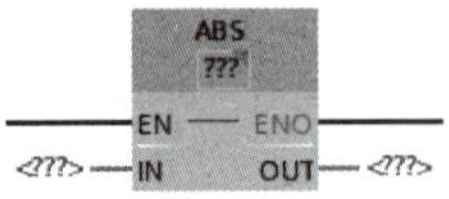	计算参数 IN 的有符号整数或实数的绝对值并将结果存储在参数 OUT 中	IN1	SInt、Int、DInt、Real、LReal
		OUT	

需要注意的是：

(1)参数 IN1 和 OUT 的数据类型必须相同。

(2)若 ENO = 1，说明没有错误；ENO = 0，表示数学运算结果值超出所选数据类型的有效数值范围。以 SInt 为例，(−128)ABS 的结果为 +128，超出该数据类型的最大值。

7. S7-1200 PLC 获取最小值和最大值指令

S7-1200 PLC 获取最小值和最大值指令格式及功能见表 9-8。

表 9-8　S7-1200 PLC 获取最小值和最大值指令格式及功能

梯形图	功　能	参　数	数据类型
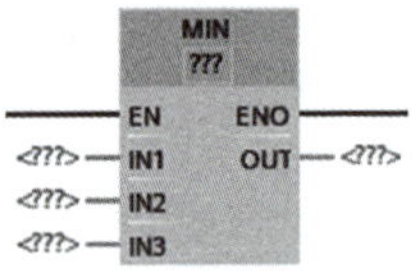	MIN 指令用于比较两个参数 IN1 和 IN2 的值并将最小(较小)值分配给参数 OUT	IN1，IN2，…，IN32	SInt、Int、DInt、USInt、UInt、UDInt、Real、LReal、Time、Date、TOD、常数
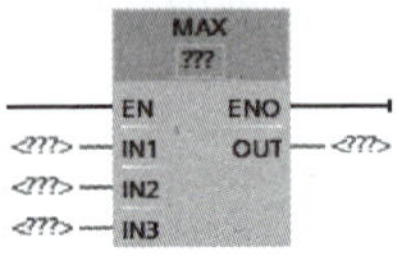	MAX 指令用于比较两个参数 IN1 和 IN2 的值并将最大(较大)值分配给参数 OUT	OUT	SInt、Int、DInt、USInt、UInt、UDInt、Real、LReal、Time、Date、TOD

需要注意的是：

(1)IN1、IN2 和 OUT 参数的数据类型必须相同。

(2)可以在 MIN 或 MAX 输入端添加或删除输入。单击的“创建”图标，或在其中一个现有 IN 参数的输入短线处右击，并选择“插入输入”命令。若要删除输入，请在其中一个现有 IN 参数(多于两个原始输入时)的输入短线处右击，并选择“删除”命令。

(3)启用数学指令(EN = 1)后，指令会对输入值(IN1 和 IN2)执行指定的运算并将结果存储在通过输出参数(OUT)指定的存储器地址中。运算完成后，指令会设置 ENO = 1。

(4)获取最小值和最大值指令在指令框中可以通过其他输入来扩展输入的数量。在功能框中按升序对输入进行编号。要执行该指令，最少需要指定 2 个输入，最多可以指定 100 个输入。

8. S7-1200 PLC 设置限值指令

S7-1200 PLC 设置限值指令格式及功能见表 9-9。

表 9-9　S7-1200 PLC 设置限值指令格式及功能

<table>
<tr><th>梯形图</th><th>功　能</th><th>参　数</th><th>数据类型</th></tr>
<tr><td rowspan="2">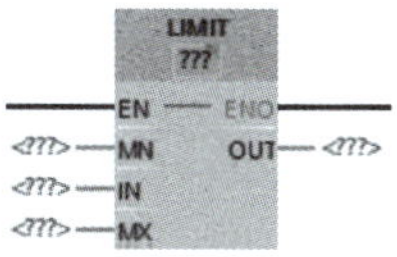
</td><td rowspan="2">LIMIT 指令用于测试参数 IN 的值是否在参数 MIN 和 MAX 指定的值范围内</td><td>MN、IN 和 MX</td><td rowspan="2">SInt、Int、DInt、USInt、UInt、UDInt、Real、LReal、Time、Date、TOD、常数</td></tr>
<tr><td>OUT</td></tr>
</table>

需要注意的是：

(1)参数 MN、IN、MX 和 OUT 的数据类型必须相同。

(2)如果参数 IN 的值在指定的范围内，则 IN 的值将存储在参数 OUT 中。如果参数 IN 的值超出指定的范围，则 OUT 值为参数 MIN 的值(如果 IN 值小于 MIN 值)或参数 MAX 的值(如果 IN 值大于 MAX 值)。

(3)如果 ENO = 1，表示没有错误。ENO = 0，则存在两种情况：一种是 MIN、IN 和 MAX 的一个或多个值不是数字，这时返回 NaN(不是数字)；另一种是若 MIN 大于 MAX，则将值 IN 分配给 OUT。

9. S7-1200 PLC 指数、对数及三角函数指令

S7-1200 PLC 指数、对数及三角函数指令格式及功能见表 9-10。

表 9-10　S7-1200 PLC 指数、对数及三角函数指令格式及功能

<table>
<tr><th>梯形图</th><th>功　能</th><th>参　数</th><th>数据类型</th></tr>
<tr><td rowspan="2">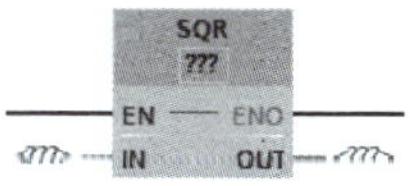
</td><td rowspan="2">计算平方(IN^2 = OUT)</td><td>IN、IN1</td><td>Real、LReal、常数</td></tr>
<tr><td rowspan="2">IN2</td><td rowspan="2">SInt、Int、DInt、USInt、UInt、UDInt、Real、LReal、常数</td></tr>
<tr><td rowspan="2">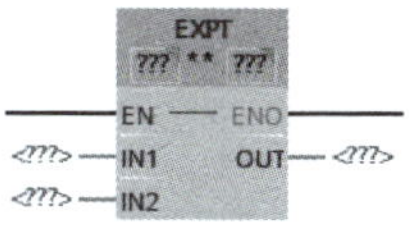
</td><td rowspan="2">取幂($IN1^{IN2}$ = OUT)</td></tr>
<tr><td>OUT</td><td>Real、LReal</td></tr>
<tr><td>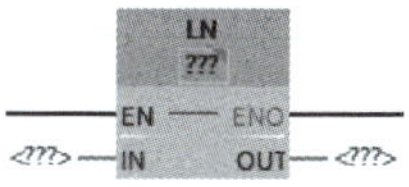
</td><td>计算自然对数(LN(IN) = OUT)</td><td rowspan="3">IN</td><td rowspan="3">Real、LReal</td></tr>
<tr><td>
</td><td>计算指数值(eIN = OUT)</td></tr>
<tr><td>
</td><td>计算平方根($\sqrt{IN}$ = OUT)</td></tr>
</table>

续表

梯形图	功能	参数	数据类型
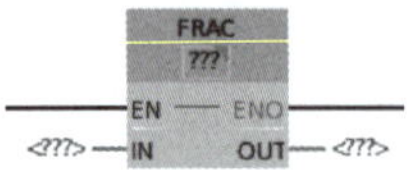	返回小数(浮点数 IN 的小数部分 = OUT)	IN	Real、LReal
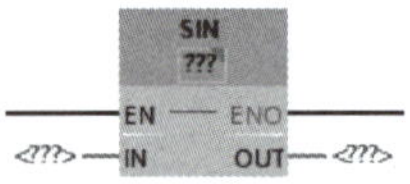	计算正弦值(sin(IN 弧度) = OUT)		
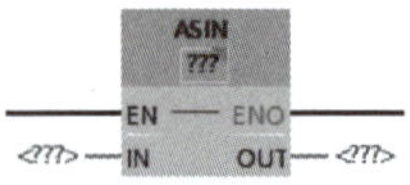	计算反正弦值(arcsine(IN) = OUT 弧度),其中 sin(OUT 弧度) = IN	OUT	Real、LReal
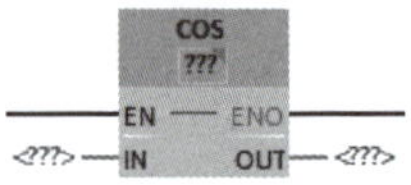	计算余弦(cos(IN 弧度) = OUT)		
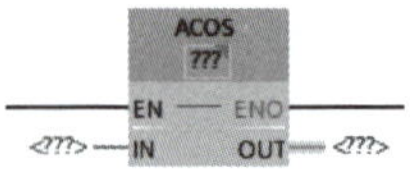	计算反余弦值(arccos(IN) = OUT 弧度),其中 cos(OUT 弧度) = IN		
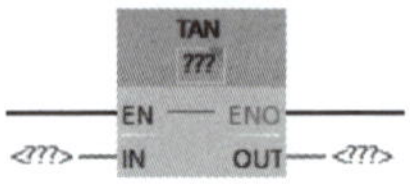	计算正切值(tan(IN 弧度) = OUT)		
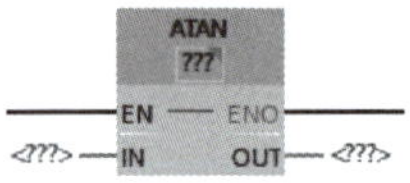	计算反正切值(arctan(IN) = OUT 弧度),其中 tan(OUT 弧度) = IN		

小贴士

S7-1200 指数、对数及三角函数指令输入值的存储区均为 I、Q、M、D、L、P 或常量,输出值的存储区均为 I、Q、M、D、L、P。

视频 S7-1200 PLC 比较运算指令

二、S7-1200 PLC 比较指令

S7-1200 PLC 中的比较指令包括了比较值指令、是否在范围内指令,以及有效性、无效性检查指令等。使用值大小比较指令可以比较两个数据类型相同的数值的大小。

比较指令在程序中只是作为条件来使用,当 IN1 和 IN2 满足关系时能流通过。

1. S7-1200 PLC 比较值指令

按照比较关系的不同,比较值指令可以有六种类型:等于(==)、不等于(<>)、大于或

等于(>=)、小于或等于(<=)、大于(>)和小于(<)。下面以等于(==)比较值指令来说明比较值指令的功能。

S7-1200 PLC 比较值指令格式及功能见表 9-11。

表 9-11　S7-1200 PLC 比较值指令格式及功能

梯形图	功　能	参　数	数据类型
	比较数据类型相同的两个值。该梯形图触点比较结果为 TRUE 时，则该触点会被激活	IN1、IN2	Byte、Word、DWord、SInt、Int、DInt、USInt、UInt、UDInt、Real、LReal、String、WString、Char、Char、Time、Date、TOD、DTL、常数

在使用比较值指令时，单击指令名称(如“ == ”)，可以从下拉列表中更改比较类型。单击“???”，可以从下拉列表中选择数据类型。

使用比较指令时，要比较的两个值必须为相同的数据类型。

如果满足比较条件，则指令返回逻辑运算结果(RLO)“1”；如果不满足比较条件，则该指令返回(RLO)“0”。该指令的 RLO 通过以下方式与整个程序段中的 RLO 进行逻辑运算：

串联比较指令时，将执行“与”运算。

并联比较指令时，将执行“或”运算。

1)比较字符串

在比较字符串时，通过字符的代码比较各字符(例如“a”大于“A”)。从左到右执行比较。第一个不同的字符决定比较结果。如果较长字符串的左侧部分和较短字符串相同，则认为较长字符串更大。例如，采用大于或等于指令(> =)比较下面两个操作数的结果见表 9-12。

表 9-12　比较字符串指令应用举例

操作数 1	操作数 2	指令的 RLO
"BB"	"AA"	1
"AAA"	"AA"	1
"Hello World"	"Hello World"	1
"Hello World"	"HelloWorld"	0
"AA"	"aa"	0
"AAA	"a"	0

2)比较定时器、日期和时间

系统无法比较无效定时器、日期和时间的位模式(如，DT#2015-13-33-25:62:99.999_999_999)。即如果某个操作数的值无效，则指令“CMP = = :等于”的结果将为 FALSE，指令“CMP < > :不等于”的结果为 TRUE。

使用指令大于或等于(> =)比较时间值时，如果 <操作数 1> 中的时间点大于(晚于)或等于 <操作数 2> 中的时间点，则该指令的 RLO 为“1”；使用指令小于或等于(< =)比较时间值时，如果 <操作数 1> 中的时间点小于(早于)或等于 <操作数 2> 中的时间点，则该指令的 RLO 为“1”；使用指令大于(>)比较时间值时，如果 <操作数 1> 中的时间点大于

(晚于) <操作数 2> 中的时间点，则该指令的 RLO 为“1”；使用指令小于（<）比较时间值时，如果 <操作数 1> 中的时间点小于（早于）<操作数 2> 中的时间点，则该指令的 RLO 为“1”。

并非所有时间类型都可以直接相互比较，如 S5TIME。此时，需要将其转换为其他时间类型（如 TIME），然后再进行比较。

如果要比较不同数据类型的日期和时间，则需将较小的日期或时间数据类型转换为较大的日期或时间数据类型。例如，比较日期和时间数据类型 DATE 和 DTL 时，将基于 DTL 进行比较。

如果显式转换失败，则比较结果为 FALSE。

3）比较 WORD 数据类型的变量与 S5TIME 数据类型的变量

将 WORD 数据类型的变量与 S5TIME 数据类型的变量进行比较时，这两种变量都将转换为 TIME 数据类型。WORD 变量将解释为一个 S5TIME 值。如果这两个变量中的某个变量无法转换，则不进行比较且输出结果 FALSE；如果转换成功，则系统将基于所选的比较指令进行比较操作。

2. S7-1200 PLC IN_Range（范围内值）和 OUT_Range（范围外值）指令

S7-1200 PLC 范围内值和范围外值指令格式及功能见表 9-13。

表 9-13　S7-1200 PLC 范围内值和范围外值指令格式及功能

梯形图	功　能	参　数	数据类型
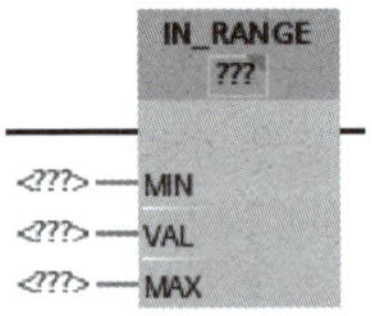	测试输入值是在指定的值范围之内还是之外。如果比较结果为 TRUE，则功能框输出为 TRUE。 （1）当 MIN < = VAL < = MAX 时，IN_RANGE 比较结果为真。 （2）当 VAL < MIN 或 VAL > MAX 时，OUT_RANGE 比较结果为真	MIN、VAL、MAX	SInt、Int、DInt、USInt、UInt、UDInt、Real、LReal、常数
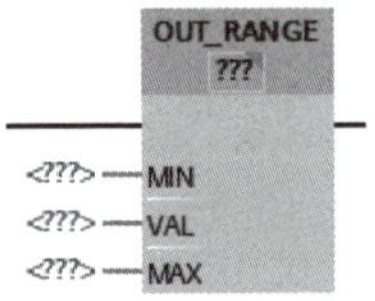			

在使用范围内值和范围外值指令时，输入参数 MIN、VAL 和 MAX 的数据类型必须相同。

3. S7-1200 PLC OK（检查有效性）和 NOT_OK（检查无效性）指令

检查有效性和检查无效性指令测试输入数据是否为符合 IEEE 规范 754 的有效实数。S7-1200 PLC 检查有效性和检查无效性指令格式及功能见表 9-14。

表 9-14　S7-1200 PLC 检查有效性和检查无效性指令格式及功能

梯形图	功　能	参　数	数据类型
	输入值为有效实数	IN	Real、LReal
	输入值不是有效实数		

任务分析

学习笔记

如图9-1所示为抢答器示意图。得分统计方法如下:每抢到一次加一分,由PLC自动统计各组得分,主持人第一次按下显示分数按钮,显示第一组的得分;主持人第二次按下显示分数按钮,显示第二组的得分;主持人第三次按下显示分数按钮,显示第三组的得分;主持人第四次按下显示分数按钮,通过PLC的自动比较,在显示器上显示获胜一组的组号。

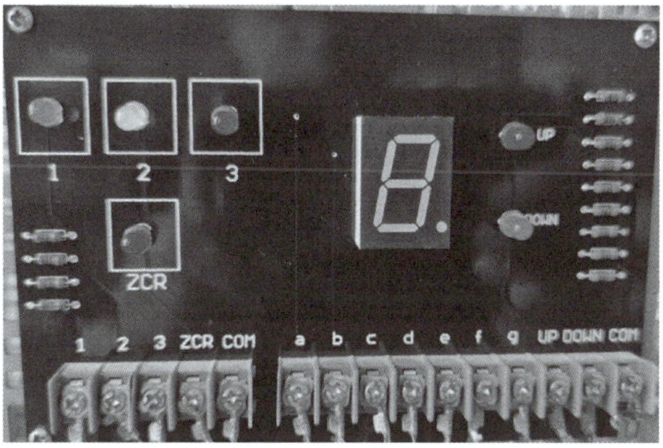

图9-1　抢答器示意图

通过分析控制要求可知,抢答器的PLC控制要解决如下几个问题:

(1)按下抢答按钮最快的一组抢答成功,获得答题机会,其他组的抢答视为无效抢答,即按下抢答按钮最快的组的输出必须要制约其他几组的输出,这可用PLC输出的互锁来进行控制。

(2)怎样用PLC控制七段数码管显示抢答成功的组号、各组的得分以及获胜组的组号?首先在硬件上,PLC的输出端连接七段数码管的每一段,这里采用共阴极接法的数码管。那么数码管怎样显示0~F数码呢?这里以显示“0”为例分析。如果数码管的a、b、c、d、e、f这6段二极管发光,g段不发光,就可以显示“0”,即控制与a、b、c、d、e、f段二极管连接的PLC的输出为高电平,其余输出为低电平,数码管就显示“0”,即数码管显示“0”时的PLC的输出状态为00111111,把PLC的输出状态作为一个二进制数并转换为十六进制为0x3f;反之,只要把0x3f传送到PLC的输出端就可以控制数码管显示“0”。同样,可以列写出数码管输出1~F时PLC的输出状态,把这些状态转换为十六进制数作为数码管的码值传送到PLC的输出端就可以控制数码管显示相应的段码。共阴极接法下七段数码管显示0~F的码值如图9-2所示。

视频

抢答器控制任务分析与系统设计

(3)在S7-1200 PLC中没有段码指令,数码管怎样显示各组得分、抢答到的组号和获胜组的组号?建立包含一个数组的DB块,数组中的元素为0x3f、0x06、0x5b、0x4f、0x66、0x6d、0x7d、0x07、0x7f、0x6f,且数组的下标与数码管显示的数值相同,只要把数码管要显示的数值传送给数组的下标,然后把数组传送到PLC的输出端,数码管就可以显示相应的数码了。

(4)怎样实时记录各组的得分?可以用S7-1200的加法运算指令分别计算各组得分。

(5)以按下显示分数按钮的次数为组号显示各组的得分,第四次按下显示分数按钮时显示获胜组的得分。使用计数器的当前值记录按下显示分数按钮的次数,利用比较指令得出按下的次数从而控制数码管显示的内容。

学习笔记

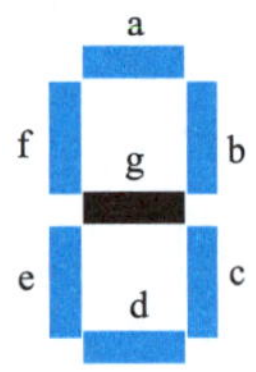

（a）七段数码管

显示字符	点亮的数码管段 - g f e d c b a	码值十六进制	显示字符	点亮的数码管段 - g f e d c b a	码值十六进制
0	0 0 1 1 1 1 1 1	0x3f	8	0 1 1 1 1 1 1 1	0x7f
1	0 0 0 0 0 1 1 0	0x06	9	0 1 1 0 1 1 1 1	0x6f
2	0 1 0 1 1 0 1 1	0x5b	A	0 1 1 1 0 1 1 1	0x77
3	0 1 0 0 1 1 1 1	0x4f	B	0 1 1 1 1 1 0 0	0x7c
4	0 1 1 0 0 1 1 0	0x66	C	0 0 1 1 1 0 0 1	0x3e
5	0 1 1 0 1 1 0 1	0x6d	D	0 1 0 1 1 1 1 0	0x5e
6	0 1 1 1 1 1 0 1	0x7d	E	0 1 1 1 1 0 0 1	0x79
7	0 0 0 0 0 1 1 1	0x07	F	0 1 1 1 0 0 0 1	0x71

（b）码值

图 9-2　共阴极接法下七段数码管显示 0 ~ F 的码值

任务实施

一、I/O 分配

根据项目分析，输入量有 3 个抢答按钮，1 个主持人复位按钮，1 个显示分数按钮；输出为七段数码管，七段数码管的每一段都需要连接 PLC 的一个输出端子。I/O 分配见表 9-15。

表 9-15　抢答器的 PLC 控制系统 I/O 分配

输入			输出		
元器件	地　址	注　释	元器件	地　址	注　释
SB1	I0.0	1 组抢答器按钮	数码管 a 段	Q0.0	
SB2	I0.1	2 组抢答器按钮	数码管 b 段	Q0.1	
SB3	I0.2	3 组抢答器按钮	数码管 c 段	Q0.2	
SB4	I0.3	主持人复位按钮	数码管 d 段	Q0.3	
SB5	I0.4	显示分数按钮	数码管 e 段	Q0.4	
			数码管 f 段	Q0.5	
			数码管 g 段	Q0.6	

二、设计硬件原理图

视频
抢答器控制电路连接与系统调试

本项目采用的 PLC 为 S7-1200 系列的 CPU 1214C DC/DC/DC PLC，输出类型为晶体管输出，采用外接直流 24 V 开关电源供电，该开关电源同时也作为输出的驱动电源，输入的驱动电源采用的是 PLC 自带的 24 V 传感器电源，即 PLC 中的接地端子右侧的 L+ 和 M 端口。

根据控制要求及表 9-15 所示的 I/O 分配表，可设计抢答器的 PLC 控制系统硬件原理图，如图 9-3 所示。

三、程序流程图

抢答器的 PLC 控制程序流程图如图 9-4 所示。

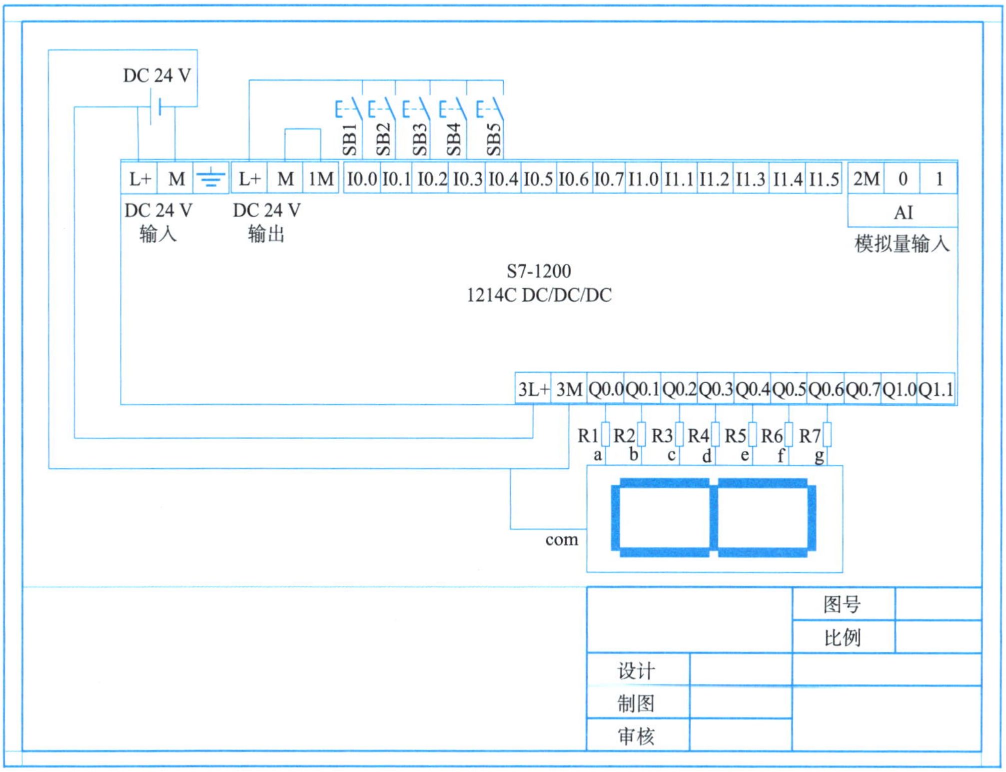

图 9-3　抢答器的 PLC 控制系统硬件原理图

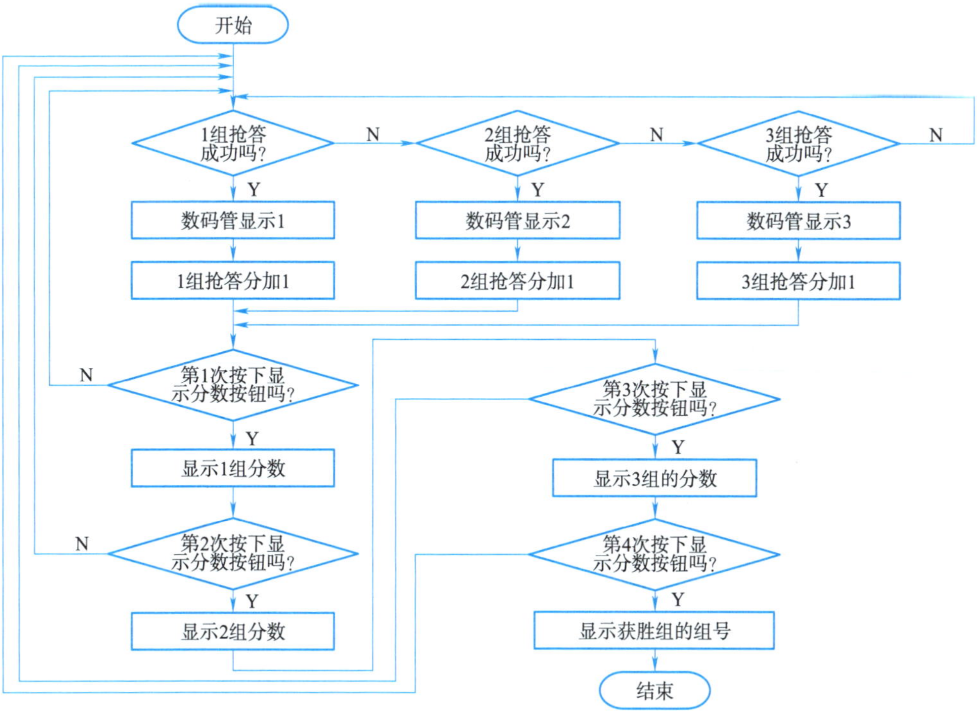

图 9-4　抢答器的 PLC 控制程序流程图

学习笔记

视频

抢答器控制程序编写与仿真

四、PLC程序设计

1. DB块

抢答器PLC控制的程序DB块如图9-5所示。

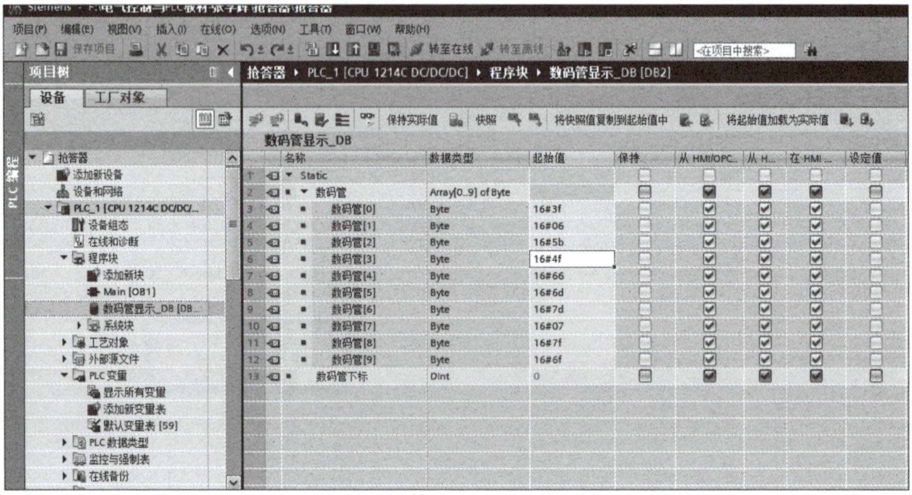

	名称	数据类型	起始值	保持	从HMI/OPC...	从H...	在HMI...	设定值
1	▼ Static							
2	▼ 数码管	Array[0..9] of Byte			✓	✓	✓	
3	数码管[0]	Byte	16#3f		✓	✓	✓	
4	数码管[1]	Byte	16#06		✓	✓	✓	
5	数码管[2]	Byte	16#5b		✓	✓	✓	
6	数码管[3]	Byte	16#4f		✓	✓	✓	
7	数码管[4]	Byte	16#66		✓	✓	✓	
8	数码管[5]	Byte	16#6d		✓	✓	✓	
9	数码管[6]	Byte	16#7d		✓	✓	✓	
10	数码管[7]	Byte	16#07		✓	✓	✓	
11	数码管[8]	Byte	16#7f		✓	✓	✓	
12	数码管[9]	Byte	16#6f		✓	✓	✓	
13	数码管下标	DInt	0		✓	✓	✓	

图9-5 抢答器PLC控制的程序DB块

2. 变量表

抢答器PLC控制的程序变量表如图9-6所示。

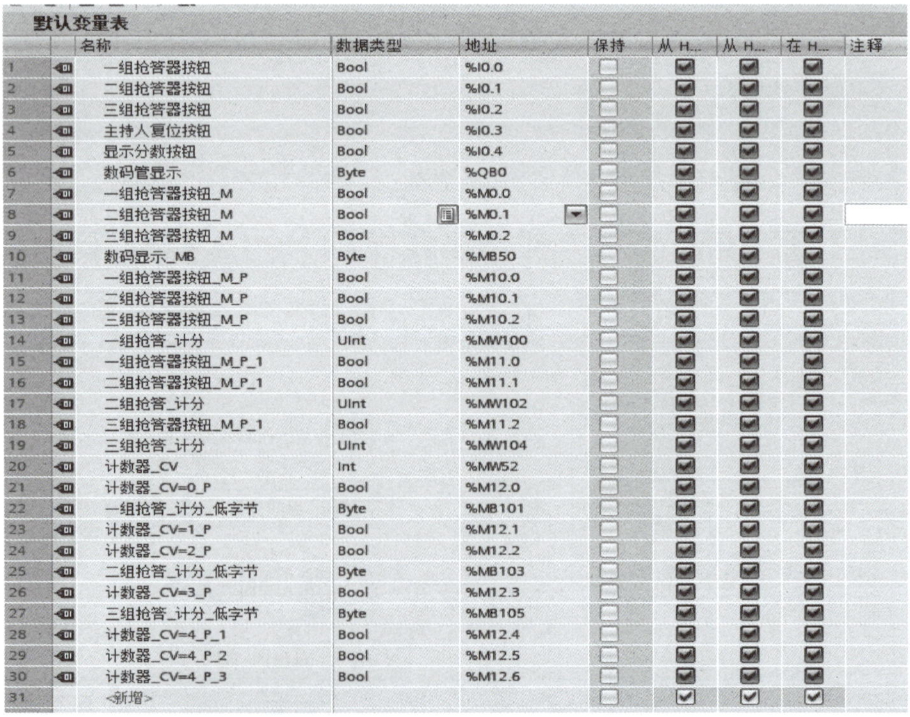

默认变量表

	名称	数据类型	地址	保持	从H...	从H...	在H...	注释
1	一组抢答器按钮	Bool	%I0.0		✓	✓	✓	
2	二组抢答器按钮	Bool	%I0.1		✓	✓	✓	
3	三组抢答器按钮	Bool	%I0.2		✓	✓	✓	
4	主持人复位按钮	Bool	%I0.3		✓	✓	✓	
5	显示分数按钮	Bool	%I0.4		✓	✓	✓	
6	数码管显示	Byte	%QB0		✓	✓	✓	
7	一组抢答器按钮_M	Bool	%M0.0		✓	✓	✓	
8	二组抢答器按钮_M	Bool	%M0.1		✓	✓	✓	
9	三组抢答器按钮_M	Bool	%M0.2		✓	✓	✓	
10	数码显示_MB	Byte	%MB50		✓	✓	✓	
11	一组抢答器按钮_M_P	Bool	%M10.0		✓	✓	✓	
12	二组抢答器按钮_M_P	Bool	%M10.1		✓	✓	✓	
13	三组抢答器按钮_M_P	Bool	%M10.2		✓	✓	✓	
14	一组抢答_计分	UInt	%MW100		✓	✓	✓	
15	一组抢答器按钮_M_P_1	Bool	%M11.0		✓	✓	✓	
16	二组抢答器按钮_M_P_1	Bool	%M11.1		✓	✓	✓	
17	二组抢答_计分	UInt	%MW102		✓	✓	✓	
18	三组抢答器按钮_M_P_1	Bool	%M11.2		✓	✓	✓	
19	三组抢答_计分	UInt	%MW104		✓	✓	✓	
20	计数器_CV	Int	%MW52		✓	✓	✓	
21	计数器_CV=0_P	Bool	%M12.0		✓	✓	✓	
22	一组抢答_计分_低字节	Byte	%MB101		✓	✓	✓	
23	计数器_CV=1_P	Bool	%M12.1		✓	✓	✓	
24	计数器_CV=2_P	Bool	%M12.2		✓	✓	✓	
25	二组抢答_计分_低字节	Byte	%MB103		✓	✓	✓	
26	计数器_CV=3_P	Bool	%M12.3		✓	✓	✓	
27	三组抢答_计分_低字节	Byte	%MB105		✓	✓	✓	
28	计数器_CV=4_P_1	Bool	%M12.4		✓	✓	✓	
29	计数器_CV=4_P_2	Bool	%M12.5		✓	✓	✓	
30	计数器_CV=4_P_3	Bool	%M12.6		✓	✓	✓	
31	<新增>				✓	✓	✓	

图9-6 抢答器PLC控制的程序变量表

学习笔记

3. 程序设计

抢答器控制程序如图 9-7 所示。在抢答比赛中，只能有 1 个参赛者抢到答题机会，所以每个抢答控制按钮之间要用互锁进行控制；数码管显示器既能显示参赛者的组号，还能显示每组参赛者的分数，采用 ADD 指令统计每组参赛者的分数，三组参赛者的分数分别存储在 MW100、MW102 和 MW104 中，使用比较指令得出获胜组的分数；数码管显示器要显示的内容存放在 MB50 中。显示抢答组的组号时使用 MOVE 指令直接把组号传递到 MB50 中，显示分数时利用数组：数码管[10] = {0,1,2,3,4,5,6,7,8,9}，把数组下标传送到 MB50 中显示。

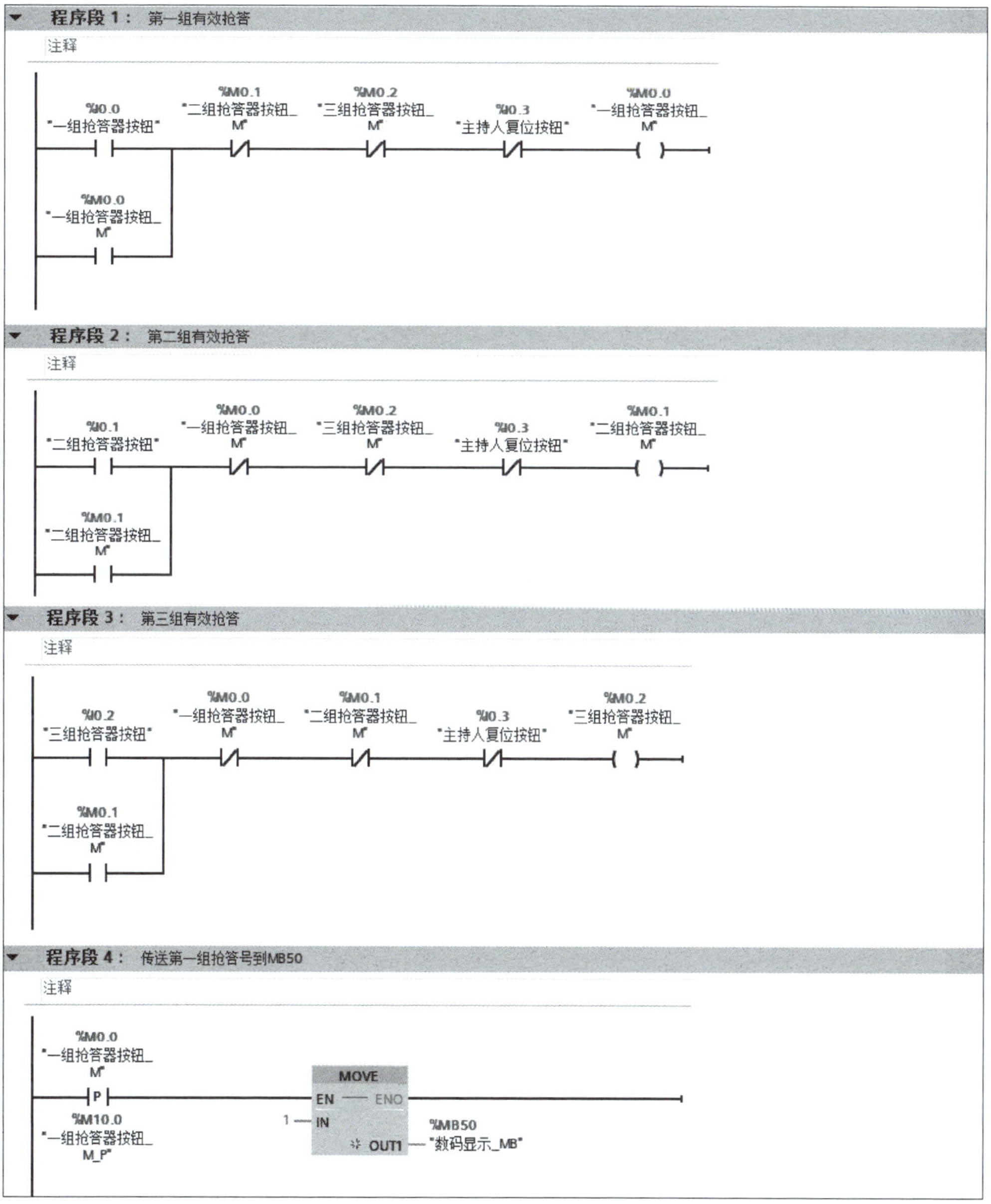

图 9-7　抢答器的 PLC 控制梯形图

学习笔记

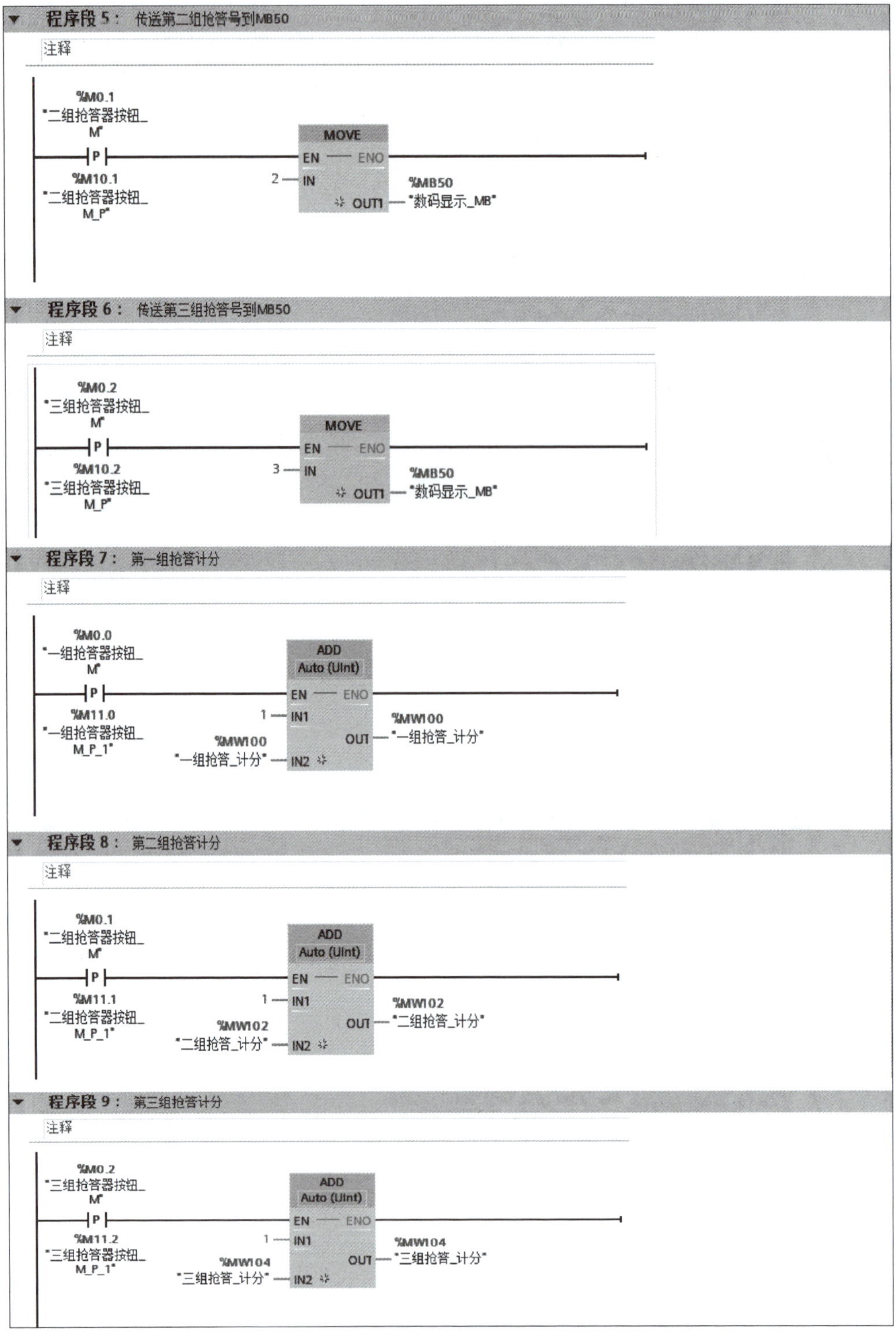

图 9-7 抢答器的 PLC 控制梯形图(续)

学习笔记

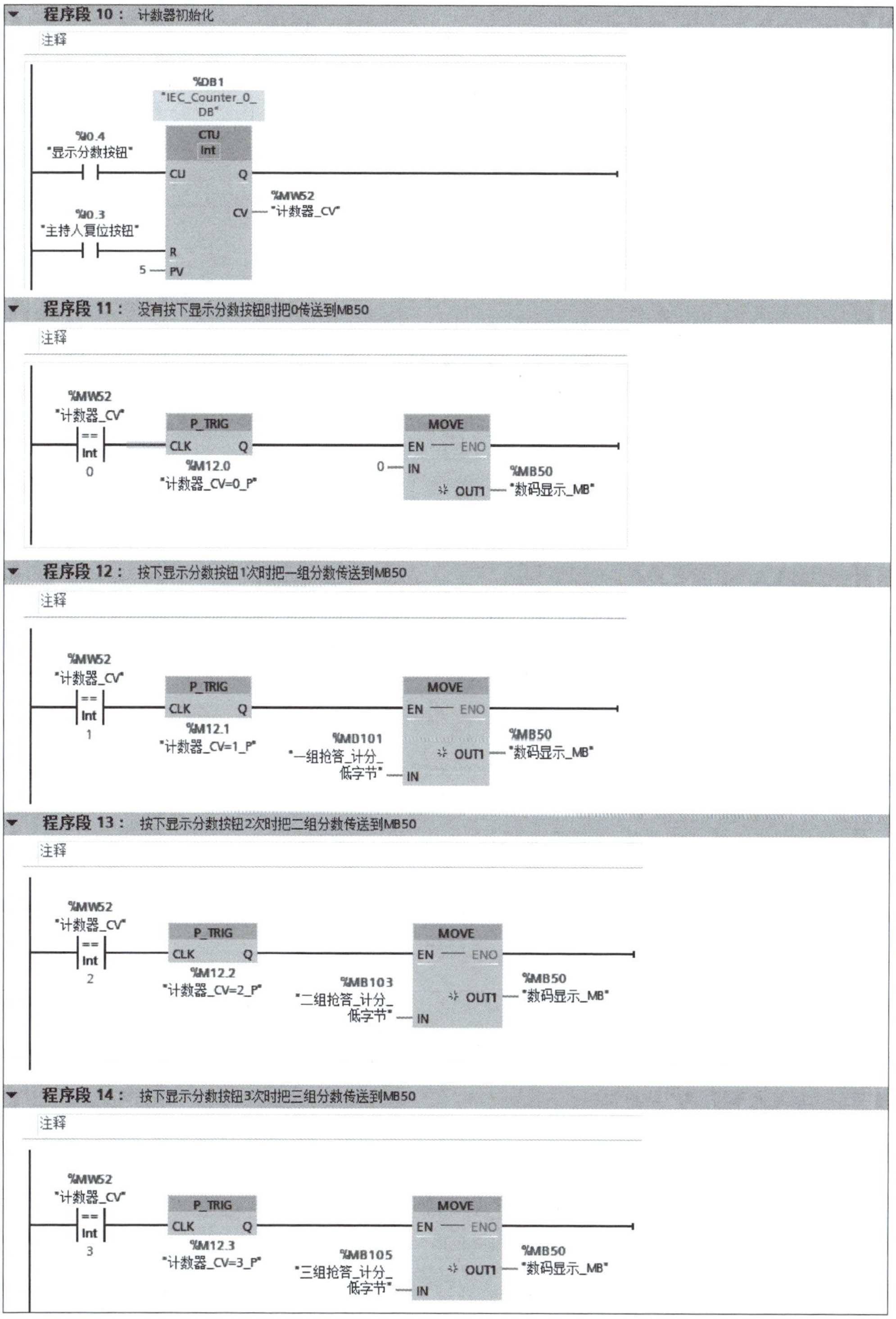

图 9-7　抢答器的 PLC 控制梯形图(续)

学习笔记

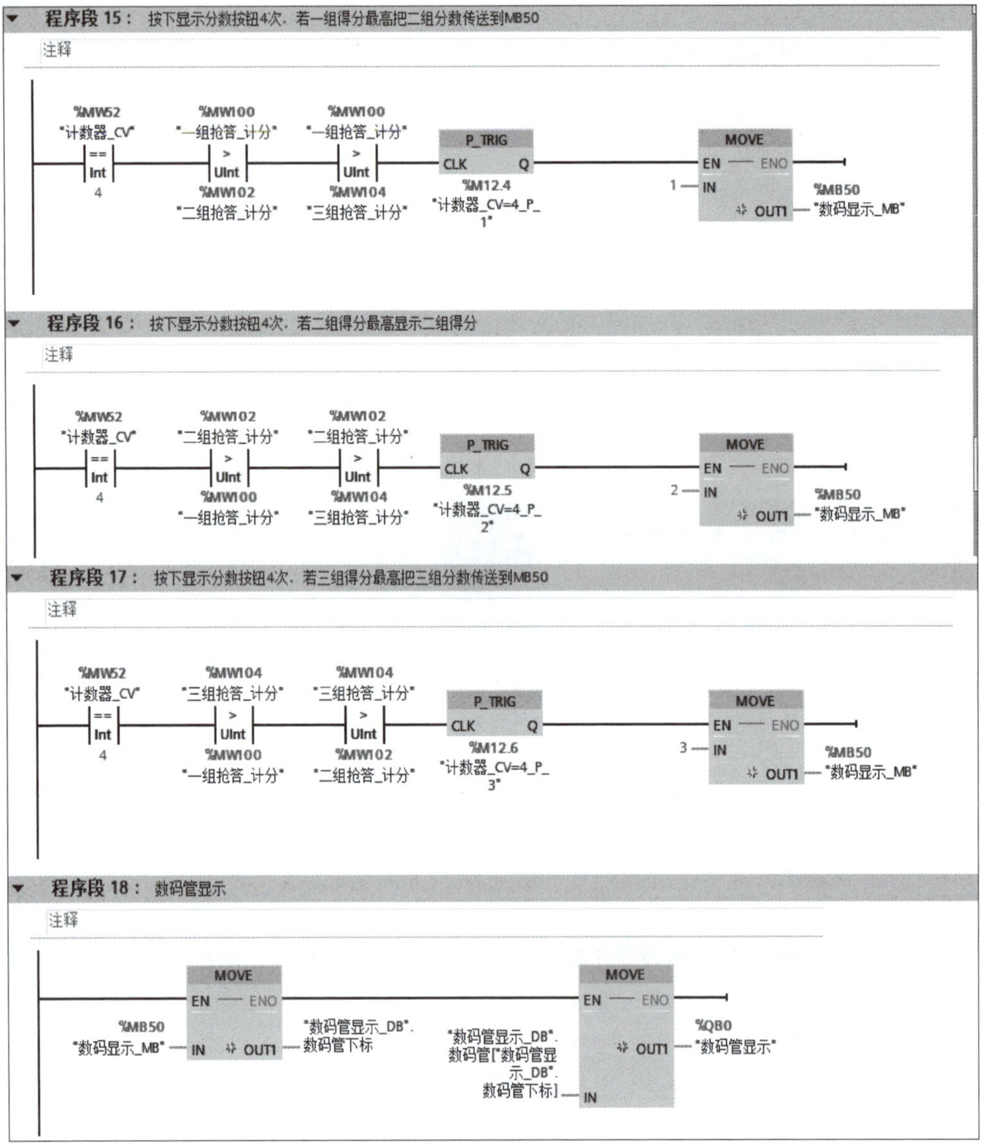

图 9-7 抢答器的PLC控制梯形图(续)

4. 程序下载与调试

把光标放在PLC_1(CPU1214C DC/DC/DC)上，右击选择“下载到设备”→“硬件和软件”命令，把硬件组态和程序下载到PLC中。按下3个抢答按钮，观察数码管显示是否正确。正确的现象：当一组抢答按钮最先按下时，数码管显示1；二组抢答按钮最先按下时，数码管显示2；三组抢答按钮最先按下时，数码管显示3。连续抢答几次，记录各组抢答成功的次数，观察数码管显示是否正确，按下显示分数按钮，观察数码管显示的分数是否与每组抢答成功次数一致，当按下显示分数按钮四次时，数码管显示抢答获胜组的组号。

任务评价

按照任务的完成情况进行评价，评价的方式可以是教师评价、教师指定的评价组评价或者组间互评等。评价的过程中需要记录存在的问题,评价记录工作单见表 9-16。

学习笔记

表 9-16 评价记录工作单

类别	评价内容	分值	评分标准	记录	评分
功能实现	调试成功实现次数	20	一次调试成功得 20 分,两次调试功能得 10 分,三次及以上调试成功该项不得分		
	数码管是否正确显示最先按下抢答按钮者的组号	20	连续进行 4 次抢答,数码管正确显示最先抢答者组号,每次得 5 分		
	按下显示分数按钮后数码管显示是否正确	10	第 1 次按下显示分数按钮显示一组得分,第 2 次显示二组得分,第 3 次显示三组得分,第 4 次显示获胜组组号,显示错误每次扣 2.5 分		
	操作是否正确、规范	10	不会操作该项不得分,操作错误每次扣 2 分,操作不规范每次扣 2 分		
电路接线	线路连接正确	5	布线不合理扣 5 分,少一个电气元件扣 2 分		
	线路连接工艺	5	露铜过长每处扣 1 分,接线不符合规范每处扣 1 分		
程序解读	解读程序	15	能解说编程思路得 10 分,程序有创新点得 5 分		
职业素养	安全用电、劳动纪律、卫生清扫、团队协作、设备和工具摆放等	10	不遵守实训纪律、不爱惜实训设备、浪费耗材、危险用电、不团结合作,卫生清理不合格,每项扣 2 分		
完成时间	135 min 内完成	5	每超时 5 min,扣 1 分		

任务反思与练习

一、任务反思

检查任务中存在的问题并进行完善,填写表 9-17,提交相关技术资料。

表 9-17 改进工作单

改进要点记录		
产品提交	项目	负责人(签字)
	设计报告	
	使用说明	
	作品功能检查	
	作品技术规范检查	

学习笔记

二、练习

单选题

1. 减法指令的操作码是(　　)。

A. ADD　　B. SUB

C. MUL　　D. DIV

2. 返回整数除法运算余数的指令是(　　)。

A. DIV　　B. NEG

C. MOD　　D. SUB

3. IN_Range 指令在满足(　　)条件时,功能框输出为真。

A. MIN < = VAL < = MAX　　B. MIN < VAL < MAX

C. VAL < MIN　VAL > MAX　　D. VAL < = MIN　VAL > = MAX

4. 比较值指令比较数据类型相同的两个值大小,若比较式为真,该触点(　　)。

A. 断开　　B. 闭合

5. 在抢答器的 PLC 控制电路中,用到(　　)个输入点。

A. 3　　B. 4

C. 5　　D. 6

6. 数码管显示 3 时的码值为(　　)。

A. 0x3f　　B. 0x7f

C. 0x4f　　D. 0x6f

7. 在抢答器的 PLC 控制任务中,第五次按下显示分数按钮会显示(　　)。

A. 0　　B. 第一组得分

C. 第二组得分　　D. 第三组得分

8. 在抢答器的 PLC 控制任务中,计数器记录的是(　　)。

A. 按下显示分数按钮的次数　　B. 抢答的次数

C. 抢答者回答成功的次数

9. 在抢答器的 PLC 控制任务中,数组中存放的是(　　)。

A. 数码 0 ~ 9　　B. 数码 0 ~ F

C . 0 ~ 9 的数码管码值

10. 比较值指令的关系类型有(　　)种。

A. 3　　B. 4

C. 6　　D. 5

11. 减法指令的运算规则为(　　)。

A. IN1 - IN2 = OUT　　B. IN2 - IN1 = OUT

12. 加法运算指令只能实现两个加数的加法运算。(　　)

A. 对　　B. 错

13. 整数除法运算会截去商的小数部分以生成整数输出。(　　)

A. 对　　B. 错

14. 在抢答器的 PLC 控制电路连接中,QB0 与七段数码管之间可以随便连接。(　　)

A. 对　　B. 错

拓展知识

学习笔记

大国工匠柯晓宾

大国工匠柯晓宾是有着二十多年继电器调试经验的“工匠”。她调试的继电器是中国高铁控制系统中一种重要的零部件，是铁路系统控制装置的神经元。大到车站的控制中心，小到一个信号灯，每一个电路的切换都离不开它。由于这项工作对生产精度的要求极高，必须经过人工调试，他们也被亲切地称为“高铁琴师”。调整工岗位看似普通，却需要极大的细心、耐心、恒心、责任心，最终心手合一，需要长时间的刻苦练习。

她带领的“柯晓宾劳模创新工作室”自成立以来，共攻克生产疑难问题项目 29 个，取得创新成果 43 个，申请国家专利 8 项，已成长为打造中国高铁国家名片的火车头，劳模创新工作室。以青春为谱，为祖国赋能，柯晓宾扎根一线，用对超群技艺的传承与创新诠释了大国工匠的担当精神。

项目十
校牌彩灯PLC控制

知识目标：

掌握移位与循环移位指令的符号与功能。

能力目标：

(1)会使用移位与循环移位指令编写程序；

(2)会分析校牌彩灯 PLC 控制的任务；

(3)会设计校牌彩灯 PLC 控制电路；

(4)会应用 TIA Portal 软件调试校牌彩灯控制任务。

素质目标：

(1)培养安全生产意识，自觉按规章操作的职业素养；

(2)培养节约资源的意识。

学习笔记

项目导入

从现在的情况来看，发光二极管灯是未来节日灯饰的主导，一方面因为它结实耐用(塑料封装)，另一方面也因为它节能，与白炽灯泡相比，它只需 1/8 的电力。

在我国彩灯又称花灯，是传统农业文化的产物。在古代，主要作用是照明。然而中国传统的彩灯有着悠久的历史和鲜明的特色，最能体现出中国传统文化的核心，体现中华民族源远流长的文化。现在时代发展迅速，彩灯更新迭代，结合高科技可以做成动态，更加的生动形象，以一种新的表现形式呈现在大众的视野，对城市的建筑、环境和城市的传统文化都有着显著的推动作用。

以 PLC 为核心部件控制彩灯的变化，操作方便、可靠性高、可扩展性强，只要改变 PLC 的控制程序便可改变彩灯的变化。那么用 PLC 怎样实现校牌彩灯的控制?

故事汇

中国彩灯文化的独特魅力和艺术

彩灯是中国传统文化中一种独特的艺术形式，它以其精湛的工艺和独特的设计风格吸引了世界各地的关注。历经千年的发展，已经成为中国文化的重要组成部分。

随着时间的推移，彩灯的制作工艺也在不断发展，从最初的手工制作到现在的机械化生产。中国彩灯文化经历了一个漫长而精彩的过程。

学习笔记

中国彩灯的制作工艺非常独特，需要经过多个环节的精细加工。首先制作彩灯的材料非常讲究，通常使用的是竹子、丝绸、纸张等天然材料。然后，工匠们需要根据设计图纸将材料裁剪成各种形状，再用彩绘技法进行装饰，最后将各个部件组装在一起，并加上灯泡，一盏美丽的彩灯就完成了。这个过程需要工匠们耐心细致的操作，才能制作出精美的彩灯作品。

中国彩灯的设计风格也是其独特魅力的体现。中国彩灯的设计融合了中华民族的传统文化元素，如龙、凤、花鸟等，同时也吸收了外来文化的影响，形成了独具特色的风格。彩灯的形状多样，有的是仿生动物，有的是寓意吉祥的花卉，还有的是具有象征意义的传统人物形象。这些设计不仅展示了中国人民的智慧和创造力，也传递了一种独特的美学观念。

中国彩灯文化在现代社会中扮演着重要的角色，首先，彩灯作为一种艺术形式具有很高的观赏价值。每年的元宵节，各地都会举办盛大的彩灯展览，吸引了大量的游客前来参观赏，这不仅展示了中国传统文化的魅力，也促进了旅游业的发展。其次，彩灯还被广泛应用于城市照明和节日庆典等场合，无论是城市的夜景还是节日的喜庆氛围，彩灯都起到了不可替代的作用。最后，彩灯还具有一定的教育意义，通过制作和欣赏彩灯，人们可以了解到中国传统文化的精髓，增强对传统文化的认同感。

我们应该珍惜和传承这一宝贵的文化遗产，让彩灯继续发扬光大，为人们生活带来更多的美好和快乐。

项目要求

使用 S7-1200 PLC 控制校牌彩灯，先从左向右依次点亮，每次点亮 1 盏灯，循环 3 次，再从左向右依次点亮，每次点亮 2 盏灯，每次移动 2 盏灯，循环 3 次，之后再每次点亮 1 盏灯，如此往复下去。通过开关控制校牌彩灯是否点亮，同时可设置校牌彩灯的运行时间范围。

任务　控制校牌彩灯循环点亮

思　考

说一说日常生产生活中，你见到的彩灯都是怎样装点我们的城市和环境的？思考一下，用 PLC 控制彩灯可以呈现哪些动态变化使我们的建筑和城市更美丽？

知识与技能

一、认识 S7-1200 PLC 移位与循环移位指令

视频

S7-1200 PLC
移位与循环
移位指令

S7-1200 PLC 的移位与循环移位指令有左移指令、右移指令、循环左移指令和循环右移指令。

1. S7-1200 PLC 移位与循环移位指令

S7-1200 PLC 移位与循环移位指令格式及功能见表 10-1。

学习笔记

表 10-1　S7-1200 PLC 移位与循环移位指令格式及功能

梯形图	功　能	参　数	数据类型
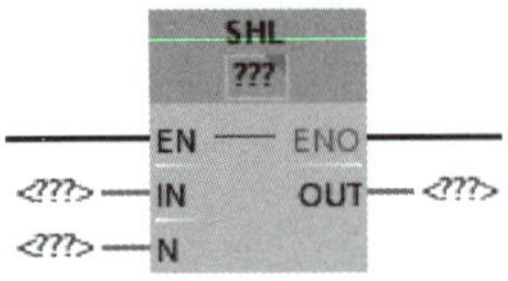 左移指令	使用移位指令(SHL 和 SHR)移动参数 IN 的位序列,结果将分配给参数 OUT。 参数 N 指定移位的位数:若 N = 0,则不移位。将 IN 值分配给 OUT。 (1)用 0 填充移位操作清空的位位置。 (2)如果要移位的位数(N)超过目标值中的位数(Byte 为 8 位、Word 为 16 位、DWord 为 32 位),则所有原始位值将被移出并用 0 代替,即 OUT 的值为 0	IN(要移位的位序列)	位字符串整数
		N(要移位的位数)	USInt、UInt、UDInt
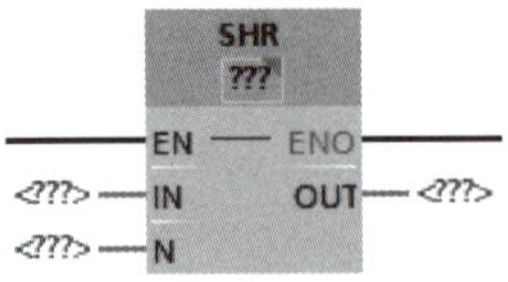 右移指令		OUT(移位操作后的位序列)	位字符串整数
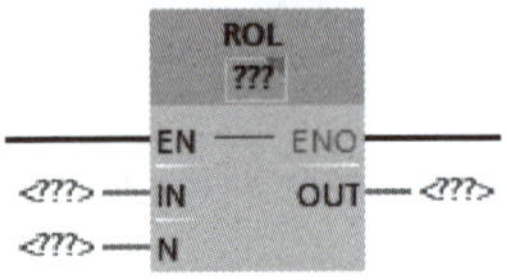 循环左移指令	循环移位指令(ROR 和 ROL)用于将参数 IN 的位序列循环移位,结果分配给参数 OUT。 参数 N 定义循环移位的位数:若 N = 0,则不循环移位。将 IN 值分配给 OUT。 (1)从目标值一侧循环移出的位数据将循环移位到目标值的另一侧,因此原始位值不会丢失。 (2)如果要循环移位的位数(N)超过目标值中的位数(Byte 为 8 位、Word 为 16 位、DWord 为 32 位),仍将执行循环移位。执行循环指令之后,ENO 始终为 TRUE	IN(要循环移位的位序列)	位字符串整数
		N(要循环移位的位数)	USInt、UInt、UDInt
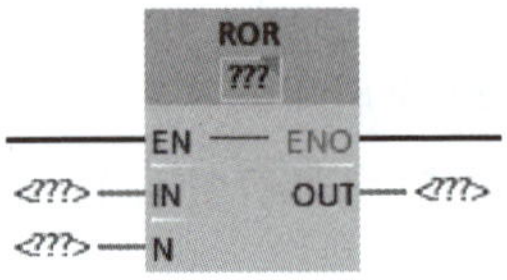 循环右移指令		OUT(循环移位操作后的位序列)	位字符串整数

单击“???”并从下拉菜单中选择数据类型:Byte、Word 和 Dword。SHL、SHR、ROL、ROR 指令操作数的存储区见表 10-2。

表 10-2　移位循环移位指令操作数的存储区

指　令	参　数	存　储　区
SHL、SHR、ROL、ROR	EN	I、Q、M、D、L 或常量
	ENO	I、Q、M、D、L
	IN	I、Q、M、D、L 或常量
	N	I、Q、M、D、L 或常量
	OUT	I、Q、M、D、L

图 10-1 说明左移指令如何将一个整型数左移 3 位。

图 10-2 说明循环左移指令如何将一个整型数循环左移 3 位。

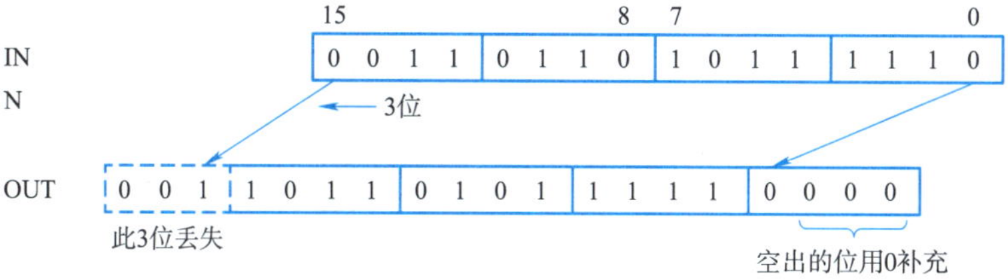

图 10-1　SHL 工作示意图

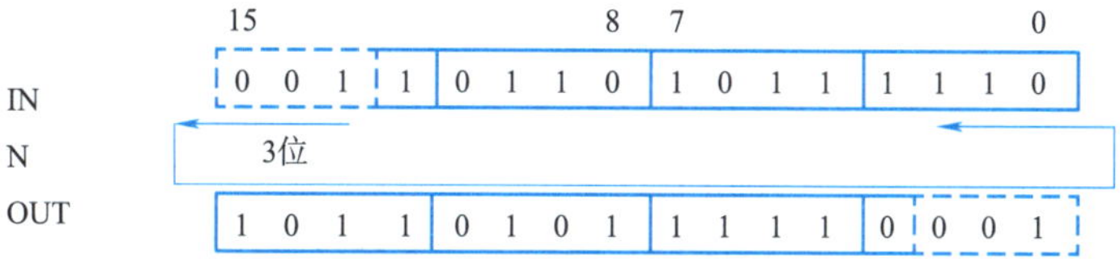

图 10-2　ROL 工作示意图

2. S7-1200 PLC 移位和循环移位指令练习

(1)打开 TIA 软件,编写图 10-3 所示程序并编译下载到仿真软件中运行。

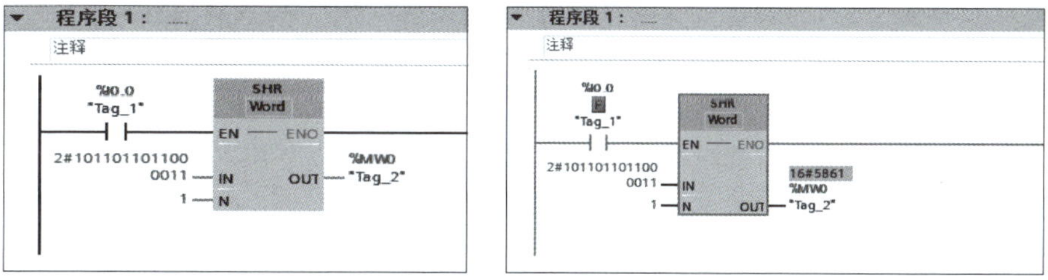

图 10-3　SHR 指令练习

如图 10-4 所示,打开强制表修改 I0.0 为 1,数据 2#1011 0110 1100 0011 右移 1 位送到 MW0 中,在监控表中观察 MW0 的值为 2#0101 1011 0110 0001,实现右移 1 位的效果。

	i	名称	地址	显示格式	监视值	修改值
1		"Tag_2"	%MW0	二进制	2#0101_1011_0110_0001	
2		"Tag_1"	%I0.0	布尔型	TRUE	TRUE

图 10-4　SHR 指令练习结果

(2)编写并编译图 10-5 所示程序,把程序下载到仿真软件中运行。打开强制表修改 I0.0 为 1,数据 2#1011 0110 1100 0011 循环右移 1 位送到 MW0 中,在监控表中观察 MW0 的值为 2#1101 1011 0110 0001,实现右移 1 位的效果。

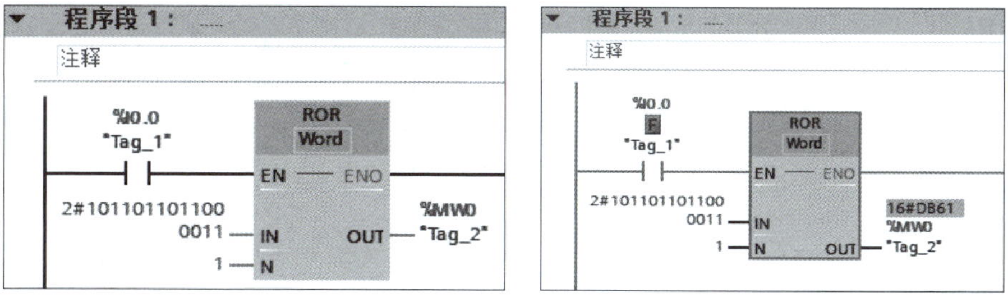

图 10-5　ROR 指令练习

学习笔记

ROR 指令练习结果如图 10-6 所示。

名称	地址	显示格式	监视值	修改值
"Tag_2"	%MW0	二进制	2#1101_1011_0110_0001	
"Tag_1"	%I0.0	布尔型	TRUE	TRUE

图 10-6　ROR 指令练习结果

任务分析

如图 10-7 所示，设校牌的校名由 8 个字组成，例如：轨道交通职业学院。校名的每一个字由一盏 LED 彩灯照亮。校牌彩灯的控制要求如下：首先从左向右依次点亮，每次点亮的间隔为 1 s，每次点亮 1 盏灯，循环 3 次，再从左向右依次点亮，每次点亮 2 盏灯，每次移动 2 盏灯，循环 3 次，之后再每次点亮 1 盏灯，如此往复下去。通过开关控制校牌彩灯是否点亮，同时可设置校牌彩灯的运行时间。运行时间到校牌彩灯自动关闭，可设置的运行时间范围不低于 12 h。

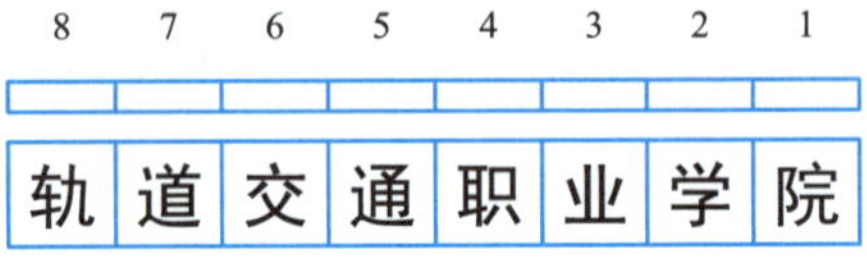

图 10-7　校牌彩灯示意图

校牌由 8 个字组成，故共有 8 盏 LED 校牌彩灯。用 S7-1200 PLC 控制 8 盏校牌彩灯发光，就需要把每个 LED 彩灯的阴极端与 PLC 的输出点连接，当 PLC 输出端为高电平时，LED 彩灯亮，PLC 输出端为低电平时，LED 彩灯不亮。校牌彩灯点亮是按照从左到右或者从右到左的顺序依次点亮的，所以可以利用 S7-1200 的循环移位指令让 PLC 的输出端从高位或者从低位开始依次输出一位或两位高电平来实现。校牌彩灯的运行时间怎样控制？S7-1200 PLC 的 CPU 使用时钟存储器组态了一个字节，该字节的各个位分别按固定的时间间隔循环启用和禁用。每个时钟位都会在相应的 M 存储器位产生一个方波脉冲，用于在用户代码中周期性触发动作。所以运行时间的计算可以使用时钟存储器和计数器联合实现，通过编程实现运行时间的秒计时、分计时以及时计时，通过比较指令检测运行时间从而控制校牌彩灯的运行。

视频
校牌彩灯项目分析

任务实施

一、I/O 分配

校牌彩灯 PLC 控制 I/O 分配见表 10-3。

表 10-3　校牌彩灯 I/O 分配

输　入			输　出		
元器件	地　址	注　释	元器件	地　址	注　释
SB1	I0. 0	起动按钮	LED1	Q0. 0	院
SB2	I0. 1	停止按钮	LED2	Q0. 1	学
			LED3	Q0. 2	业
			LED4	Q0. 3	职
			LED5	Q0. 4	通
			LED6	Q0. 5	交
			LED7	Q0. 6	道
			LED8	Q0. 7	轨

学习笔记

二、设计硬件原理图

校牌彩灯 PLC 控制的硬件原理图如图 10-8 所示。

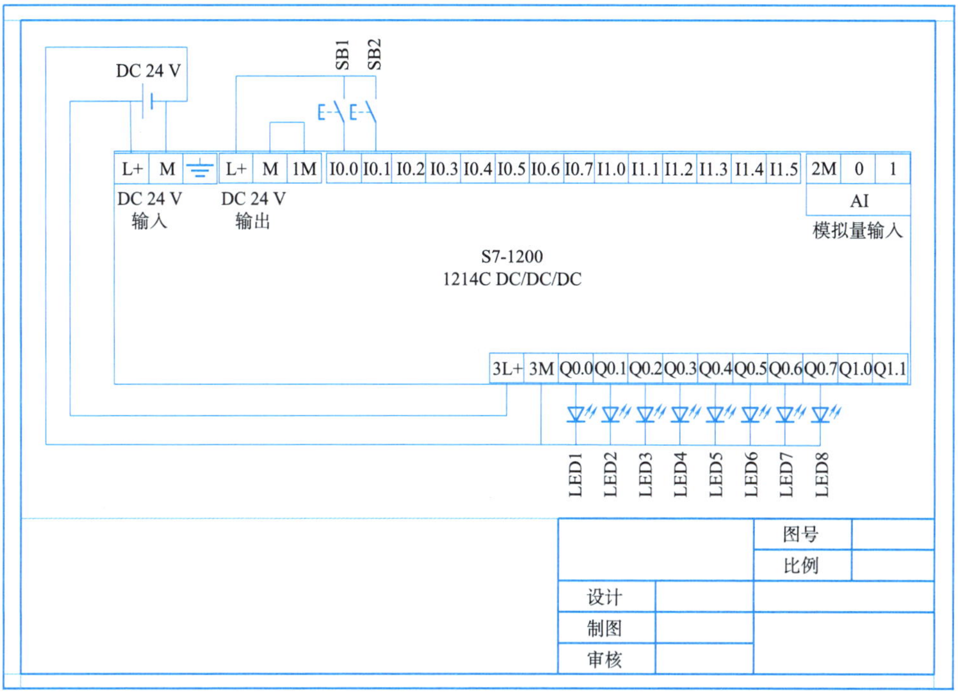

图 10-8　校牌彩灯 PLC 控制的硬件原理图

三、程序流程图

校牌彩灯 PLC 控制的程序流程图如图 10-9 所示。

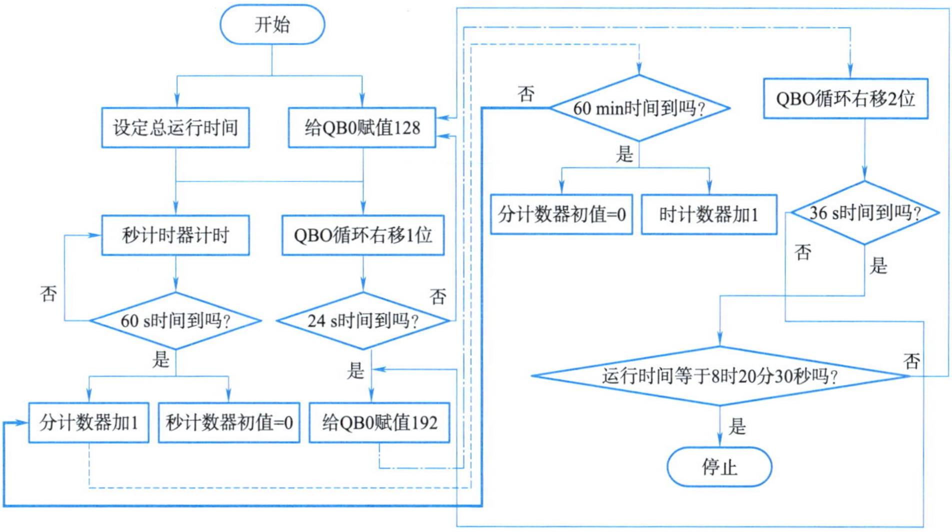

图 10-9　校牌彩灯 PLC 控制的程序流程图

学习笔记

四、PLC 程序设计

1. 程序设计

根据程序流程图编写校牌彩灯的控制程序如图 10-10 所示，分别用 MW100、MW200 和 MW400 来存储总时间的小时数、分钟数和秒数，并用时钟存储器和 3 个计数器分别进行秒数计时、分钟计时和小时计时。8 个校牌彩灯共有两种点亮方式，分别给 QB0 赋以初值 128 和 192，并采用移位指令实现校牌彩灯依次点亮的效果。通过每种点亮方式的运行时间控制其循环次数。

视频

校牌彩灯程序设计

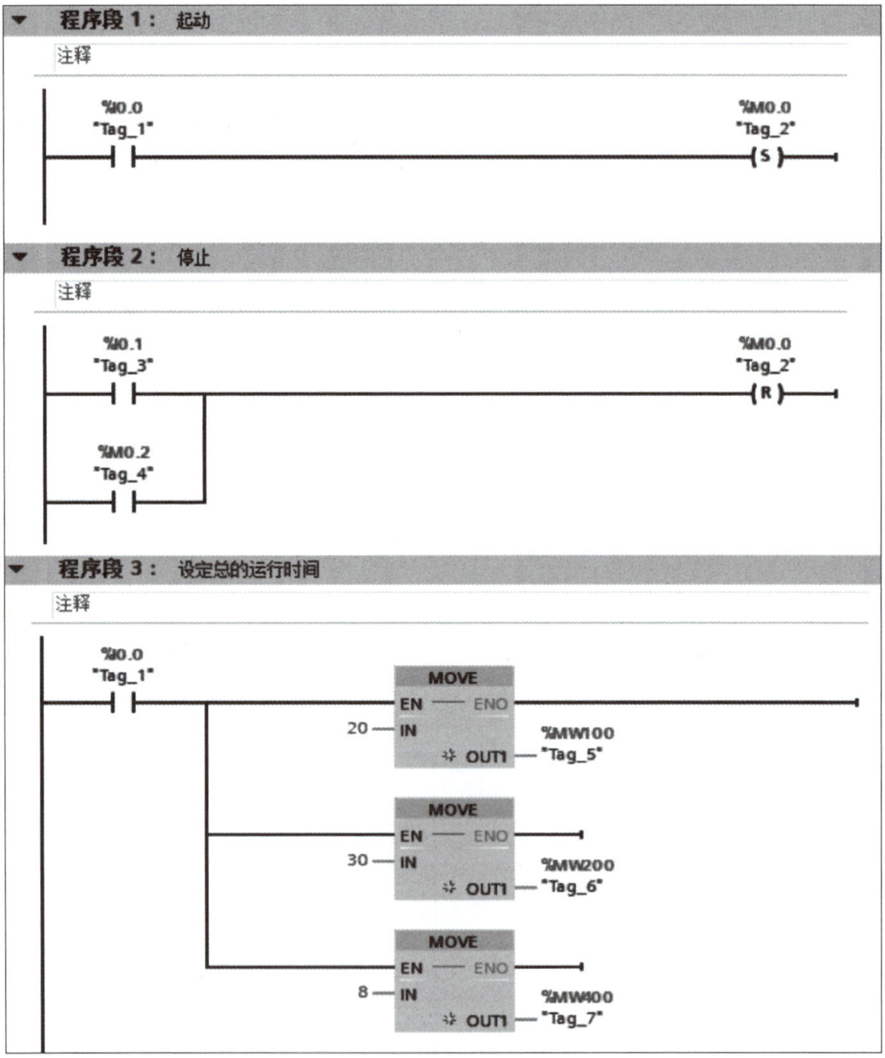

图 10-10 校牌彩灯 PLC 控制梯形图

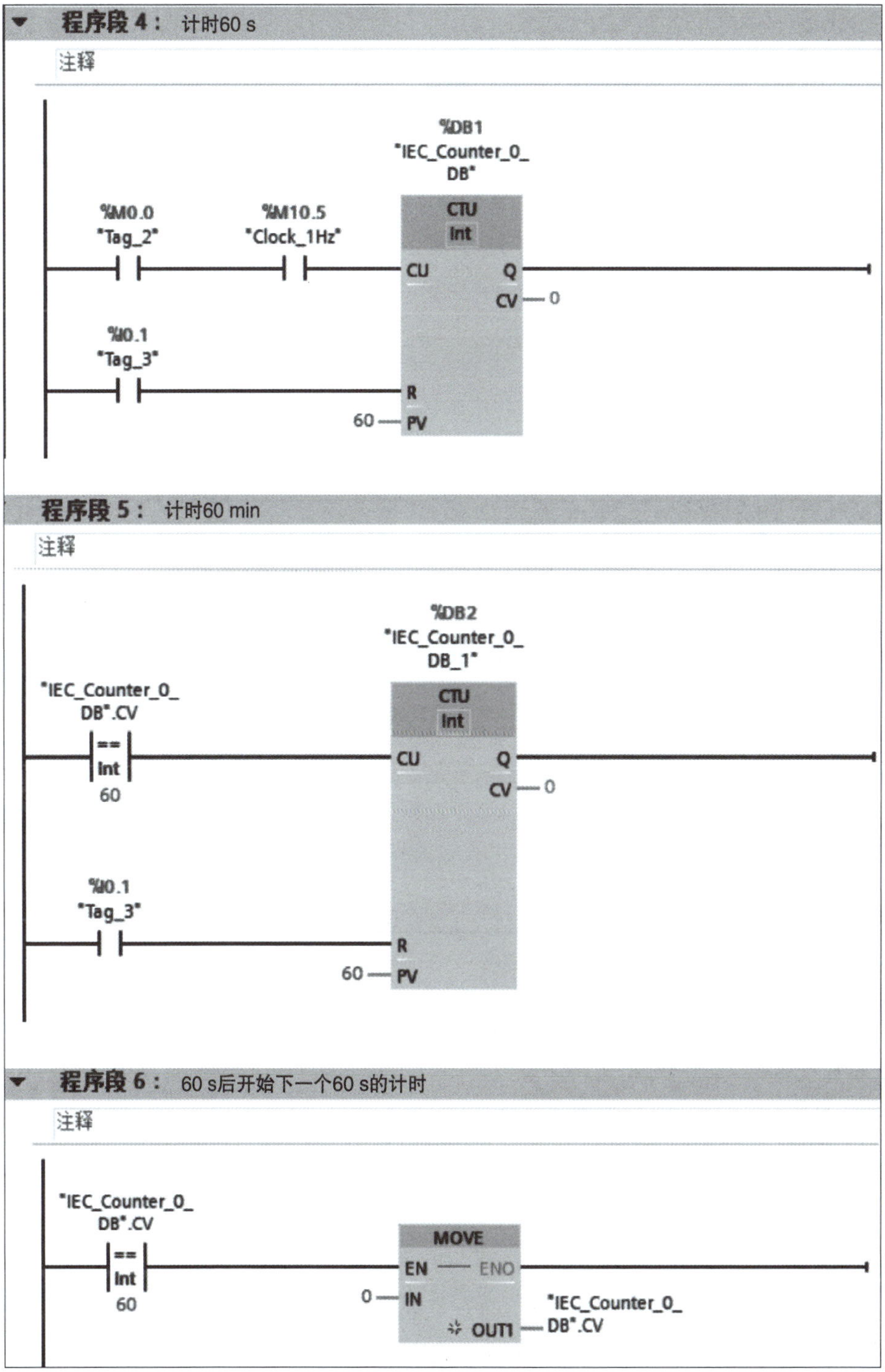

图 10-10 校牌彩灯 PLC 控制梯形图(续)

学习笔记

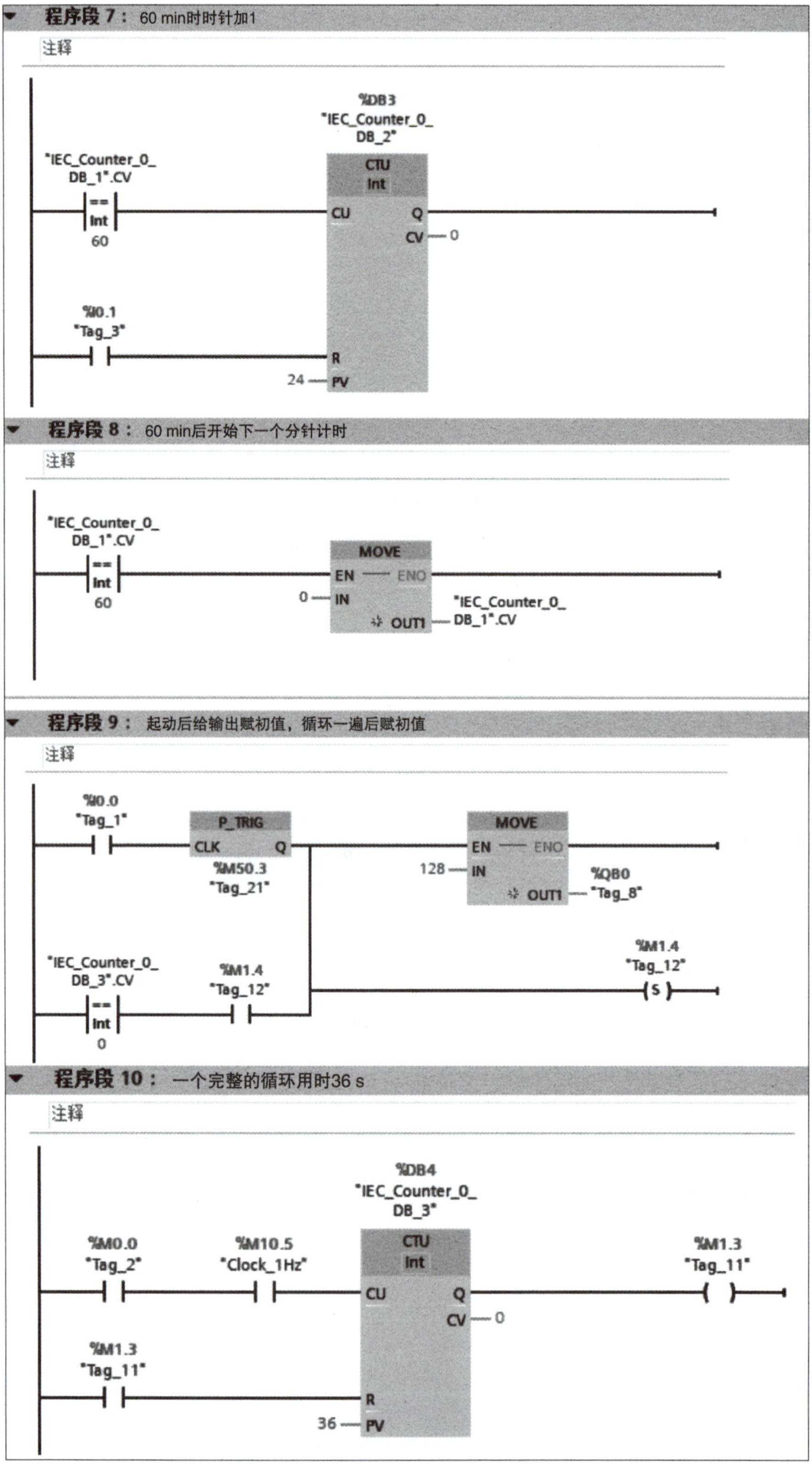

图 10-10 校牌彩灯 PLC 控制梯形图(续)

学习笔记

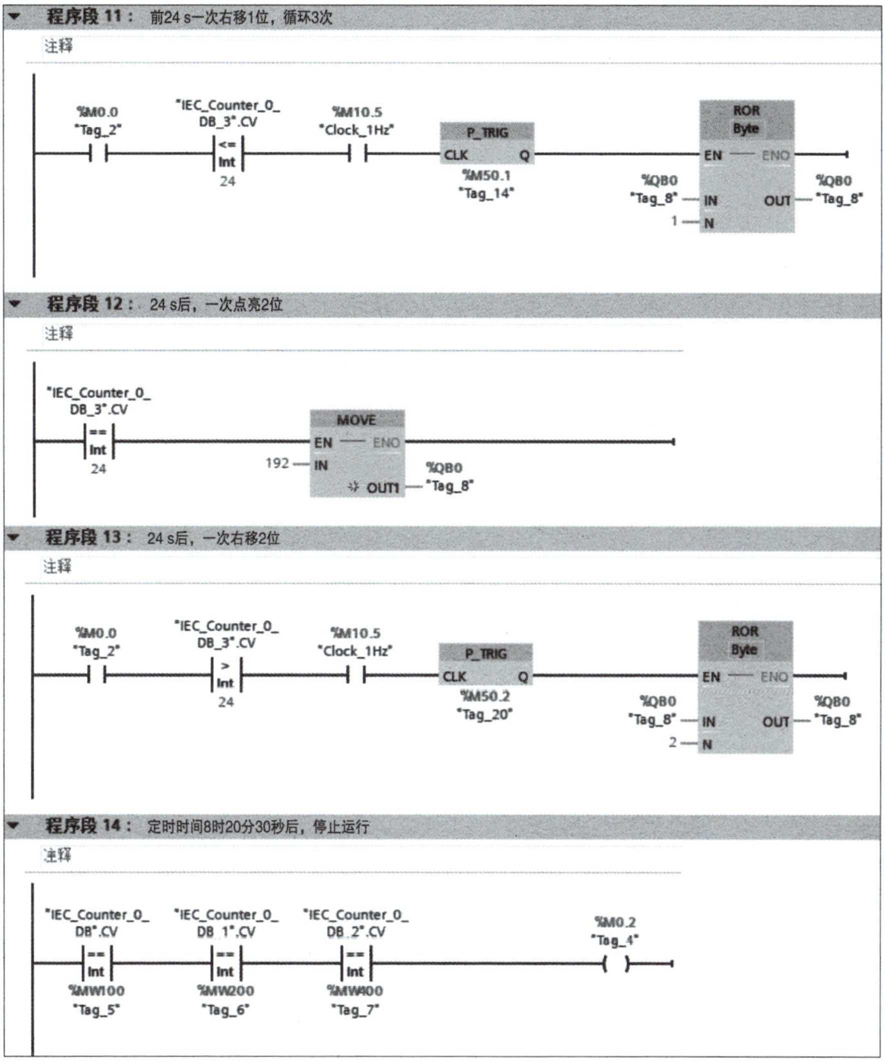

图 10-10　校牌彩灯 PLC 控制梯形图(续)

2. 程序下载与调试

把光标放在 PLC_1(CPU 1214C DC/DC/DC)上,右击选择“下载到设备”→“硬件和软件”命令,把硬件组态和程序下载到 PLC 中。按下起动按钮,观察校牌彩灯的运行效果,如果彩灯从左向右依次点亮 1 盏灯,每盏灯的点亮时间为 1 s,循环 3 次,再从左向右依次点亮 2 盏灯,点亮时间间隔仍为 1 s,循环 3 次,之后按照上面的规律再每次点亮。打开监控程序并观察监控表中 QB 和 IEC_Counter_DB. CV、IEC_Counter_DB_1. CV、IEC_Counter_DB-2. CV 的运行是否正常。

视频

校牌彩灯灯任务实施

任务评价

按照任务的完成情况进行评价,评价的方式可以是教师评价、教师指定的评价组评价或者组间互评等。评价的过程中需要记录存在的问题,评价记录工作单见表 10-4。

学习笔记

表 10-4 评价记录工作单

类别	评价内容	分值	评分标准	记录	评分
功能实现	功能实现次数	20	经过两次调试实现功能扣10分，三次不成功扣20分		
	校牌彩灯是否按照任务要求的规律运行	20	点亮时间间隔错误扣5分，循环次数错误扣5分，点亮方向错位扣5分，亮灯盏数错误扣5分		
	操作是否正确、规范	10	不会操作该项不得分，操作错误1次扣5分，操作不规范1次扣2分		
电路接线	线路连接正确	10	布局不合理扣5分，少一个电气元件扣2分，符号不规范每处扣2分		
	线路连接工艺	10	露铜过长每处扣1分，接线不符合安全规范每处扣1分		
程序解读	解读程序	15	能解说编程思路得10分，程序有创新点得5分		
职业素养	安全用电、劳动纪律、卫生清扫、团队协作；设备、工具摆放、等	10	不遵守实训纪律、不爱惜实训设备、浪费耗材、危险用电、不团结合作，卫生清理不合格，每项扣2分		
完成时间	135 min内完成	5	每超时1 min扣1分		

任务反思与练习

一、任务反思

检查任务中存在的问题并进行完善，填写表10-5，提交相关技术资料。

表 10-5 改进工作单

改进要点记录		
产品提交	项目	负责人（签字）
	设计报告	
	使用说明	
	作品功能检查	
	作品技术规范检查	

二、练习

单选题

1. SHL和SHR指令用（　　）填充移位操作清空的位位置。

A. 0　　　　B. 1

2. SHL 和 SHR 指令如果要移位的位数 N 超过目标值中的位数（Byte 为 8 位、Word 为 16 位、DWord 为 32 位，则所有原始位值将被移出并用（　　）代替。

A. 0　　B. 1

3. 将输入 0100 0000 0000 1001 循环左移 2 位，结果为（　　）。

A. 0000 0000 0010 0100　　B. 0000 0000 0010 0101

C. 0001 0000 0000 0010　　D. 0101 0000 0000 0010

4. SHL 指令使用时若 N = 0，则（　　）。

A. 不移位　　B. 左移 1 位

C. 右移 1 位

5. 将输入 1110 0010 1010 1101 右移 1 位 3 次后，结果为（　　）。

A. 1000 1010 1011 0100　　B. 0001 0101 0110 1000

C. 1100 0101 0101 1010

6. 循环右移指令的操作符是（　　）。

A. SHR　　B. SHL

C. ROR　　D. ROL

7. 校牌彩灯控制任务中，运行时间的控制用（　　）实现。

A. 计数器　　B. 定时器

C. 系统时钟和计数器　　D. 系统时钟和定时器

8. 循环左移指令的操作符是（　　）。

A. SHR　　B. SHL

C. ROR　　D. ROL

9. 在校牌彩灯控制程序中，DB4 的作用是（　　）。

A. 计时秒数　　B. 计时小时数

C. 计算循环一次循环时间　　D. 计时分钟数

10. 在校牌彩灯控制程序中，（　　）使用 SHR 指令代替 ROR 指令。

A. 可以　　B. 不可以

11. S7-1200 PLC 可使用 CPU 的时钟存储器组态 1 字节，每个时钟位都会在相应的 M 存储器位产生一个方波脉冲。（　　）

A. 对　　B. 错

12. 使用 ROR（右移）和 ROL（左移）指令时，如果要移位的位数 N 超过目标值中的位数，则所有原始位值将被移出并用 0 代替。（　　）

A. 对　　B. 错

13. 校牌彩灯控制电路必须按照校名和 PLC 输出点一一对应连接才能用循环指令实现控制。（　　）

A. 对　　B. 错

拓展知识

竞争与合作

竞争本身并不是目的，而是达到更高目标的手段。在竞争中合作应体现“双赢”原则。

学习笔记

竞争对手不能相互排斥，造成两败俱伤，而要相互促进、共同提高。

刘国梁和孔令辉，既是实力相当的竞争对手，又是合作伙伴。他们师从同门，同时披上国字号战袍。在那个鲜花遍开的五月，“六载朝思暮想，一夜春华秋实”，喜捧斯韦思林杯（男子团体冠军杯）后，两个要好的朋友又一起打进男子单打决赛。可是，当男子单打冠军杯真的摆在面前时，这对好朋友突然意识到结局的残酷：自己的胜利就意味着好友的失败。可贵的是，在赛场上，他们完全展示出自己的智慧和才艺。刘国梁以奇制胜，孔令辉稳中带凶，激烈的比赛战至决胜局。最终，左右开弓的孔令辉成为男单新科状元。没有想象中的欣喜若狂，我们看到的是异常平静的孔令辉，还有他脸上那甚至有些不好意思的笑容。刘国梁的脸上曾掠过一丝失望，但毕竟是自己最好的朋友夺得了冠军，他的祝贺是发自心底的。这场比赛让两个好朋友懂得了怎样面对竞争与合作。在后来的比赛中，他们又携手夺得了男子双打冠军。

项目十一

机器人PLC控制

知识目标：

(1)熟悉中断的含义；

(2)熟悉中断的类型；

(3)掌握循环中断和硬件中断的使用方法；

(4)熟悉机器人 PLC 控制项目的功能要求；

(5)熟悉 S7-1200 PLC 的外部电路。

能力目标：

(1)会循环中断和硬件中断的组态及应用；

(2)能设计机器人 PLC 控制项目的 PLC 外部电路；

(3)会使用循环中断并能编写循环中断程序；

(4)能使用 PLC SIM 仿真软件并能通过仿真软件进行程序仿真；

(5)能按照电路图完成硬件接线与检测；

(6)能使用博图软件完成程序下载和系统调试。

素质目标：

(1)培养学生的超前思维；

(2)培养学生的忧患意识；

(3)培养学生严谨的工作态度；

(4)培养学生的工匠精神。

学习笔记

项目导入

相扑机器人是一种将相扑运动与机器人技术相结合的创新形式。它不仅是一种有趣的竞技活动，还具有教育和培养青少年综合素质的作用。同时，它也为机器人技术的发展和应用提供了一个展示和交流的平台。

故事汇

中国机器人的始祖

中国古代的能工巧匠偃师是“机器人”的始祖。据《列子·汤问》记载，偃师在周穆王时期制造了一个能歌善舞的伶人，它的外形和动作都与真人非常相似，这被认为是中国最早的“机器人”。

学习笔记

项目要求

使用S7-1200 PLC进行相扑机器人控制。按下起动按钮后，相扑机器人要在场地内自行运动来发现其他机器人，发现机器人后将其他机器人推出场地外，且自身不掉落在场地外为获胜。场地外围为黑色边线。

任务 控制相扑机器人运动

视频 中断的相关知识

思 考

相扑机器人是如何移动的？相扑机器人如何发现其他机器人？可能会用到哪些传感器？

知识与技能

一、中断的含义

中断是指计算机运行过程中，出现某些意外情况需主机干预时，机器能自动停止正在运行的程序并转入处理新情况的程序，处理完毕后又返回原来被暂停的程序继续运行，如图11-1所示。

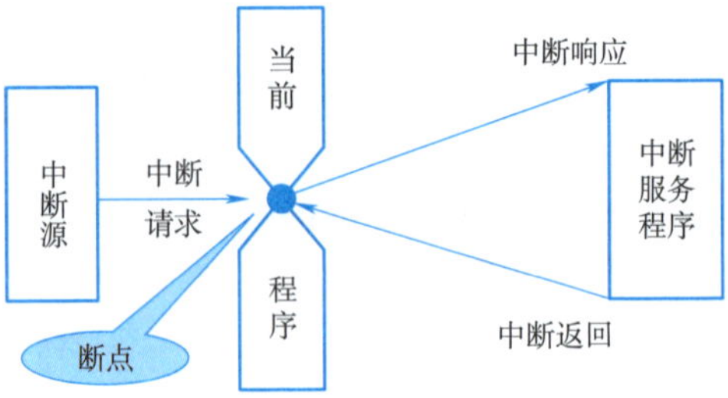

图11-1 中断的基本概念

在计算机执行控制程序的过程中，如果发生了一些意外情况，一般通过按下急停按钮来停止程序执行。但是有一个问题需要注意一下，之前讲过PLC的程序执行流程为循环扫描执行，因此只有当按下急停按钮且在这一瞬间程序恰好执行到对应的程序段的时候才能立即停止执行。如果采用中断的形式来处理急停这种情况就会很容易实现立即执行的这种需求。中断的特点是响应速度快。就像在日常生活中做的一些应急处理预案，一旦发生紧急情况就按照应急处理预案的流程来处理，这样响应速度特别快，还不干预日常的生活。

二、中断的类型

如图11-2所示，S7-1200 PLC支持多种中断，包括延时中断、循环中断、硬件中断、时间错误中断和诊断错误中断等。在一个程序中如果同时来了很多个中断，CPU该如何处理呢？凡事都有个轻重缓急，日常生活中的事情也可以先安排好什么样的事情要优先处理。比如小强家的狗丢了，同时小强家的水管爆裂了，那么按照事件的影响程度，应该是先去处理水管爆裂这个事件。

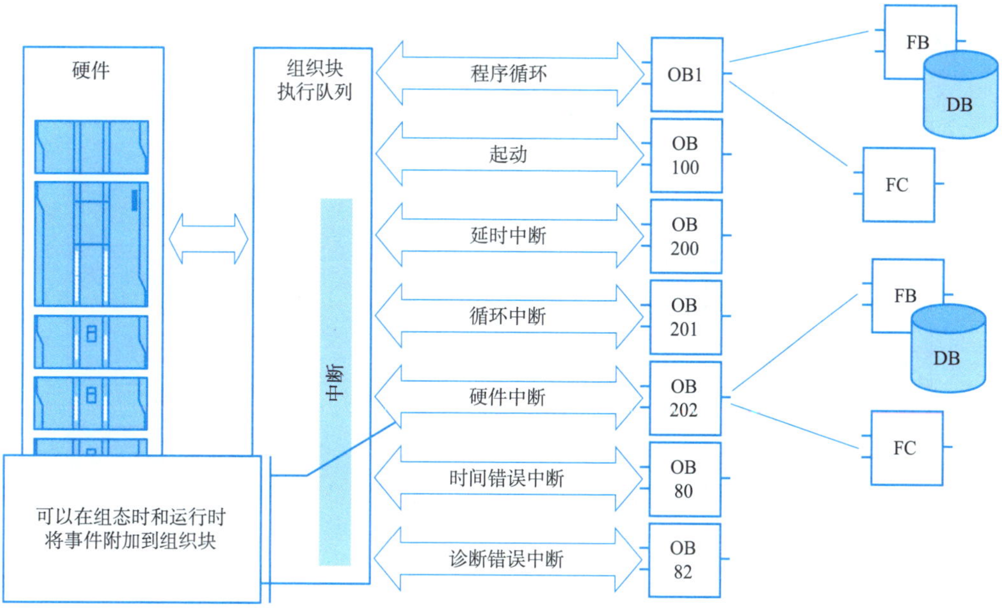

图 11-2　S7-1200 PLC 的中断类型

PLC 处理中断的顺序也是事先安排好的，见表 11-1。优先级数字越大表示优先级越高。可以看出时间错误中断的优先级最高，接下来是诊断错误中断，这些都是影响 PLC 正常使用的，因此优先级最高。下面以循环中断和硬件中断为例学习一下中断的使用方法。

表 11-1　S7-1200 PLC 的中断优先级

事件名称	数　量	OB 编号	优先级	优先组
程序循环	> –1	1；> –123	1	1
起动	> =1	100；> =123	1	
延时中断	< =4	20～23；> =123	3	2
循环中断	< =4	30～38；> =123	7	
沿（硬件）中断	16 个上升沿 16 个下降沿	40～47；> =123	5	
HSC（高速计数器）中断	6 个计数值等于参考值 6 个计数方向变化 6 个外部复位	40～47；> =123	6	
诊断错误	=1	82	9	
时间错误	=1	80	26	3

三、循环中断的设置与调用

1. 循环中断的设置

在指令树的程序块中选择添加新块，可以选择的有组织块、函数块等。这里选择组织块 OB，然后单击 Cyclic interrupt，在名称处就会自动将该组织块的名称添加为 Cyclic interrupt，这个组织块的名称可以修改为更好理解的中文，例如循环中断 1；然后选择编程语言，一般采用 LAD，也就是梯形图来进行编程；接下来是设置循环时间，循环时间可设置的范围是

1 ~ 60 000，也就是循环时间可设为 1 ms ~ 60 s 之间。最后单击“确定”按钮即可，循环中断的具体设置方法如图 11-3 所示。

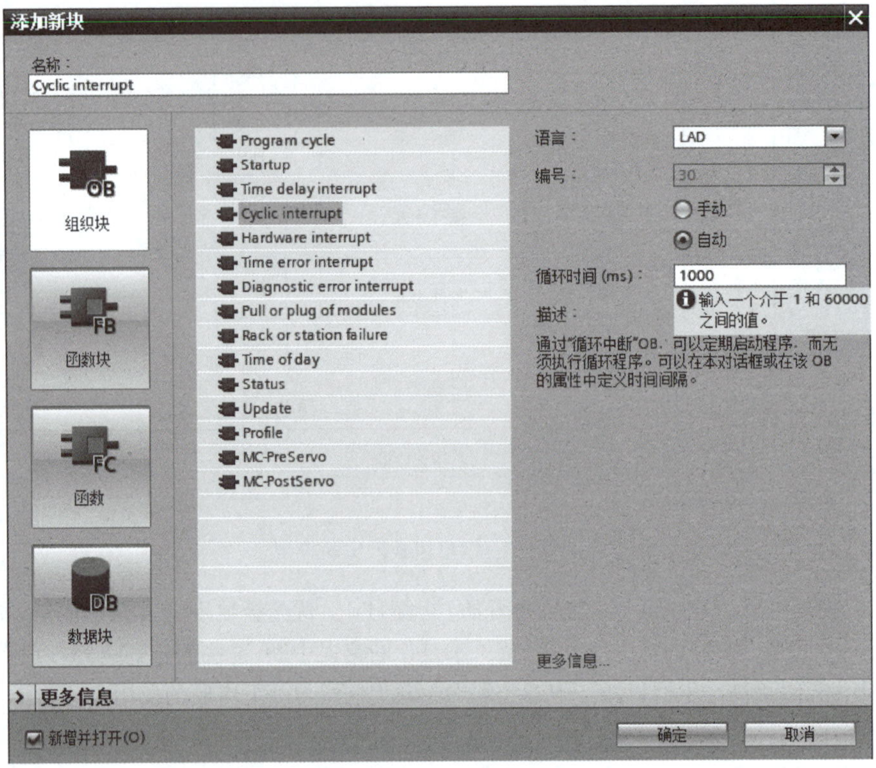

图 11-3　循环中断的具体设置方法

循环中断的程序编辑界面如图 11-4 所示，与主程序没有区别。

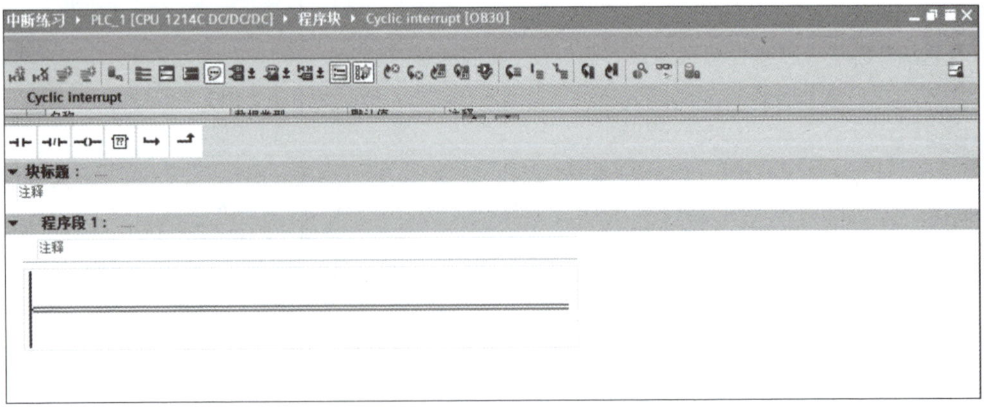

图 11-4　循环中断的程序编辑界面

2. 循环中断的调用

在 PLC 的指令中，可以选择扩展指令（见图 11-5）中的循环中断中的设置循环中断参数指令 SET_CINT 来设置循环中断的间隔时间和对应的循环中断号来灵活设置循环中断的相关参数。

一般设置循环中断参数指令采用上升沿来触发，触发成功后，所选择的循环中断就被设为程序中指定的循环间隔时长了，这时候循环中断组态时设置的时间就无效了，因为循环中断间隔的时长是以程序中设置的间隔时长为优先的。图 11-6 中，OB_NR 设置为 30，即配置为 OB30 这个循环中断，配置的循环中断时间为 CYCLE 对应的 1 000 ms，PHASE 为调用偏移的时间间隔，此处在只有一个中断时可以设置为 0。

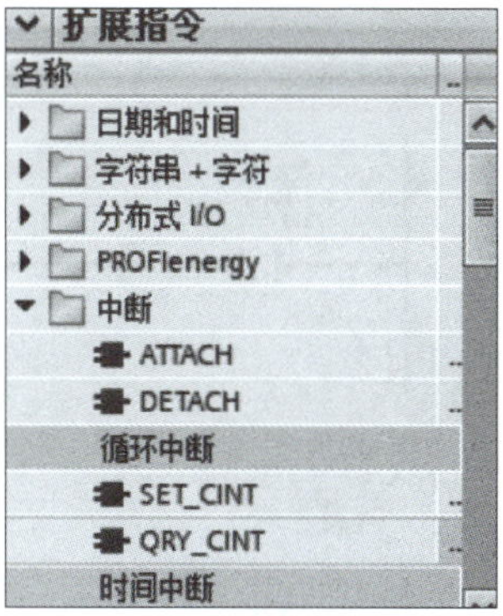

图 11-5　扩展指令

3. 循环中断的应用案例

如图 11-7 所示，在主程序 OB1 中通过设置中断循环指令来设置中断循环时间为 100 ms。

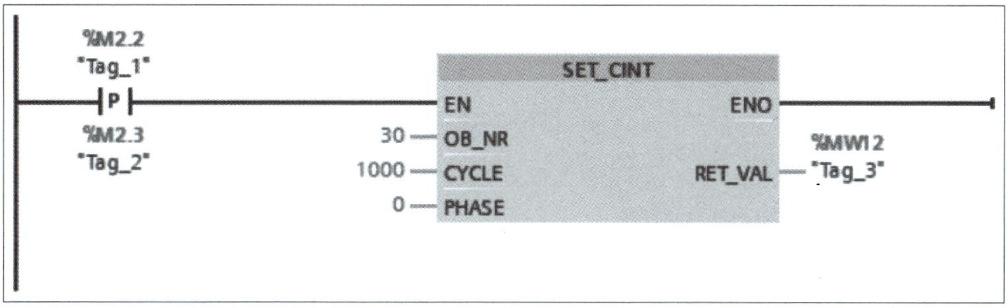

图 11-6　调用循环中断

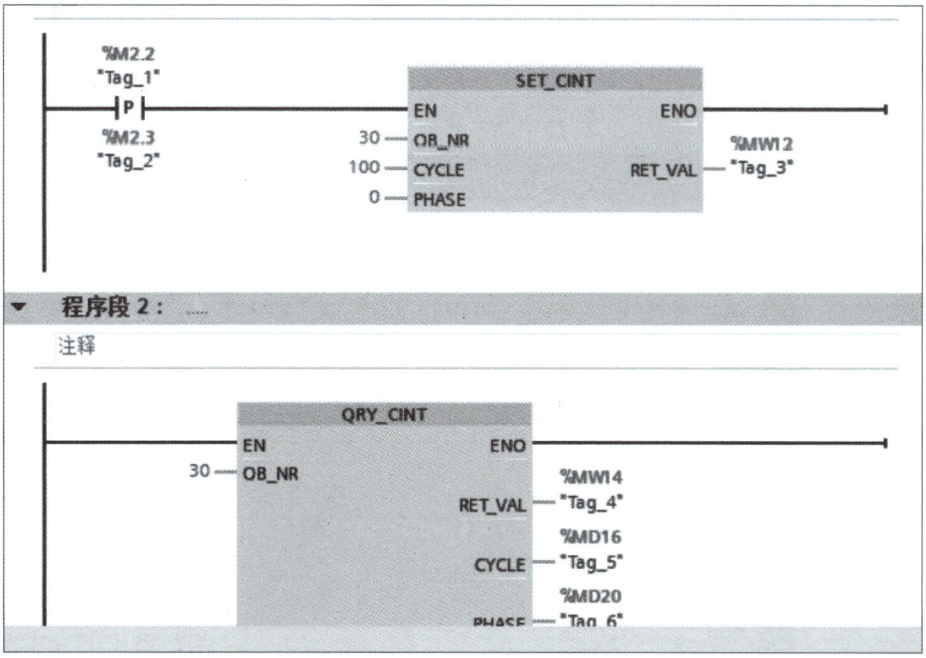

图 11-7　在 OB1 中调用循环中断

如图 11-8 所示，在循环中断程序 OB30 中每 100 ms，判断传感器的状态，满足左转激活条件时，执行左转程序；满足右转激活条件时，执行右转程序，如果响应速度还是不够，那么通过缩短循环中断时间实现。

学习笔记

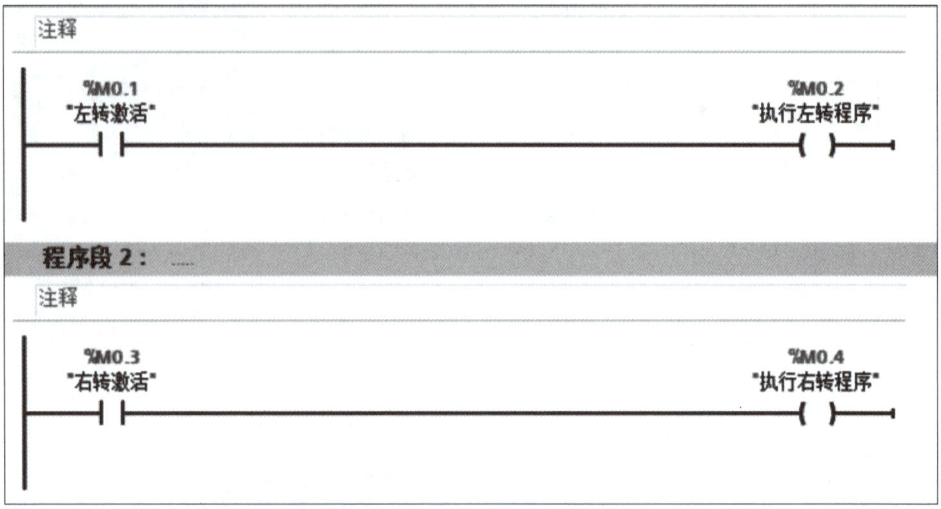

图 11-8　循环中断的应用案例

四、硬件中断的设置与应用

1. 硬件中断的设置

循环中断是循环地处理一些紧急事件，如果有些外部传感器信号有变化时，需要立即响应，就需要用到硬件中断，如图 11-9(a)所示，硬件中断的添加方法类似于循环中断，只不过添加组织块时选择 Hardware interrupt。如图 11-9(b)所示，在硬件设备组态中找到数字量输入，数字量输入 0～13 都可以设置为硬件中断的来源，可选择启用上升沿检测或者下降沿检测，连接的中断选择已经设置好的硬件中断名称或者单击新增硬件中断也可以。

（a）设置中断类型为硬件中断

图 11-9　硬件中断的设置方法

学习笔记

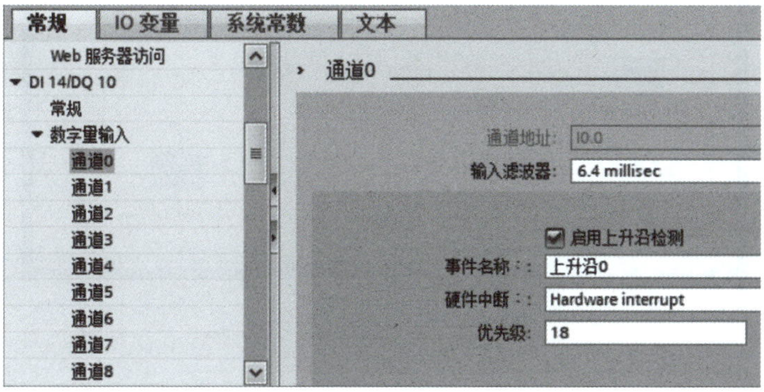

（b）设置中断来源为数字量输入通道0的上升沿

图 11-9　硬件中断的设置方法(续)

2. 硬件中断的应用案例

如图 11-10 所示,在主程序中采用 M2.0 控制 Q1.0 得电,将硬件通道 1 即 I0.1 组态为下降沿检测,也就是当 I0.1 连接的急停按钮被按下时,其对应的位 I0.1 由 1 变为 0 的瞬间,起动硬件中断程序 OB41,在该硬件中断程序中通过 M1.2,即 Always TRUE 给 Q1.0 复位,立刻实现了急停功能。

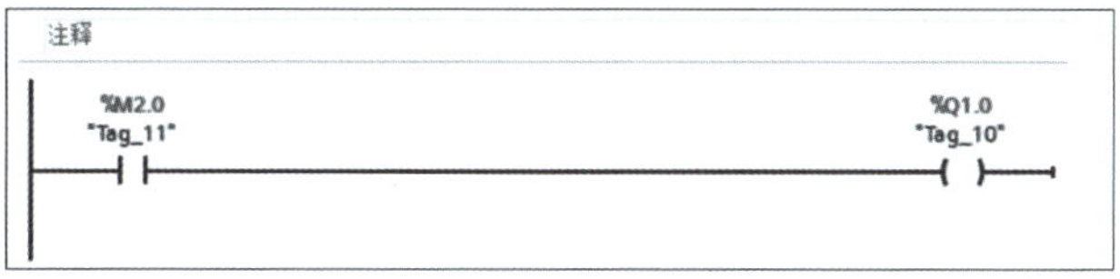

（a）主程序OB1

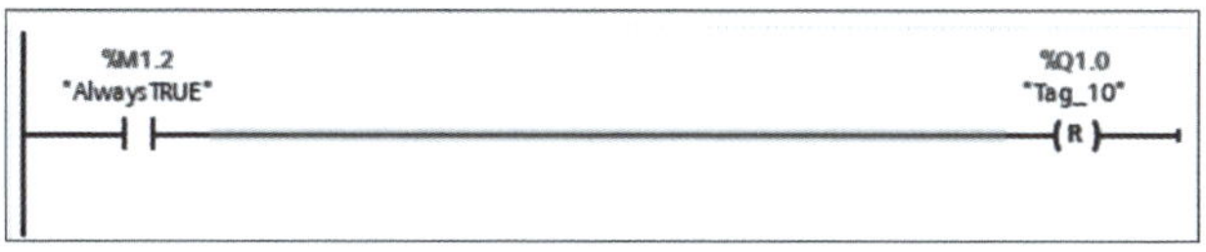

（b）硬件中断程序OB41

图 11-10　硬件中断的应用案例

在硬件中断程序中提前制定好了处理流程,在外部发生中断事件时,可以即刻响应。

任务分析

如图 11-11 所示,现要在一个矩形的场地内举办相扑机器人大赛,要求设计 PLC 控制机器人的电路及程序来实现项目要求。场地中有至少两个机器人,它们需要判断对方的位置并将对方推出场外。

通过分析项目要求可知,每个机器人的控制要求至少包括以下内容:机器人的前进控制、后退控制、左转控制、右转控制、防止出界控制。基于以上控制要求,机器人需要能识别边线和其他机器人。识别边线可以采用红外光电传感器如图 11-12 所示。红外线不受自然光影响,在红外线发射到黑色物体上时,由于黑色物体反光能力弱,便可识别黑色边线。

学习笔记

图 11-11 相扑机器人比赛场地

图 11-12 红外光电传感器

对于其他机器人的识别可以采用超声波传感器，如图 11-13 所示，或者也采用红外传感器，当自身靠近其他机器人时会产生反射信号，因而可以识别其他机器人来将其推出场地外。由于机器人运行速度较快，需要对边线信号进行快速反应，因此需要用到外部中断技术或者定时中断技术来快速判断机器人的位置，防止掉落场外。

图 11-13 超声波传感器

任务实施

视频 相扑机器人项目分析

一、I/O 分配

根据控制要求，控制系统中存在 1 个起动按钮、1 个停止按钮、4 个光电传感器和 1 个超声传感器。I/O 分配表详见表 11-2。

表 11-2　相扑机器人控制系统 I/O 分配

输　入		
元　器　件	地　　址	注　　释
SB1	I0.0	起动按钮
SB2	I0.1	停止按钮
光电传感器 1	I0.2	左前位置检测
光电传感器 2	I0.3	右前位置检测
光电传感器 3	I0.4	左后位置检测
光电传感器 4	I0.5	右后位置检测
超声传感器	I0.6	其他机器人检测
输　出		
元　器　件	地　　址	注　　释
KA1	Q0.0	左前轮前进
KA2	Q0.1	左前轮后退
KA3	Q0.2	右前轮前进
KA4	Q0.3	右前轮后退
HL1	Q0.4	电源指示灯

注：Q0.0 得电（左前轮前进）且 Q0.2 得电（右前轮前进）可实现机器人前进控制，Q0.1 得电（左前轮后退）且 Q0.3 得电（右前轮后退）可实现机器人后退控制，只 Q0.0 得电（左前轮前进）可实现机器人右转控制，只 Q0.1 得电（右前轮前进）可实现机器人左转控制。

学习笔记

二、设计硬件原理图

（1）PLC 的电源为 24 V 直流输入。

（2）PLC 的传感器电源为 PLC 自带的 24 V 直流输出电源，可作为 PLC 的输入驱动电源。

（3）PLC 的 7 个输入按钮中，SB1 和 SB2 作为起动和停止按钮，SB3 到 SB6 模拟光电传感器的信号输入，SB7 模拟超声波传感器的信号输入。

（4）输出驱动电源（3L+ 和 3M）必须接 24 V 直流电源，否则会烧毁 PLC。

（5）PLC 的输出 KA1 ~ KA4 和 HL1 的工作电压必须为直流 24 V。（与 PLC 的输出驱动电压相匹配）

相扑机器人 PLC 控制的硬件原理图如图 11-14 所示。

视频

相扑机器人控制的硬件接线与系统调试过程

三、PLC 程序设计

1. 组态循环中断

添加组织块，选择 Cyclic interrupt，编号选择 30，循环时间设置为 100 ms，如图 11-15 所示。根据调试，机器人在运行过程中检测边线并做出判断，100 ms 进行一次是可以满足控制要求的。

视频

相扑机器人程序设计方法

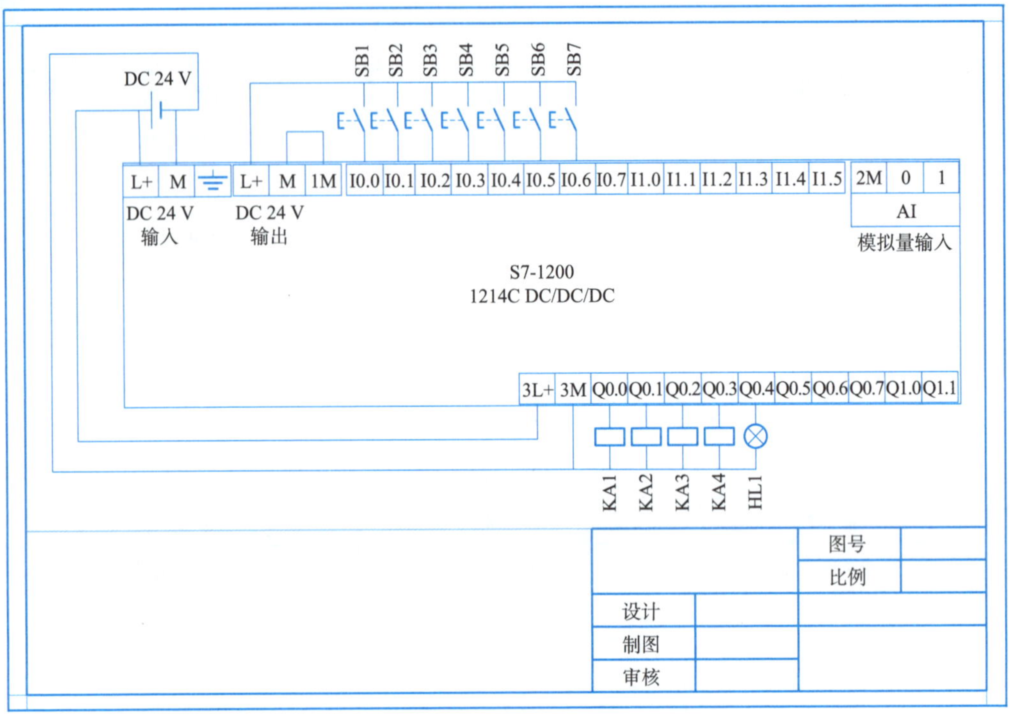

图 11-14 相扑机器人 PLC 控制的硬件原理图

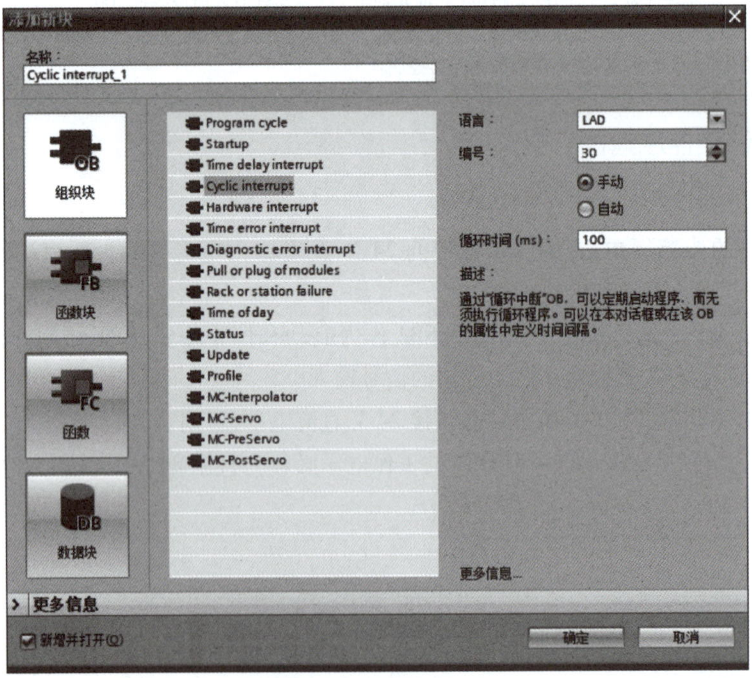

图 11-15 循环中断组态过程

2. 设计主程序

起动停止控制程序如图 11-16 所示。

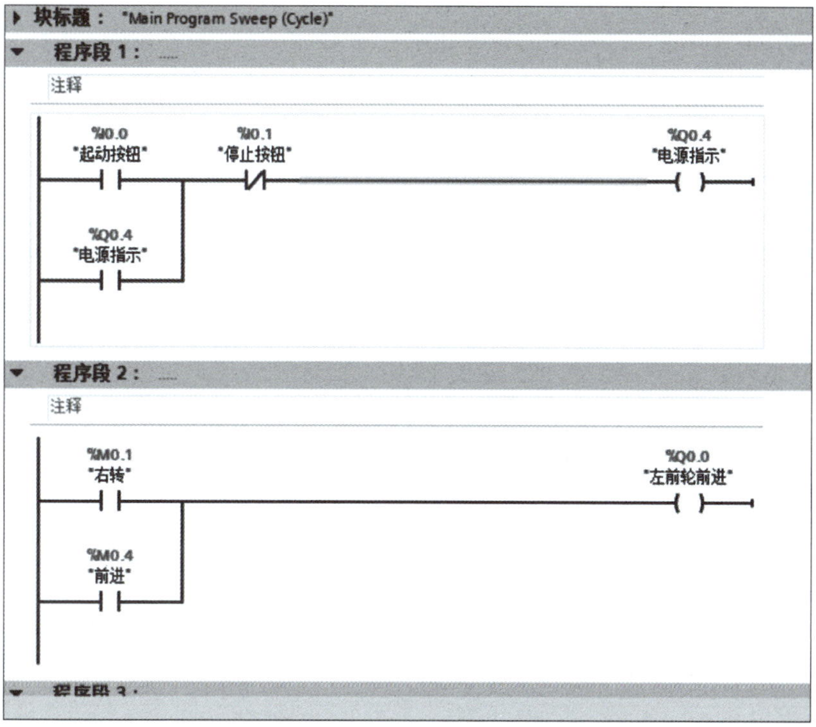

图 11-16　起动停止控制程序

在主程序中，在满足左转和前进条件时，右前轮都需要前进；满足后退条件时，左前轮和右前轮均需后退，如图 11-17 所示。

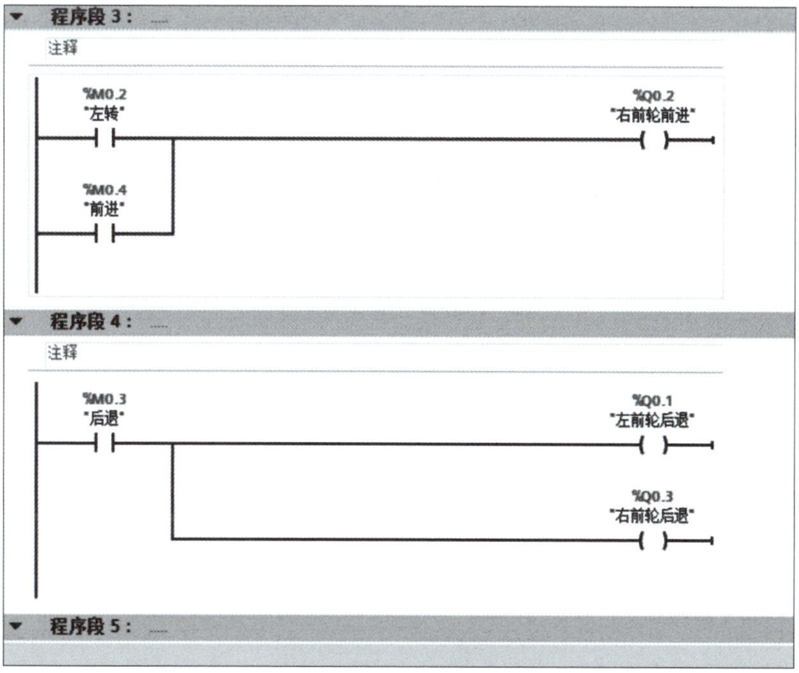

图 11-17　前进后退程序

学习笔记

3. 设计循环中断程序 OB30

在循环中断程序中，在机器人总电源起动后，左前或者左后光电传感器有信号时，即机器人的左前角或者左后角碰到边线时，控制机器人右转。右前或者右后光电传感器有信号时，即机器人的右前角或者右后角碰到边线时，控制机器人左转，如图 11-18 所示。

当左前和右前光电传感器同时检测到信号，并且左后和右后光电开关无信号时，即控制机器人后退；当只有左后和右后光电开关有信号时，控制机器人前进；当四个光电开关都没有信号时，控制机器人前进；当检测到其他机器人的信号时，也控制机器人前进，如图 11-19 所示。

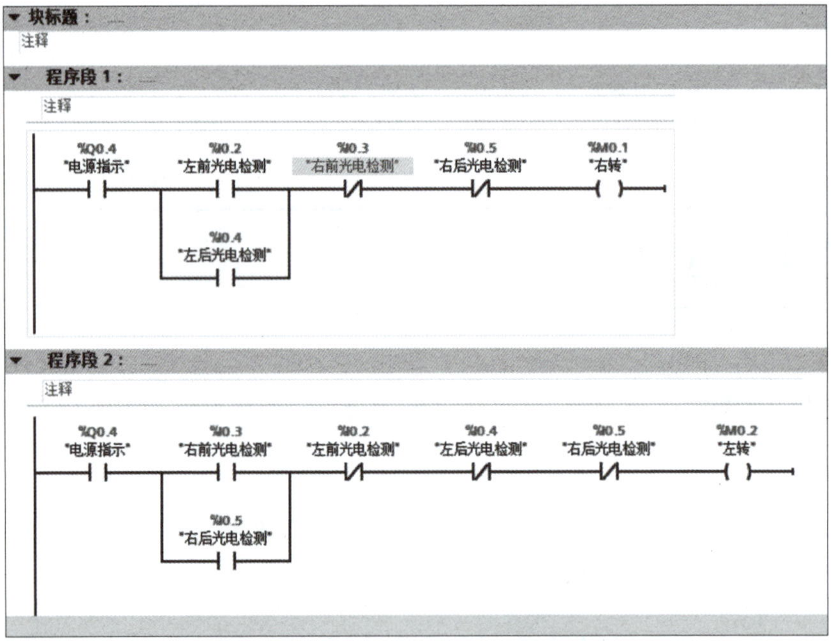

图 11-18 机器人左转与右转控制程序

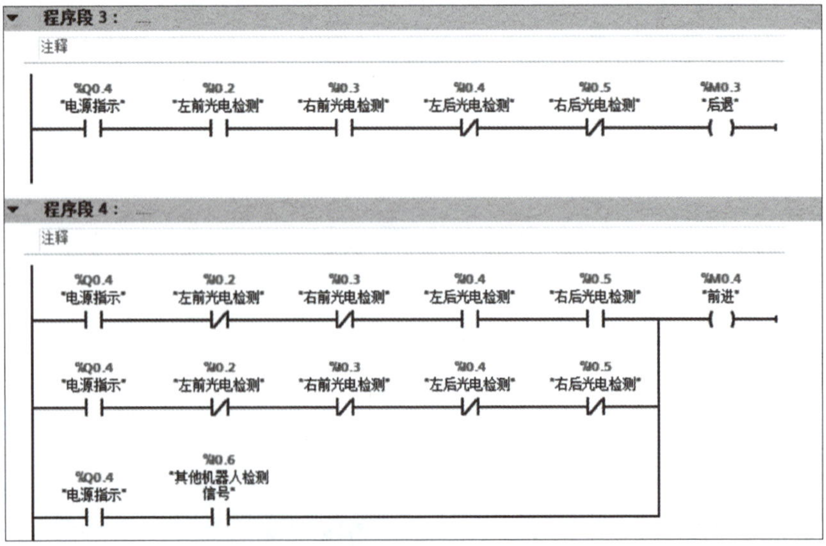

图 11-19 机器人前进与后退控制程序

学习笔记

4. 调试程序

1) 程序下载

程序下载要点：

(1) 计算机 IP 与 PLC 的 IP 设置为同一个网段；

(2) 程序下载后要起动 PLC；

(3) 程序调试时打开监控，发现运行现象不对，在监控中查看程序运行状态，以便修改程序。

2) 系统调试

系统调试步骤如下：

(1) 按下起动按钮 SB1，观察电源指示灯(Q0.4)是否点亮，机器人是否前进(Q0.0 和 Q0.2 是否共同得电)；按下停止按钮 SB2，观察电源指示灯(Q0.4)是否熄灭，机器人是否停止前进(Q0.0 和 Q0.2 是否共同失电)。

(2) 在电源指示灯点亮的前提下，按下 SB3 ~ SB7，观察 PLC 的输出是否满足对应的运行状态。

为了完成好系统调试，需要按照设备说明书逐步调试，这需要一定的耐心，同时需要严谨求实的态度，这就是工匠的基本素质。

任务评价

按照任务的完成情况进行评价，评价的方式可以是教师评价、教师指定的评价组评价或者组间互评等。评价的过程中需要记录存在的问题，评价记录工作单见表 11-3。

表 11-3　评价记录工作单

类别	评价内容	分值	评价标准	记录	评分
功能实现情况	按下起动按钮，PLC 输出指示灯有点亮	5	按下起动按钮没有任何反映不得分；电源指示灯不能亮扣 2 分		
	按下停止按钮，PLC 输出指示灯全部熄灭	5	不能停止不得分；电源指示灯不能灭扣 2 分		
	可通过按钮来模拟四个位置传感器的输入，并产生相应的运动	20	按下前后左右四个传感器对应的按钮，PLC 输出有相应变化。按钮按下无反应，每个扣 5 分		
	检测到他方机器人有推的动作	10	没有检测他方机器人的程序扣 5 分；检测到他方机器人没有推的动作扣 5 分		
电路接线检查	电气原理图设计	10	布局不合理扣 5 分，少一个电气元件扣 2 分，符号不规范每处扣 2 分		
	工艺检查	10	露铜过长每处扣 1 分，接线不符合安全规范每处扣 1 分，		
	初步调试	10	上电后按下按钮没有反应每处扣 1 分，接线错误每处扣 2 分，产生短路现象直接得 0 分		
职业素养	劳动纪律、操作规范、安全文明生产	10	不遵守实训纪律、不爱惜实训设备、浪费耗材、危险用电，根据情况酌情扣 1 ~ 10 分		
知识提问	由教师进行本项目相关知识的提问	20	每题完全正确得 10 分，部分答对由教师根据情况给分		

学习笔记

任务反思与练习

一、任务反思

检查任务中存在的问题并进行完善,填写表11-4,提交相关技术资料。

表11-4 改进工作单

改进要点记录		
产品提交	项目	负责人(签字)
	设计报告	
	使用说明	
	作品功能检查	
	作品技术规范检查	

二、练习

(一)单选题

1. 循环中断的第一个默认编号是(　　)。

A. 28　　B. 29

C. 30　　D. 31

2. 循环中断的默认程序名称为(　　)。

A. Hardware interrupt　　B. Cyclic interrupt

3. 机器人为了不掉落在场地外,需要用到某种传感器来识别黑色边线,这种传感器是(　　)。

A. 红外光电传感器　　B. 超声波传感器

4. 机器人为了快速判断自身所处的位置使用到了(　　)。

A. 时间错误中断　　B. 硬件中断

5. 机器人为了判断其他机器人的方向需要用到(　　)。

A. 红外光电传感器　　B. 超声波传感器

6. 机器人的行进包括前、后、左、右、倒退,需要用到(　　)个中间继电器。

A. 1　　B. 2

C. 3　　D. 4

7. 在电源指示灯点亮的前提下,左前光电检测开关得电,机器人(　　)运动。

A. 向前　　B. 向后

C. 向左　　D. 向右

8. 中断是指计算机运行过程中,出现某些意外情况需主机干预时,机器能自动停止正

学习笔记

在运行的程序并转入处理新情况的程序，处理完毕后又返回原被暂停的程序继续运行。(　　)

A. 对　　　　B. 错

9. 程序循环 OB1 的优先级是最高的。(　　)

A. 对　　　　B. 错

10. 在使用 PLC SIM 仿真之前，需要将本地计算机的 IP 与 S7-1200 PLC 的 IP 地址设置为同一个网段。(　　)

A. 对　　　　B. 错

(二)多选题

1. S7-1200 PLC 可以支持多种中断，包括(　　)等。

A. 延时中断　　　　B. 循环中断

C. 硬件中断　　　　D. 时间错误中断

2. 机器人为了向前行进需要(　　)。

A. 左前轮向前，右前轮向后　　　　B. 左前轮向前，右前轮向前

C. 左前轮向后，右前轮向后　　　　D. 左前轮向后，右前轮向前

拓展知识

居安思危　未雨绸缪

一个人要想有所作为，就必须要懂得高瞻远瞩，不要被过往云烟遮住眼眸。放弃眼前的蝇头小利，把宏图大志揣在胸膛，才能到达梦想的彼岸。生活中那些未雨绸缪的人，在顺境时能够居安思危，无论历经千回百转，总能够处于不败之地，可谓是天生的强者。

从本项目中的中断指令，可以悟出：当意外事件(中断)发生的时候，提前准备好处理意外事件(中断)的预案是多么的重要，这也是居安思危、未雨绸缪的道理。

项目十二

电阻炉温度PLC自动控制

学习笔记

知识目标：

(1)掌握模拟量的概念；

(2)掌握PID控制器的基本组成；

(3)了解PID控制器的工作原理；

(4)了解自动控制系统的基本组成。

能力目标：

(1)能理解模拟量的概念和PID控制器的基本原理；

(2)能综合应用所学知识进行电阻炉粗放控制和精细控制的硬件电路设计并完成电路的连接。

素质目标：

(1)能合作完成电阻炉温度的控制程序设计并完成程序的调试和更改；

(2)具备与他人合作完成任务的合作意识；

(3)具备精益求精的工匠精神；

(4)具备一定的环保意识和安全意识；

(5)培养挑战精神和不服输的精神。

项目导入

电阻炉是利用电流使炉内电热元件或加热介质发热，从而对工件或物料加热的工业炉。它是利用电流通过电阻材料产生热能的加热炉。电阻炉在机械工业中用于金属锻压前加热、金属热处理加热、钎焊、粉末冶金烧结、玻璃陶瓷焙烧和退火、低熔点金属熔化、砂型和油漆膜层的干燥等。

电阻炉可以实现对温度的精确控制，进而满足不同工艺对温度的要求。那么，电阻炉的温度是如何实现精准控制的呢？

故事汇

电阻炉的物理原理

自从发现电流的热效应以后，电热法首先用于家用电器，后来又用于实验室小电炉。随着镍铬合金的发明，到20世纪20年代，电阻炉已在工业上得到广泛应用。工业上用的电阻炉一般由电热元件、砌体、金属壳体、炉门、炉用机械和电气控制系统等组成。加热功率从不

学习笔记

足 1 kW 到数千千瓦。工作温度在 650 ℃以下的为低温炉；650～1 000 ℃为中温炉；1 000 ℃以上为高温炉。在高温炉和中温炉内主要以辐射方式加热。在低温炉内则以对流传热方式加热，电热元件装在风道内，通过风机强迫炉内气体循环流动，以加强对流传热。电阻炉有室式、井式、台车式、推杆式、步进式、马弗式和隧道式等类型。可控气氛炉、真空炉、流动粒子炉等也都是电阻炉。

项目要求

用 S7-1200 PLC 的模拟量输入模块，读取电阻炉炉内的温度，对其进行 PID 调节，实现对加热炉加热时间的控制，从而实现温度自动控制。要求炉温控制在 100 ℃，正负偏差为 10%。采用 4 个灯与 1 个带有指示灯的继电器来显示加热炉加热过程的状态，分别是运行灯、停止灯、温度正常灯、温度过高灯（警示灯）和加热灯（继电器）。

任务　控制电阻炉温度

思　考

电阻炉内的温度是如何保持恒定的？日常生产生活中，还有哪些设备的温度是可控的？

视频

模拟量的相关知识

知识与技能

一、模拟量的含义

模拟量是一种连续变化的过程，是一种单一的状态，比如温度、压力、流量、电流、电压等信号，是一种工艺控制中最普及的应用，在综合性的控制过程领域，模拟量的计算与控制是必不可少的环节。

二、模拟量采集的基本原理

生产过程当中包含了很多物理量，这些物理量被传感器采集，这些信号包含压力、温度、流量、速度、黏性等，还有电压、电流等信号，这些信号有的很小，有的很大，如果把它直接送到 PLC 的模拟量输入模块，可以烧毁 PLC。所以，这些信号需要通过变送器转换为标准的模拟量信号。标准的模拟量信号分为电压型和电流型，对于电压型，有 -1～+1 V、-5～+5 V、-10～+10 V，还有 0～+1 V、0～+5 V、0～+10 V，最常见的电压信号为 0～5 V 和 0～10 V；电流有 0～10 mA，-20～+20 mA，4～20 mA，最常见的是 4～20 mA，早期的有 0～10 mA。如图 12-1 所示，这些标准的模拟量信号进入 PLC 的模拟量输入模块，由 PLC 的模拟量输入模块再和 PLC 的 CPU 单元进行相连，通过 CPU 的进一步计算，就可以把进入模拟量输入模块的模拟量读取出来，把它的值放在 IW 1000 当中。CPU 将这些物理量取进来之后，进行相关的运算处理，然后才可以进行输出和调节操作。这些输出需要通过模拟量输出模块进行。输出标准的模拟量信号驱动执行机构，由电动执行机构控制相关的物理量。

三、S7-1200 PLC 的模拟量输入输出

模拟量的信号类型可以分为电压型和电流型。不同信号类型的特点：

学习笔记

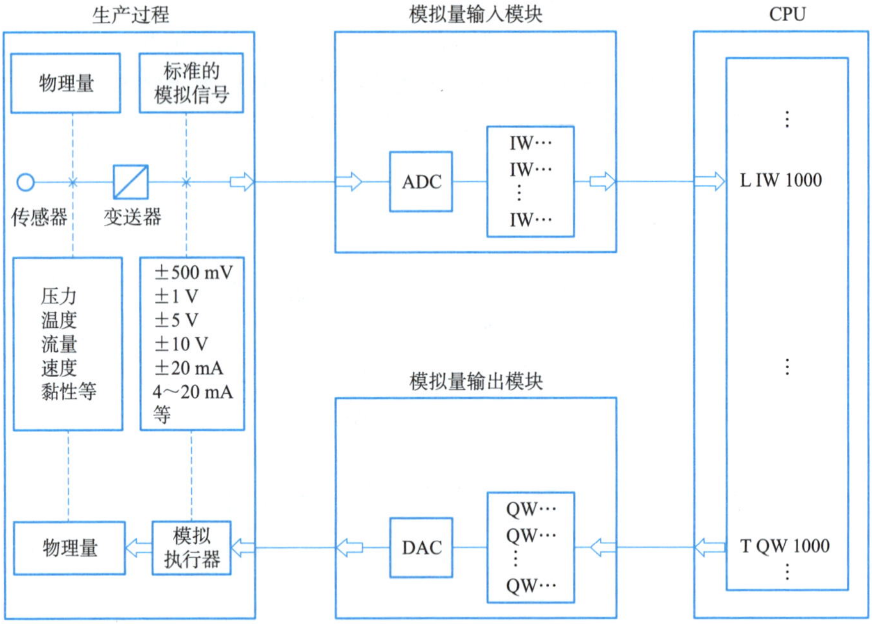

图 12-1 模拟量采集过程

(1)电压型输出的控制比较简单,但容易受到干扰,而且有线路损耗。

(2)电流型采用4～20 mA的信号,由于回路的电流相等,消除线路损耗。若没有检测的电流,则表示线路故障,这样就可以大大提高系统的可靠性。

根据S7-1200 PLC型号的不同,如图12-2、图12-3所示,模拟量可以是信号板也可以是信号模块。本任务使用的S7-1200 CPU 1215C自带模拟量输入输出模块,在信号模块中选择AI/AO模块,找出与硬件相对应的模拟量输入输出模块。

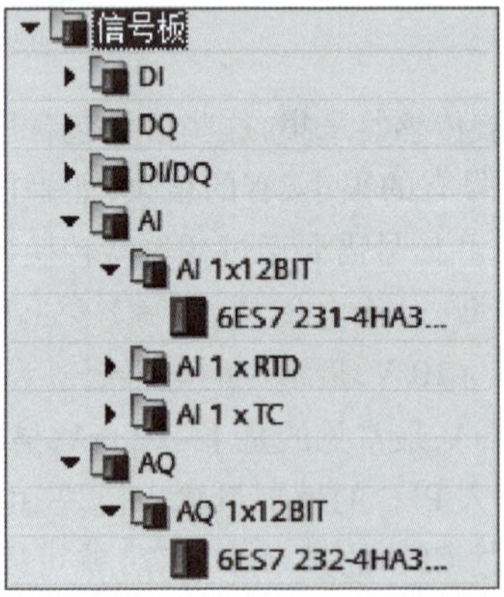

图 12-2 西门子PLC的模拟量信号板列表

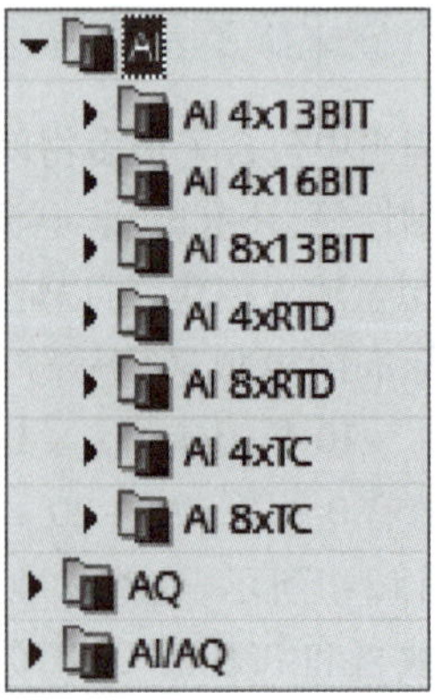

图 12-3 西门子PLC的模拟量信号模块列表

四、模拟量的精度

由于模拟量的数据是放在一组16位的一个字当中的,分别为高位字节和低位字节,如果说这个模拟量的输入模块是8位的精度,那这8位的精度存放在什么地方?其中,最高位是符号位。随后的是以8个×表示的8位数据,那么剩下的7位填上零。从中可以看出,由

学习笔记

于总共填补了 7 个零,所以它的分辨率为 2 的 7 次方,也就是十进制的 128。同样,精度为 9 的模拟量模块,它的最高位是符号位,共有 9 位数据位,其他的 6 位填补了零,所以它的分辨率为 2 的 6 次方,也就是十进制的 64。不同精度模拟量的分辨率见表 12-1。

表 12-1　不同精度模拟量的分辨率

精度/位	分辨率		模拟量数据	
	十进制	十六进制	高位字节	低位字节
8	128	80H	符号××× ××××	×000 0000
9	64	40H	符号××× ××××	××00 0000
10	32	20H	符号××× ××××	×××0 0000
11	16	10H	符号××× ××××	×××× 0000
12	8	08H	符号××× ××××	×××× ×000
13	4	04H	符号××× ××××	×××× ××00
14	2	02H	符号××× ××××	×××× ×××0
15	1	01H	符号××× ××××	×××× ××××

五、模拟量与数字量之间的对应关系

对于模拟量输入电流,测量范围 0 ~ 20 mA 和 4 ~ 20 mA 的表示,见表 12-2。

可以看出,如果数据为 32 767,则它的输出电流可以达到 23.52 mA,也属于溢出范围。对于 20 mA 来说,可以看出它的测量值应该是 27 648;对于 4 ~ 20 mA 的输出,应该是 0 ~ 27 648 之间,这是有效测量范围。高于 27 648 和低于 0 的数据,都会超出正常范围,处于无效状态。

表 12-2　模拟量输入的电流测量范围

系统		电流测量范围		说明
十进制	十六进制	0 ~ 20 mA	4 ~ 20 mA	
32 767	7FFF	>23.52 mA	>22.81 mA	上溢
32 511	7EFF	23.52 mA	22.81 mA	过冲范围
27 649	6C01			
27 648	6C00	20 mA	20 mA	额定范围
20 736	5100	15 mA	16 mA	
1	1	723.4 nA	4 mA + 578.7 nA	
0	0	0 mA	4 mA	
-1	FFFF			下冲范围
-4 864	ED00	-3.52 mA	1.185 mA	
32 767	7FFF		<1.185 mA	下溢(0 ~ 20 mA) 断路(4 ~ 20 mA)
-32 768	8000	< -3.52 mA		

模拟量输入电压测量范围有 -10 ~ +10 V,-5 ~ +5 V,-2.5 ~ +2.5 V,-1.25 ~ +1.25 V(见表 12-3)。下面以 -10 ~ +10 V 为例,如果数据为 32 767,那么它的测量范围将会达到 11.851 V。显然,比测量范围高,这组数据是无效的。从 -10 ~ +10 V,是从数据是

-27 648 到 +27 648 之间，这才是正常范围，也称为额定范围，高出 +27 648 的数据和低于 -27 648 的数据都属于无效数据。

表 12-3 模拟量输入的电压测量范围

系统		电压测量范围				说明
十进制	十六进制	±10 V	±5 V	±2.5 V	±1.25 V	
32 767	7FFF[1]	11.851 V	5.926 V	2.963 V	1.481 V	上溢
32 512	7F00					
32 511	7EFF	11.759 V	5.879 V	2.940 V	1.470 V	过冲范围
27 649	6C01					
27 648	C600	10 V	5 V	2.5 V	1.250 V	额定范围
20 736	5100	7.5 V	3.75 V	1.875 V	0.938 V	
1	1	361.7 μV	180.8 μV	90.4 μV	45.2 μV	
0	0	0 V	0 V	0 V	0 V	
-1	FFFF					
-20 736	AF00	-7.5 V	-3.75 V	-1.875 V	-0.938 V	
-27 648	9400	-10 V	-5 V	-2.5 V	-1.250 V	
-27 649	93FF					下冲范围
-32 512	8100	-11.759 V	-5.879 V	-2.940 V	-1.470 V	
-32 513	80FF					下溢
-32 768	8000	-11.851 V	-5.926 V	-2.963 V	-1.481 V	

注：虚线框中的电压为常用电压测量范围。

模拟量输出电流、模拟量输出电压范围见表 12-4、表 12-5。

表 12-4 模拟量输出的电流范围

系统		当前输出范围		说明
十进制	十六进制	0 mA 到 20 mA	4 mA 到 20 mA	
32 767	7FFF			上溢
32 512	7F00			
32 511	7EFF	23.52 mA	22.81 mA	过冲范围
27 649	6C01			
27 648	6C00	20 mA	20 mA	额定范围
20 736	5100	15 mA	16 mA	
1	1	723.4 nA	4 mA +578.7 nA	
0	0	0 mA	4 mA	
-1	FFFF		4 mA 到 578.7 nA	下冲范围
-6 912	E500		0 mA	
-6 913	E4FF			不可能。输出值限制在 0 mA
-32 512	8100			
-32 513	80FF	请参见注 1	请参见注 1	下溢
-32 768	8000	请参见注 1	请参见注 1	

表 12-5　模拟量输出的电压范围

系统		电压输出范围	说明
十进制	十六进制	±10 V	
32 767	7FFF		上溢
32 512	7F00		
32 511	7EFF	11.76 V	过冲范围
27 649	6C01		
27 648	6C00	10 V	额定范围
20 736	5100	7.5 V	
1	1	361.7 μV	
0	0	0 V	
-1	FFFF	-361.7 μV	
-20 736	AF00	-7.5 V	
-27 648	9400	-10 V	
-27 649	93FF		下冲范围
-32 512	8100	-11.76 V	
-32 513	80FF		下溢
-32 768	8000		

(1)每个输入通道有固定的 IW 对应,每个输出通道有固定的 QW 对应,无须手动设置。

(2)一个模块常有几个通道,不是每个通道都可配置为电压型和电流型,有些是默认为电压或者电流。

(3)AI 的各通道可启用溢出诊断,AQ 的各通道可启用短路诊断(电压输出)或断路诊断(电流输出)。

(4)AI、AQ 的位数表示了 A/D 和 D/A 转换的精确程度,但编程读 IW 和写 QW 时,都按 16 位有符号数理解,正常范围最大值对应 27 648。

六、模拟量的规范化

模拟量输入模块的输入信号都与实际的物理量相对应,例如液位传感器,通过变送器来测量液位,测量范围为 0~500 L,对应的输出电压为 0 ~ 10 V。将该模拟量信号接入模拟量输入模块,对应于 0 ~ 10 V 的电压信号,其转换的值为 0~27 648。如果对该数值直接进行处理,会有一些不便,比如由于运算结果过大出现存储溢出的情况;当前数值的实际物理量大小不够明确,如图 12-4 所示,值为 12 345 对应的实际物理量为多大? 这时应该进一步将 0~27 648 的值转换为实际物理量值(如 0 ~ 500),这个过程称为“规范化”。模拟量规范化过程如图 12-4 所示。

1. NORM_X 指令

NORM_X 指令(见表 12-6)进行 PLC 数据的归一化。数据的归一化是将数据按比例缩放,使其落入闭区间[0,1]之间。既然是按比例缩放,必须有该数据的范围,即该数据可能的最大值和最小值。在 NORM_X 指令中,EN 表示允许输入,为指令的使能信号,其信号类型为布尔量即开关量;OUT 为 NORM_X 指令的计算结果,它是取值范围为 0~1 之间的实数;

学习笔记

MAX 为输入的最大值，其数据类型为整数或者浮点数；MIN 为输入的最小值，其数据类型也为整数或者浮点数；VALUE 为输入的被归一化的数据，例如它可以是模拟量输入经过 A/D 转换后得到的数据。

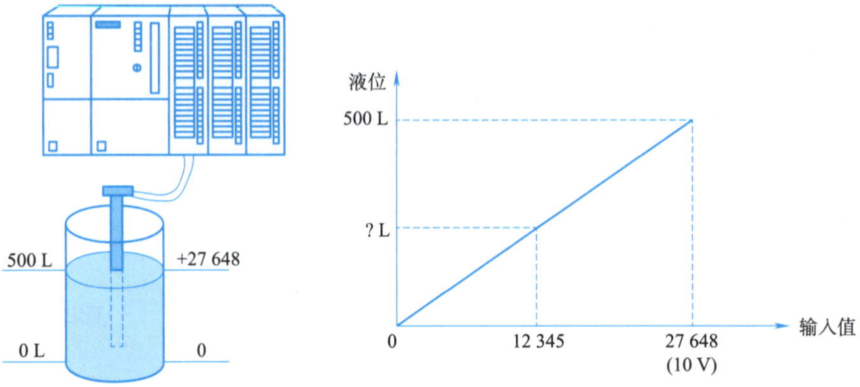

图 12-4 模拟量规范化过程

注意：归一化后其数据值介于 0 ~ 1 之间，为实数。

表 12-6 NORM_X 指令

LAD	参数	数据类型	说明
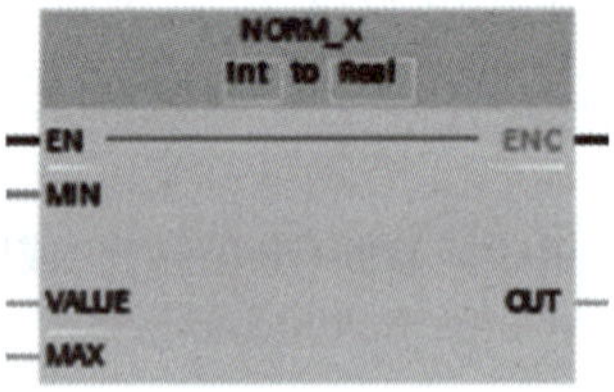	EN	BOOL	允许输入
	OUT	整数、浮点数	归一后的数值
	MAX	整数、浮点数	最大值
	MIN	整数、浮点数	最小值
	VALUE	整数、浮点数	被归一数据

2. SCALE_X 指令

SCALE_X 指令（见表 12-7）将 PLC 归一化的数据按照比例进行放大，它是归一化指令的逆操作。

表 12-7 SCALE_X 指令

LAD	参数	数据类型	说明
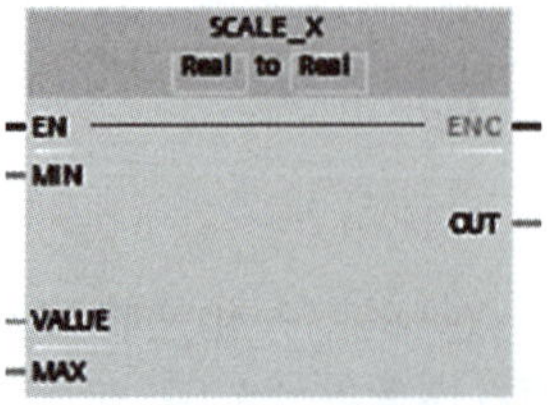	EN	BOOL	允许输入
	OUT	整数、浮点数	放大后的数值
	MAX	整数、浮点数	最大值
	MIN	整数、浮点数	最小值
	VALUE	整数、浮点数	被放大数据

注意：规范思维是按照一定的工程规范进行项目的开发和建设。按照规范进行工作，可以保证工程的规范性、通用性及可复制性。

七、PID 的含义

在自动控制系统中，如图 12-5 所示，给定信号为期望值，反馈信号是由传感器测得的系统运行实际值，期望值与实际值之间的差值 e 称为误差。误差是控制器的输入信号。控制器基于该信号运算后发送给执行器，执行器调节控制对象；随着系统调节，期望值与实际值相等，即误差 e 为 0（也称为静差）时系统达到控制要求，该系统也称为无静差系统。

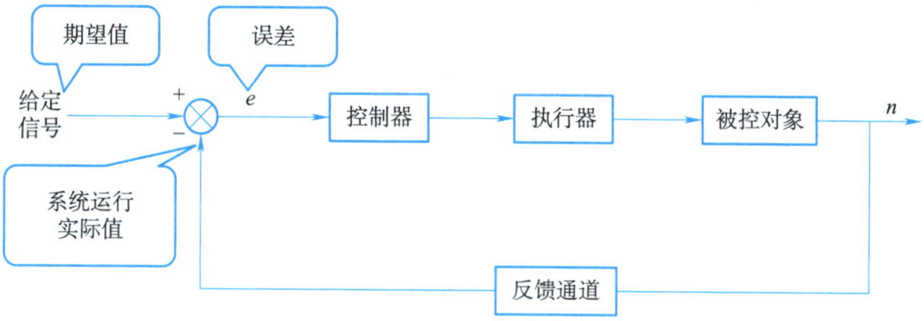

图 12-5　闭环系统框图

如图 12-6 所示，PID 控制由比例（P）、积分（I）和微分（D）三个部分组成，它表明了控制器输入（误差 e）与输出信号 $u(t)$ 之间的关系。参数中比例（P）、积分（I）、微分（D）三个部分均对系统有影响，其中比例可加快系统反应速度，有利于抑制动态误差，比例过大会引发过调，导致曲线震荡，而太小则动态误差抑制能力弱。积分能消除静态误差，使曲线趋于平稳。微分能感知曲线变化趋势，提前起动调节，太大不利于曲线平稳，太小动态误差抑制能力弱。

比例项　积分项　微分项

$$u(t)=k(p)e(t)+\frac{1}{T_i}\int_0^t e(t)\mathrm{d}t+T_d\frac{\mathrm{d}e(t)}{\mathrm{d}t}$$

图 12-6　PID 控制器结构

八、S7-1200 PLC 的 PID 工艺对象组态

1. PID 通道设置

如图 12-7 所示，S7-1200 PLC 集成有 PID 模块，可以通过两种方式进行设置：一种是直接在项目树中的工艺对象中双击新增对象，选择 PID 中的 PID_Compact 模块；或者在 PLC 程序中选择工艺指令中的 PID_Compact 指令。单击 PID_Compact 指令的 PID 组态按钮可以进入 PID 组态；单击 PID_Compact 指令的参数整定按钮可以进入参数的整定界面。

2. PID 参数说明

Setpoint 为 PID 控制器在自动模式下的设定值，它的数据类型为实数，对于控制器来说属于输入变量。Input 为用户程序的变量用作过程值的源，它的数据类型也是实数，对于控制器而言它也是输入变量。如果正在使用参数 Input，则必须设置 Config. InputPerOn =

学习笔记

视频
PID控制器的相关知识

FALSE。Input_PER 为模拟量输入用作过程值的源，它的变量类型需要注意一下，它是整型变量，也就是16位数据，因为它的数据来源是传感器的 A/D 转换结果值，因此为整型变量。如果正在使用参数 Input_PER，则必须设置 Config. InputPerOn = TRUE。Output 为实数型的 PID 控制器输出值。其他变量如 State 等，读者可以通过查看软件中的信息系统进行查询。

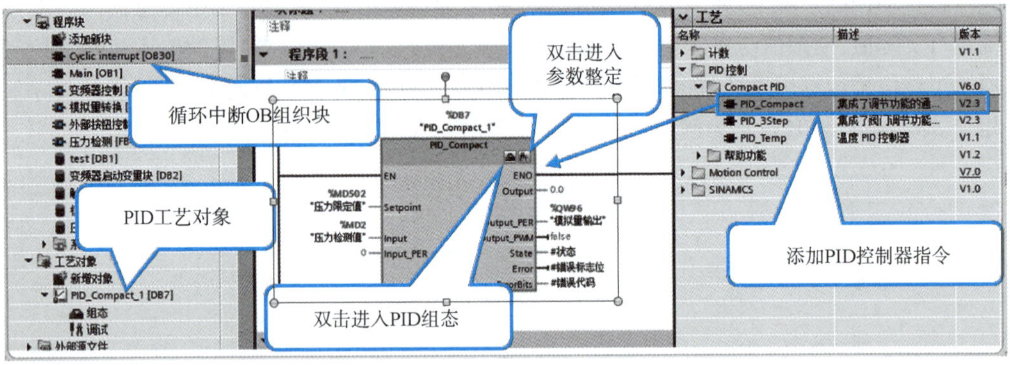

图 12-7　添加 PID 指令的过程

3. PID 控制器基本设置

如图 12-8 所示，进入 PID 控制器设置后，首先单击“基本设置”，然后选择控制器类型，默认为常规控制器，它的单位为%；如果选择控制器类型为温度，其单位就会自动切换为摄氏度。还可以将控制器类型设置为压力、长度、流量等 20 余种类型。然后是设置控制器模式，对于自动控制领域一般将控制器模式设置为自动模式。然后是选择输入类型和输出类型。一般常用的方法是将输入和输出都设置为实数变量，即选择输入类型为 Input，输出类型为 Output。

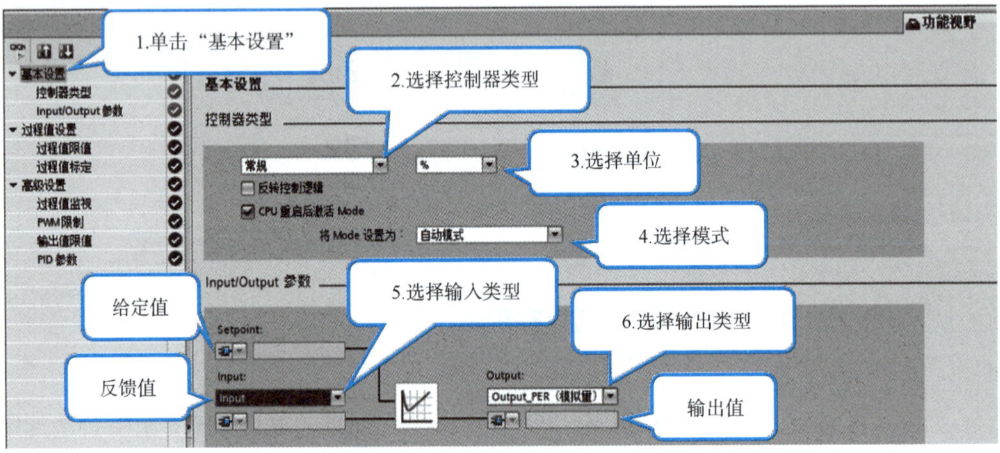

图 12-8　PID 控制器的组态过程

4. 过程值设置

如图 12-9 所示，过程值设置中的过程值上限和下限表示在系统调节过程中的最大值与最小值。过程值标定是指 PLC 传感器采样值与系统运行之间的关系。S7-1200 PLC 模拟量采样值范围为 0～27 648，0 对应系统运行在 0%，27 648 对应系统运行到 100%。

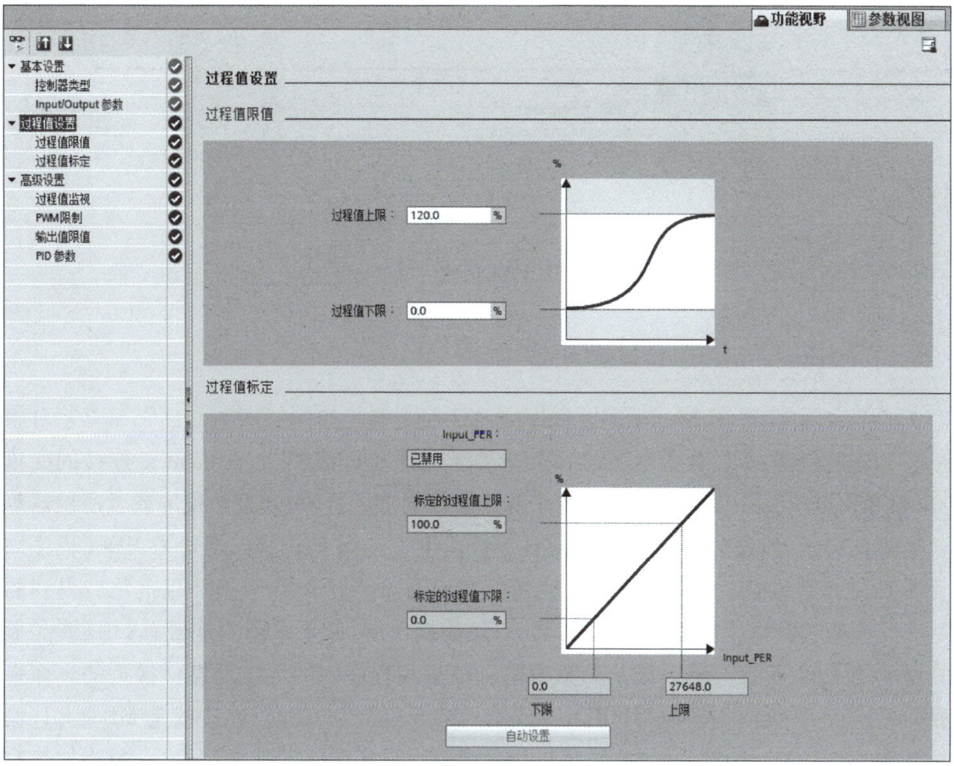

图 12-9　PID 控制器过程值的设置

九、S7-1200 PLC 的 PID 参数整定

PID 参数直接影响控制系统效果。合理的参数能让系统稳定、精确工作；错误的参数会导致控制系统不稳定而导致崩溃。通常 PID 参数采用经验法调试，没有绝对正确的参数，只有满足工作需求的参数。一般工业应用系统误差控制在 ±10% 以内即可。

1. 整定比例参数 P

先将积分时间设置为无穷大，微分时间设置为 0，使得积分和微分环节不起作用，然后由小到大调节比例参数，观察系统响应能否满足需求。因无积分环节参与，所以系统是一个有静差系统（精度较低）。

2. 整定积分参数 I

确定比例参数后，再由小到大改变积分参数并观察系统响应，主要确定系统从起动到静差为 0 的时间。注意：此时系统超调量有时可能会增加，如不满足设计指标，需要减小比例参数。

3. 整定微分参数 D

以从小到大的方式改变微分参数，主要观察系统超调量和稳定性，同时微调比例和积分参数直到满足设计要求。

如图 12-10 所示，"PID_Compact_1". Retain. CtrlParams. Gain 即为 PID 控制器的增益系数"PID_Compact_1". Retain. CtrlParams. Ti 即为 PID 控制器积分环节的积分时间常数。

注意：因为微分环节容易将噪声放大，导致系统不稳定，因此工程上常采用 PI 控制器，将微分环节取消。

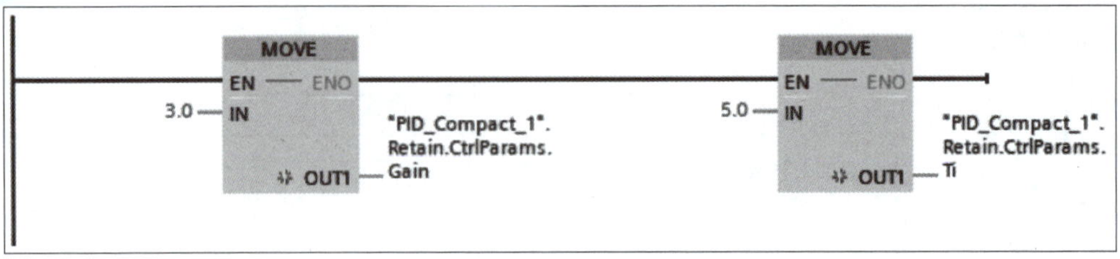

图 12-10　PID 控制器参数赋值过程

十、S7-1200 PLC 的 PID 指令练习

下面结合图 12-11 介绍一下实际程序中 PID 控制器是如何使用的。首先在工艺对象中组态好 PID 控制器，本任务中组态的 PID 控制器类型为温度，因此 Setpoint 处连接的变量为 MD0（温度设定值），一般温度设定值的来源为触摸屏等上位机，通过触摸屏或者遥控器等设置温度的设定值，其数据类型为实数，单位为摄氏度。Input 处连接的变量为 MD4（程序内温度反馈值），这里的程序内温度反馈值就是温度传感器经过 A/D 转换和规范化后得到的实际温度反馈值，其数据类型同样也是实数，单位为摄氏度，如果采用的是带有 LCD 液晶显示屏的温度变送器，那么屏幕上显示的温度值应该是和程序内的温度反馈值接近的。如果两个数据差别很大，说明程序设计过程中规范化存在问题。Output 处连接的是 MD8（PID 输出值），其为 0%～100% 的数，通过将该值进行放大就可以实际驱动加热装置，一般为加热时间或者加热电流等。在程序段 2 中，实现了通过程序来修改 PID 控制器参数的功能，"PID_Compact_1". Retain. CtrlParams. Gain 为比例增益系数，这里设定为 3. 0，"PID_Compact_1". Retain. CtrlParams. Ti 为积分作用时间，其设置为 5. 0 s。

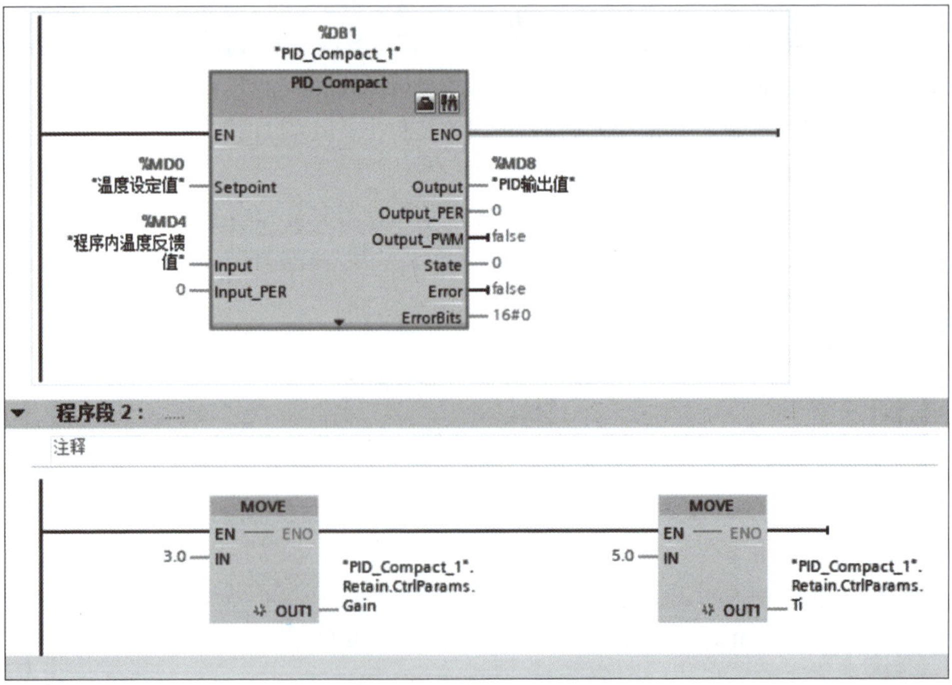

图 12-11　PID 控制器的使用练习

学习笔记

任务分析

如图 12-12 所示，在电阻炉上通过运行灯、停止灯、温度正常灯、温度过高灯（警示灯）和加热灯（继电器）的亮灭情况判断加热炉内的大概情况。通过用 S7-1200 PLC 的模拟量输入模块，读取电阻炉炉内的温度，对其进行 PID 调节，实现对加热炉加热时间的控制，从而实现温度自动控制。

K 型传感器负责检测加热炉内的温度，把温度信号转换成对应的电压信号，经过 PLC 的 A/D 转换后进行 PID 调节，根据 PID 输出值来控制下一个工作周期（10 s）内的加热时间和非加热时间。

在加热时间内使继电器接通，加热炉就处于加热状态；非加热时间内，继电器断开，加热炉停止加热。要求炉温控制在 100 ℃，正负偏差为 10%。自行设计电路、控制方法和控制系统。

通过分析控制要求可知，电阻炉的控制主要依靠电源控制继电器来实现，在每个控制周期内，决定加热时间和非加热时间。需要电阻炉内的温度可控就需要检测炉内的温度，可采用热电偶，如图 12-13 所示，来采样炉内温度，经过 PLC 的 A/D 转换，变换为 PLC 可识别的温度值，依靠 PLC 的 PID 控制器模块来计算温度设定值和实际反馈值的偏差，经过 PID 控制器的计算，得出下一个控制周期内的加热时间。

这里需要用到 A/D 转换的知识、PID 控制器的知识及 PLC 的 PID 控制模块的使用方法。

图 12-12　箱式电阻炉

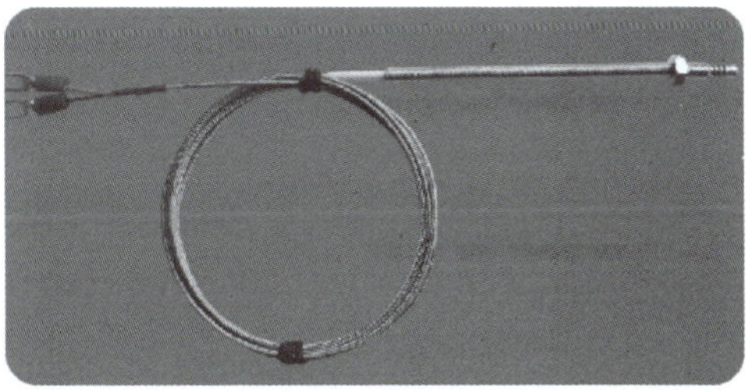

图 12-13　热电偶

任务实施

一、I/O 分配

根据控制要求，控制系统中存在 1 个起动按钮、1 个停止按钮和 1 个保护按钮，因此有 3 个输入，另外还有 1 个温度传感器，其输出信号作为模拟量输入接入 PLC；输出有运行指示灯、停止指示灯、温度正常指示灯、温度异常指示灯、电阻炉运行控制，因此共有 5 个输出。I/O 分配见表 12-8。

学习笔记

表 12-8　电阻炉的温度控制系统 I/O 分配

输　入		
元器件	地　址	注　释
SB1	I0. 0	起动按钮
SB2	I0. 1	停止按钮
SB3	I0. 3	保护按钮
温度传感器(模拟量)	IW64	温度传感器的数字量转换值
输　出		
元器件	地　址	注　释
HL1	Q0. 0	运行指示灯
HL2	Q0. 1	停止指示灯
HL3	Q0. 3	温度正常指示灯
HL4	Q0. 4	温度异常指示灯
KA1	Q0. 5	电阻炉运行控制

二、设计硬件原理图

交流接触器 KM 通过 KA1 来控制，当 KA1 触点吸合时，交流接触器 KM 线圈得电，KM 的主触点吸合，将交流 220 V 电源接入电阻丝回路，完成加热过程，电阻炉控制主电路的工作电压要与电阻炉的工作功率相匹配，功率小于 5 kW 的可以采用交流 220 V 电源，超过 5 kW 的建议采用三相交流电源具体接线图如图 12-14 所示。

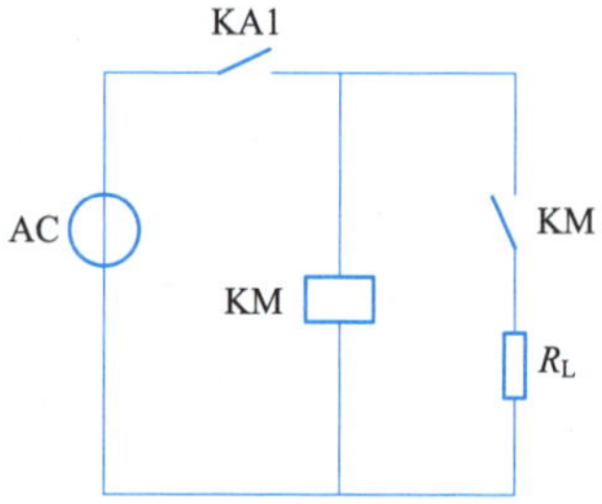

图 12-14　电阻炉主电路接线图

PLC 外围电气原理图中主要的设备有 2 个开关和 6 个指示灯。其接线方法与前几个项目相同，本项目中不再赘述。电阻炉温度控制系统 PLC 外围原理图如图 12-15 所示。

三、PLC 程序设计

视频

电阻炉温度控制的程序设计方法

在较为复杂的任务中，设计梯形图前需要先设计程序流程图，按照程序流程图逐步完成梯形图设计。

1. 设计程序流程图

在电阻炉温度的自动控制项目中，需要设计总流程图如图 12-16 所示。

主程序流程图如图 12-17 所示。

循环中断程序流程图如图 12-18 所示。

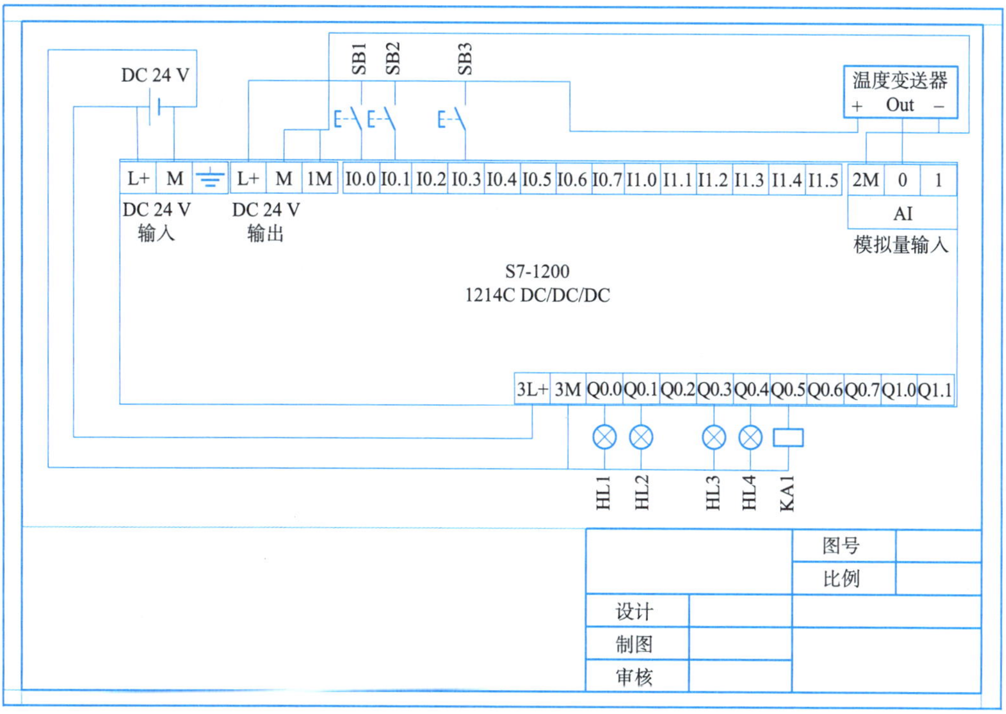

图 12-15　电阻炉温度控制系统 PLC 外围接线图

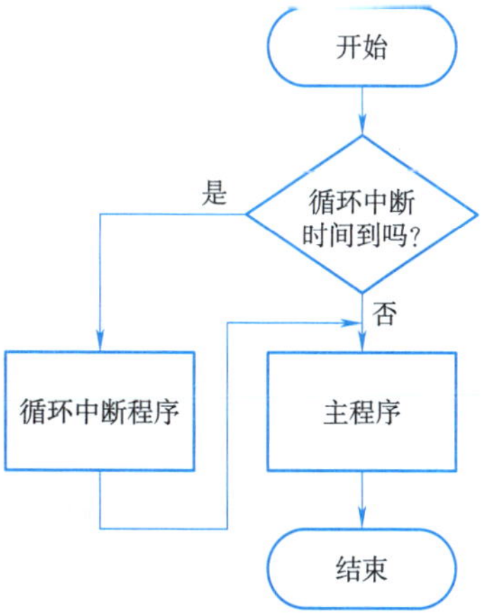

图 12-16　总流程图

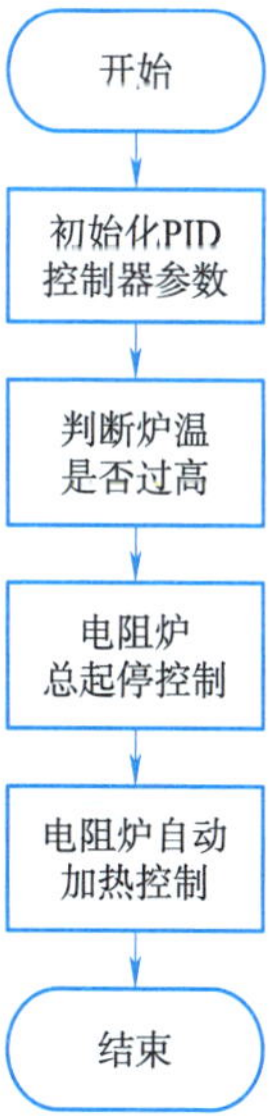

图 12-17　主程序流程图

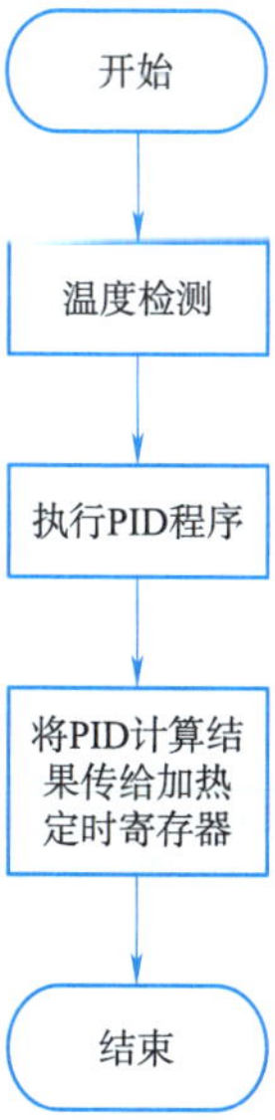

图 12-18　循环中断程序流程图

2. 设计循环中断程序

在程序块中添加新块，选择 Cyclic interrupt，编号“自动”，循环时间为 10 000 ms，即 10 s。具体设置如图 12-19 所示。

在循环中断程序中，主要完成温度的 A/D 转换和数据的规范与转换为真实值。将 PID 控制器的 input 设置为温度反馈真实值，input 设置为温度设定值，该变量可以通过触摸屏方

学习笔记

便地设置。PID 控制器的计算结果为 0～1 的数，将其转化为 0～10 000 的数，作为每个周期内电阻炉加热的时间控制，A/D 转换过程及加热时长占比计算程序如图 12-20 所示。

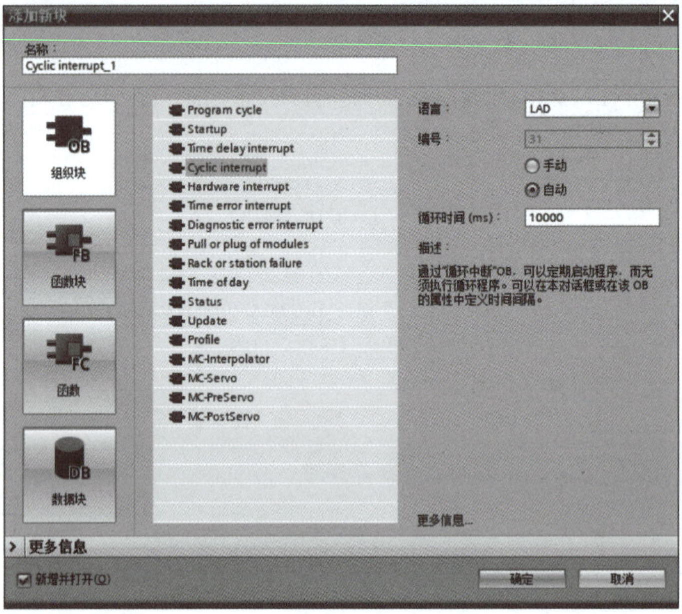

图 12-19 添加循环中断的操作

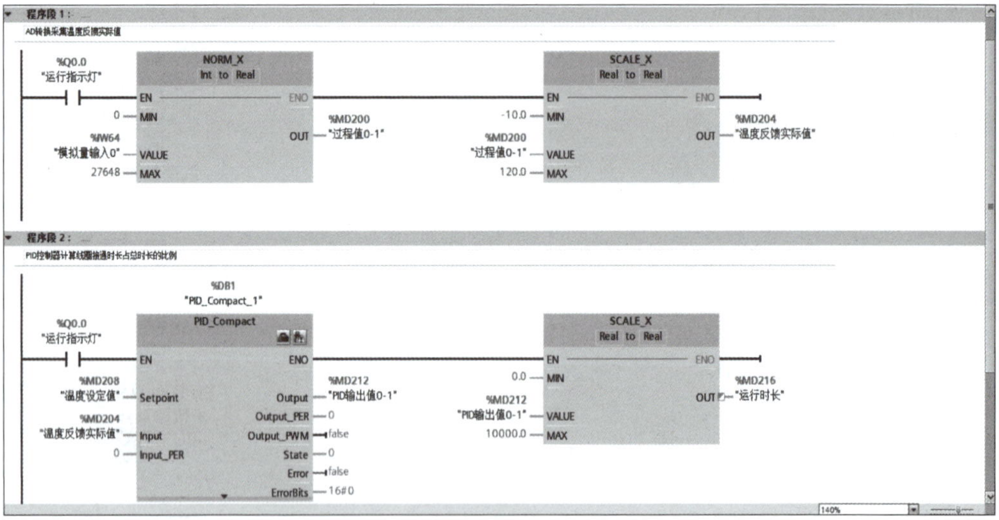

图 12-20 A/D 转换过程及加热时长占比计算程序

3. 设计主程序

在主程序中，首先进行 PID 控制器参数的赋值，将 MD100 的值作为 PID 控制器的增益系数，也就是 Kp 的值。将 MD104 赋值给 PID 控制器的积分时间常数。这么做的好处是，可以随时更改 PID 控制器的参数值，方便 PID 参数的整定。在程序段 3 中，判断温度反馈的实际值是否大于或等于 110 ℃，如果是，则点亮温度异常指示灯。在程序段 4 中，判断温度反馈的实际值是否小于 110 ℃，如果是，则点亮温度正常指示灯。程序段 5 的功能是按下起动按钮,点亮运行指示灯,熄灭停止指示灯。程序段 6 的功能是按下停止按钮,点亮停止指示灯,熄灭运行指示灯。在程序段 7 中,进行非加热时长的控制;在程序段 8 中,进行加热时长的控制。程序段 9 实现的功能为将运行时长和停止时长这两个变量由双整型变量转换为 time 型变量,否则将其作为定时器定时时长控制时会报错。程序段 10 是用总控制周期 10 s 减去运行时长得到停止时长。程序段 11 实现的是当加热自动控制条件生效时,进行电阻炉运行的控制;当停止加热条件生效时,停止加热;在满足一直加热的条件时,电阻炉就一直加热。程序段 12 是为了判断运行时长的计算值是否为 0 或者 10 s,如果是,则当前定时器是不起作用的,会报错,这时候就要停止定时器的工作。主程序的梯形图如图 12-21 ~ 图 12-27 所示。

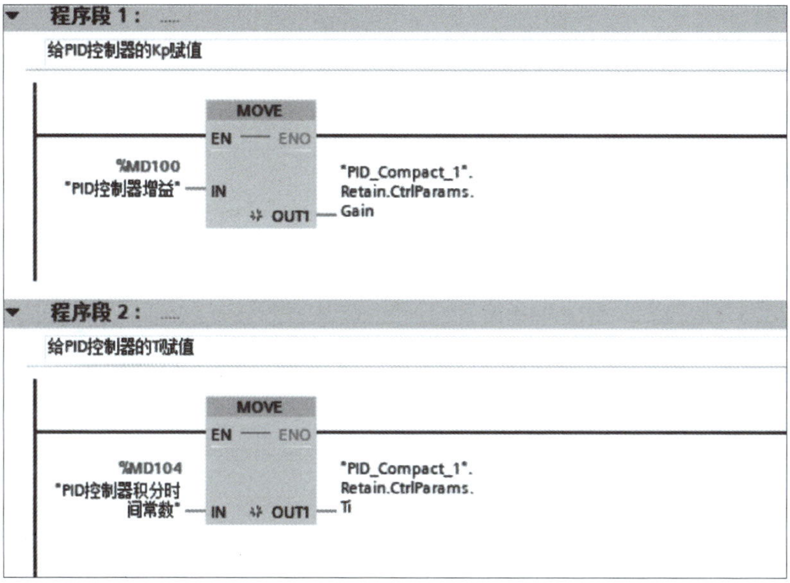

图 12-21　程序段 1、2(主程序)

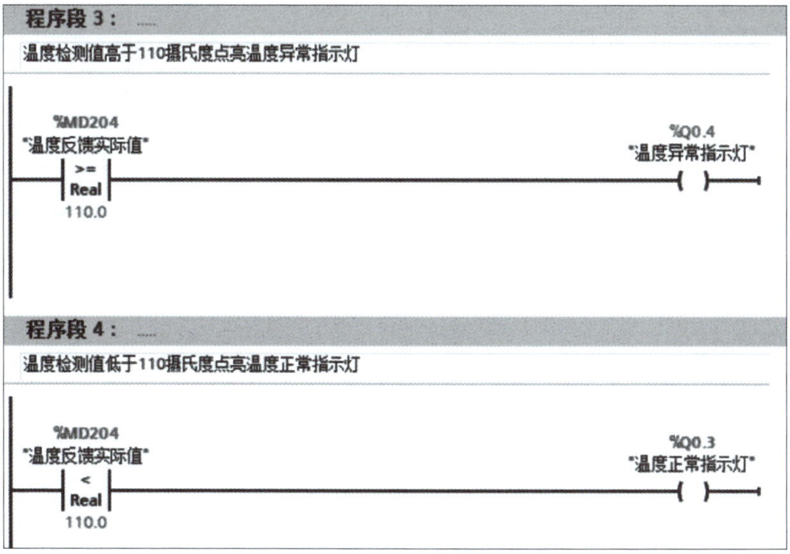

图 12-22　程序段 3、4(主程序)

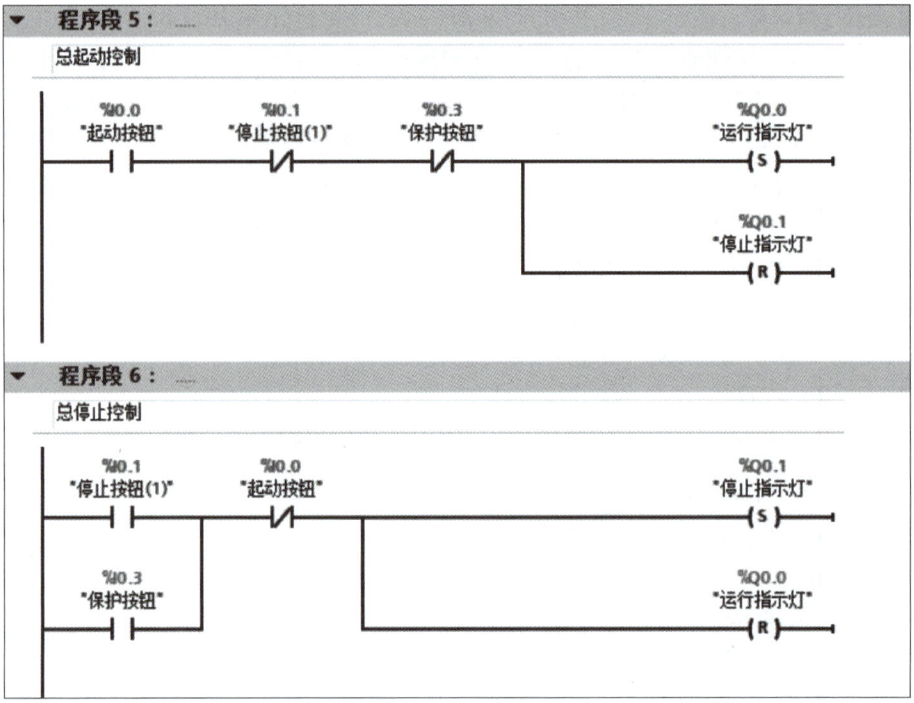

图 12-23　程序段 5、6(主程序)

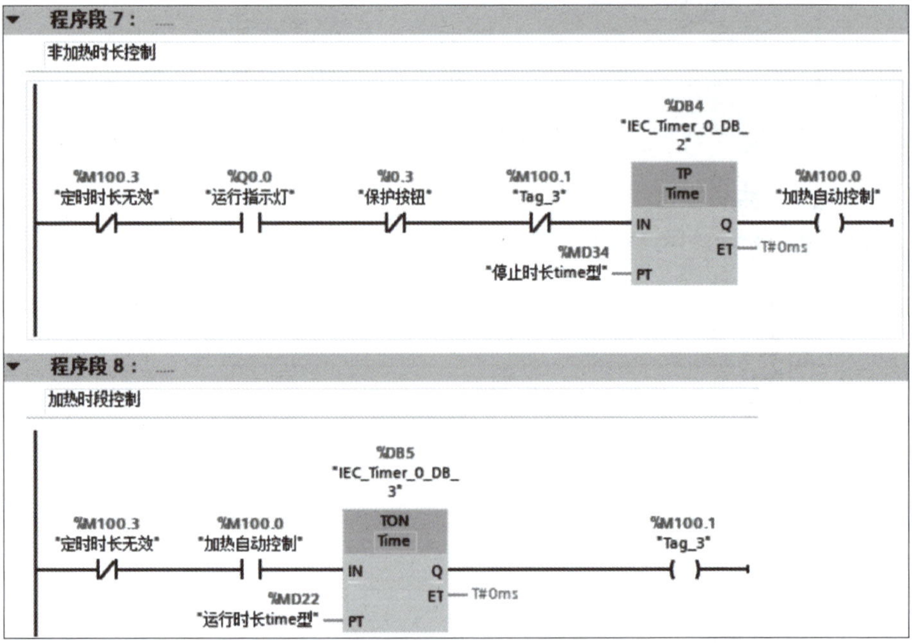

图 12-24　程序段 7、8(主程序)

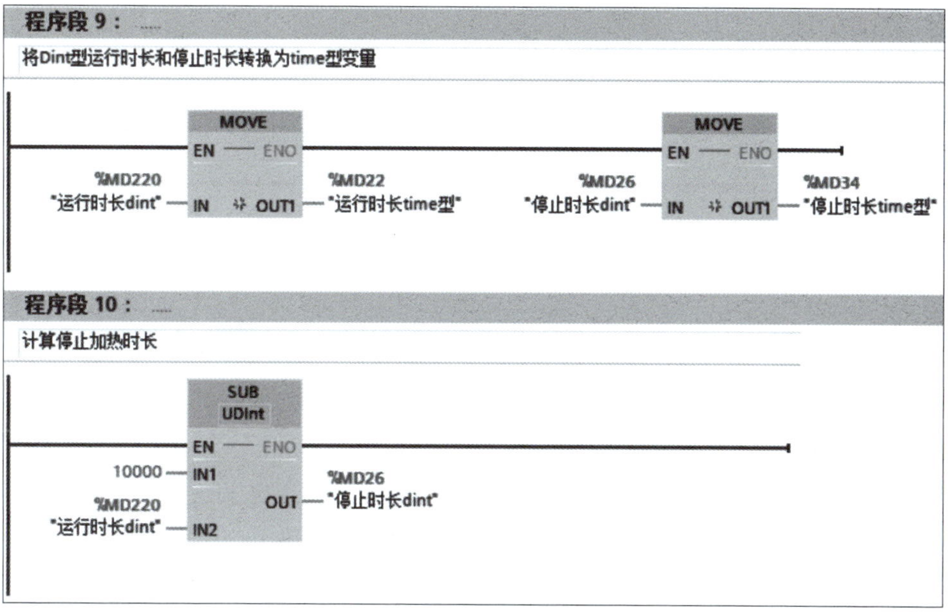

图 12-25　程序段 9、10(主程序)

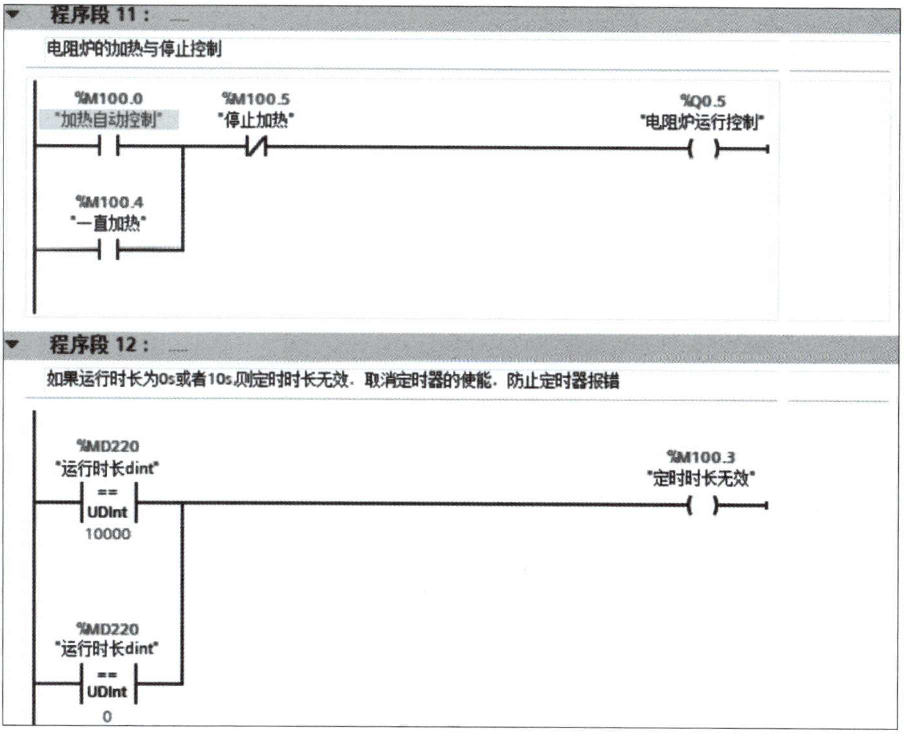

图 12-26　程序段 11、12(主程序)

当运行时长的计算值为 10 s 时，也就意味着这个控制周期内需要一直加热，因此将一直加热标志位 M100.4 置 1；当运行时长的计算值为 0 时，也就意味着这个控制周期内不需要加热，因此将停止加热标志位 M100.5 置 1。

学习笔记

视频
电阻炉温度控制的程序仿真过程

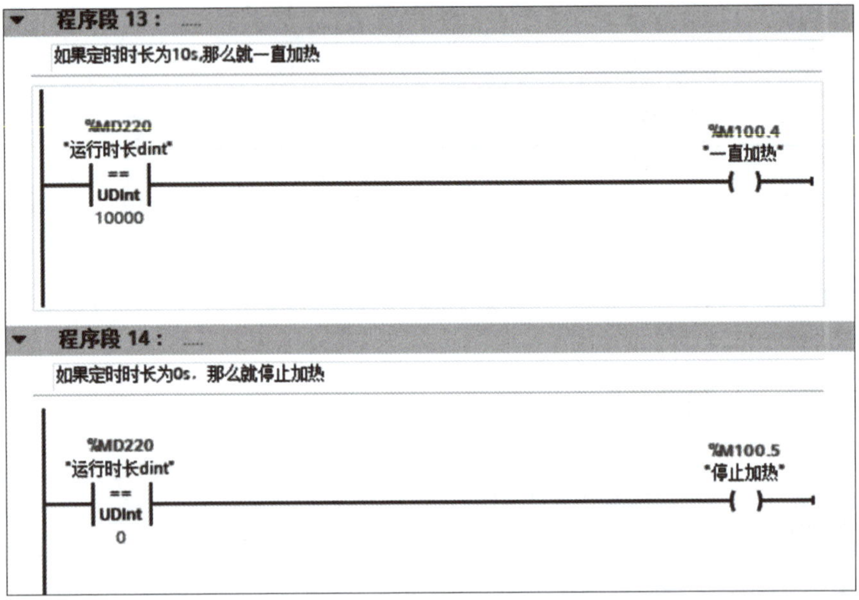

图 12-27　程序段 13、14(主程序)

4. 调试程序

在上电前一定要对照电路图严格进行电路检测,电路完全正确后才可以上电,防止发生危险。

将电阻炉温度 PLC 自动控制程序下载到 PLC 中,然后进行调试。可以同时打开 TIA 软件的监视功能,监控整个程序的运行过程,以便程序的调试。首先按下起动按钮 SB1,观察运行指示灯(Q0.4)是否点亮,按下停止按钮 SB2,观察停止指示灯(Q0.1)是否点亮。在触摸屏上输入温度设定值和 PID 控制器参数值,如在温度正常范围内,观察温度正常指示灯是否点亮;观察在 10 s 的周期内,KA1 和 KM 是否可以正常自动吸合与断开;观察温度是否可以稳定在 100 ℃左右。

任务评价

按照任务的完成情况进行评价,评价的方式可以是教师评价、教师指定的评价组评价或者组间互评等。评价的过程中需要记录存在的问题,评价记录工作单见表 12-9。

表 12-9　评价记录工作单

类别	评价内容	分值	评分标准	记录	评分
功能实现情况	系统结构与组成	4	系统中没有温度传感器扣 4 分		
	工作过程分析	4	不能正确分析工作过程扣 4 分		
	流程图设计	8	流程图设计错一处扣 2 分		
	程序设计	16	没有 PID 回路扣 10 分;没有定时检测温度的程序扣 10 分;其他功能未实现每处扣 2 分		
	运行效果	8	指示灯不能亮,每个扣 2 分		

学习笔记

续表

类别	评价内容	分值	评分标准	记录	评分
电路接线检查	电气原理图设计	10	布局不合理扣 5 分,少一个电气元件扣 2 分,符号不规范每处扣 2 分		
	工艺检查	10	露铜过长每处扣 1 分,接线不符合安全规范每处扣 1 分		
	初步调试	10	上电后按下按钮没有反应每处扣 1 分,接线错误每处扣 2 分,产生短路现象直接得 0 分		
职业素养	劳动纪律、操作规范、安全文明生产	10	不遵守实训纪律、不爱惜实训设备、浪费耗材、危险用电,根据情况酌情扣 1 ~ 10 分		
知识提问	由教师进行本项目相关知识的提问	20	每题完全正确得 10 分,部分答对由教师根据情况给分		

任务反思与练习

一、任务反思

检查任务中存在的问题并进行完善,填写表 12-10,提交相关技术资料。

表 12-10　改进工作单

改进要点记录		
产品提交	项目	负责人(签字)
	设计报告	
	使用说明	
	作品功能检查	
	作品技术规范检查	

二、练习

(一) 单选题

1. 模拟量输入的电流为 20 mA 时,对应的数字量为(　　)。

   A. 32 767　　B. 32 511

   C. 27 648

2. 电阻炉的温度检测可以采用(　　)。

   A. 热电偶　　B. 压力传感器

3. 在本项目中,电阻炉的加热靠(　　)实现控制。

   A. 中间继电器　　B. 热继电器

学习笔记

C. 按钮　　D. 指示灯

4. 在本项目的控制电路图中，温度变送器的out端接在PLC的（　　）。

A. 模拟量扩展输入的1　　B. 模拟量扩展输入的0

C. Q0.0

5. 在本项目中，循环中断的时间间隔为（　　）ms。

A. 100　　B. 1 000

C. 10 000　　D. 100 000

6. PID控制器的常用形式是（　　）。

A. PI　　B. PD

C. PID

7. 在本项目中，检测温度高于（　　）℃时，温度异常指示灯会亮起。

A. 100　　B. 105

C. 120　　D. 110

8. 模拟量是一种连续变化的量。（　　）

A. 对　　B. 错

9. 数据的归一化是将数据按比例缩放，使其落入闭区间[0,1]之间。（　　）

A. 对　　B. 错

10. SCALE_X指令是指归一化的数据按照比例进行放大，它是归一指令的逆操作。（　　）

A. 对　　B. 错

11. PID控制器的比例部分影响系统的响应速度。（　　）

A. 对　　B. 错

12. PID控制器可以在工艺对象处添加。（　　）

A. 对　　B. 错

13. PID控制器的积分部分影响系统的响应速度。（　　）

A. 对　　B. 错

14. PID控制器的过程值可以来自程序也可以来自模拟量的转换值。（　　）

A. 对　　B. 错

（二）多选题

1. 模拟量一般有（　　）信号。

A. 电压型　　B. 电流型

C. 脉冲型　　D. 功率型

2. PID控制器由（　　）等部分组成。

A. 比例　　B. 积分

C. 微分　　D. 偏差

拓展知识

不屈不挠的精神

钱学森在美国时，科研成就斐然，却遭美方无理扣押，禁止他回国效力。面对威逼利诱、监禁折磨，钱学森从未屈服，一心只想回到祖国。历经多年艰难抗争，在祖国不懈努力下，钱学森终于突破重重阻碍，踏上故土。此后，他投身“两弹一星”事业，隐姓埋名、克服万难，带领团队攻克关键技术，让中国导弹、航天事业从无到有，挺起民族脊梁，尽显不屈不挠科研精神。

本项目是学习和训练 PLC 模拟量控制和 PID 自动调节，相较于之前的项目要难理解，所以更需要同学们具有不屈不挠的精神，面对困难要迎难而上，还要有创新思维，能够进行融会贯通，真正做到“知行合一、止于至善”。

参 考 文 献

[1] 徐林国.PLC 应用技术[M].北京:机械工业出版社,2007.

[2] 程显吉.可编程序控制器应用技术[M].北京:机械工业出版社,2007.

[3] 廖常初.S7-200 PLC 基础教程[M].北京:机械工业出版社,2006.

[4] 刘敏.可编程控制器技术[M].北京:机械工业出版社,2001.

[5] 刘敏. 可编程控制器技术项目化教程[M].2 版.北京:机械工业出版社,2018.

[6] 文晓娟,王丽平. 电气控制与 PLC 应用技术:西门子系列[M].2 版.北京:中国铁道出版社,2018.

[7] 王进满. 电气控制与 PLC 项目教程[M].北京:中国铁道出版社,2018.

[8] 刘媛媛. PLC 应用技术[M]. 北京:中国铁道出版社,2019.

[9] 耿淬,熊家慧. PLC 控制技术项目训练教程[M].2 版.北京:高等教育出版社,2022.

[10] 汤自春. PLC 原理及应用技术[M].4 版.北京:高等教育出版社,2022.

[11] 姜治臻,王红,赵珺蓉. PLC 技术及应用[M].3 版.北京:高等教育出版社,2021.

[12] 徐锋,陈涛. 电气及 PLC 控制技术:西门子 S7-1200[M].北京:高等教育出版社,2021.

[13] 中国中车集团有限公司. "1+X"职业技能等级证书培训教材 轨道交通电气设备装调:中级[M].北京:中国铁道出版社有限公司,2021.

[14] 周海军,邹伟. S7-1200 PLC 应用技术项目化教程[M].北京:机械工业出版社,2022.